大学数学
系列规划教材

高等数学
学习辅导

上 册

周礼刚 肖箭 徐鑫 ◎ 主编

北京师范大学出版集团
BEIJING NORMAL UNIVERSITY PUBLISHING GROUP
安徽大学出版社

图书在版编目(CIP)数据

高等数学学习辅导.上册/周礼刚,肖箭,徐鑫主编.—合肥:安徽大学出版社,2023.7(2023.10 重印)
大学数学系列规划教材
ISBN 978-7-5664-2662-8

Ⅰ.①高… Ⅱ.①周… ②肖… ③徐… Ⅲ.①高等数学—高等学校—教学参考资料 Ⅳ.①O13

中国国家版本馆 CIP 数据核字(2023)第 128577 号

高等数学学习辅导(上册)	周礼刚 肖箭 徐鑫 主编

出版发行:	北京师范大学出版集团 安 徽 大 学 出 版 社 (安徽省合肥市肥西路 3 号 邮编 230039) www.bnupg.com www.ahupress.com.cn
印　　刷:	安徽利民印务有限公司
经　　销:	全国新华书店
开　　本:	710 mm×1010 mm　1/16
印　　张:	25.25
字　　数:	505 千字
版　　次:	2023 年 7 月第 1 版
印　　次:	2023 年 10 月第 2 次印刷
定　　价:	69.00 元
ISBN 978-7-5664-2662-8	

策划编辑:刘中飞　张明举		装帧设计:李伯骥　孟献辉	
责任编辑:张明举		美术编辑:李　军	
责任校对:武溪溪		责任印制:赵明炎	

版权所有　侵权必究

反盗版、侵权举报电话:0551—65106311
外埠邮购电话:0551—65107716
本书如有印装质量问题,请与印制管理部联系调换。
印制管理部电话:0551—65106311

前 言

高等数学的核心是微积分理论,而微积分理论又是现代数学的基础,几乎被应用于现代数学的所有分支,为满足不同专业对高等数学同步辅导的学习需求,编者在结合多年讲授高等数学课程的经验,以及对历年考研数学真题研究的基础上编著了《高等数学学习辅导》(上、下册).

起初,本书的手稿是上课的讲稿,后编成了课后辅导的讲义发给学生,便于大家课后学习、复习使用;再后来,我们结合教学实践和安徽大学数学教学中心多年的教学研讨对讲义进行了不断修正,最终在安徽大学出版社出版.在这期间,大学数学教学中心很多老师都为本书的编写提供了宝贵的意见和支持,其中肖箭老师做了很多工作,起到了重要作用.肖箭老师虽已离我们而去,但是他的治学严谨,诲人不倦的精神在这本书中均有体现.通过本书的出版推广,希望把肖箭老师的优良品质传递给更多的师生.

本书在《高等数学》课程上作为课程同步辅导资料使用,是对《高等数学》课程的重要配合和补充.在安徽大学出版社的大力支持下,我们将本书出版发行,供高等数学学习者、考研学生以及有志于提高高等数学学习水平的读者们参考.

本书上、下册共13章,每一章都按照教学大纲内容分节编排,每节包括"内容精讲""例题精解"两部分,章末"问题与思考"内容重在讲解本章重难点问题或习题. 其中"内容精讲"全面准确地阐述了每章、每节在本科教学基本要求和考研数学大纲中高等数学所有知识点的内涵和外延, 读者一定要认真研读, 并在做题后温故知新; "例题精解"则是通过精心挑选或者编制的例题, 让读者深化对数学知识的理解, 并把它们内化成自己的解题能力, 这部分内容建议读者反复练习, 达到炉火纯青的地步; "问题与思考"则是结合多年教学经验, 把读者易混淆、难理解的问题做了总结和对比, 既强化了读者对基础知识的理解与掌握, 又引导读者深入思考与研究.

对于如何使用好本书并做好高等数学的学习和复习, 我们给出以下四个建议:

1. 坚持不懈, 细水长流

正如京剧表演艺术家所说:"一天不练功, 只有我知道; 三天不练功, 同行也知道; 一月不练功, 观众全知道."高等数学的学习和复习建议读者也要这样, 捧着这本书, 每天都要看内容, 每天都要做题目, 只有坚持不懈、细水长流, 便可水到渠成.

2. 不求初速, 但求加速

一开始读数学书, 总会吃力一些, 遇到的困难多一些, 这很正常, 读者不要畏难, 应该扎扎实实地把每一处不懂的地方弄懂, 把每一个难点攻克, 这样虽然开始复习的速度会慢一些, 但是只要能够坚持, 复习了一定的内容之后, 你便会发现自己的复习速度会不断提高, 理解能力、分析能力和解题能力都会显著增强.

3. 独立思考, 定期检验

复习一个知识, 先要读基本的概念、定理和公式, 然后看例题, 再去做例题. 只有通过做, 才能知道自己是否真正掌了这个知识.然后在做巩固练习时,一定不要翻着答案做题,稍有不会就看答案,这样效果不好.读者先不要看答案,自己独立地去做,调动起自己所有的知识储备,看能不能做出来,做出来了,自然很好,即使做不出,时间也没有白费,其他的知识在你脑子里过了一遍,也是一种复习.只是要注意,如果全力以赴也未做出题目,看完答案后要好好总结经验.在复习完一节、一章和课程的不同阶段,都要定期地通过做题来检验自己的复习水平和效果.

4. 吸取教训,善于总结

人没有不犯错误的,尤其在学习高等数学的过程中,遇到把题目做错和不会做的题是再平常不过的了.俗话说:"失败是成功之母",就是这个意思.对于同步学习和复习的学生遇到不会的题、做错的题,可能会有两种态度,一种态度是消极的,题目不会做,心情不好,自暴自弃,复习效率大打折扣;一种态度是积极的,如某个题目做不出,此时正可以找到了自己复习的薄弱环节,找到了自己的不足之处,正是遇到了自己提高、进步的机会.我们当然支持后面一种态度,这才是正确的态度.所以,希望在同步复习的过程中,读者准备一个笔记本,记录不会做或者做错的题目,认真分析自己到底问题出在哪里,哪些知识还复习不到位,吸取教训,多做总结,这样的笔记日积月累,对提高读者的数学水平是有极大帮助的.

限于编者水平,书中难免有疏漏和不足之处,诚心接受读者和同行专家的批评指正.

编　者
2023 年 4 月

目 录

第1章 函 数 ·· 1

§1.1 集　合 ·· 1
§1.2 函　数 ·· 3
§1.3 函数的几种特性 ·· 7
§1.4 复合函数 ·· 10
§1.5 参数方程、极坐标与复数 ·· 14
问题与思考 ·· 16

第2章 极限与连续 ·· 19

§2.1 数列的极限 ·· 19
§2.2 函数的极限 ·· 39
§2.3 两个重要极限 ·· 53
§2.4 无穷小量与无穷大量 ·· 58
§2.5 函数连续的概念 ·· 64
问题与思考 ·· 79

第3章 导数与微分 ·· 85

§3.1 导数的概念 ·· 85
§3.2 导数的运算法则 ·· 96
§3.3 初等函数的求导问题 ·· 105

§3.4 高阶导数 ·· 113
§3.5 函数的微分 ··· 120
问题与思考 ··· 127

第4章 微分中值定理及其应用 ·· 133

§4.1 微分中值定理 ··· 133
§4.2 洛必达法则 ··· 148
§4.3 泰勒公式 ·· 159
§4.4 函数的单调性与极值 ··· 167
§4.5 函数的凸性和曲线的拐点、渐近线 ·· 183
§4.6 平面曲线的曲率 ··· 192
问题与思考 ··· 202

第5章 不定积分 ·· 211

§5.1 不定积分的概念与性质 ·· 211
§5.2 换元积分法 ··· 217
§5.3 分部积分法 ··· 229
§5.4 几类特殊函数的不定积分 ·· 236
问题与思考 ··· 251

第6章 定积分 ·· 264

§6.1 定积分的概念 ··· 264
§6.2 定积分的性质与中值定理 ·· 270
§6.3 微积分基本公式 ··· 274
§6.4 定积分的换元法与分部积分法 ··· 278
§6.5 定积分的主题练习 ··· 287
§6.6 广义积分 ·· 297
问题与思考 ··· 312

第 7 章　定积分的应用 ·················· 319

§7.1　微元法的基本思想 ·················· 319
§7.2　定积分在几何上的应用 ·············· 321
§7.3　定积分在物理上的应用 ·············· 336
问题与思考 ···························· 338

第 8 章　微分方程 ······················ 339

§8.1　微分方程的基本概念 ················ 340
§8.2　几类简单的微分方程 ················ 345
§8.3　一阶线性微分方程 ·················· 353
§8.4　全微分方程与积分因子 ·············· 360
§8.5　二阶常系数线性微分方程 ············ 367
问题与思考 ···························· 377

第 1 章

函　数

本章的重点是函数概念、复合函数概念、基本初等函数的性质及其图形；难点是参数方程的概念、基本初等函数的性质及其图形.

本章要求学生掌握函数的表示方法、基本初等函数的性质及其图形、参数方程、极坐标及复数的概念.

§1.1　集　合

1.1.1　定义与记号

1. 定义

定义 1.1.1　集合是指具有某种特定性质的事物的全体. 组成集合的个体称为该集合的元素.

约定：(1) 不含任何元素的集合称为空集，记为 $\varnothing$.

(2) 集合中不能有相同元素，这与数列不同. 例如，集合 $A=\{1\}$，数列 $\{a_n\}=\{1\}=\{1,1,\cdots\}$.

2. 区分集合

定义 1.1.2　若 $A\subset B$，则称集合 A 为集合 B 的子集.

定义 1.1.3 若 $A \subset B, B \subset A$,则称集合 A 与集合 B 相等,记为 $A = B$.

约定:空集是任何集合的子集.

3. 集合的表示法

集合的表示法有:列举法和描述法.

1.1.2 数集

1. 一些常见数集的记号

常见数集及其记号有:复数集 **C**,实数集 **R**,有理数集 **Q**,整数集 **Z**,非负整数集 **N**,正整数集 $\mathbf{N}^+$.

2. 区间

(1)有限区间

定义 1.1.4 设 a,b 为实数且 $a<b$,数集 $(a,b) = \{x \in \mathbf{R} | a < x < b\}$ 称为开区间. 数集 $(a,b] = \{x \in \mathbf{R} | a < x \leqslant b\}$ 和 $[a,b) = \{x \in \mathbf{R} | a \leqslant x < b\}$ 称为半开半闭区间. 数集 $[a,b] = \{x \in \mathbf{R} | a \leqslant x \leqslant b\}$ 称为闭区间.

(2)无限区间

定义 1.1.5 数集 $\mathbf{R} = (-\infty, +\infty), (-\infty, a) = \{x \in \mathbf{R} | x < a\}$, $(-\infty, a] = \{x \in \mathbf{R} | x \leqslant a\}, (a, +\infty) = \{x \in \mathbf{R} | x > a\}, [a, +\infty) = \{x \in \mathbf{R} | x \geqslant a\}$ 均称为无限区间.

3. 邻域

定义 1.1.6 设 $a \in \mathbf{R}, \delta > 0$,数集
$$U(a, \delta) = (a - \delta, a + \delta) = \{x \in \mathbf{R} \, | \, |x - a| < \delta\}$$
称为点 a 的 δ 邻域. 数集
$$\mathring{U}(a, \delta) = \{x \in \mathbf{R} | 0 < |x - a| < \delta\}$$
称为点 a 的去心邻域.

关注以上概念的几何意义.

§1.2 函 数

1.2.1 函数概念

1. 定义

定义 1.2.1 设 $D\subseteq\mathbf{R}$ 是一个数集,f 为 D 上一关系. 若对每个 $x\in D$,通过关系 f,存在唯一的 $y\in\mathbf{R}$ 与之对应,称 f 为 D 上的函数. 变量 x 和 y,分别称为自变量和因变量. D 称为定义域,$f(D)$ 称为值域,$M=\{(x,y)|y=f(x)\ \ \forall x\in D\}$ 称为图像. 如图 1.1 所示.

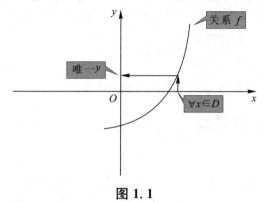

图 1.1

注 1.2.1 定义域和应用问题中的实际定义域有时是不一样的.

2. 区分函数

定义 1.2.2 若两个函数有相同的定义域和关系,则称两个函数相等.

例 1.2.1 判断下列函数是否相等:

(1) $f(x)=x, g(x)=\sqrt{x^2}$;(2) $f(x)=\ln x^2, g(x)=2\ln|x|$.

解:(1)定义域一样均为 $\mathbf{R}$,但对应关系不同,所以两个函数不相等;

(2)定义域一样,虽然表达式形式不同,但对应关系相同,所以两个函数相等.

注意这里相同的关系是指函数的表达式形式可以不一样但实质值一样.

3. 三个新函数

(1) 符号函数 $\operatorname{sgn} x = \begin{cases} 1, & x>0, \\ 0, & x=0, \\ -1, & x<0; \end{cases}$

(2) 取整函数 $[x]$，即高斯函数，其中 $x \in \mathbf{R}$；

例 1.2.2 计算下列值 $[1.5], [1], [-0.5]$ 和 $[-1.5]$.

解：计算 $[1.5]=1, [1]=1, [-0.5]=-1, [-1.5]=-2$.

注 1.2.2 $\forall x \in \mathbf{R}$，有 $x=[x]+r(x)$，其中 $0 \leqslant r(x) <1$.

(3) 狄利克雷函数 $D(x) = \begin{cases} 1, & x \text{ 为有理数}, \\ 0, & x \text{ 为无理数}. \end{cases}$

注 1.2.3 在以后学习中，常用推广的狄利克雷函数

$$f(x) = \begin{cases} 1, & x \text{ 为有理数} \\ -1, & x \text{ 为无理数} \end{cases}$$ 作反例.

提示：$\forall x \in \mathbf{R}$ 有 $f^2(x)=1, |f(x)|=1$.

1.2.2 两类函数

1. 反函数

定义 1.2.3 设 $D \subseteq \mathbf{R}$ 是一个数集，$y=f(x)$ 为 D 上的函数，其值域为 $f(D)$. 若对每个 $y \in f(D)$，通过关系 f，存在唯一的 $x \in D$，与之对应，称 $y=f(x)$ 在 D 上的反函数 $x=f^{-1}(y)$ 存在. 对于反函数 $x=f^{-1}(y)$ 而言，变量 y 和 x，分别称为自变量和因变量. $f(D)$ 称为定义域，D 称为值域，如图 1.2 所示.

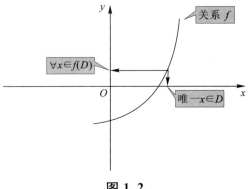

图 1.2

求反函数的一般方法:设函数 $y=f(x)$,反解出函数 $x=f^{-1}(y)$,习惯上,一般 x 作为自变量,y 作为因变量,改写为 $y=f^{-1}(x)$.函数 $x=f^{-1}(y)$ 和 $y=f^{-1}(x)$ 均称为 $y=f(x)$ 的反函数.

注意到函数 $y=f(x)$ 与 $x=f^{-1}(y)$ 图像一样,实际上 $M_1=\{(x,y)|y=f(x),\forall x\in D\}$ 与 $M_2=\{(x,y)|x=f^{-1}(y),\forall y\in f(D)\}$ 是两个相同的集合.

函数 $y=f(x)$ 与 $y=f^{-1}(x)$ 的图像关于 $y=x$ 对称,实际上关注两个集合 $M_1=\{(x,y)|y=f(x),\forall x\in D\}$ 和 $M_3=\{(x,y)|y=f^{-1}(x),\forall x\in f(D)\}$ 中的点即可.

例 1.2.3 求下列函数的反函数.

(1) $y=2x+1$; (2) $y=x^3$; (3) $y=\dfrac{e^x-e^{-x}}{2}$.

解:(1)反解出 $x=\dfrac{y-1}{2}=f^{-1}(y)$,此时函数 $y=f(x)=2x+1$ 与函数 $x=\dfrac{y-1}{2}=f^{-1}(y)$ 图像一样.进一步,记 $y=\dfrac{x-1}{2}=f^{-1}(x)$,这时函数 $y=f(x)=2x+1$ 与函数 $y=\dfrac{x-1}{2}=f^{-1}(x)$ 的图像关于直线 $y=x$ 对称.

(2)反解出 $x=\sqrt[3]{y}=f^{-1}(y)$,此时函数 $y=x^3$ 与函数 $x=\sqrt[3]{y}=f^{-1}(y)$ 的图像一样.进一步,记 $y=\sqrt[3]{x}=f^{-1}(x)$,这时函数 $y=x^3$ 与函数 $y=\sqrt[3]{x}=f^{-1}(x)$ 图像关于直线 $y=x$ 对称.

(3)反解出 $x=\ln(y+\sqrt{y^2+1})=f^{-1}(y)$,此时函数 $y=\dfrac{e^x-e^{-x}}{2}$ 与函数 $x=\ln(y+\sqrt{y^2+1})=f^{-1}(y)$ 的图像一样.进一步,记 $y=\ln(x+\sqrt{x^2+1})=f^{-1}(x)$,这时函数 $y=\dfrac{e^x-e^{-x}}{2}$ 与函数 $y=\ln(x+\sqrt{x^2+1})=f^{-1}(x)$ 图像关于直线 $y=x$ 对称.

注 1.2.4 函数 $y=x^2$ 和 $y=\sin x$ 的反函数的存在与区间有关.

事实上,对于函数 $y=x^2$(如图 1.3),它在 **R** 上的反函数不存在,在 $x \geqslant 0$ 上反函数为 $x_2 = \sqrt{y} = f_2^{-1}(y)$,在 $x \leqslant 0$ 上的反函数为 $x_1 = -\sqrt{y} = f_1^{-1}(y)$(如图 1.4 所示). 对于函数 $y = \sin x$ 可见注 1.2.5.

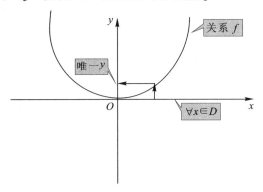

图 1.3　$y = x^2$

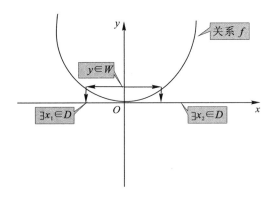

图 1.4　反函数不存在示意图

2. 基本初等函数

定义 1.2.4　常函数、幂函数、指数函数、对数函数、三角函数和反三角函数六类函数称为基本初等函数.

注 1.2.5　①反函数 $y = \arcsin x$ 是专用符号,是特指 $x \in [-1, 1]$ 且 $\arcsin x \in \left[-\dfrac{\pi}{2}, \dfrac{\pi}{2}\right]$. 其余反三角函数类似.

②定义 $\dfrac{1}{\cos x}$ 为正割函数,记为 $\sec x$;定义 $\dfrac{1}{\sin x}$ 为余割函数,记为 $\csc x$.

常用公式:$\tan^2 x + 1 = \sec^2 x$,$\cot^2 x + 1 = \csc^2 x$.

§1.3 函数的几种特性

1.3.1 有界性

1. 定义

定义 1.3.1 设函数 $y=f(x)$ 的定义域是 D,区间 $I\subset D$,若存在正数 M,使得对任意 $x\in I$,均有 $|f(x)|\leqslant M$,则称函数在区间 I 上有界.

注 1.3.1

(1)有界性与区间有关,例如 $y=\dfrac{1}{x}$;

(2)基于定义的对偶关系,可立即定义无界性的概念. 即设函数 $y=f(x)$ 在区间 I 上,若对任何正数 M,存在 $x_0\in I$,满足 $|f(x_0)|>M$,则称函数在区间 I 上无界.

2. 应用举例

例 1.3.1 设函数 $f(x)=\dfrac{1}{x}$,证明:

(1) $f(x)$ 在区间 $(1,3)$ 上有界;

(2) 在区间 $(0,1)$ 上无界.

证明: (1) 取 $M=1$,则 $\forall x\in(1,3)$,有 $|f(x)|\leqslant M$.

(2) $\forall M>0$,存在 $x_0=\dfrac{1}{M+1}\in(0,1)$,使得 $f(x_0)=1+M>M$. 证毕.

类似题:

设函数 $f(x)=x\sin x$,证明:

(1) $f(x)$ 在区间 $(1,100)$ 上有界;

(2) 在区间 $\mathbf{R}$ 上无界.

解: (1) 取 $M=100$,则 $\forall x\in(1,100)$,有 $|f(x)|\leqslant M$.

(2) $\forall M>0$,存在 $x_0=2n\pi+\dfrac{\pi}{2}$,且 $n\geqslant\dfrac{M}{2\pi}$,使得 $f(x_0)=2n\pi+\dfrac{\pi}{2}\geqslant M+\dfrac{\pi}{2}>M$. 证毕

1.3.2 单调性

定义 1.3.2 设函数 $y=f(x)$ 的定义域是 D,区间 $I \subset D$,若对于任意 $x_1, x_2 \in I$,当 $x_1 < x_2$ 时恒有
$$f(x_1) \leqslant f(x_2) \ (f(x_1) < f(x_2)),$$
则称函数在区间上单调增加(严格单调增加). 类似的可定义单调减少.

注 1.3.2

(1) 单调性与区间有关,例如,$y = \sin x$ 在 $\left(0, \dfrac{\pi}{2}\right)$ 上单调增,$y = \sin x$ 在 $\left(\dfrac{\pi}{2}, \pi\right)$ 上单调减;

(2) 符号函数和取整函数均为单调增加的,狄利克雷函数非单调函数;

(3) 以后在学习了导数后,常用导数符号判断单调性.

1.3.3 奇偶性

1. 定义

定义 1.3.3 设函数 $f(x)$ 的定义域 D 是关于坐标原点对称,若对任意 $x \in D$,恒有 $f(-x) = f(x)$,则称函数 $f(x)$ 为偶函数. 类似的可定义为奇函数.

注 1.3.3

(1) 奇、偶函数的定义域区间一定是对称区间;

(2) 偶函数关于 y 轴对称,奇函数关于原点对称. 进一步,若奇函数在原点有定义,必有 $f(0) = 0$;

(3) 符号函数是奇函数,狄利克雷函数是偶函数,取整函数是非奇非偶函数;

(4) 设 $f(x)$ 是对称区间 $(-l, l)$ 上的任意函数,则 $F_1(x) = \dfrac{f(x) + f(-x)}{2}$ 为偶函数,$F_2(x) = \dfrac{f(x) - f(-x)}{2}$ 为奇函数. 同时,有 $f(x) = F_1(x) + F_2(x)$,这表明对称区间 $(-l, l)$ 上的任意函数 $f(x)$ 可以表示成一个偶函数和一个奇函数之和.

仅以 $F_1(x)$ 为例加以说明,事实上,
$$F_1(-x)=\frac{f(-x)+f(-(-x))}{2}=F_1(x),$$
所以 $F_1(x)$ 为偶函数.

2. 应用举例

例 1.3.2 证明函数 $f(x)=\ln(x+\sqrt{x^2+1})$ 在 **R** 上为奇函数.

解:计算 $f(-x)=\ln(\sqrt{1+(-x)^2}+(-x))$
$$=\ln\left(\frac{1}{\sqrt{1+x^2}+1}\right)=-f(x).$$

1.3.4 周期性

1. 定义

定义 1.3.4 设函数 $f(x)$ 的定义域是 D,若存在一个不为零的数 l,使得对任意 $x\in D$,有 $x\pm l\in D$,且有 $f(x+l)=f(x)$,则称函数为周期函数,l 为周期.

注 1.3.4 周期函数的定义域不一定是整个实数域,例如 $\sec x=\dfrac{1}{\cos x}$.

约定:周期一般是指最小正周期.但并不是所有的周期函数都有最小正周期.例如,对于狄利克雷函数,易知任意非零有理数均为其周期,而有理数的一半仍为有理数,所以该函数没有最小正周期.事实上,设 l 为一个非零的有理数.当 x 为有理数时,则 $x+l$ 也为有理数,所以有 $D(x+l)=D(x)=1$;当 x 为无理数时,则 $x+l$ 也为无理数,所以有 $D(x+l)=D(x)=0$.综上可知,有理数 l 为狄利克雷函数的周期.而 $\dfrac{l}{2}$ 仍为有理数,故该函数没有最小正周期.

2. 应用举例

例 1.3.3 设函数 $f(x)$ 是奇函数,满足
$$f(1)=a,\ f(x+2)-f(x)=f(2),\ \forall x\in \mathbf{R}.$$
(1)试用 a 表示 $f(2)$ 与 $f(5)$;

(2)问 a 为何值时,函数 $f(x)$ 是以 2 为周期的周期函数.

解:(1)分析:如何用奇函数和 $f(1)=a$,想到取 $x=-1$,有 $f(2-1)-f(-1)=f(2)$,这样有 $f(2)=2a$. 同理分别取 $x=1,x=3$,即有 $f(3)=3a$ 和 $f(5)=5a$;

(2)依据周期为 2 的定义,知 $\forall x\in \mathbf{R}$,有 $f(x+2)-f(x)=0$,即有 $f(2)=2a=0$.

类似题:设函数 $f(x)$ 满足 $f\left(x+\dfrac{1}{2}\right)=\dfrac{1}{2}+\sqrt{f(x)-f^2(x)}$,$\forall x\in \mathbf{R}$,证明 $f(x)$ 是以 1 为周期的函数.

证明:依据周期函数定义 $\forall x\in \mathbf{R}$,计算

$$f(x+1) = f\left(\left(x+\dfrac{1}{2}\right)+\dfrac{1}{2}\right) = \dfrac{1}{2}+\sqrt{f\left(x+\dfrac{1}{2}\right)-f^2\left(x+\dfrac{1}{2}\right)}$$

$$= \dfrac{1}{2}+\sqrt{\dfrac{1}{2}+\sqrt{f(x)-f^2(x)}-\left(\dfrac{1}{2}+\sqrt{f(x)-f^2(x)}\right)^2}$$

$$= \dfrac{1}{2}+\sqrt{\dfrac{1}{4}-f(x)+f^2(x)} = \dfrac{1}{2}+\sqrt{\left(\dfrac{1}{2}-f(x)\right)^2}$$

$$= \dfrac{1}{2}+f(x)-\dfrac{1}{2} = f(x)$$

提示:最后一式中用到了 $f\left(x+\dfrac{1}{2}\right)=\dfrac{1}{2}+\sqrt{f(x)-f^2(x)}\geqslant \dfrac{1}{2}$.

§1.4 复合函数

1.4.1 复合函数

1. 定义

定义 1.4.1 设函数 $f(u)$ 的定义域为 D_1,函数 $u=g(x)$ 的定义域为 D_2,值域为 W_2. 若 $D_1\cap W_2\neq \varnothing$,则称函数 $f(g(x))$ 为由 $f(u)$ 及 $u=g(x)$ 复合而成的复合函数,形象化地解见图 1.5 所示.例如,当 $W_2\subset D_1$ 时,显然有 $D_1\cap W_2\neq \varnothing$,则函数 $f(g(x))$,$x\in D_1$ 为由 $f(u)$ 及 $u=g(x)$ 复合而成的复合函数.

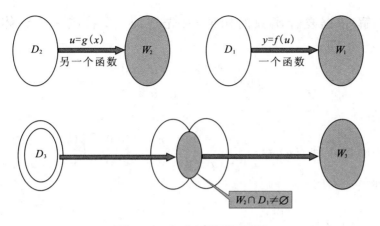

图 1.5　复合函数示意图

注 1.4.1

(1) 构成复合函数时,一定要满足 $D_1 \cap W_2 \neq \varnothing$ 才有意义. 例如

$$y = f(u) = \sqrt{u-2}, u = g(x) = \sin x,$$

有 $D_1 = [2, +\infty), D_2 = \mathbf{R}, W_2 = [-1, 1]$,显然满足 $D_1 \cap W_2 = \varnothing$,因此 $y = f(u) = \sqrt{u-2}, u = g(x) = \sin x$ 不构成复合函数,即函数 $y = \sqrt{\sin x - 2}$ 的定义域为空集.

(2) 对于复合函数 $f(g(x))$,x 是自变量,u 称为中间变量.

2. 应用举例

例 1.4.1　设 $f(x) = \begin{cases} 1, & x \geqslant 0, \\ -1, & x < 0, \end{cases} g(x) = x^2$,计算 $f(f(x))$,$f(g(x))$,$g(f(x))$.

解：依据复合函数的构架,首先把 $f(x)$ 看成一个整体,令 $u = f(x)$,即

$$f(u) = \begin{cases} 1, & u \geqslant 0, \\ -1, & u < 0. \end{cases}$$

于是

$$f(f(x)) = f(u) = \begin{cases} 1, & f(x) \geqslant 0 \\ -1, & f(x) < 0 \end{cases} = \begin{cases} 1, & x \geqslant 0, \\ -1, & x < 0. \end{cases}$$

同理,由于 $u = g(x) = x^2 \geqslant 0$,所以有 $f(g(x)) = 1$ 和 $g(f(x)) = 1$.

例 1.4.2　设 $f(x) = \begin{cases} 1, & x \geqslant 0, \\ 1+x, & x < 0, \end{cases}$ 计算 $f(x-2), f(f(x))$.

解:依据复合函数的构架,首先把 $x-2$ 看成一个整体,令 $u=x-2$,即

$$f(u) = \begin{cases} 1, & u \geqslant 0, \\ 1+u, & u < 0. \end{cases}$$

于是

$$f(x-2) = f(u) = \begin{cases} 1, & x-2 \geqslant 0 \\ 1+(x-2), & x-2 < 0 \end{cases} = \begin{cases} 1, & x \geqslant 2, \\ x-1, & x < 2. \end{cases}$$

同理

$$f(f(x)) = \begin{cases} 1, & f(x) \geqslant 0 \\ 1+f(x), & f(x) < 0 \end{cases} = \begin{cases} 1, & 1+x \geqslant 0 \\ 2+x, & 1+x < 0 \end{cases}$$

$$= \begin{cases} 1, & x \geqslant -1, \\ 2+x, & x < -1. \end{cases}$$

例 1.4.3 已知 $f(x)=\sin x, f(g(x))=1-x^2$,且 $|g(x)| \leqslant \dfrac{\pi}{2}$. 计算函数 $g(x)$ 及其定义域.

解:依据复合函数的构架,首先把 $g(x)$ 看成一个整体,令 $u=g(x)$,即有 $f(u)=\sin u$ 和 $f(g(x))=\sin(g(x))=1-x^2$,所以有 $g(x)=\arcsin(1-x^2)$. 同时,注意到必须满足 $-1 \leqslant 1-x^2 \leqslant 1$,所以定义域为 $[-\sqrt{2}, \sqrt{2}]$.

例 1.4.4 设 $\forall x \in \mathbf{R}$,有 $f(x)$ 满足 $2f(x)+f(1-x)=x^2$,求 $f(x)$.

解:$2f(x)+f(1-x)=x^2$ 式子中仅有 $f(x)$ 和 $f(1-x)$,想从中直接解出 $f(x)$ 很难. 而 x 与 $1-x$ 互换关系(即 $u=1-x$,解得 $x=1-u$),那么能否互换位置?

依据

$$2f(x)+f(1-x)=x^2, \tag{1.4.1}$$

有

$$2f(1-x)+f(1-(1-x))=(1-x)^2. \tag{1.4.2}$$

所以消去 $f(1-x)$,有

$$3f(x) = 2x^2-(1-x)^2 = x^2+2x-1,$$

即 $f(x)=\dfrac{x^2+2x-1}{3}$.

类似题：

(1) 设函数 $f(x)=\begin{cases}1, & |x|\leqslant 1, \\ 0, & |x|>1,\end{cases}$ 计算 $f(f(x)), f(f(f(x)))$.

解： 依据复合函数的构架，首先把 $f(x)$ 看成一个整体，令 $u=f(x)$，即

$$f(u)=\begin{cases}1, & |u|\leqslant 1, \\ 0, & |u|>1\end{cases} \text{与} f(f(x))=\begin{cases}1, & |f(x)|\leqslant 1, \\ 0, & |f(x)|>1,\end{cases}$$

于是有 $f(f(x))=1$. 同理 $f(f(f(x)))=1$.

(2) 设 $f(x)=\begin{cases}x^2, & x\leqslant 0, \\ x^2+x, & x>0,\end{cases}$ 计算 $f(-x)$.

解： 依据复合函数的构架，首先把 $-x$ 看成一个整体，令 $u=-x$，即

$$f(u)=\begin{cases}u^2, & u\leqslant 0, \\ u^2+u, & u>0.\end{cases}$$

于是有

$$f(-x)=f(u)=\begin{cases}(-x)^2, & -x\leqslant 0 \\ (-x)^2-x, & -x>0\end{cases}=\begin{cases}x^2, & x\geqslant 0, \\ x^2-x, & x<0.\end{cases}$$

(3) 设 $f(x)=\mathrm{e}^{x^2}, f(g(x))=1-x$ 且 $g(x)\geqslant 0$，计算函数 $g(x)$ 及其定义域.

解： 依据复合函数的构架，首先把 $g(x)$ 看成一个整体，令 $u=g(x)$，即

$$f(u)=\mathrm{e}^{u^2}, f(g(x))=\mathrm{e}^{g^2(x)}=1-x, \text{所以有 } g(x)=\sqrt{\ln(1-x)}.$$

同时，注意到必须满足 $\ln(1-x)\geqslant 0$，所以定义域为 $(-\infty, 0]$.

(4) 设 $\forall x\in \mathbf{R}, x\neq -1, x\neq \dfrac{1}{2}$，有 $f(x)$ 满足 $f\left(\dfrac{x+1}{2x-1}\right)=2f(x)+x$，求 $f(x)$.

解： $f\left(\dfrac{x+1}{2x-1}\right)=2f(x)+x$ 中仅有 $f(x)$ 和 $f\left(\dfrac{x+1}{2x-1}\right)$，想从中直接解出 $f(x)$ 很难. 问 x 与 $\dfrac{x+1}{2x-1}$ 是互换关系吗？能否互换位置？

依据

$$f\left(\frac{x+1}{2x-1}\right) = 2f(x) + x, \qquad (1.4.3)$$

令 $u = \dfrac{x+1}{2x-1}$,解得 $x = \dfrac{u+1}{2u-1}$(提示:关注 x,u 位置).进一步,有

$$f(u) = 2f\left(\frac{u+1}{2u-1}\right) + \frac{u+1}{2u-1}, \qquad (1.4.4)$$

即有

$$f(x) = 2f\left(\frac{x+1}{2x-1}\right) + \frac{x+1}{2x-1}, \qquad (1.4.5)$$

所以式(1.4.3)和(1.4.5)消去 $f\left(\dfrac{x+1}{2x-1}\right)$,有 $f(x) = \dfrac{-4x^2 + x - 1}{3(2x-1)}$.

1.4.2 初等函数

1. 定义

定义 1.4.2 由基本初等函数经过有限次四则运算和复合运算所得的可由一个分析表达式所表示的函数统称为初等函数.

注 1.4.2

(1)高等数学中一般常见的函数多为初等函数,例如 $\sin^2 x, \sin x^2$ 等;

(2)大多数分段函数不是初等函数,例如 1.2.1 节中三个新函数均不是初等函数.也有例外但很少,例如 $|x| = \sqrt{x^2} = \begin{cases} x, & x \geq 0, \\ -x, & x < 0; \end{cases}$

(3)设 $f(x) > 0, g(x)$ 均为初等函数,易知幂指函数

$$f(x)^{g(x)} = e^{g(x) \ln f(x)}$$

仍为初等函数.

§1.5　参数方程、极坐标与复数

1. 参数方程

例 1.5.1 过平面上两点 $P_1(x_1, y_1), P_2(x_2, y_2)$ 的直线方程为

$$\frac{y - y_1}{x - x_1} = \frac{y_2 - y_1}{x_2 - x_1},$$

令 $\dfrac{y - y_1}{y_2 - y_1} = \dfrac{x - x_1}{x_2 - x_1} = t$,有参数方程 $\begin{cases} x = x_1 + t(x_2 - x_1), \\ y = y_1 + t(y_2 - y_1), \end{cases}$ t 为参数.

例 1.5.2 设角速度为 1，t 为时间，所以转角为 $1 \cdot t = t$. 设 $P(x,y)$ 为运动轨迹上任意一点，有摆线方程 $\begin{cases} x = R \cdot t - R \cdot \sin t, \\ y = R - R\cos t, \end{cases} (t \in \mathbf{R})$，$t$ 为参数. 如图 1.6. 所示（摆线）

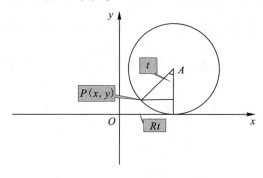

图 1.6　摆线

2. 极坐标

（1）直角坐标系：在同一平面上互相垂直且有公共焦点的两条数轴构成平面直角坐标系，简称直角坐标系.

（2）极坐标系：在平面内取一个定点 O，叫作极点；自极点引出一条射线 Ox，叫作极轴，再选定一个长度单位，一个角度单位（通常取弧度）及其正方向（逆时针方向），这样就建立了一个极坐标系.

给出直角坐标系与极坐标系坐标之间的关系为 $\begin{cases} x = r\cos\theta, \\ y = r\sin\theta. \end{cases}$

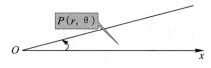

图 1.7　极坐标示意图

例 1.5.3 设直角坐标系下直线方程为 $y = ax + b$，令 $\begin{cases} x = r\cos\theta, \\ y = r\sin\theta, \end{cases}$ 代入上面直线方程中有 $r\sin\theta = ar\cos\theta + b$，解得极坐标系下直线方程为 $r = r(\theta) = \dfrac{b}{\sin\theta - a\cos\theta}$.

例 1.5.4 设直角坐标系下圆方程为 $x^2+y^2=R^2$，令 $\begin{cases}x=r\cos\theta,\\y=r\sin\theta,\end{cases}$ 代入上面圆方程中有 $(r\cos\theta)^2+(r\sin\theta)^2=R^2$，解得极坐标系下直线方程为 $r=r(\theta)=R,\theta\in[0,2\pi)$.

设直角坐标系下圆方程为 $x^2+y^2=2Rx(\Leftrightarrow (x-R)^2+y^2=R^2)$，令 $\begin{cases}x=r\cos\theta,\\y=r\sin\theta,\end{cases}$ 代入上面圆方程中有 $(r\cos\theta)^2+(r\sin\theta)^2=2Rr\cos\theta$，解得极坐标系下直线方程为 $r=r(\theta)=2R\cos\theta,\theta\in\left[-\dfrac{\pi}{2},\dfrac{\pi}{2}\right)$. 如图 1.8 所示.

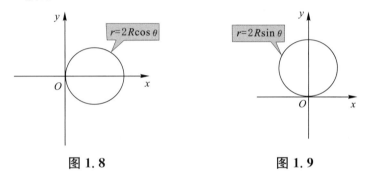

图 1.8   图 1.9

设直角坐标系下圆方程为 $x^2+y^2=2Ry(\Leftrightarrow x^2+(y-R)^2=R^2)$，令 $\begin{cases}x=r\cos\theta,\\y=r\sin\theta,\end{cases}$ 代入上面圆方程中有 $(r\cos\theta)^2+(r\sin\theta)^2=2Rr\sin\theta$，解得极坐标系下直线方程为 $r=r(\theta)=2R\sin\theta,\theta\in[0,\pi)$. 如图 1.9 所示.

问题与思考

1. 问：单调函数与周期函数之和一定为非单调函数吗？

答：不一定. 例如 $f(x)=2x,y=g(x)=\sin x$ 在 **R** 上分别为单调增函数和周期函数，而 $f(x)+g(x)=2x+\sin x$ 为 **R** 上单调增函数. 事实上 $(f(x)+g(x))'=2+\cos x\geqslant 0$.

2. 问: 单调增函数与单调减函数之和一定为非单调函数吗?

答: 不一定. 例如 $f(x)=2x, g(x)=\dfrac{1}{x}$ 在 $x>1$ 上分别为单调增和单调减函数,而 $F(x)=f(x)+g(x)$ 在 $x>1$ 上为单调增. 事实上对于任意的 $1<x_1<x_2$,计算

$$F(x_2)-F(x_1)=(x_2-x_1)\left(2-\dfrac{1}{x_1 x_2}\right)>0.$$

3. 问: 两个单调增函数相乘是否一定为单调增函数?

答: 不一定. 例如 $f(x)=x, g(x)=x$ 在 **R** 上均为单调增函数,而 $f(x)g(x)=x^2$ 在 **R** 上为非单调函数,甚至在 $x<0$ 上为单调减函数.

4. 问: 两个分别以 T 为周期的函数相加,所得函数一定是以 T 为周期的周期函数吗?

答: 不一定,例如,$f(x)=\sin x-\sin 2x, g(x)=\sin x$ 均以 2π 为周期的周期函数,而 $f(x)+g(x)=-\sin 2\pi$ 是以 π 为周期的周期函数.

5. 问: 两个分别以 T 为周期的函数相乘,积是否一定为以 T 为周期的周期函数?

答: 不一定. 例如,$f(x)=2\sin x, g(x)=\cos x$ 均以 2π 为周期的周期函数,而 $f(x)g(x)=2\sin x\cos x=\sin 2x$ 是以 π 为周期函数.

6. 问: 单调函数乘以周期函数是否一定不为单调函数?

答: 不一定. 例如,在 **R** 上 $f(x)=\mathrm{e}^{2x}$ 为单调增函数,$g(x)=\mathrm{e}^{\sin x}$ 为周期函数,而 $f(x)g(x)$ 为单调函数. 事实上 $f(x)g(x)=\mathrm{e}^{2x+\sin x}$,$(f(x)g(x))'=\mathrm{e}^{2x+\sin x}(2+\cos x)>0.$

7. 问: 周期函数是否一定有界?

答: 不一定. 例如 $f(x)=\tan x$ 在定义域上无界.

8. 设函数 $y=f(x)=\sin x, x\in[0,\pi]$,如图 1.10 所示. 求反函数 $y=f^{-1}(x)$?

答: 当 $x\in\left[0,\dfrac{\pi}{2}\right]$ 时,由 $y=f(x)=\sin x$,知其反函数为 $x=\arcsin y$,改写为 $y=\arcsin x;$

当 $x \in \left(\dfrac{\pi}{2}, \pi\right]$ 时,由 $y = f(x) = \sin x$,有 $y = f(x) = \sin(\pi - x)$, $\pi - x \in \left[0, \dfrac{\pi}{2}\right)$,知其反函数为 $\pi - x = \arcsin y$,即 $x = \pi - \arcsin y$ 改写为 $y = \pi - \arcsin x$. 故综上有

$$y = f^{-1}(x) = \begin{cases} \arcsin x, & x \in [0,1], y \in \left[0, \dfrac{\pi}{2}\right], \\ \pi - \arcsin x, & x \in [0,1], y \in \left(\dfrac{\pi}{2}, \pi\right]. \end{cases}$$

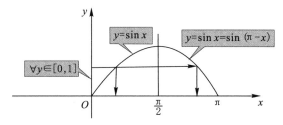

图 1.10

9. 设极坐标系下曲线方程为 $r = r(\theta), \theta \in [\alpha, \beta]$,问:此曲线可以写成参数方程吗?

答:令 $\begin{cases} x = r\cos\theta, \\ y = r\sin\theta, \end{cases}$ 则曲线的参数方程为 $\begin{cases} x = r(\theta) \cdot \cos\theta, \\ y = r(\theta) \cdot \sin\theta, \end{cases} \theta \in [\alpha, \beta]$,$\theta$ 为参数.

第 2 章 极限与连续

本章的重点是极限概念、极限四则运算法则、两个重要极限、连续概念;利用无穷小量代换求极限;难点是极限的 $\varepsilon-N$ 定义、$\varepsilon-\delta$ 定义;闭区间上连续函数的性质应用.

本章要求学生掌握极限的性质及四则运算法则;极限存在的准则,并会利用它求极限;数列的极限与其子数列的极限之间的关系;两个重要极限及应用;无穷小的比较方法;会利用等价无穷小求极限;会判断间断点的类型.

§2.1 数列的极限

2.1.1 数列极限的定义

1. 数列的定义

定义 2.1.1 若有无穷多个数,按照一定顺序进行排列,则称为数列,记为 $\{a_n\}$, $n \in \mathbf{N}$. 其中 a_n 称为数列的一般项或通项,n 称为下标.

注意此时数列可以看成定义在自然数集 $\mathbf{N}$ 上的函数,即
$$\mathbf{N} \to \mathbf{R}, \ f: n \mapsto a_n,$$
记为 $a_n = f(n)$.

例 2.1.1 设数列 $a_n = 2 + (-1)^n \dfrac{1}{n}$,以此数列描述极限收敛.

解:事实上,分别取 $n=1, n=2, \cdots, n=1000, \cdots$,有 $a_1 = 1$, $a_2 = \dfrac{5}{2}, \cdots, a_{1000} = \dfrac{2001}{1000}, \cdots$. 直观上,可以看到有变化趋势:当自然数 n 越大时,数列越趋向于一个定数 2. 这种变化趋势如何用数学的语言来刻画呢?想一想两点:一是对任意给的正数 ε,不论它多小,用 $|a_n - 2| = \dfrac{1}{n} < \varepsilon$ 来刻画数列越来越趋向于一个定数 2;二是要突出随着自然数 n 越取越大这种趋势,即 $n > \dfrac{1}{\varepsilon}$. 综上所述,若对任意给定的正数 ε,不论它多小,要使 $|a_n - 2| = \dfrac{1}{n} < \varepsilon$,只要 $n > \dfrac{1}{\varepsilon}$,以上步步可逆.这样它"名正言顺"等价于若对任意给的正数 ε,不论它多小,当 $n > \dfrac{1}{\varepsilon}$ 时,有 $|a_n - 2| = \dfrac{1}{n} < \varepsilon$.

注意到 $n > \dfrac{1}{\varepsilon}$ 等价于存在 $N = \left[\dfrac{1}{\varepsilon}\right], n > N$(这种写法更有数学味).

2. $\varepsilon - N$ 语言

定义 2.1.2 设有数列 $\{a_n\}$ 及常数 a,若对任意给的正数 ε,不论它多小,总存在正整数 N,使得当 $n > N$ 时,恒有不等式 $|a_n - a| < \varepsilon$ 成立,则称数列 $\{a_n\}$ 在当 n 趋向于无穷大时以 a 为极限,或称收敛于 a,记作 $\lim\limits_{n \to \infty} a_n = a$. 否则,称为数列发散.

注意此时 $n \to \infty$ 称为过程.

例 2.1.2 证明:

(1) $\lim\limits_{n \to \infty} \dfrac{n+1}{n} = 1$;

(2) 设 $|q| < 1$,有 $\lim\limits_{n \to \infty} q^n = 0$;

(3) 设 α 为正常数,有 $\lim\limits_{n \to \infty} n^{-\alpha} = 0$;

(4) $\lim\limits_{n \to \infty} \dfrac{n}{n^2 - 2} = 0$;

(5) 设 $q > 1$ 为正常数,有 $\lim\limits_{n \to \infty} \sqrt[n]{q} = 1$;

(6) $\lim\limits_{n \to \infty} \sqrt[n]{n} = 1$.

证:(1)记 $a_n = \dfrac{n+1}{n}, a=1, \forall \varepsilon > 0$,不论它多小,要使 $|a_n - a| = \dfrac{1}{n} < \varepsilon$,只要 $n > \dfrac{1}{\varepsilon}$,取 $N = \left[\dfrac{1}{\varepsilon}\right]$,则当 $n > N$ 时,恒有 $|a_n - a| = \dfrac{1}{n} < \varepsilon$. 故有 $\lim\limits_{n\to\infty} \dfrac{n+1}{n} = 1$.

(2)记 $a_n = q^n, a = 0$. 当 $q = 0$ 时,结论显然成立. 当 $q \neq 0$ 时,$\forall \varepsilon > 0$,不论它多小(不妨设 $0 < \varepsilon < |q|$),要使 $|a_n - a| = |q|^n < \varepsilon$,只要 $n > \dfrac{\ln \varepsilon}{\ln |q|}$(注意 $\ln |q| < 0$),取 $N = \left[\dfrac{\ln \varepsilon}{\ln |q|}\right]$,则当 $n > N$ 时,恒有 $|a_n - a| = |q|^n < \varepsilon$. 故有 $\lim\limits_{n\to\infty} q^n = 0$.

提示:此结论以后常作为公式用.

(3)记 $a_n = n^{-\alpha}, a = 0, \forall \varepsilon > 0$,不论它多小,要使 $|a_n - a| = \dfrac{1}{n^\alpha} < \varepsilon$,只要 $n > \left(\dfrac{1}{\varepsilon}\right)^{\frac{1}{\alpha}}$,取 $N = \left[\left(\dfrac{1}{\varepsilon}\right)^{\frac{1}{\alpha}}\right]$,则当 $n > N$ 时,恒有 $|a_n - a| = \dfrac{1}{n^\alpha} < \varepsilon$. 故有 $\lim\limits_{n\to\infty} n^{-\alpha} = 0$.

提示:此结论以后常作为公式用.

(4)记 $a_n = \dfrac{n}{n^2 - 2}, a = 0, \forall \varepsilon > 0$,不论它多小,要使 $|a_n - a| \xlongequal{n>2} \dfrac{n}{n^2 - 2} < \dfrac{2}{n} < \varepsilon$,只要 $n > \dfrac{2}{\varepsilon}$,取 $N = \max\left(2, \left[\dfrac{2}{\varepsilon}\right]\right)$,则当 $n > N$ 时,恒有 $|a_n - a| < \dfrac{2}{n} < \varepsilon$. 故有 $\lim\limits_{n\to\infty} \dfrac{n}{n^2 - 2} = 0$.

(5)记 $a_n = \sqrt[n]{q}, a = 1, \forall \varepsilon > 0$,不论它多小,要使 $|a_n - a| = \sqrt[n]{q} - 1 < \varepsilon$,只要 $\sqrt[n]{q} < 1 + \varepsilon$,即 $n > \dfrac{\ln q}{\ln(1 + \varepsilon)}$,取 $N = \left[\dfrac{\ln q}{\ln(1 + \varepsilon)}\right]$,则当 $n > N$ 时,恒有 $|a_n - a| = \sqrt[n]{q} - 1 < \varepsilon$. 故有 $\lim\limits_{n\to\infty} \sqrt[n]{q} = 1$.

(6)记 $a_n = \sqrt[n]{n}, a = 1$,有 $|a_n - a| = \sqrt[n]{n} - 1 = h_n \geq 0$,即 $\sqrt[n]{n} = h_n + 1$. 下面估计 h_n,依据牛顿二项式定理有

$$n = (1 + h_n)^n \xlongequal{n \geq 2} 1 + n h_n + \dfrac{n(n-1)}{2} h_n^2 + \cdots + h_n^n > \dfrac{n(n-1)}{2} h_n^2,$$

即有 $h_n < \sqrt{\dfrac{2}{n-1}}$. 所以,$\forall \varepsilon > 0$,不论它多小,要使

$$|a_n - a| = \sqrt[n]{n} - 1 = h_n < \sqrt{\frac{2}{n-1}} < \varepsilon, (n \geq 2),$$

只要 $n > 1 + \frac{2}{\varepsilon^2}$，取 $N = \max\left(2, \left[1 + \frac{2}{\varepsilon^2}\right]\right)$，则当 $n > N$ 时，恒有 $|a_n - a| = h_n < \varepsilon$. 故有 $\lim\limits_{n \to \infty} \sqrt[n]{n} = 1$.

提示：此结论以后常作为公式用.

类似题：

证明：(1) $\lim\limits_{n \to \infty} \dfrac{n^2}{3n^2 + 1} = \dfrac{1}{3}$；

(2) $\lim\limits_{n \to \infty} \dfrac{5^n}{n!} = 0$；

(3) 设数列 $\{b_n\}$ 为有界数列，若 $\lim\limits_{n \to \infty} a_n = 0$，则有 $\lim\limits_{n \to \infty} a_n b_n = 0$.

证：(1) 记 $a_n = \dfrac{n^2}{3n^2 + 1}$，$a = \dfrac{1}{3}$，$\forall \varepsilon > 0$，不论它多小，要使 $|a_n - a| = \dfrac{1}{3(3n^2 + 1)} < \dfrac{1}{9n} < \varepsilon$，只要 $n > \dfrac{1}{9\varepsilon}$，取 $N = \left[\dfrac{1}{9\varepsilon}\right]$，则当 $n > N$ 时，恒有 $|a_n - a| = \dfrac{1}{3(3n^2 + 1)} < \dfrac{1}{9n} < \varepsilon$. 故有 $\lim\limits_{n \to \infty} \dfrac{n^2}{3n^2 + 1} = \dfrac{1}{3}$.

(2) 记 $a_n = \dfrac{5^n}{n!}$，$a = 0$，$\forall \varepsilon > 0$，不论它多小，要使

$$|a_n - a| = \dfrac{5^n}{n!} \underset{n > 5}{=} \dfrac{5^5 \cdot \cdots \cdot 5 \cdot 5}{5! \cdot 6 \cdot 7 \cdot \cdots \cdot n}$$
$$= \left(\dfrac{5^5}{5!}\right) \cdot \dfrac{5}{6} \cdot \dfrac{5}{7} \cdot \cdots \cdot \dfrac{5}{n-1} \cdot \dfrac{5}{n} < \dfrac{5^5}{4! \, n} < \varepsilon,$$

只要 $n > \dfrac{5^5}{4! \, \varepsilon}$，取 $N = \max\left(5, \left[\dfrac{5^5}{4! \, \varepsilon}\right]\right)$，则当 $n > N$ 时，恒有 $|a_n - a| = \dfrac{5^n}{n!} < \dfrac{5^5}{4! \, n} < \varepsilon$. 故有 $\lim\limits_{n \to \infty} \dfrac{5^n}{n!} = 0$.

(3) 依据题意知数列 $\{b_n\}$ 有界，可知存在 $M > 0$，满足对于任何正整数 n，有 $|b_n| \leq M$. 又依据题意 $\lim\limits_{n \to \infty} a_n = 0$，可知 $\forall \varepsilon > 0$，存在一个正整数 N，当 $n > N$ 时，有 $|a_n - 0| < \varepsilon$，所以对上述 ε，N，当 $n > N$ 时，恒有 $|a_n b_n - 0| = |a_n b_n| \leq M|a_n - 0| < M\varepsilon$，故有 $\lim\limits_{n \to \infty} a_n b_n = 0$.

几何意义：在数轴上，点 P 与数 x 一一对应，则此点记为 $P(x)$，其中数 x 称为点 P 的坐标. 因此数列 $\{a_n\}$ 可作为数轴上的点列 $\{a_n\}$，

数 a 作为数轴上固定点 a. 这样 $\lim_{n\to\infty} a_n = a$ 的几何意义就是:若对任意给的正数 ε,不论它多小,作 a 点的邻域 $U(a,\varepsilon)$,则总存在正整数 N,满足 N 项以后的所有项 $a_{N+1}, a_{N+2}, \cdots$,均落在邻域 $U(a,\varepsilon)$ 内,即 $a_n \in U(a,\varepsilon), (n>N)$. 如图 2.1 所示.

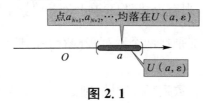

图 2.1

注 2.1.1

(1)在证明数列收敛时,为了便于计算正整数 N,常常进行适当放大技巧处理. 比如,例 2.1.2 中(4)和(6)题;

(2)等价定义:设有数列 $\{a_n\}$ 及常数 a,若对任意给的正数 ε,不论它多小,总存在正整数 N,使得当 $n>N$ 时,恒有不等式 $|a_n - a| < M\varepsilon$ 成立,其中 M 为已知正常数,则称数列 $\{a_n\}$ 当 n 趋向于无穷大时以 a 为极限,或称收敛于 a,记作 $\lim_{n\to\infty} a_n = a$.

2.1.2 收敛数列的性质

1. 一般性质

(1)若改变数列的前有限项,则其敛散性不变. 进一步,若收敛,则其极限也不变;

(2)(极限的唯一性)若数列收敛,则极限必唯一;

(3)(有界性)若数列收敛,则数列必有界. 反之不真,比如数列 $\{a_n\}$,其中 $a_n = (-1)^n$;

(4)(保号性)若 $\lim_{n\to\infty} a_n = a, \lim_{n\to\infty} b_n = b$ 且 $a > b$,则存在自然数 N,当 $n > N$ 时,有 $a_n > b_n$;

推论 2.1.1 若 $\lim_{n\to\infty} a_n = a, \lim_{n\to\infty} b_n = b$ 且存在自然数 N,当 $n > N$ 时,有 $a_n \geq b_n$,则 $a \geq b$. 注意即使 $a_n > b_n$,$a \geq b$ 中的等号不能去掉,例如 $a_n = \dfrac{2}{n} > b_n = \dfrac{1}{n}$,而 $\lim_{n\to\infty} a_n = \lim_{n\to\infty} b_n = 0$.

2. 四则运算性质

定理 2.1.1 设 $\lim_{n\to\infty} a_n = a, \lim_{n\to\infty} b_n = b$.

(1)则有 $\lim\limits_{n\to\infty}(ka_n+lb_n)$ 存在且有 $\lim\limits_{n\to\infty}(ka_n+lb_n)=k\lim\limits_{n\to\infty}a_n+l\lim\limits_{n\to\infty}b_n$,其中 k,l 为两个实常数.

(2)则有 $\lim\limits_{n\to\infty}(a_nb_n)$ 存在且有 $\lim\limits_{n\to\infty}(a_nb_n)=(\lim a_n)(\lim b_n)$.

(3)当 $b\neq 0$ 时,则有 $\lim\limits_{n\to\infty}\left(\dfrac{a_n}{b_n}\right)$ 存在且有 $\lim\limits_{n\to\infty}\left(\dfrac{a_n}{b_n}\right)=\dfrac{\lim\limits_{n\to\infty}a_n}{\lim\limits_{n\to\infty}b_n}$.

注意四则运算都是在两个数列极限存在的情况下进行运算的.

注 2.1.2

(1)若 $\lim\limits_{n\to\infty}a_n=a$,数列 $\{b_n\}$ 发散,则数列 $\{a_n\pm b_n\}$ 一定发散.

反证,事实上,仅以 $\{a_n+b_n\}$ 为例.假设结论不真,不妨设 $\lim\limits_{n\to\infty}(a_n+b_n)$ 存在,而 $b_n=(a_n+b_n)-a_n$,依据四则运算性质知 $\lim\limits_{n\to\infty}b_n$ 存在,矛盾.

(2)若 $\lim\limits_{n\to\infty}a_n=a$,数列 $\{b_n\}$ 发散,则数列 $\{a_nb_n\}$ 不一定发散.其中当 $\lim\limits_{n\to\infty}a_n=a\neq 0$ 时,则数列 $\{a_nb_n\}$ 一定发散.

反证,假设结论不真,不妨设 $\lim\limits_{n\to\infty}(a_nb_n)$ 存在,而 $b_n=\dfrac{a_nb_n}{a_n}$,依据四则运算性质知 $\lim\limits_{n\to\infty}b_n$ 存在,矛盾.

注意当 $\lim\limits_{n\to\infty}a_n=a=0$ 时,则数列 $\{a_nb_n\}$ 有可能收敛.例如,$a_n=0$,$b_n=(-1)^n$,易知 $\lim\limits_{n\to\infty}a_n=0$,$\lim\limits_{n\to\infty}b_n$ 不存在,而 $\lim\limits_{n\to\infty}a_nb_n=0$.

(3)若 $\lim\limits_{n\to\infty}a_n=a>0$,$\lim\limits_{n\to\infty}b_n=b$,则有 $\lim\limits_{n\to\infty}a_n^{b_n}=a^b$.

提示:基于 $a_n^{b_n}=e^{b_n\ln a_n}$.(读者自行完成证明)

(4)若 $q>0$,则有 $\lim\limits_{n\to\infty}\sqrt[n]{q}=1$.事实上,在例 2.1.2 中已证明,若 $q>1$,则有 $\lim\limits_{n\to\infty}\sqrt[n]{q}=1$.进一步,若 $q=1$,则结论显然成立.若 $0<q<1$,则四则运算性质有 $\lim\limits_{n\to\infty}\sqrt[n]{q}=\lim\limits_{n\to\infty}\dfrac{1}{\sqrt[n]{\dfrac{1}{q}}}=1$.

(5)若 k 为一确定正整数,则有 $\lim\limits_{n\to\infty}\sqrt[n]{n^k}=(\lim\limits_{n\to\infty}\sqrt[n]{n})^k=1$.

提示:以上(3)、(4)和(5)可以作为公式用.

3. 常规练习

例 2.1.3 一系列数之和的数列求极限:

(1) $\lim\limits_{n\to\infty}\sum\limits_{i=1}^{n}\dfrac{1}{i(i+1)}$; (2) $\lim\limits_{n\to\infty}\dfrac{1+2+\cdots+n}{n^2}$.

解:(1)计算

$$\lim_{n\to\infty}\sum_{i=1}^{n}\frac{1}{i(i+1)}=\lim_{n\to\infty}\sum_{i=1}^{n}\left(\frac{1}{i}-\frac{1}{i+1}\right)=\lim_{n\to\infty}\left(1-\frac{1}{n+1}\right)=1.$$

(2)分析:一是它是无穷多项之和,不能直接利用四则运算中的加减计算(因为法则只适用于有限项加减);二是其分子为等差数列,利用等差数列求和公式.

计算

$$\lim_{n\to\infty}\frac{1+2+\cdots+n}{n^2}=\lim_{n\to\infty}\frac{\frac{(1+n)n}{2}}{n^2}=\frac{1}{2}\lim_{n\to\infty}\left(1+\frac{1}{n}\right)=\frac{1}{2}.$$

例 2.1.4 关于数 n 的多项式相除的数列求极限:

(1) $\lim\limits_{n\to\infty}\dfrac{5n^3+4n^2-3n+6}{8n^3+4n^2+4n+1}$;

(2)设 $a_0 b_0 \neq 0$,其中 a_i,b_j 为常数,为 k,l 正整数,计算

$$\lim_{n\to\infty}\frac{a_0n^k+a_1n^{k-1}+\cdots+a_{k-1}n+a_k}{b_0n^l+b_1n^{l-1}+\cdots+b_{l-1}n+b_l}.$$

解:(1)分析:一是分子分母极限均不存在,所以不能直接用四则运算中的除法计算;二是当 n 充分大时,分子和分母均以 n^3 为主导作用,试想可以提取 n^3 后再计算极限.

计算

$$\lim_{n\to\infty}\frac{5n^3+4n^2-3n+6}{8n^3+4n^2+4n+1}=\lim_{n\to\infty}\frac{n^3\left(5+\frac{4}{n}-\frac{3}{n^2}+\frac{6}{n^3}\right)}{n^3\left(8+\frac{4}{n}+\frac{4}{n^2}+\frac{1}{n^3}\right)}$$

$$=\frac{\lim\limits_{n\to\infty}\left(5+\frac{4}{n}-\frac{3}{n^2}+\frac{6}{n^3}\right)}{\lim\limits_{n\to\infty}\left(8+\frac{4}{n}+\frac{4}{n^2}+\frac{1}{n^3}\right)}$$

$$=\frac{5+\lim\limits_{n\to\infty}\frac{4}{n}-\lim\limits_{n\to\infty}\frac{3}{n^2}+\lim\limits_{n\to\infty}\frac{6}{n^3}}{8+\lim\limits_{n\to\infty}\frac{4}{n}+\lim\limits_{n\to\infty}\frac{4}{n^2}+\lim\limits_{n\to\infty}\frac{1}{n^3}}$$

$$=\frac{5+0-0+0}{8+0+0+0}=\frac{5}{8}.$$

(2)计算

$$\lim_{n\to\infty}\frac{a_0 n^k+a_1 n^{k-1}+\cdots+a_{k-1}n+a_k}{b_0 n^l+b_1 n^{l-1}+\cdots+b_{l-1}n+b_l}$$

$$=\lim_{n\to\infty}\frac{n^k(a_0+a_1 n^{-1}+\cdots+a_{k-1}n^{1-k}+a_k n^{-k})}{n^l(b_0+b_1 n^{-1}+\cdots+b_{l-1}n^{1-l}+b_l n^{-l})}$$

$$=\lim_{n\to\infty}n^{k-l}\frac{(a_0+a_1 n^{-1}+\cdots+a_{k-1}n^{1-k}+a_k n^{-k})}{(b_0+b_1 n^{-1}+\cdots+b_{l-1}n^{1-l}+b_l n^{-l})}=\begin{cases}0, & k<l,\\ \dfrac{a_0}{b_0}, & k=l,\\ \infty, & k>l.\end{cases}$$

(提示:可以作为公式用)

例 2.1.5 关于数的无理式相加减的数列求极限:

(1) $\lim\limits_{n\to\infty}(\sqrt{(n+a)(n+b)}-n)$;

(2) $\lim\limits_{n\to\infty}(\sqrt{n+2}-2\sqrt{n+1}+\sqrt{n})\sqrt{n}$;

(3) $\lim\limits_{n\to\infty}(\sqrt{1+2+\cdots+n}-\sqrt{1+2+\cdots+(n-1)})$.

解:(1)分析:由于 $\lim\limits_{n\to\infty}\sqrt{(n+a)(n+b)}$ 和 $\lim\limits_{n\to\infty}n$ 这两个极限不存在,所以不能直接用四则运算中减法计算.另外,式子带有根号,一般先进行分子有理化.

计算

$$\lim_{n\to\infty}(\sqrt{(n+a)(n+b)}-n)=\lim_{n\to\infty}\frac{(n+a)(n+b)-n^2}{\sqrt{(n+a)(n+b)}+n}$$

$$=\lim_{n\to\infty}\frac{n\left((a+b)+\dfrac{ab}{n}\right)}{n\left(\sqrt{1+\dfrac{a+b}{n}+\dfrac{ab}{n^2}}+1\right)}$$

$$=\frac{a+b+0}{\sqrt{1+0+0}+1}=\frac{a+b}{2}.$$

(2)计算

$$\lim_{n\to\infty}(\sqrt{n+2}-2\sqrt{n+1}+\sqrt{n})\sqrt{n}$$

$$=\lim_{n\to\infty}(\sqrt{n+2}-\sqrt{n+1}+\sqrt{n}-\sqrt{n+1})\sqrt{n}$$

$$=\lim_{n\to\infty}\left(\frac{1}{\sqrt{n+2}+\sqrt{n+1}}-\frac{1}{\sqrt{n}+\sqrt{n+1}}\right)\sqrt{n}$$

$$= \lim_{n\to\infty}\frac{\sqrt{n}}{\sqrt{n+2}+\sqrt{n+1}} - \lim_{n\to\infty}\frac{\sqrt{n}}{\sqrt{n}+\sqrt{n+1}}$$

$$= \lim_{n\to\infty}\frac{1}{\sqrt{1+\frac{2}{n}}+\sqrt{1+\frac{1}{n}}} - \lim_{n\to\infty}\frac{1}{1+\sqrt{1+\frac{1}{n}}} = \frac{1}{2} - \frac{1}{2} = 0.$$

(3) 计算

$$\lim_{n\to\infty}(\sqrt{1+2+\cdots+n} - \sqrt{1+2+\cdots+(n-1)})$$

$$= \lim_{n\to\infty}\left(\sqrt{\frac{n(n+1)}{2}} - \sqrt{\frac{n(n-1)}{2}}\right)$$

$$= \lim_{n\to\infty}\frac{n}{\sqrt{\frac{n(n+1)}{2}}+\sqrt{\frac{n(n-1)}{2}}}$$

$$= \lim_{n\to\infty}\frac{1}{\sqrt{\frac{1}{2}+\frac{1}{2n}}+\sqrt{\frac{1}{2}-\frac{1}{2n}}} = \frac{\sqrt{2}}{2}.$$

例 2.1.6 无穷多项乘积的数列求极限:

(1) $\lim\limits_{n\to\infty}\dfrac{\ln(f(1)f(2)\cdots f(n))}{n^2}$,其中函数 $f(x)=a^x,(a>0,a\neq 1)$;

(2) $\lim\limits_{n\to\infty}\left(1+\dfrac{1}{1\cdot 3}\right)\left(1+\dfrac{1}{2\cdot 4}\right)\cdots\left(1+\dfrac{1}{n(n+2)}\right)$;

(3) $\lim\limits_{n\to\infty}(1+q)(1+q^2)\cdots(1+q^{2^n})$ $(|q|<1)$;

(4) $\lim\limits_{n\to\infty}\cos\dfrac{x}{2}\cos\dfrac{x}{2^2}\cdots\cos\dfrac{x}{2^n}$,其中 $x\neq 0$.

解: (1) 计算

$$\lim_{n\to\infty}\frac{\ln(f(1)f(2)\cdots f(n))}{n^2} = \lim_{n\to\infty}\frac{\ln f(1)+\ln f(2)+\cdots+\ln f(n)}{n^2}$$

$$= \lim_{n\to\infty}\frac{(1+2+\cdots+n)\ln a}{n^2} = \frac{\ln a}{2}.$$

(2) 观察知 $1+\dfrac{1}{k(k+2)} = \dfrac{(k+1)^2}{k(k+2)}.$

计算

$$\lim_{n\to\infty}\left(1+\frac{1}{1\cdot 3}\right)\left(1+\frac{1}{2\cdot 4}\right)\cdots\left(1+\frac{1}{n(n+2)}\right)$$

$$= \lim_{n\to\infty}\frac{2^2}{1\cdot 3}\cdot\frac{3^2}{2\cdot 4}\cdot\frac{4^2}{3\cdot 5}\cdots\frac{(n+1)^2}{n\cdot(n+2)} = \lim_{n\to\infty}2\cdot\frac{n+1}{n+2} = 2.$$

(3)计算

$$\lim_{n\to\infty}(1+q)(1+q^2)\cdots(1+q^{2^n})=\lim_{n\to\infty}\frac{(1-q)(1+q)(1+q^2)\cdots(1+q^{2^n})}{1-q}$$

$$=\lim_{n\to\infty}\frac{1-q^{2^{n+1}}}{1-q}=\frac{1}{1-q}.$$

(提示:用到若$|q|<1$,则有$\lim_{n\to\infty}q^n=0$)

(4)观察知 $2\sin x\cos x=\sin 2x$

计算

$$\lim_{n\to\infty}\cos\frac{x}{2}\cos\frac{x}{2^2}\cdots\cos\frac{x}{2^n}=\lim_{n\to\infty}\frac{2^n\sin\frac{x}{2^n}\cos\frac{x}{2}\cos\frac{x}{2^2}\cdots\cos\frac{x}{2^n}}{2^n\sin\frac{x}{2^n}}$$

$$=\lim_{n\to\infty}\frac{\sin x}{2^n\sin\frac{x}{2^n}}=\frac{\sin x}{x}.$$

(提示:用到了后面的知识点 $\lim_{n\to\infty}\dfrac{\sin\frac{x}{2^n}}{\frac{x}{2^n}}=1$)

例 2.1.7 含有变量 x 的数列求极限:

(1) $f(x)=\lim_{n\to\infty}\dfrac{n\arctan(xn)}{\sqrt{n^2+n+1}}$;

(2) $f(x)=\lim_{n\to\infty}\dfrac{x^n}{1+x^n}(x\geqslant 0)$;

(3) $f(x)=\lim_{n\to\infty}\dfrac{x^n-x^{-n}}{x^n+x^{-n}}(x\neq 0)$.

解:(1)数列中既有 x 又有 n,其中 x 与 n 无关,这里过程是 $n\to\infty$. 一方面,这里是指给定一个 x,计算数列极限 $f(x)=\lim_{n\to\infty}\dfrac{n\arctan(nx)}{\sqrt{n^2+n+1}}$, 比如

$$f(-0.5)=\lim_{n\to\infty}\frac{n\arctan(-0.5n)}{\sqrt{n^2+n+1}},$$

$$f(1.5)=\lim_{n\to\infty}\frac{n\arctan(1.5n)}{\sqrt{n^2+n+1}}.$$

另一方面,可知 $\lim\limits_{n\to\infty}\dfrac{n}{\sqrt{n^2+n+1}}=1$,$\lim\limits_{n\to\infty}\arctan n=\dfrac{\pi}{2}$ 和 $\lim\limits_{n\to\infty}\arctan(-n)=-\dfrac{\pi}{2}$,同时知当 $x=0$ 时,有 $\arctan n\cdot 0=0$;当 $x=1.5$ 时,有 $\lim\limits_{n\to\infty}\arctan 1.5n=\dfrac{\pi}{2}$;推广有 $\forall x>0$,有 $\lim\limits_{n\to\infty}\arctan nx=\dfrac{\pi}{2}$;当 $x=-0.5$ 时,有 $\lim\limits_{n\to\infty}\arctan(-0.5n)=-\dfrac{\pi}{2}$,推广有 $\forall x<0$,有 $\lim\limits_{n\to\infty}\arctan nx=-\dfrac{\pi}{2}$.

计算

$$f(x)=\lim_{n\to\infty}\frac{n\arctan(xn)}{\sqrt{n^2+n+1}}=\begin{cases}-\dfrac{\pi}{2}, & x<0,\\ 0, & x=0,\\ \dfrac{\pi}{2}, & x>0.\end{cases}$$

在解(2)和(3)题之前看下面例子:$\lim\limits_{n\to\infty}\dfrac{(-2)^n+3^n}{(-2)^{n+1}+3^{n+1}}$,从中领悟如何计算极限.

分析:一是分子分母极限均不存在,所以不能直接用四则运算中的除法计算.二是当 n 充分大时,分子和分母分别以 3^n 起 3^{n+1} 主导作用,试想分子和分母分别提取 3^n 和 3^{n+1} 后再计算极限.

计算

$$\lim_{n\to\infty}\frac{(-2)^n+3^n}{(-2)^{n+1}+3^{n+1}}=\lim_{n\to\infty}\frac{3^n\left[\left(-\dfrac{2}{3}\right)^n+1\right]}{3^{n+1}\left[\left(-\dfrac{2}{3}\right)^{n+1}+1\right]}=\frac{1}{3}.$$

(2)数列中既有 x 又有 n,其中 x 与 n 无关,这里过程是 $n\to\infty$.一方面,这里是指给定一个 x,计算数列极限 $f(x)=\lim\limits_{n\to\infty}\dfrac{x^n}{1+x^n}(x\geqslant 0)$,比如

$$f(0.5)=\lim_{n\to\infty}\frac{0.5^n}{1+0.5^n},\ f(3.5)=\lim_{n\to\infty}\frac{3.5^n}{1+3.5^n}.$$

另一方面,同时知当 $x=0$ 时,有 $0^n=0$,所以此时有 $f(0)=$

$\lim\limits_{n\to\infty}\dfrac{0}{1+0}=0$；当 $x=\dfrac{1}{2}$ 时，有 $\lim\limits_{n\to\infty}\left(\dfrac{1}{2}\right)^n=0$，推广有 $\forall\, 0<x<1$，有 $\lim\limits_{n\to\infty}x^n=0$，所以此时有 $f(x)=\lim\limits_{n\to\infty}\dfrac{x^n}{1+x^n}=\dfrac{0}{1+0}=0$；当 $x=1$ 时，有 $1^n=1$，所以此时有 $f(1)=\lim\limits_{n\to\infty}\dfrac{1^n}{1+1^n}=\dfrac{1}{2}$；当 $x=2$ 时，有 $\lim\limits_{n\to\infty}\dfrac{1}{2^n}=0$，推广有 $\forall\, x>1$，有 $\lim\limits_{n\to\infty}\dfrac{1}{x^n}=\lim\limits_{n\to\infty}\left(\dfrac{1}{x}\right)^n=\lim\limits_{n\to\infty}x^{-n}=0$，此时注意两点：一是分子分母极限均不存在，所以不能直接用四则运算中的除法计算. 二是当 n 充分大时，分子和分母均以 x^n 起主导作用，试想可以提取 x^n 后再计算极限，有 $\lim\limits_{n\to\infty}\dfrac{x^n}{1+x^n}=\lim\limits_{n\to\infty}\dfrac{x^n}{x^n(x^{-n}+1)}=\lim\limits_{n\to\infty}\dfrac{1}{x^{-n}+1}=1$.

依据四则运算法则，计算有

$$f(x)=\lim\limits_{n\to\infty}\dfrac{x^n}{1+x^n}=\begin{cases}0, & 0\leqslant x<1,\\ \dfrac{1}{2}, & x=1,\\ 1, & x>1.\end{cases}$$

(3) 首先整理 $f(x)=\lim\limits_{n\to\infty}\dfrac{x^n-x^{-n}}{x^n+x^{-n}}=\lim\limits_{n\to\infty}\dfrac{x^{2n}-1}{x^{2n}+1}$. 其次，当 $x=\pm\dfrac{1}{2}$ 时，有 $\lim\limits_{n\to\infty}\left(\pm\dfrac{1}{2}\right)^{2n}=0$，推广有 $\forall\, 0<|x|<1$，有 $\lim\limits_{n\to\infty}x^{2n}=0$，所以此时有 $f(x)=\lim\limits_{n\to\infty}\dfrac{x^{2n}-1}{x^{2n}+1}=\dfrac{0-1}{0+1}=-1$；当 $x=\pm 1$ 时，有 $(\pm 1)^{2n}=1$，所以此时有 $f(x)=\lim\limits_{n\to\infty}\dfrac{x^{2n}-1}{x^{2n}+1}=\dfrac{1-1}{1+1}=0$；当 $x=\pm 2$ 时，有 $\lim\limits_{n\to\infty}\dfrac{1}{(\pm 2)^{2n}}=\lim\limits_{n\to\infty}\left(\dfrac{1}{4}\right)^n=0$，推广有 $\forall\, |x|>1$，有 $\lim\limits_{n\to\infty}\dfrac{1}{x^{2n}}=\lim\limits_{n\to\infty}\left(\dfrac{1}{x^2}\right)^n=0$，此时注意两点：一是分子分母极限均不存在，所以不能直接用四则运算中的除法计算. 二是当 n 充分大时，分子和分母均以 x^{2n} 为主导作用，试想可以提取 x^{2n} 后再计算极限，有 $\lim\limits_{n\to\infty}\dfrac{x^{2n}-1}{x^{2n}+1}=\lim\limits_{n\to\infty}\dfrac{x^{2n}(1-x^{-2n})}{x^{2n}(1+x^{-2n})}=\lim\limits_{n\to\infty}\dfrac{1-x^{-2n}}{1+x^{-2n}}=1$.

依据四则运算法则，计算有

$$f(x)=\lim\limits_{n\to\infty}\dfrac{x^n-x^{-n}}{x^n+x^{-n}}=\lim\limits_{n\to\infty}\dfrac{x^{2n}-1}{x^{2n}+1}=\begin{cases}-1, & 0<|x|<1,\\ 0, & |x|=1,\\ 1, & |x|>1.\end{cases}$$

2.1.3 数列敛散性的判别

1. 数列单调和有界的定义

定义 2.1.3 设数列 $\{a_n\}$，若满足 $a_n \leqslant a_{n+1}(n \in \mathbf{N})$，则称数列 $\{a_n\}$ 是单调增加(上升)的.

定义 2.1.4 设数列 $\{a_n\}$，若满足 $a_n \geqslant a_{n+1}(n \in \mathbf{N})$，则称数列 $\{a_n\}$ 是单调减少(下降)的.

定义 2.1.5 设数列 $\{a_n\}$，若存在一个常数 M，满足 $a_n \leqslant M(n \in \mathbf{N})$，则称数列 $\{a_n\}$ 是有上界的，其中 M 称为数列的一个上界. 类似可定义数列的下界.

2. 单调有界原理

定理 2.1.2

(1)若数列 $\{a_n\}$ 单调增加且有上界，则有 $\lim\limits_{n \to \infty} a_n = a$ 且 $a_n \leqslant a$；

(2)若数列 $\{a_n\}$ 单调减少且有下界，则有 $\lim\limits_{n \to \infty} a_n = a$ 且 $a_n \geqslant a$.

例 2.1.8

(1)设 $a,b>0$，且 $\sqrt{b+a} \neq a$ 定义数列 $\{a_n\}$ 为 $a_1=a, a_{n+1}=\sqrt{b+a_n}$，$n \in \mathbf{N}$，求极限 $\lim\limits_{n \to \infty} a_n$.

(2)设 $a>0$，定义数列 $\{a_n\}$ 为 $a_{n+1}=\dfrac{1}{2}\left(a_n+\dfrac{a}{a_n}\right)$，$n \in \mathbf{N}$，其中 a_1 为一正数，求极限 $\lim\limits_{n \to \infty} a_n$.

(3)设 $0<a_1<a$，$a_{n+1}=\sqrt{a_n(a-a_n)}$，求极限 $\lim\limits_{n \to \infty} a_n$.

(4)设 $0<a \leqslant 1$，定义数列 $\{a_n\}$ 为 $a_1=a, a_{n+1}=\sin a_n$，$n \in \mathbf{N}$，求极限 $\lim\limits_{n \to \infty} a_n$.

解：(1)经分析注意四点：

①当数列是由递推公式给出时，一般用单调有界原理；

②利用递推公式判定单调性，一般计算 $a_{n+1}-a_n$ 或 $\dfrac{a_{n+1}}{a_n}$；

③有时要依据单调性，把递推公式化成统一元再处理；

④当求极限值时，常用下列性质：若极限存在，则必唯一.

首先,当 $a,b>0$ 时,易知 $a_n>0$. 计算

$$a_{n+1}-a_n=\sqrt{a_n+b}-\sqrt{a_{n-1}+b}=\frac{a_n-a_{n-1}}{\sqrt{a_n+b}+\sqrt{a_{n-1}+b}},$$

计算 $a_2-a_1=\sqrt{b+a}-a$,知当 $\sqrt{a+b}-a>0$ 时,数列 $\{a_n\}$ 为单调增加;当 $\sqrt{a+b}-a<0$ 时,数列 $\{a_n\}$ 为单调减少. 下面进一步分别讨论. 当 $\sqrt{a+b}-a>0$ 时,由数列 $\{a_n\}$ 单调增加知有 $a_{n+1}^2=b+a_n<b+a_{n+1}$,所以 $a_{n+1}<\frac{b+a_{n+1}}{a_{n+1}}<\frac{b}{a_1}+1=\frac{b}{a}+1$,这表明数列有上界. 于是数列 $\{a_n\}$ 单调增加且有上界,故 $\lim\limits_{n\to\infty}a_n$ 存在. 记 $\lim\limits_{n\to\infty}a_n=l$,对 $a_{n+1}=\sqrt{b+a_n}$ 两边取极限,有 $l=\sqrt{b+l}$,解得 $l=\frac{1+\sqrt{1+4b}}{2}$.

其次,考虑 $\sqrt{a+b}-a<0$ 情形. 数列 $\{a_n\}$ 单调减少,同时又知 $a_n>0$. 这表明数列 $\{a_n\}$ 单调减少且有下界,故 $\lim\limits_{n\to\infty}a_n$ 存在. 记 $\lim\limits_{n\to\infty}a_n=l$,对 $a_{n+1}=\sqrt{b+a_n}$ 两边取极限,有 $l=\sqrt{b+l}$,解得 $l=\frac{1+\sqrt{1+4b}}{2}$.

(2)由递推公式和已知条件知 $a_n>0$,同时注意到

$$a_{n+1}=\frac{1}{2}\left(a_n+\frac{a}{a_n}\right)\geqslant\frac{1}{2}\cdot 2\sqrt{a_n}\cdot\sqrt{\frac{a}{a_n}}=\sqrt{a},$$

计算 $a_{n+1}-a_n=\frac{1}{2}\left(\frac{a-a_n^2}{a_n}\right)\leqslant 0$,这表明数列为单调减少且有下界,所以极限 $\lim\limits_{n\to\infty}a_n$ 存在. 记极限 $\lim\limits_{n\to\infty}a_n=l$,对 $a_{n+1}=\frac{1}{2}\left(a_n+\frac{a}{a_n}\right)$ 两边取极限,有 $l=\frac{1}{2}\left(l+\frac{a}{l}\right)$,解得 $l=\sqrt{a}$.

(3)由递推公式和已知条件知 $a_n>0$,同时注意到

$$a_{n+1}=\sqrt{a_n(a-a_n)}\leqslant\frac{a_n+(a-a_n)}{2}\leqslant\frac{a}{2},$$

计算

$$a_{n+1}-a_n=\sqrt{a_n}(\sqrt{a-a_n}-\sqrt{a_n})=\frac{\sqrt{a_n}(a-2a_n)}{\sqrt{a-a_n}+\sqrt{a_n}}\geqslant 0.$$

这表明数列 $\{a_n\}$ 单调增加且有上界,故 $\lim\limits_{n\to\infty}a_n$ 存在. 记 $\lim\limits_{n\to\infty}a_n=l$,对 $a_{n+1}=\sqrt{a_n(a-a_n)}$ 两边取极限,有 $l=\sqrt{l(a-l)}$,解得 $l=\frac{a}{2}$.

(4)首先依据递推公式和已知条件知 $a_n>0$,同时注意到(在两个重要极限证明中)当 $0<x<\frac{\pi}{2}$ 时,有 $\sin x<x$. 于是由 $0<a_1=a\leqslant 1$ 和递推公式有 $a_{n+1}=\sin a_n<a_n$,这表明数列 $\{a_n\}$ 单调减少且有下界 0,故 $\lim\limits_{n\to\infty}a_n$ 存在. 记 $\lim\limits_{n\to\infty}a_n=l$,对 $a_{n+1}=\sin a_n$ 两边取极限,有 $l=\sin l$,解得 $l=0$.

例 2.1.9 令 $a_n=\left(1+\dfrac{1}{n}\right)^n$,证明数列 $\{a_n\}$ 收敛.

证:首先,证明单调性. 由中学知识算术平均值不小于几何平均值知,对于 $b_k\geqslant 0, k=1,2,\cdots,n+1$ 有 $\sqrt[n+1]{\prod\limits_{k=1}^{n+1}b_k}\leqslant\dfrac{\sum\limits_{k=1}^{n+1}b_k}{n+1}$. 取 $b_1=b_2=\cdots=b_n=1+\dfrac{1}{n}, b_{n+1}=1$,则有

$$\sqrt[n+1]{\left(1+\dfrac{1}{n}\right)^n}\leqslant\dfrac{n\left(1+\dfrac{1}{n}\right)+1}{n+1}=1+\dfrac{1}{n+1},$$

即 $a_n\leqslant a_{n+1}$.

其次,证明有上界.

由中学知识牛顿二项式定理 $(a+b)^n=\sum\limits_{k=0}^{n}C_n^k a^{n-k}b^k$ 知,

$$\begin{aligned}a_n &= \left(1+\dfrac{1}{n}\right)^n \\ &= 1+n\cdot\dfrac{1}{n}+\dfrac{n(n-1)}{2!}\cdot\dfrac{1}{n^2}+\cdots+\dfrac{n(n-1)\cdot\cdots\cdot 2\cdot 1}{n!}\cdot\dfrac{1}{n^n} \\ &\leqslant 1+1+\dfrac{1}{2!}+\cdots+\dfrac{1}{n!}<1+1+\dfrac{1}{1\cdot 2}+\cdots+\dfrac{1}{(n-1)n} \\ &= 1+1+\left(1-\dfrac{1}{2}\right)+\left(\dfrac{1}{2}-\dfrac{1}{3}\right)+\cdots+\left(\dfrac{1}{n-1}-\dfrac{1}{n}\right) \\ &= 3-\dfrac{1}{n}<3\end{aligned}$$

于是数列 $\{a_n\}$ 为单调增加且有上界. 故 $\lim\limits_{n\to\infty}a_n$ 存在,进一步,有 $\lim\limits_{n\to\infty}\left(1+\dfrac{1}{n}\right)^n=e$(不加证明).

推广 2.1.1 若 $\lim\limits_{n\to\infty}\alpha_n=0$，则有 $\lim\limits_{n\to\infty}(1+\alpha_n)^{\frac{1}{\alpha_n}}=\mathrm{e}$;

推广 2.1.2 （加强版）：设 $\lim\limits_{n\to\infty}\alpha_n=0, \lim\limits_{n\to\infty}\dfrac{1}{\beta_n}=0$，若 $\lim\limits_{n\to\infty}\alpha_n\beta_n=l$，则有

$$\lim_{n\to\infty}(1+\alpha_n)^{\beta_n}=\lim_{n\to\infty}\left[(1+\alpha_n)^{\frac{1}{\alpha_n}}\right]^{\alpha_n\beta_n}=\mathrm{e}^l;$$

注 2.1.3

(1) 应用单调有界原理，有时只能得到极限存在，但不知极限为何.

(2) 推广 2.1.1 和推广 2.1.2 作为公式用.

例 2.1.10 设 k,l 为非零的实常数，计算下列极限：

(1) $\lim\limits_{n\to\infty}\left(1+\dfrac{l}{n}\right)^{kn}$; (2) $\lim\limits_{n\to\infty}\left(1+\dfrac{nl+3}{n^2+n}\right)^{kn+1}$.

解：(1) 其有推广 2.1.2 的特征.

计算

$$\lim_{n\to\infty}\left(1+\frac{l}{n}\right)^{kn}=\lim_{n\to\infty}\left(1+\frac{l}{n}\right)^{\frac{n}{l}\cdot(kl)}=\mathrm{e}^{kl}.$$

(2) 计算

$$\lim_{n\to\infty}\left(1+\frac{nl+3}{n^2+n}\right)^{kn+1}=\lim_{n\to\infty}\left[\left(1+\frac{nl+3}{n^2+n}\right)^{\frac{n^2+n}{nl+3}}\right]^{\frac{nl+3}{n^2+n}\cdot(kn+1)}=\mathrm{e}^{kl}.$$

3. 两边夹定理

定理 2.1.3 设 $\lim\limits_{n\to\infty}a_n=\lim\limits_{n\to\infty}c_n=a$，若存在自然数 N，当 $n>N$ 时，有 $a_n\leqslant b_n\leqslant c_n$，则数列 $\{b_n\}$ 也收敛，且有 $\lim\limits_{n\to\infty}b_n=a$.

提示：基于数列收敛的几何意义或基于分析式 $a-\varepsilon<a_n\leqslant b_n\leqslant c_n<a+\varepsilon$（读者自行证明）.

例 2.1.11 关于有限个数的 n 次幂之和开 $\dfrac{1}{n}$ 次幂的数列计算极限：

(1) $\lim\limits_{n\to\infty}\sqrt[n]{2^n+3^n+5^n}$;

(2) $\lim\limits_{n\to\infty}\sqrt[n]{x_1^n+\cdots+x_k^n}$（其中 $x_1,x_2,\cdots,x_k$ 为 k 个正数，k 为一已知的正整数）；

(3) $\lim\limits_{n\to\infty}\sqrt[n]{1^n+x^n+\left(\dfrac{x^2}{2}\right)^n}\ (x>0)$.

解：(1) 记 $l=\max\{2,3,5\}=5$，估计
$$l=\sqrt[n]{l^n}\leqslant\sqrt[n]{2^n+3^n+5^n}\leqslant\sqrt[n]{3\cdot l^n}=l\cdot\sqrt[n]{3},$$
易知 $\lim\limits_{n\to\infty}(l\cdot\sqrt[n]{3})=l$，所以由两边夹定理知 $\lim\limits_{n\to\infty}\sqrt[n]{2^n+3^n+5^n}=l$.

(2) 记 $l=\max\{x_1,x_2,\cdots,x_k\}$，估计
$$l=\sqrt[n]{l^n}\leqslant\sqrt[n]{x_1^n+x_2^n+\cdots+x_k^n}\leqslant\sqrt[n]{k\cdot l^n}=l\cdot\sqrt[n]{k},$$
易知 $\lim\limits_{n\to\infty}(l\cdot\sqrt[n]{k})=l$，所以由两边夹定理知 $\lim\limits_{n\to\infty}\sqrt[n]{x_1^n+\cdots+x_k^n}=l$.

(3) 记 $l(x)=\max\{1,x,\dfrac{x^2}{2}\}$，分别令 $1=x,1=\dfrac{x^2}{2},x=\dfrac{x^2}{2}$，解得 $x_1=1,x_2=\sqrt{2},x_3=2$，易知
$$l(x)=\begin{cases}1, & 0<x\leqslant 1,\\ x, & 1<x\leqslant 2,\\ \dfrac{x^2}{2}, & x>2.\end{cases}$$

估计
$$l(x)=\sqrt[n]{l^n(x)}\leqslant\sqrt[n]{1^n+x^n+\left(\dfrac{x^2}{2}\right)^n}\leqslant\sqrt[n]{3\cdot l^n(x)}=l(x)\cdot\sqrt[n]{3},$$
易知 $\lim\limits_{n\to\infty}(l(x)\cdot\sqrt[n]{3})=l(x)$，所以由两边夹定理知
$$\lim\limits_{n\to\infty}\sqrt[n]{1^n+x^n+\left(\dfrac{x^2}{2}\right)^n}=l(x).$$

例 2.1.12 关于无穷个数之和的开 $\dfrac{1}{n}$ 次幂的数列计算极限：

(1) $\lim\limits_{n\to\infty}\sqrt[n]{\cos^2 1+\cdots+\cos^2 n}$；(2) $\lim\limits_{n\to\infty}\sqrt[n]{1^5+2^5+\cdots+n^5}$.

解：(1) 记 $b_n=\sqrt[n]{\cos^2 1+\cdots+\cos^2 n}$，估计 $a_n=\sqrt[n]{\cos^2 1}<b_n<\sqrt[n]{n}=c_n$，易知 $\lim\limits_{n\to\infty}a_n=\lim\limits_{n\to\infty}c_n=1$，所以由两边夹定理知 $\lim\limits_{n\to\infty}b_n=1$.

(2) 记 $b_n=\sqrt[n]{1^5+2^5+\cdots+n^5}$，估计 $a_n=\sqrt[n]{1}<b_n<\sqrt[n]{n\cdot n^5}=c_n$，易知 $\lim\limits_{n\to\infty}a_n=\lim\limits_{n\to\infty}c_n=1$，所以由两边夹定理知 $\lim\limits_{n\to\infty}b_n=1$.

例 2.1.13 关于无穷个数之和的数列计算极限：

(1) $\lim\limits_{n\to\infty}\left(\dfrac{1}{n^2+n+1}+\dfrac{2}{n^2+n+2}+\cdots+\dfrac{n}{n^2+n+n}\right)$；

(2) $\lim\limits_{n\to\infty}\left(\dfrac{1}{\sqrt{n^2+1}}+\dfrac{1}{\sqrt{n^2+2}}+\cdots+\dfrac{1}{\sqrt{n^2+n}}\right)$；

(3) 设 $x_n = \sum\limits_{i=1}^{n}\left(\sqrt{1+\dfrac{i}{n^2}}-1\right)$，计算 $\lim\limits_{n\to\infty}x_n$.

解：(1) 记 $b_n = \dfrac{1}{n^2+n+1}+\dfrac{2}{n^2+n+2}+\cdots+\dfrac{n}{n^2+n+n}$，有

$$a_n = \dfrac{1+2+\cdots+n}{n^2+n+n} \leqslant b_n \leqslant \dfrac{1+2+\cdots+n}{n^2+n+1} = c_n,$$

计算

$$\lim_{n\to\infty}a_n = \lim_{n\to\infty}\dfrac{\dfrac{n(n+1)}{2}}{n^2+n+n} = \dfrac{1}{2},$$

$$\lim_{n\to\infty}c_n = \lim_{n\to\infty}\dfrac{\dfrac{n(n+1)}{2}}{n^2+n+1} = \dfrac{1}{2},$$

于是由两边夹定理知 $\lim\limits_{n\to\infty}b_n = \dfrac{1}{2}$.

(2) 记 $b_n = \dfrac{1}{\sqrt{n^2+1}}+\dfrac{1}{\sqrt{n^2+2}}+\cdots+\dfrac{1}{\sqrt{n^2+n}}$，有

$$a_n = \dfrac{n}{\sqrt{n^2+n}} \leqslant b_n \leqslant \dfrac{n}{\sqrt{n^2+1}} = c_n,$$

计算 $\lim\limits_{n\to\infty}a_n = \lim\limits_{n\to\infty}c_n = 1$，于是由两边夹定理知 $\lim\limits_{n\to\infty}b_n = 1$.

(3) 因为 $x_n = \sum\limits_{i=1}^{n}\left(\sqrt{1+\dfrac{i}{n^2}}-1\right)$，首先进行分子有理化，有

$$x_n = \dfrac{1}{n^2}\sum_{i=1}^{n}\left(\dfrac{i}{\sqrt{1+\dfrac{i}{n^2}}+1}\right),$$

进一步，整理有

$$a_n = \dfrac{n+1}{2n\left(\sqrt{1+\dfrac{1}{n}}+1\right)} = \dfrac{\sum\limits_{i=1}^{n}i}{n^2\left(\sqrt{1+\dfrac{1}{n}}+1\right)}$$

$$= \dfrac{1}{n^2}\sum_{i=1}^{n}\left(\dfrac{i}{\sqrt{1+\dfrac{n}{n^2}}+1}\right) \leqslant x_n$$

和
$$x_n = \frac{1}{n^2}\sum_{i=1}^{n}\left[\frac{i}{\sqrt{1+\frac{i}{n^2}}+1}\right] \leqslant \frac{1}{n^2}\sum_{i=1}^{n}\left[\frac{i}{\sqrt{1+\frac{0}{n^2}}+1}\right]$$

$$= \frac{\sum_{i=1}^{n}i}{2n^2} = \frac{n+1}{4n} = c_n.$$

而 $\lim\limits_{n\to\infty}a_n = \lim\limits_{n\to\infty}c_n = \frac{1}{4}$. 于是由两边夹定理知 $\lim\limits_{n\to\infty}b_n = \frac{1}{4}$.

例 2.1.14 (1) $\lim\limits_{n\to\infty}\frac{10^n}{n!}$;

(2) $\lim\limits_{n\to\infty}\sqrt[n]{\frac{(2n-1)!!}{(2n)!!}}$. (提示：记号 $(2n)!! = 2\cdot 4\cdot\cdots\cdot(2n-2)\cdot 2n$)

解：(1) 记 $a_n = 0, b_n = \frac{10^n}{n!}$，有

$$a_n < b_n \underset{n\geqslant 10}{=} \frac{10^9}{9!}\cdot\frac{10}{10}\cdot\frac{10}{11}\cdot\frac{10}{12}\cdot\cdots\cdot\frac{10}{n} < \frac{10^{10}}{9!}\cdot\frac{1}{n} = c_n,$$

计算

$$\lim_{n\to\infty}a_n = 0 = \lim_{n\to\infty}c_n = \lim_{n\to\infty}\left(\frac{10^{10}}{9!}\cdot\frac{1}{n}\right) = 0,$$

于是由两边夹定理知 $\lim\limits_{n\to\infty}b_n = 0$.

(2) 由于

$$\frac{1}{2n} < \frac{3}{2}\cdot\frac{5}{4}\cdot\cdots\cdot\frac{2n-1}{2n-2}\cdot\frac{1}{2n} = \frac{(2n-1)!!}{(2n)!!}$$

$$= \frac{1\cdot 3\cdot 5\cdot\cdots\cdot(2n-1)}{2\cdot 4\cdot 6\cdot\cdots\cdot(2n)} = \frac{1}{2}\cdot\frac{3}{4}\cdot\cdots\cdot\frac{2n-1}{2n} < 1,$$

记 $a_n = \sqrt[n]{\frac{1}{2n}}, b_n = \sqrt[n]{\frac{(2n-1)!!}{(2n)!!}}, c_n = 1$，有 $a_n \leqslant b_n \leqslant c_n$ 且 $\lim\limits_{n\to\infty}a_n = 1 = \lim\limits_{n\to\infty}c_n = \lim\limits_{n\to\infty}1 = 1$，由两边夹定理知 $\lim\limits_{n\to\infty}b_n = 1$.

2.1.4 数列与子数列收敛关系定理

1. 子列的定义

定义 2.1.6 设有数列 $\{a_n\}$，保持原有次序从左到右选取无穷多项构成新的数列，则称新的数列为 $\{a_n\}$ 的子列，记为 $\{a_{n_k}\}$.

注 2.1.4

(1)对于子列 $\{a_{n_k}\}$ 中的下指标 n_k,其中 n 表示在原数列中的位置,k 表示在子列中的位置,一般有 $n \geqslant k$;

(2)子列的极限过程是 $k \to \infty$.

2. 数列与子列收敛的关系

定理 2.1.4 若 $\lim\limits_{n\to\infty} a_n = a$ 的充要条件是 $\lim\limits_{k\to\infty} a_{2k} = a$ 且 $\lim\limits_{k\to\infty} a_{2k+1} = a$.

证明: "⇒" 显然成立.

"⇐" 证明如下:

由条件知 $\lim\limits_{k\to\infty} a_{2k} = a$ 且 $\lim\limits_{k\to\infty} a_{2k+1} = a$,所以若对任意给的正数 ε,不论它多小,总存在正整数 K_1 和 K_2,当 $k > K_1$ 时,有不等式 $|a_{2k} - a| < \varepsilon$ 和当 $k > K_2$ 时,有不等式 $|a_{2k+1} - a| < \varepsilon$. 所以对上述 $\varepsilon > 0$,取 $N = \max\{2K_1, 2K_2 + 1\}$,则当 $n > N$ 时,恒有不等式 $|a_n - a| < \varepsilon$ 成立,于是 $\lim\limits_{n\to\infty} a_n = a$.

推广 2.1.3 若 $\lim\limits_{n\to\infty} a_n = a$ 充要条件是若 $\lim\limits_{k\to\infty} a_{3k} = a$,$\lim\limits_{k\to\infty} a_{3k+1} = a$ 和 $\lim\limits_{k\to\infty} a_{3k+2} = a$.

例 2.1.15 证明

(1)设 $a_n = (-1)^n$,则数列 $\{a_n\}$ 极限不存在;

(2)设 $a_n = \left(\dfrac{n}{n+1}\right)^{(-1)^n}$,则数列 $\{a_n\}$ 极限存在.

证: (1)计算有 $\lim\limits_{k\to\infty} a_{2k} = 1$ 且 $\lim\limits_{k\to\infty} a_{2k+1} = -1$. 所以数列 $\{a_n\}$ 极限不存在.

(2)计算有 $\lim\limits_{k\to\infty} a_{2k} = \lim\limits_{k\to\infty} \left(\dfrac{2k}{2k+1}\right)^1 = 1$ 且 $\lim\limits_{k\to\infty} a_{2k+1} = \lim\limits_{k\to\infty} \left(\dfrac{2k+1}{2k+2}\right)^{-1} = 1$. 所以 $\lim\limits_{n\to\infty} a_n = 1$.

2.1.5 数列与其绝对值数列之间的关系

定理 2.1.5 若 $\lim\limits_{n\to\infty} a_n = a$,则 $\lim\limits_{n\to\infty} |a_n| = |a|$. 反之不真.

证明: 依据题意知 $\lim\limits_{n\to\infty} a_n = a$,所以 $\forall \varepsilon > 0$,存在一个正整数 N,当 $n > N$ 时,有 $|a_n - a| < \varepsilon$. 而中学讲过 $||a_n| - |a|| \leqslant |a_n - a|$,所以对上述 ε, N,当 $n > N$ 时,恒有 $||a_n| - |a|| < \varepsilon$,故有 $\lim\limits_{n\to\infty} |a_n| = |a|$. 反之不真,比如取 $a_n = (-1)^n$.

推广 2.1.4 $\lim\limits_{n\to\infty}a_n=0$ 的充要条件为 $\lim\limits_{n\to\infty}|a_n|=0$.

关于推广 2.1.4，由于 $||a_n|-|0||=|a_n-0|$，于是 $\lim\limits_{n\to\infty}a_n=0$ 的充要条件为 $\lim\limits_{n\to\infty}|a_n|=0$.

§2.2 函数的极限

函数的极限按照自变量趋向过程分为六类：
$$\lim_{x\to x_0}f(x),\lim_{x\to x_0^+}f(x),\lim_{x\to x_0^-}f(x),\lim_{x\to\infty}f(x),\lim_{x\to+\infty}f(x),\lim_{x\to-\infty}f(x)$$
前三个是自变量趋向有限值时，后三个是自变量趋向无穷大时.

2.2.1 自变量趋向有限值时函数的极限

1. 形如 $\lim\limits_{x\to x_0}f(x)=A$ 情形

例 2.2.1 $\lim\limits_{x\to 1}(x+1)=2$（可用几何意义和分析两种方法引入）

解：当自变量从左右两个方向无限接近 1 时，观察到其相应的函数值越来越逼近常数 2，换句话来说要使函数值 $f(x)$ 逼近常数 2，则必须有自变量 x 越来越靠近 1 的条件成立. 那么如何用数学语言刻划这种"越来越"的变化趋势呢？试想一下可否如下进行：

对于任意给定的正数 ε，无论它多么小，令 $\delta=\varepsilon$，当自变量 x 满足 $|x-1|<\delta$ 时，可知 $|f(x)-A|=|x-1|<\varepsilon$.

定义 2.2.1 （$\varepsilon-\delta$ 语言）设函数 $f(x)$ 在 $x=x_0$ 的一个去心邻域上有定义，A 为实常数，若对于任意给定的正数 ε，无论它多么小，总存在正数 δ，当自变量 x 满足 $0<|x-x_0|<\delta$ 时，对应的函数值 $f(x)$ 恒有 $|f(x)-A|<\varepsilon$，则称当 $x\to x_0$ 时函数以 A 为极限，记作 $\lim\limits_{x\to x_0}f(x)=A$.

注 2.2.1

(1) 任意给定的正数 ε，无论它多么小，存在正数 $\delta=\delta(x_0,\varepsilon)$，当自变量 x 满足 $0<|x-x_0|<\delta$ 时来刻画 $x\to x_0$. 用函数值 $f(x)$ 满足 $|f(x)-A|<\varepsilon$ 来刻画 $f(x)\to A$；

(2) $\lim\limits_{x\to x_0}f(x)=A$ 有时写成：当 $x\to x_0$ 时，有 $f(x)\to A$；

(3)函数 $f(x)$ 可以在点 $x=x_0$ 处有定义也可以无定义;

(4)$\lim\limits_{x \to x_0} f(x) = A$ 的几何意义:对于任意给定的正数 ε,存在正数 $\delta = \delta(x_0, \varepsilon)$. 在 x 轴上作点的去心邻域 $\mathring{U}(x, \delta)$,做带域 $A - \varepsilon < y < A + \varepsilon$,当 x 在 $\mathring{U}(x, \delta)$ 中取值时,其相应的曲线 $y = f(x)$ 落在带域之中. 如图 2.2 所示;

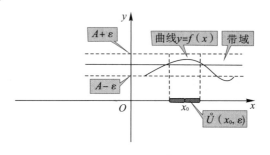

图 2.2

(5)目的:对任意给定的正数 ε,无论它多么小,要使 $|f(x) - A| < \underset{\text{适当放大}}{M|x - x_0|} < \varepsilon$,其中一定要出现 $|x - x_0|$ 的因子,只要 $|x - 1| < \dfrac{\varepsilon}{M}$,取 $\delta = \min\left\{\dfrac{\varepsilon}{M}, \text{放大时的条件}\right\}$,则当 $0 < |x - x_0| < \delta$ 时,恒有 $|f(x) - A| < M|x - 1| < \varepsilon$.

例 2.2.2 证明 $\lim\limits_{x \to 1} x^2 = 1$.

解:任意给定的正数 ε,无论它多么小,要使
$$|f(x) - A| = |x + 1||x - 1| < 3|x - 1| < \varepsilon$$
(不妨设 $|x - 1| < 1$,即 $0 < x < 2$),

只要 $|x - 1| < \dfrac{\varepsilon}{3}$,取 $\delta = \min\left\{\dfrac{\varepsilon}{3}, 1\right\}$,则当 $0 < |x - 1| < \delta$ 时,恒有 $|f(x) - A| < 3|x - 1| < \varepsilon$. 故有 $\lim\limits_{x \to 1} x^2 = 1$.

例 2.2.3 证明 $\lim\limits_{x \to 1} \dfrac{x^3 - 1}{x - 1} = 3$.

解:任意给定的正数 ε,无论它多么小,要使
$$|f(x) - A| = |x + 2||x - 1| < 4|x - 1| < \varepsilon$$
(不妨设 $|x - 1| < 1$,即 $0 < x < 2$),

只要 $|x-1|<\dfrac{\varepsilon}{4}$,取 $\delta=\min\left\{\dfrac{\varepsilon}{4},1\right\}$,则当 $0<|x-1|<\delta$ 时,恒有 $|f(x)-A|<4|x-1|<\varepsilon$. 故有 $\lim\limits_{x\to 1}\dfrac{x^3-1}{x-1}=3$.

例 2.2.4 证明 $\lim\limits_{x\to x_0}\sqrt{x}=\sqrt{x_0}$,其中 $x_0>0$.

证:任意给定的正数 ε,无论它多么小,要使
$$|f(x)-A|=\dfrac{|x-x_0|}{\sqrt{x}+\sqrt{x_0}}<\dfrac{|x-x_0|}{\sqrt{x_0}}<\varepsilon,$$

只要 $|x-1|<\sqrt{x_0}\varepsilon$,取 $\delta=\sqrt{x_0}\varepsilon$,则当 $0<|x-x_0|<\delta x\geqslant 0$ 时,恒有 $|f(x)-A|<\dfrac{|x-x_0|}{\sqrt{x_0}}<\varepsilon$. 故有 $\lim\limits_{x\to x_0}\sqrt{x}=\sqrt{x_0}$.

2. 形如 $\lim\limits_{x\to x_0^-}f(x)=A$ 情形

现在讨论单侧极限问题.

注意认识符号 $x\to x_0^-$ 的意义:$x\to x_0^- \Leftrightarrow x\to x_0$ 且 $x<x_0$. 这是单侧的意思.

定义 2.2.2 ($\varepsilon-\delta$ 语言)设 A 为实常数,若对于任意给定的正数 ε,无论它多么小,总存在正数 δ,当自变量 x 满足 $0<x_0-x<\delta$ 时,对应的函数值 $f(x)$ 恒有 $|f(x)-A|<\varepsilon$,则称当 $x\to x_0^-$ 时,函数以 A 为极限,记作 $\lim\limits_{x\to x_0^-}f(x)=A$. 又记作 $f(x_0^-)=f(x_0^-)=A$.

例 2.2.5 用定义证明:(1) $\lim\limits_{x\to 0^-}[x]=-1$;(2) $\lim\limits_{x\to 0^-}e^{\frac{1}{x}}=0$.

证:(1)不妨设 $-1<x<0$,有 $[x]=-1$. 任意给定的正数 ε,无论它多么小(不妨设 $\varepsilon<1$),存在 $\delta=\varepsilon$,则当 $0<0-x<\delta$ 时,恒有 $|f(x)-A|=0<\varepsilon$. 故有 $\lim\limits_{x\to 0^-}[x]=-1$.

(2)任意给定的正数 ε,无论它多么小(不妨设 $\varepsilon<1$),要使 $|f(x)-A|=e^{\frac{1}{x}}<\varepsilon$,只要 $0<0-x<\dfrac{-1}{\ln\varepsilon}$,取 $\delta=\dfrac{-1}{\ln\varepsilon}$,则当 $0<0-x<\delta$ 时,恒有 $|f(x)-A|=e^{\frac{1}{x}}<\varepsilon$. 故有 $\lim\limits_{x\to 0^-}e^{\frac{1}{x}}=0$.

3. 形如 $\lim\limits_{x\to x_0^+}f(x)=A$ 情形

现在讨论 $x\to x_0^+$ 单侧极限问题.

注意认识符号 $x\to x_0^+$ 的意义:$x\to x_0^+ \Leftrightarrow x\to x_0$ 且 $x>x_0$. 这是单

侧的意思.

定义 2.2.3 （$\varepsilon-\delta$ 语言）设 A 为实常数，若对于任意给定的正数 ε，无论它多么小，总存在正数 δ，当自变量 x 满足 $0<x-x_0<\delta$ 时，对应的函数值 $f(x)$ 恒有 $|f(x)-A|<\varepsilon$，则称当 $x\to x_0^+$ 时函数以 A 为极限，记作 $\lim\limits_{x\to x_0^+}f(x)=A$. 又记作 $f(x_0^+)=A$.

例 2.2.6 用定义证明：

(1) $\lim\limits_{x\to 0^+}[x]=0$；(2) $\lim\limits_{x\to 0^+}f(x)=1$. 其中 $f(x)=\begin{cases}x^2, & x\leqslant 0,\\ x+1, & x>0.\end{cases}$

证：(1) 不妨设 $0<x<1$，有 $[x]=0$. 任意给定的正数 ε，无论它多么小（不妨设 $\varepsilon<1$），存在 $\delta=\varepsilon$，则当 $0<x-0<\delta$ 时，恒有 $|f(x)-A|=0<\varepsilon$. 故有 $\lim\limits_{x\to 0^+}[x]=0$；

(2) 不妨设 $0<x<1$，有 $f(x)=x+1$. 任意给定的正数 ε，无论它多么小，要使 $|f(x)-A|=x<\varepsilon$，取 $\delta=\varepsilon$，则当 $0<x-0<\delta$ 时，恒有 $|f(x)-A|=x<\varepsilon$. 故有 $\lim\limits_{x\to 0^+}f(x)=1$.

4. 极限与单侧极限的关系

定理 2.2.1 $\lim\limits_{x\to x_0}f(x)=A$ 充分必要条件是 $\lim\limits_{x\to x_0^-}f(x)$ 和 $\lim\limits_{x\to x_0^+}f(x)=A$ 均存在且有 $\lim\limits_{x\to x_0^-}f(x)=\lim\limits_{x\to x_0^+}f(x)=A$.

注意定理 2.2.1 常用于判断分段函数在分段点处的极限.

例 2.2.7 证明：

(1) $\lim\limits_{x\to 0}[x]$ 不存在；

(2) $\lim\limits_{x\to 0}f(x)=1$. 其中 $f(x)=\begin{cases}1, & x\leqslant 0,\\ x+1, & x>0.\end{cases}$

证：(1) 由于 $x_0=0$ 是分段函数分段点，同时知 $\lim\limits_{x\to 0^-}[x]=-1$ 且 $\lim\limits_{x\to 0^+}[x]=0$，则有 $\lim\limits_{x\to 0}[x]$ 不存在. 注意此处表述不严谨，严格的如下：

当 $x\to 0$ 时，函数 $f(x)=[x]$ 的极限不存在.

(2) 由于 $x_0=0$ 是分段函数分段点，同时知 $\lim\limits_{x\to 0^-}f(x)=1$ 且 $\lim\limits_{x\to 0^+}f(x)=1$，则有 $\lim\limits_{x\to 0}f(x)=1$.

例 2.2.8 设函数 $f(x)=\lim\limits_{n\to\infty}\dfrac{n^x-n^{-x}}{n^x+n^{-x}}$，问 $\lim\limits_{x\to 0}f(x)$ 是否存在？

解：类似例 2.2.7 的分析，不妨取 $x=-3,x=0,x=2$，则分别有

$$f(-3) = \lim_{n\to\infty}\frac{n^{-3}-n^3}{n^{-3}+n^3} = \lim_{n\to\infty}\frac{n^{-6}-1}{n^{-6}+1} = -1,$$

$$f(0) = \lim_{n\to\infty}\frac{n^0 - n^{-0}}{n^0 + n^{-0}} = 0$$

和

$$f(2) = \lim_{n\to\infty}\frac{n^2 - n^{-2}}{n^2 + n^{-2}} = \lim_{n\to\infty}\frac{1 - n^{-4}}{1 + n^{-4}} = 1.$$

推广到一般情形有

$$f(x) = \lim_{n\to\infty}\frac{n^x - n^{-x}}{n^x + n^{-x}} = \begin{cases} -1, & x < 0, \\ 0, & x = 0, \\ 1, & x > 0. \end{cases}$$

由于 $x_0 = 0$ 是分段函数分段点,同时知 $\lim_{x\to 0^-} f(x) = -1$ 且 $\lim_{x\to 0^+} f(x) = 1$,则有 $\lim_{x\to 0} f(x)$ 不存在.

2.2.2 自变量趋向无穷大时函数的极限

1. 形如 $\lim_{x\to\infty} f(x) = A$ 情形

首先理解符号 $x\to\infty$ 的意义:通俗地说是 $|x|$ 充分大;严格地说(即用数学语言量化)是 $\exists X > 0$,当 $|x| > X$ 时.

定义 2.2.4 ($\varepsilon - X$ 语言)设函数 $f(x)$ 在 $|x|$ 充分大时有定义,A 是一个常数,若对任意给定的正数 ε,无论它多么小,总存在 $X > 0$,当 $|x| > X$ 时,恒有 $|f(x) - A| < \varepsilon$. 则称当 x 趋向于无穷大时,函数 $f(x)$ 的极限为 A,记作 $\lim_{x\to\infty} f(x) = A$.

$\lim_{x\to\infty} f(x) = A$ 的几何意义:对于任意给定的正数 ε,存在正数 X. 在 x 轴上作两个区间 $(-\infty, -X)$,$(X, +\infty)$,作带域 $A - \varepsilon < y < A + \varepsilon$,当 x 在两个区间中取值时,其相应的曲线 $y = f(x)$ 落在带域之中. 如图 2.3 所示.

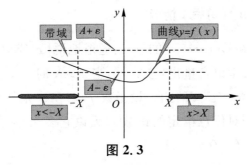

图 2.3

例 2.2.9 证明:(1) $\lim\limits_{x\to\infty}\dfrac{1}{x}=0$;(2) $\lim\limits_{x\to\infty}\dfrac{x^2+1}{x^2-2}=1$.

证:观察过程是 $x\to\infty$,用总存在 $X>0$,当 $|x|>X$ 时刻划.

(1)对任意给定的正数 ε,无论它多么小,要使

$$|f(x)-A|=\frac{1}{|x|}<\varepsilon,$$

只要 $|x|>\dfrac{1}{\varepsilon}$,取 $X=\dfrac{1}{\varepsilon}$,则当 $|x|>X$ 时,有 $|f(x)-A|=\dfrac{1}{|x|}<\varepsilon$.

故有 $\lim\limits_{x\to\infty}\dfrac{1}{x}=0$;

(2)对任意给定的正数 ε,无论它多么小,要使

$$|f(x)-A|=\frac{3}{|x^2-2|}\underset{|x|>\sqrt{2}}{=}\frac{3}{x^2-2}\underset{|x|>2}{\leqslant}\frac{3}{|x|}<\varepsilon,$$

只要 $|x|>\dfrac{3}{\varepsilon}$,取 $X=\max\left\{\dfrac{3}{\varepsilon},2\right\}$,则当 $|x|>X$ 时,

有 $|f(x)-A|<\dfrac{3}{|x|}<\varepsilon$. 故有 $\lim\limits_{x\to\infty}\dfrac{x^2+1}{x^2-2}=1$.

2. 形如 $\lim\limits_{x\to-\infty}f(x)=A$ 情形

首先理解符号 $x\to-\infty$ 的意义:通俗地说是 $|x|$ 充分大且 $x<0$;严格地说(即用数学语言量化)是 ∃$X>0$,当 $x<-X$ 时.

定义 2.2.5 (ε-X 语言)设函数 $f(x)$ 在 x 充分小时有定义,A 是一个常数,若对任意给定的正数 ε,无论它多么小,总存在 $X>0$,当 $x<-X$ 时,恒有 $|f(x)-A|<\varepsilon$.

则称当 x 趋向于负无穷大时,函数 $f(x)$ 的极限为 A,记作 $\lim\limits_{x\to-\infty}f(x)=A$.

3. 形如 $\lim\limits_{x\to+\infty}f(x)=A$ 情形

首先理解符号 $x\to+\infty$ 的意义:通俗地说 $|x|$ 充分大且 $x>0$;严格地说(即用数学语言量化) ∃$X>0$,当 $x>X$ 时.

定义 2.2.6 (ε-X 语言)设函数 $f(x)$ 在 x 充分大时有定义,A 是一个常数,若对任意给定的正数 ε,无论它多么小,总存在 $X>0$,当 $x>X$ 时,恒有 $|f(x)-A|<\varepsilon$.

则称当 x 趋向于正无穷大时，函数 $f(x)$ 的极限为 A，记作 $\lim\limits_{x \to +\infty} f(x) = A$.

例 2.2.10 证明 $\lim\limits_{x \to +\infty} e^{-x} = 0$.

证：对任意给定的正数 ε，无论它多么小（不妨设 $\varepsilon < 1$），要使 $|f(x) - A| = \dfrac{1}{e^x} < \varepsilon$，只要 $x > -\ln \varepsilon$，取 $X = -\ln \varepsilon$，则当 $x > X$ 时，有 $|f(x) - A| = \dfrac{1}{e^x} < \varepsilon$. 故有 $\lim\limits_{x \to +\infty} e^{-x} = 0$.

4. $\lim\limits_{x \to -\infty} f(x)$，$\lim\limits_{x \to +\infty} f(x)$ 与 $\lim\limits_{x \to \infty} f(x)$ 的关系

定理 2.2.2 若 $\lim\limits_{x \to \infty} f(x) = A \Leftrightarrow$ 若 $\lim\limits_{x \to -\infty} f(x)$，$\lim\limits_{x \to +\infty} f(x)$ 均存在且
$$\lim\limits_{x \to -\infty} f(x) = \lim\limits_{x \to +\infty} f(x) = A.$$

例 2.2.11 证明：(1) $\lim\limits_{x \to \infty} \dfrac{1}{x}[x] = 1$；(2) $\lim\limits_{x \to +\infty} x\left[\dfrac{1}{x}\right] = 0$.

证：(1) 由第 1 章相关知识点知 $\forall x \in \mathbf{R}$，有 $x = [x] + r(x)$ ($0 \leqslant r(x) < 1$)，所以有
$$\lim\limits_{x \to \infty} \dfrac{1}{x}[x] = \lim\limits_{x \to \infty} \dfrac{1}{x}(x - r(x)) = 1.$$

(2) 令 $t = \dfrac{1}{x}$，$\lim\limits_{x \to +\infty} x\left[\dfrac{1}{x}\right] = \lim\limits_{t \to 0^+} \dfrac{[t]}{t} = \lim\limits_{t \to 0^+} \dfrac{0}{t} = 0$.

注 2.2.2 对于数列 $\{a_n\}$，构成一个函数 $f: n \to a_n$ 即 $a_n = f(n)$，所以数列极限 $\lim\limits_{n \to \infty} a_n = \lim\limits_{n \to \infty} f(n)$ 可以看成函数极限 $\lim\limits_{x \to +\infty} f(x)$ 的特殊情形.

2.2.3 函数极限的性质及其运算性质

1. 函数极限的一般性质

仅以 $\lim\limits_{x \to x_0} f(x)$ 情形为例说明，其余五类有相似的定理.

定理 2.2.3（极限的唯一性） 若 $\lim\limits_{x \to x_0} f(x) = A$，则 A 唯一.

定理 2.2.4（局部有界性） 若 $\lim\limits_{x \to x_0} f(x) = A$，则存在 $\delta > 0$，使得 $(x_0 - \delta, x_0) \cup (x_0, x_0 + \delta)$ 上 $f(x)$ 有界. 反之，不真. 例如 $f(x) = \dfrac{|x|}{x}$

在 $(-1,0) \cup (0,1)$ 上有界,而 $\lim\limits_{x \to 0} \dfrac{|x|}{x}$ 不存在.

注 2.2.3 这与数列极限有界性不同.数列极限的有界是全局有界.

定理 2.2.5(局部保号性) 设 $\lim\limits_{x \to x_0} f(x) = A, \lim\limits_{x \to x_0} g(x) = B$.若 $A > B$,则存在 $\delta > 0$,使得 $(x_0 - \delta, x_0) \cup (x_0, x_0 + \delta)$ 上满足 $f(x) > g(x)$.

推论 2.2.1 设 $\lim\limits_{x \to x_0} f(x) = A$,若 $A > 0$,则存在 $\delta > 0$,使得 $(x_0 - \delta, x_0) \cup (x_0, x_0 + \delta)$ 上满足 $f(x) > 0$.

定理 2.2.6(极限的不等式运算性质) 设 $\lim\limits_{x \to x_0} f(x) = A, \lim\limits_{x \to x_0} g(x) = B$.若存在 $\delta > 0$,使得 $(x_0 - \delta, x_0) \cup (x_0, x_0 + \delta)$ 上满足 $f(x) \geqslant g(x)$,则有 $A \geqslant B$.

注 2.2.4 在定理 2.2.6 条件下,即使满足 $f(x) > g(x)$,也只能有 $A \geqslant B$.

例如设 $f(x) = 2|x|, g(x) = x, x_0 = 0$,知在 $(-1, 0) \cup (0, 1)$ 上满足 $f(x) > g(x)$,但 $\lim\limits_{x \to 0} f(x) = \lim\limits_{x \to 0} g(x) = 0$.

2. 函数极限的判别性质

定理 2.2.7(两边夹定理) 设 $\lim\limits_{x \to x_0} g(x) = A, \lim\limits_{x \to x_0} h(x) = A$.若存在 $\delta > 0$,使得 $(x_0 - \delta, x_0) \cup (x_0, x_0 + \delta)$ 上满足 $g(x) \leqslant f(x) \leqslant h(x)$.则有 $\lim\limits_{x \to x_0} f(x) = A$.

例 2.2.12 计算 $\lim\limits_{x \to +\infty} \sqrt[n]{1 + \dfrac{1}{x^\alpha}}$,其中 $\alpha > 0$ 为常数,$n \in \mathbf{N}$.

解:由于 $1 \leqslant \sqrt[n]{1 + \dfrac{1}{x^\alpha}} \leqslant 1 + \dfrac{1}{x^\alpha}$,而 $\lim\limits_{x \to +\infty} \left(1 + \dfrac{1}{x^\alpha}\right) = 1$,所以由两边夹定理知有 $\lim\limits_{x \to +\infty} \sqrt[n]{1 + \dfrac{1}{x^\alpha}} = 1$.

注 2.2.5 即使在 $(x_0 - \delta, x_0) \cup (x_0, x_0 + \delta)$ 上,满足 $g(x) \leqslant f(x) \leqslant h(x)$ 且 $\lim\limits_{x \to x_0}(h(x) - g(x)) = 0$,也推不出 $\lim\limits_{x \to x_0} f(x)$ 存在.例如 $f(x) = \dfrac{|x|}{x}, g(x) = \dfrac{|x|}{x} - |x|, h(x) = \dfrac{|x|}{x} + |x|$,在 $(-1, 0) \cup (0, 1)$ 上有 $g(x) \leqslant f(x) \leqslant h(x)$ 且 $\lim\limits_{x \to 0}(h(x) - g(x)) =$

$\lim\limits_{x\to 0} 2|x| = 0$,而 $\lim\limits_{x\to 0} \dfrac{|x|}{x}$ 不存在.

注 2.2.6 因为 $\lim\limits_{x\to x_0} f(x) = A$,是双向趋于 x_0,所以没有单调有界必有极限的定理. 但单侧极限有类似的定理.

3. 简介函数极限与数列极限的关系

定理 2.2.8(海因定理) 极限 $\lim\limits_{x\to x_0} f(x) = A$ 的充分必要条件是对于任意以 x_0 为极限的数列 $\{x_n\}$(其中 $x_n \neq x_0, n=1,2,\cdots$),满足 $\lim\limits_{n\to\infty} f(x_n) = A$.

推论 2.2.2 设存在两个数列 $\{x_n\}, \{y_n\}$ 满足 $x_n \neq x_0, y_n \neq x_0$. 若 $\lim\limits_{n\to\infty} x_n = \lim\limits_{n\to\infty} y_n = x_0$ 且 $\lim\limits_{n\to\infty} f(x_n) \neq \lim\limits_{n\to\infty} f(y_n)$,则极限 $\lim\limits_{x\to x_0} f(x)$ 不存在.

推广 2.2.1 若存在两个数列 $\{x_n\}, \{y_n\}$ 满足 $\lim\limits_{n\to\infty} x_n = \lim\limits_{n\to\infty} y_n = +\infty(-\infty)$ 且 $\lim\limits_{n\to\infty} f(x_n) \neq \lim\limits_{n\to\infty} f(y_n)$,则极限 $\lim\limits_{x\to +\infty(-\infty)} f(x)$ 不存在.

例 2.2.13 证明 $\lim\limits_{x\to 0} \cos\dfrac{1}{x}$ 不存在.

证:记 $f(x) = \cos\dfrac{1}{x}$,取 $x_n^{(1)} = \dfrac{1}{2n\pi}, x_n^{(2)} = \dfrac{1}{2n\pi + \dfrac{\pi}{2}}$,

有 $\lim\limits_{n\to\infty} f(x_n^{(1)}) = \lim\limits_{n\to\infty} \cos 2n\pi = 1$ 和 $\lim\limits_{n\to\infty} f(x_n^{(2)}) = \lim\limits_{n\to\infty} \cos\left(2n\pi + \dfrac{\pi}{2}\right) = 0$,

所以由海因定理知 $\lim\limits_{x\to 0} \cos\dfrac{1}{x}$ 不存在.

4. 四则运算法则

设 $\lim\limits_{x\to x_0} f(x) = A, \lim\limits_{x\to x_0} g(x) = B$,则有

(ⅰ) $\lim\limits_{x\to x_0}(f(x) \pm g(x)) = \lim\limits_{x\to x_0} f(x) \pm \lim\limits_{x\to x_0} g(x) = A \pm B$;

(ⅱ) $\lim\limits_{x\to x_0}(f(x) \cdot g(x)) = \lim\limits_{x\to x_0} f(x) \cdot \lim\limits_{x\to x_0} g(x) = A \cdot B$;

(ⅲ) 若 $B \neq 0$ 时,有 $\lim\limits_{x\to x_0} \dfrac{f(x)}{g(x)} = \dfrac{\lim\limits_{x\to x_0} f(x)}{\lim\limits_{x\to x_0} g(x)} = \dfrac{A}{B}$.

注 2.2.7

(1)设 $\lim\limits_{x\to x_0} f(x) = A, \lim\limits_{x\to x_0} g(x)$ 不存在. 则有 $\lim\limits_{x\to x_0}(f(x) \pm g(x))$ 一定不存在.

仅以 $\lim\limits_{x \to x_0}(f(x)+g(x))$ 为例证明. 反证,假设结论不真. 不妨设 $\lim\limits_{x \to x_0}(f(x)+g(x))=B$,则有四则运算知

$$\lim\limits_{x \to x_0}g(x)=\lim\limits_{x \to x_0}((f(x)+g(x))-f(x))$$

存在且 $\lim\limits_{x \to x_0}g(x)=B-A$,矛盾.

(2) 设 $\lim\limits_{x \to x_0}f(x)=A$, $\lim\limits_{x \to x_0}g(x)$ 不存在. 则有 $\lim\limits_{x \to x_0}(f(x) \cdot g(x))$ 不一定存在.

进一步有,当 $A \neq 0$ 时,则 $\lim\limits_{x \to x_0}(f(x) \cdot g(x))$ 一定不存在.

当 $A=0$ 时,则极限 $\lim\limits_{x \to x_0}(f(x) \cdot g(x))$ 不一定不存在.(留给读者自己举反例.)

5. 复合函数极限法则

设函数 $y=f(u)$ 与 $u=\varphi(x)$ 构成复合函数 $y=f(\varphi(x))$,若 $\lim\limits_{x \to x_0}\varphi(x)=u_0$, $\lim\limits_{u \to u_0}f(u)=A$,且当 $x \neq x_0$ 时, $\varphi(x) \neq u_0$,则 $\lim\limits_{x \to x_0}f(\varphi(x))=A$.

推论 2.2.3(幂指函数极限法则) 若 $\lim\limits_{x \to x_0}f(x)=A>0$, $\lim\limits_{x \to x_0}g(x)=B$,则有 $\lim\limits_{x \to x_0}f(x)^{g(x)}=A^B$.

6. 常用原理

设函数 $f(x)=a_0x^m+a_1x^{m-1}+\cdots+a_{m-1}x+a_m$,

$$g(x)=b_0x^n+b_1x^{n-1}+\cdots+b_{n-1}x+b_n,$$

这里 $a_0b_0 \neq 0$.

原理 2.2.1 $\lim\limits_{x \to x_0}f(x)=f(x_0)$.

原理 2.2.2 当 $g(x_0) \neq 0$ 时,有 $\lim\limits_{x \to x_0}\dfrac{f(x)}{g(x)}=\dfrac{\lim\limits_{x \to x_0}f(x)}{\lim\limits_{x \to x_0}g(x)}=\dfrac{f(x_0)}{g(x_0)}$;当 $f(x_0) \neq 0, g(x_0)=0$ 时,有 $\lim\limits_{x \to x_0}\dfrac{f(x)}{g(x)}=\infty$;当 $f(x_0)=0, g(x_0)=0$ 时,首先将分子和分母因式分解,其次消去公因子,然后重复前两次步骤.

原理 2.2.3

$$\lim\limits_{x \to \infty}\dfrac{f(x)}{g(x)}=\lim\limits_{x \to \infty}\dfrac{x^{m-n}(a_0+a_1x^{-1}+\cdots+a_mx^{-m})}{(b_0+b_1x^{-1}+\cdots+b_nx^{-n})}=\begin{cases}\dfrac{a_0}{b_0}, & m=n, \\ 0, & n>m, \\ \infty, & n<m.\end{cases}$$

注意对于极限过程 $x \to +\infty(-\infty)$ 情形,原理 2.2.3 也成立.

例 2.2.14 计算下列函数极限:

(1) $\lim\limits_{x \to 1} \dfrac{x^m-1}{x^n-1}$;   (2) $\lim\limits_{x \to 1} \dfrac{x+x^2+\cdots+x^n-n}{x-1}$;

(3) $\lim\limits_{x \to \infty} \dfrac{(2x-3)^{20}(3x+2)^{30}}{(2x+5)^{50}}$; (4) $\lim\limits_{x \to \infty} \left(\dfrac{x^2+1}{4x^2+1}\right)^{\frac{x-1}{2x+1}}$;

(5) $\lim\limits_{x \to 0} \dfrac{\sqrt{1+x}+\sqrt{1-x}-2}{x^2}$.

这里 $m, n \in \mathbf{N}$.

解: (1) 记 $f(x)=x^m-1, g(x)=x^n-1$,有 $f(1)=0, g(1)=0$. 进一步,首先因式分解 $f(x)=(x-1)(x^{m-1}+x^{m-2}+\cdots+x+1)$,
$g(x)=(x-1)(x^{n-1}+x^{n-2}+\cdots+x+1)$,

其次计算

$$\lim_{x \to 1} \frac{f(x)}{g(x)} = \lim_{x \to 1} \frac{x^{m-1}+x^{m-2}+\cdots+x+1}{x^{n-1}+x^{n-2}+\cdots+x+1} = \frac{m}{n}.$$

(2) 记 $f(x)=x+x^2+\cdots+x^n-n, g(x)=x-1$,有 $f(1)=0$, $g(1)=0$. 进一步,首先因式分解

$$\begin{aligned} f(x) &= (x-1)+(x^2-1)+\cdots+(x^n-1) \\ &= (x-1)(1+(x+1)+\cdots+(x^{n-1}+x^{n-2}+\cdots+1)), \end{aligned}$$

其次计算

$$\lim_{x \to 1} \frac{f(x)}{g(x)} = \lim_{x \to 1}(1+(x+1)+\cdots+(x^{n-1}+\cdots+x+1))$$
$$= \frac{n(n+1)}{2}.$$

(3) 分析当 $|x|$ 充分大时,分子和分母同时提取起主导作用的 x^{50},消去公因子 x^{50}.

计算

$$\lim_{x \to \infty} \frac{(2x-3)^{20}(3x+2)^{30}}{(2x+5)^{50}} = \lim_{x \to \infty} \frac{x^{20}\left(2-\dfrac{3}{x}\right)^{20} \cdot x^{30}\left(3+\dfrac{2}{x}\right)^{30}}{x^{50}\left(2+\dfrac{5}{x}\right)^{50}}$$

$$= \left(\frac{3}{2}\right)^{30}.$$

(4)由于 $\lim\limits_{x\to\infty}\left(\dfrac{x^2+1}{4x^2+1}\right)=\dfrac{1}{4}$,$\lim\limits_{x\to\infty}\dfrac{x-1}{2x+1}=\dfrac{1}{2}$,

所以有 $\lim\limits_{x\to\infty}\left(\dfrac{x^2+1}{4x^2+1}\right)^{\frac{x-1}{2x+1}}=\dfrac{1}{2}$.

(5)分析知这和上面几题不是同类型的,分子出现了根号,一般先用有理化,然后消去公因子 x 再计算.

计算

$$\lim_{x\to 0}\dfrac{\sqrt{1+x}+\sqrt{1-x}-2}{x^2}$$

$$=\lim_{x\to 0}\dfrac{(\sqrt{1+x}-1)+(\sqrt{1-x}-1)}{x^2}$$

$$=\lim_{x\to 0}\dfrac{1}{x^2}\cdot\left(\dfrac{x}{\sqrt{1+x}+1}+\dfrac{-x}{\sqrt{1-x}+1}\right)$$

$$=\lim_{x\to 0}\dfrac{1}{x}\cdot\dfrac{\sqrt{1-x}-\sqrt{1+x}}{(\sqrt{1+x}+1)(\sqrt{1-x}+1)}$$

$$=\lim_{x\to 0}\dfrac{1}{x}\cdot\dfrac{1-x-1-x}{(\sqrt{1+x}+1)(\sqrt{1-x}+1)(\sqrt{1-x}+\sqrt{1+x})}$$

$$=-\dfrac{1}{4}$$

例 2.2.15 计算下列函数极限:

(1)设 $\lim\limits_{x\to 1}f(x)$ 存在,已知 $f(x)=3x^2+1+\lim\limits_{x\to 1}(2xf(x))$,求 $f(x)$;

(2)已知 $\lim\limits_{x\to 0}\dfrac{x}{f(3x)}=2$,求 $\lim\limits_{x\to 0}\dfrac{f(2x)}{x}$;

(3)已知 $\lim\limits_{x\to+\infty}f(x)$,$\lim\limits_{x\to+\infty}xf(x)$ 都存在,若 $\lim\limits_{x\to+\infty}3xf(x)=\lim\limits_{x\to+\infty}(4f(x)+6)$,则计算 $\lim\limits_{x\to+\infty}f(x)$ 和 $\lim\limits_{x\to+\infty}xf(x)$.

解:(1)记 $\lim\limits_{x\to 1}f(x)=A$,对于 $f(x)=3x^2+1+\lim\limits_{x\to 1}(2xf(x))$ 两边取极限,有 $A=3+1+2A$,所以 $A=-4$,于是 $f(x)=3x^2-7$.

(2)首先设 $u=3x$,有 $\lim\limits_{u\to 0}\dfrac{u}{3f(u)}=2$,即 $\lim\limits_{u\to 0}\dfrac{u}{f(u)}=6$.所以

$$\lim_{x\to 0}\dfrac{f(2x)}{x}=2\lim_{x\to 0}\dfrac{f(2x)}{2x}=\dfrac{1}{3}.$$

(3) 由于 $\lim\limits_{x \to +\infty} f(x)$, $\lim\limits_{x \to +\infty} xf(x)$ 都存在,依据极限运算性质,有
$\lim\limits_{x \to +\infty} f(x) = \lim\limits_{x \to +\infty} (xf(x)) \frac{1}{x} = 0$,于是有 $\lim\limits_{x \to +\infty} 3xf(x) = 4 \lim\limits_{x \to +\infty} f(x) + 6 = 6$,
所以 $\lim\limits_{x \to +\infty} xf(x) = 2$.

2.2.4 函数值趋于无穷大

注意这也是一种变化趋势,但此时极限不存在.

7 个过程均有,下面仅以过程 $x \to x_0$ 为例说明.

1. 形如 $\lim\limits_{x \to x_0} f(x) = \infty$

定义 2.2.7 ($M-\delta$ 语言)若 $\forall M > 0$,不论多大,总存在正数 δ,当自变量 x 满足 $0 < |x - x_0| < \delta$ 时,对应的函数值恒有 $|f(x)| > M$,则称当 $x \to x_0$ 时函数 $f(x)$ 趋于无穷大,记作 $\lim\limits_{x \to x_0} f(x) = \infty$.

注意认识符号 $f(x) \to \infty$ 的意义:$f(x) \to \infty$ 意味着若 $\forall M > 0$,不论多大,函数值 $f(x)$ 恒有 $|f(x)| > M$.

2. 形如 $\lim\limits_{x \to x_0} f(x) = +\infty$

注意认识符号 $f(x) \to +\infty$ 的意义:$f(x) \to +\infty$ 意味着若 $\forall M > 0$,不论多大,函数值 $f(x)$ 恒有 $f(x) > M$.

定义 2.2.8 ($M-\delta$ 语言)若 $\forall M > 0$,不论多大,总存在正数 δ,当自变量 x 满足 $0 < |x - x_0| < \delta$ 时,对应的函数值 $f(x)$ 恒有 $f(x) > M$,则称当 $x \to x_0$ 时函数 $f(x)$ 趋于正无穷大,记作 $\lim\limits_{x \to x_0} f(x) = +\infty$.

3. 形如 $\lim\limits_{x \to x_0} f(x) = -\infty$

注意认识符号 $f(x) \to -\infty$ 的意义:$f(x) \to -\infty$ 意味着若 $\forall M > 0$,不论多大,函数值 $f(x)$ 恒有 $f(x) < -M$.

定义 2.2.9 ($M-\delta$ 语言)若 $\forall M > 0$,不论多大,总存在正数 δ,当自变量 x 满足 $0 < |x - x_0| < \delta$ 时,对应的函数值 $f(x)$ 恒有 $f(x) < -M$,则称当 $x \to x_0$ 时函数 $f(x)$ 趋于负无穷大,记作 $\lim\limits_{x \to x_0} f(x) = -\infty$.

4. 应用举例

例 2.2.16 用定义证明：

(1) 设 $f(x)=\dfrac{1}{x}$，有 $\lim\limits_{x\to 0^+}f(x)=+\infty$ 和 $\lim\limits_{x\to 0}f(x)=\infty$；

(2) 设 $f(x)=\ln x$，有 $\lim\limits_{x\to 0^+}f(x)=-\infty$ 和 $\lim\limits_{x\to +\infty}f(x)=+\infty$.

证：(1) 由类型 $\lim\limits_{x\to 0^+}f(x)=+\infty$ 知用 $M-\delta$ 语言.

首先，不妨设 $x>0$，其次 $\forall M>0$，不论多大，要使 $f(x)=\dfrac{1}{x}>M$，只要 $x<\dfrac{1}{M}$，取 $\delta=\dfrac{1}{M}$，则当自变量 x 满足 $0<x-0<\delta$ 时，对应的函数值 $f(x)$ 恒有 $f(x)=\dfrac{1}{x}>M$，故有 $\lim\limits_{x\to 0^+}f(x)=+\infty$.

其次，$\forall M>0$，不论多大，要使 $|f(x)|=\dfrac{1}{|x|}>M$，只要 $|x|<\dfrac{1}{M}$，取 $\delta=\dfrac{1}{M}$，则当自变量 x 满足 $0<|x-0|<\delta$ 时，对应的函数值 $f(x)$ 恒有 $|f(x)|=\dfrac{1}{|x|}>M$，故有 $\lim\limits_{x\to 0}f(x)=+\infty$.

(2) 留给读者练习.

例 2.2.17 设 $f(x)=e^x$，证明 $\lim\limits_{x\to 0^+}f(x)=1$ 和 $\lim\limits_{x\to +\infty}f(x)=+\infty$.

证：第一个极限类型是证明当 $x\to 0^+$ 时，有 $f(x)\to 1$，所以用 $\varepsilon-\delta$ 语言.

首先不妨设 $x>0$，其次 $\forall \varepsilon>0$，不论多小，要使 $|f(x)-1|=e^x-1<\varepsilon$，只要 $x<\ln(1+\varepsilon)$，取 $\delta=\ln(1+\varepsilon)$，则当自变量 x 满足 $0<x-0<\delta$ 时，对应的函数值 $f(x)$ 恒有 $|f(x)-1|=e^x-1<\varepsilon$，故有 $\lim\limits_{x\to 0^+}f(x)=1$.

第二个极限类型是证明当 $x\to +\infty$ 时，有 $f(x)\to +\infty$，所以用 $M-X$ 语言.

首先不妨设 $x>0$，其次 $\forall M>0$，不论多大（不妨设 $M>1$），要使 $f(x)=e^x>M$，只要 $x>\ln M$，取 $X=\ln M$，则当自变量 x 满足 $x>X$ 时，对应的函数值 $f(x)$ 恒有 $f(x)=e^x>M$，故有 $\lim\limits_{x\to +\infty}f(x)=+\infty$.

例 2.2.18 计算下列极限：

(1) $\lim\limits_{x\to+\infty}\dfrac{\ln(x^2-x+1)}{\ln(x^{10}+x^3+3)}$；(2) $\lim\limits_{x\to-\infty}\dfrac{\sqrt{4x^2+x-1}+x+1}{\sqrt{x^2+\sin x}}$.

解：(1) 当 x 充分大时，分子和分母同时提取起主导作用的 x^2，x^{10}，消去公因子 $\ln x$.

计算
$$\lim_{x\to+\infty}\dfrac{\ln(x^2-x+1)}{\ln(x^{10}+x^3+3)}=\lim_{x\to+\infty}\dfrac{\ln(x^2\cdot(1-x^{-1}+x^{-2}))}{\ln(x^{10}\cdot(1+x^{-7}+3x^{-10}))}$$
$$=\lim_{x\to+\infty}\dfrac{2\ln x+\ln(1-x^{-1}+x^{-2})}{10\ln x+\ln(1+x^{-7}+3x^{-10})}$$
$$=\dfrac{1}{5}$$

(2) 当 x 充分小时，分子和分母同时提取起主导作用的 $|x|$，消去公因子 $|x|$.

计算
$$\lim_{x\to-\infty}\dfrac{\sqrt{4x^2+x-1}+x+1}{\sqrt{x^2+\sin x}}=\lim_{x\to-\infty}\dfrac{|x|\left(\sqrt{4+\dfrac{1}{x}-\dfrac{1}{x^2}}-1+\dfrac{1}{|x|}\right)}{|x|\sqrt{1+\dfrac{\sin x}{x^2}}}$$
$$=\lim_{x\to-\infty}\dfrac{\left(\sqrt{4+\dfrac{1}{x}-\dfrac{1}{x^2}}-1+\dfrac{1}{|x|}\right)}{\sqrt{1+\dfrac{\sin x}{x^2}}}$$
$$=1$$

§2.3 两个重要极限

2.3.1 极限 $\lim\limits_{x\to 0}\dfrac{\sin x}{x}=1$

1. 证明

基于 $\dfrac{\sin(-x)}{-x}=\dfrac{\sin x}{x}$，所以仅考虑证明 $\lim\limits_{x\to 0^+}\dfrac{\sin x}{x}=1$ 情形.

注意当 $0<x<\dfrac{\pi}{2}$ 时，有 $\sin x<x<\tan x$. 进一步，有

$\cos x < \dfrac{\sin x}{x} < 1$. 由两边夹定理, 知 $\lim\limits_{x \to 0^+} \dfrac{\sin x}{x} = 1$.

推论 2.3.1 若 $\lim \alpha(x) = 0$, 则有 $\lim \dfrac{\sin \alpha(x)}{\alpha(x)} = 1$.

证明: 设 $u = \alpha(x)$, 由复合函数极限运算性质, 知
$$\lim \dfrac{\sin \alpha(x)}{\alpha(x)} = \lim_{u \to 0} \dfrac{\sin u}{u} = 1.$$

推论 2.3.2 有 $\lim\limits_{x \to x_0} \sin x = \sin x_0$, $\lim\limits_{x \to x_0} \cos x = \cos x_0$.

2. 应用举例

例 2.3.1 计算下列极限:

(1) $\lim\limits_{n \to \infty} \dfrac{\dfrac{1}{n}}{\tan \dfrac{1}{n}}$; (2) $\lim\limits_{x \to 0} \dfrac{\sin(\alpha \cdot x)}{x}$, 其中 α 为实数;

(3) $\lim\limits_{x \to 0} \dfrac{1 - \cos x}{x^2}$; (4) $\lim\limits_{x \to \frac{\pi}{3}} \dfrac{1 - 2\cos x}{\sin\left(x - \dfrac{\pi}{3}\right)}$;

(5) $\lim\limits_{x \to 0} \left(\dfrac{2 + \mathrm{e}^{\frac{1}{x}}}{1 + \mathrm{e}^{\frac{4}{x}}} + \dfrac{\sin x}{|x|} \right)$.

解: (1) $\lim\limits_{n \to \infty} \dfrac{\dfrac{1}{n}}{\sin \dfrac{1}{n}} \cdot \cos \dfrac{1}{n} = 1 \cdot 1 = 1$.

(2) 当 $\alpha = 0$ 时, $\lim\limits_{x \to 0} \dfrac{\sin(\alpha \cdot x)}{x} = \lim\limits_{x \to 0} \dfrac{\sin(0 \cdot x)}{x} = 0$;

当 $\alpha \neq 0$ 时, $\lim\limits_{x \to 0} \dfrac{\sin(\alpha \cdot x)}{x} = \lim\limits_{x \to 0} \alpha \cdot \dfrac{\sin(\alpha \cdot x)}{\alpha \cdot x} = \alpha \cdot 1 = \alpha$.

综上, 有 $\lim\limits_{x \to 0} \dfrac{\sin(\alpha \cdot x)}{x} = \alpha$.

(3) $\lim\limits_{x \to 0} \dfrac{1 - \cos x}{x^2} = \lim\limits_{x \to 0} \dfrac{2 \sin^2 \dfrac{x}{2}}{x^2} = \dfrac{1}{2} \lim\limits_{x \to 0} \left(\dfrac{\sin \dfrac{x}{2}}{\dfrac{x}{2}} \right)^2 = \dfrac{1}{2}$.

(4) 设 $u = x - \dfrac{\pi}{3}$, 有

$$\lim_{x\to\frac{\pi}{3}}\frac{1-2\cos x}{\sin\left(x-\frac{\pi}{3}\right)}=\lim_{u\to 0}\frac{1-2\cos\left(u+\frac{\pi}{3}\right)}{\sin u}$$

$$=\lim_{u\to 0}\frac{1-2\left(\cos u\cos\frac{\pi}{3}-\sin u\sin\frac{\pi}{3}\right)}{\sin u}$$

$$=\lim_{u\to 0}\frac{1-\cos u}{\sin u}+\sqrt{3}$$

$$=\frac{1}{2}\lim_{u\to 0}u\cdot\frac{\sin^2\frac{u}{2}}{\left(\frac{u}{2}\right)^2}\cdot\frac{u}{\sin u}+\sqrt{3}$$

$$=\frac{1}{2}\cdot 0\cdot 1\cdot 1+\sqrt{3}=\sqrt{3}.$$

(5) 首先由于 $\lim\limits_{x\to 0}\dfrac{2+e^{\frac{1}{x}}}{1+e^{\frac{4}{x}}}$, $\lim\limits_{x\to 0}\dfrac{\sin x}{|x|}$ 均不存在,所以不能用加法运算法则. 其次由于 $\lim\limits_{x\to 0^+}e^{\frac{1}{x}}=+\infty$, $\lim\limits_{x\to 0^-}e^{\frac{1}{x}}=0$, $\lim\limits_{x\to 0^+}\dfrac{\sin x}{|x|}=1$, $\lim\limits_{x\to 0^-}\dfrac{\sin x}{|x|}=-1$, 所以计算左右极限.

计算

$$\lim_{x\to 0^+}\left(\frac{2+e^{\frac{1}{x}}}{1+e^{\frac{4}{x}}}+\frac{\sin x}{|x|}\right)=\lim_{x\to 0^+}\left(e^{\frac{-3}{x}}\cdot\frac{2e^{\frac{-1}{x}}+1}{e^{\frac{-4}{x}}+1}+\frac{\sin x}{x}\right)=0+1=1$$

(提示:当 $x\to 0^+$ 时,$\dfrac{2+e^{\frac{1}{x}}}{1+e^{\frac{4}{x}}}$ 中分子和分母中起主导作用的分别为 $e^{\frac{1}{x}}$, $e^{\frac{4}{x}}$, 因此分别消去公因子)

和

$$\lim_{x\to 0^-}\left(\frac{2+e^{\frac{1}{x}}}{1+e^{\frac{4}{x}}}+\frac{\sin x}{|x|}\right)=\lim_{x\to 0^-}\left(\frac{2+e^{\frac{1}{x}}}{1+e^{\frac{4}{x}}}+\frac{\sin x}{-x}\right)=2-1=1,$$

故有 $\lim\limits_{x\to 0}\left(\dfrac{2+e^{\frac{1}{x}}}{1+e^{\frac{4}{x}}}+\dfrac{\sin x}{|x|}\right)=1.$

例 2.3.2 计算下列极限:

(1) $\lim\limits_{x\to 0}\dfrac{\sin(m\cdot x)}{\sin(n\cdot x)}$,其中 m,n 为整数,$n\neq 0$;

(2) $\lim\limits_{x\to \pi}\dfrac{\sin(m\cdot x)}{\sin(n\cdot x)}$,其中 m,n 为整数,$n\neq 0$.

解: (1) $\lim\limits_{x\to 0}\dfrac{\sin(m\cdot x)}{\sin(n\cdot x)}=\dfrac{m}{n}\lim\limits_{x\to 0}\left(\dfrac{\sin(m\cdot x)}{m\cdot x}\cdot\dfrac{n\cdot x}{\sin(n\cdot x)}\right)=\dfrac{m}{n}$;

(2) 不能类似上题计算,因为 $\lim\limits_{x\to \pi}(m\cdot x)=m\pi\neq 0$ ($m\neq 0$),$\lim\limits_{x\to \pi}(n\cdot x)=n\pi\neq 0$.

设 $u=x-\pi$,

$$\lim_{x\to \pi}\dfrac{\sin(m\cdot x)}{\sin(n\cdot x)}=\lim_{u\to 0}\dfrac{\sin(m\pi+mu)}{\sin(n\pi+nu)}=\lim_{u\to 0}(-1)^{m-n}\dfrac{\sin(m\cdot u)}{\sin(n\cdot u)}$$
$$=(-1)^{m-n}\dfrac{m}{n}.$$

2.3.2 极限 $\lim\limits_{x\to \infty}\left(1+\dfrac{1}{x}\right)^x=e$

1. 证明

首先,考虑 $x\to+\infty$,基于 $x=[x]+r(x)$,不妨设 $x>1$,所以有

$$\left(1+\dfrac{1}{[x]+1}\right)^{[x]}<\left(1+\dfrac{1}{x}\right)^x<\left(1+\dfrac{1}{[x]}\right)^{[x]+1},$$

利用数列 $\lim\limits_{n\to\infty}\left(1+\dfrac{1}{n}\right)^n=e$ 和两边夹定理知其成立.其次,考虑 $x\to-\infty$,令 $t=-x$ 即可.

推论 2.3.3 若 $\lim\alpha(x)=0$,则有 $\lim(1+\alpha(x))^{\frac{1}{\alpha(x)}}=e$;

推论 2.3.4 设 $\lim\alpha(x)=0$,$\lim\beta(x)=\infty$,若 $\lim\alpha(x)\beta(x)=l$ 则有

$$\lim(1+\alpha(x))^{\beta(x)}=e^l.$$

证明: $(1+\alpha(x))^{\beta(x)}=[(1+\alpha(x))^{\frac{1}{\alpha(x)}}]^{\alpha(x)\beta(x)}$,利用幂指函数的极限性质可得.

2. 应用举例

例 2.3.3 计算下列有关问题:

(1) $\lim\limits_{x\to\infty}\left(1+\dfrac{m}{x}\right)^{nx}$,其中 m,n 为实常数,且 $m\cdot n\neq 0$.

(2) 设 $\lim\limits_{x\to\infty}\left(\dfrac{x+2a}{x-a}\right)^x=8$,求 a;

(3) $\lim\limits_{x\to+\infty}[(x+2)\ln(x+2)-2(x+1)\ln(x+1)+x\ln x]$;

(4) $\lim\limits_{x\to x_0}\dfrac{\ln x-\ln x_0}{x-x_0}(x_0>0)$.

解:(1) $\lim\limits_{x\to\infty}\left(1+\dfrac{m}{x}\right)^{nx} \overset{1^\infty}{=}\lim\limits_{x\to\infty}\left(\left(1+\dfrac{m}{x}\right)^{\frac{x}{m}}\right)^{mn}=e^{mn}$.

(2) $\lim\limits_{x\to\infty}\left(\dfrac{x+2a}{x-a}\right)^x \overset{1^\infty}{=}\lim\limits_{x\to\infty}\left(\left(1+\dfrac{3a}{x-a}\right)^{\frac{x-a}{3a}}\right)^{\frac{3ax}{x-a}}=e^{3a}$,

即有 $e^{3a}=8$,所以有 $a=\ln 2$.

(3) 方法一:整理

$(x+2)\ln(x+2)-2(x+1)\ln(x+1)+x\ln x$

$=((x+1)+1)\ln(x+2)-(x+1)\ln(x+1)-(x+1)\ln(x+1)+x\ln x$

$=(x+1)(\ln(x+2)-\ln(x+1))+(\ln(x+2)-\ln(x+1))-x(\ln(x+1)-\ln x)$

$=\ln\left(1+\dfrac{1}{x+1}\right)^{x+1}+\ln\left(1+\dfrac{1}{x+1}\right)-\ln\left(1+\dfrac{1}{x}\right)^x$

方法二:整理

$(x+2)\ln(x+2)-2(x+1)\ln(x+1)+x\ln x$

$=x(\ln(x+2)-2\ln(x+1)+\ln x)-2(\ln(x+2)-\ln(x+1))$

$=\ln\left(1+\dfrac{1}{x+1}\right)^x-\ln\left(1+\dfrac{1}{x}\right)^x+2\ln\left(1+\dfrac{1}{1+x}\right)$,

所以易知结论为 0.

(4) $\lim\limits_{x\to x_0}\dfrac{\ln x-\ln x_0}{x-x_0}=\lim\limits_{x\to x_0}\dfrac{\ln\frac{x}{x_0}}{x-x_0}=\lim\limits_{x\to x_0}\dfrac{\ln\left(1+\left(\frac{x}{x_0}-1\right)\right)}{x_0\cdot\frac{x-x_0}{x_0}}$

$=\lim\limits_{x\to x_0}\dfrac{\ln\left(1+\left(\frac{x-x_0}{x_0}\right)\right)^{\frac{x_0}{x-x_0}}}{x_0}$

$=\dfrac{1}{x_0}$.

§2.4 无穷小量与无穷大量

2.4.1 无穷小量

1. 定义

定义 2.4.1 在某一过程下,以 0 为极限的变量 $\alpha(x)$ 称为是该过程下的无穷小量. 例如,

若 $\lim\limits_{n\to\infty} a_n = 0$,则称数列 $\{a_n\}$ 为过程 $n\to\infty$ 下的无穷小量,其中变量 $\alpha(x) = a_n$;

若 $\lim\limits_{x\to x_0} f(x) = 0$,则称函数 $f(x)$ 为过程 $x\to x_0$ 下的无穷小量,其中变量 $\alpha(x) = f(x)$.

2. 无穷小量的性质

性质 2.4.1 有限个无穷小量的和、差及乘积仍为无穷小量;

性质 2.4.2 无穷小量与有界变量乘积(同一过程下)仍为无穷小量.

例 2.4.1 计算下列极限:

(1) $\lim\limits_{n\to\infty} \dfrac{\sin(n^2+100n)}{n}$; (2) $\lim\limits_{x\to+\infty}(\sin\sqrt{x+1}-\sin\sqrt{x})$.

解: (1)由于 $|\sin(n^2+100n)| \leqslant 1$, $\lim\limits_{n\to\infty}\dfrac{1}{n}=0$,

所以 $\lim\limits_{n\to\infty}\dfrac{\sin(n^2+100n)}{n}=0$.

(2)因为 $\lim\limits_{x\to+\infty}\sin\sqrt{x+1}$,$\lim\limits_{x\to+\infty}\sin\sqrt{x}$ 均不存在,所以不能用减法运算.

计算

$$\lim_{x\to+\infty}(\sin\sqrt{x+1}-\sin\sqrt{x})=2\lim_{x\to+\infty}\cos\frac{\sqrt{x+1}+\sqrt{x}}{2}\sin\frac{\sqrt{x+1}-\sqrt{x}}{2}$$

$$=\lim_{x\to+\infty}2\cos\frac{\sqrt{x+1}+\sqrt{x}}{2}\sin\frac{1}{2(\sqrt{x+1}+\sqrt{x})}=0.$$

(提示 $\left|\cos\dfrac{\sqrt{x+1}+\sqrt{x}}{2}\right|\leqslant 1$, $\lim\limits_{x\to+\infty}\dfrac{1}{\sqrt{x+1}+\sqrt{x}}=0$)

性质 2.4.3 (1) 若 $\lim\limits_{n\to\infty} a_n = a$ 充分必要条件为 $a_n = a + \alpha(x)$,其中,$\lim\limits_{n\to\infty}\alpha(x) = 0$. 此时称为数列与数列极限的关系;

(2) 若 $\lim\limits_{x\to x_0} f(x) = A$ 充分必要条件为 $f(x) = A + \alpha(x)$,其中,$\lim\limits_{x\to x_0}\alpha(x) = 0$. 此时称为函数与函数极限的关系.

3. 无穷小量的阶

在同一过程下,比较两个无穷小量趋于零的速度,引入无穷小量阶的概念.

定义 2.4.2 设 $\alpha(x)$ 与 $\beta(x)$ 为同一过程下两个无穷小量,且 $\lim \dfrac{\alpha(x)}{\beta(x)} = c$.

若 $c \neq 0$,则称 $\alpha(x)$ 与 $\beta(x)$ 为同一过程下两个同阶无穷小量.

特别地,当 $c = 1$,则称 $\alpha(x)$ 与 $\beta(x)$ 为同一过程下两个等价无穷小量. 记为 $\alpha(x) \sim \beta(x)$.

若 $c = 0$,则称同一过程下 $\alpha(x)$ 是 $\beta(x)$ 的高阶无穷小量. 记为 $\alpha(x) = o(\beta(x))$.

注 2.4.1 若 $\lim \dfrac{\alpha(x)}{\beta(x)}$ 不存在(且不为 ∞),则称 $\alpha(x)$ 与 $\beta(x)$ 不可比较.

例如,在 $n \to \infty$ 时,$\sin \dfrac{1}{n}$ 与 $\dfrac{1}{n}$ 均为无穷小量,且有 $\lim\limits_{n\to\infty} \dfrac{\sin \dfrac{1}{n}}{\dfrac{1}{n}} = 1$,所以当 $n \to \infty$ 时,$\sin \dfrac{1}{n}$ 与 $\dfrac{1}{n}$ 为等价无穷小量,记为 $\sin \dfrac{1}{n} \sim \dfrac{1}{n}$ $(n \to \infty)$.

例如在 $x \to 0$ 时,$\sin x^3$ 与 x^2 均为无穷小,且有 $\lim\limits_{x\to 0} \dfrac{\sin x^3}{x^2} = 0$,所以当 $x \to 0$ 时,$\sin x^3$ 是 x^2 的高阶无穷小,记为 $\sin x^3 = o(x^2)$ $(x \to 0)$.

例 2.4.2 设 $\lim\limits_{x\to x_0} \alpha(x) = 0$. 证明

$$\dfrac{1}{1+\alpha(x)} = 1 - \alpha(x) + o(\alpha(x)) \ (x \to x_0).$$

解:理解和明确符号 $o(\alpha(x))$ $(x \to x_0)$ 的概念,即证明

$$\lim\limits_{x\to x_0} \dfrac{\dfrac{1}{1+\alpha(x)} - (1-\alpha(x))}{\alpha(x)} = 0.$$

$$\lim_{x \to x_0} \frac{\frac{1}{1+\alpha(x)} - (1-\alpha(x))}{\alpha(x)} = \lim_{x \to x_0} \frac{\alpha^2(x)}{\alpha(x) \cdot (1+\alpha(x))}$$

$$= \lim_{x \to x_0} \frac{\alpha(x)}{1+\alpha(x)} = 0,$$

故有

$$\frac{1}{1+\alpha(x)} = 1 - \alpha(x) + o(\alpha(x))(x \to x_0).$$

注 2.4.2 对于无穷小量,一定要表明过程. 例如 $\lim\limits_{x \to 0} \sin x = 0$, $\lim\limits_{x \to 1} \sin x = \sin 1 \neq 0$.

进一步,可以定义无穷小量的阶数.

定义 2.4.3 设 $\alpha(x)$ 与 $\beta(x)$ 为同一过程下两个无穷小量,若存在常数 $k > 0$ 和 $c \neq 0$ 满足 $\lim \frac{\alpha(x)}{\beta^k(x)} = c$,则称同一过程下 $\alpha(x)$ 是 $\beta(x)$ 的 k 阶无穷小量.

注意尤其当 $x \to x_0$ 时,常取 $\beta(x) = x - x_0$.

4. 常见的等价无穷小

当 $x \to 0$ 时,我们有如下常见的等价无穷小:

$$\sin x \sim x, \tan x \sim x, 1 - \cos x \sim \frac{1}{2}x^2, \arcsin x \sim x,$$

$$\arctan x \sim x, e^x - 1 \sim x, \ln(1+x) \sim x,$$

$$(1+x)^\lambda - 1 \sim \lambda x, a^x - 1 \sim x \ln a (a > 0, a \neq 1)$$

5. 等价无穷小量的一个重要性质

定理 2.4.1 设在同一过程下,有 $\alpha \sim \alpha_1, \beta \sim \beta_1$,若 $\lim \frac{\alpha_1}{\beta_1} = c$,则有 $\lim \frac{\alpha}{\beta} = c$.

进一步,在同一过程下,若有 $\alpha \sim \alpha_1, \alpha_1 \sim \alpha_2$,则有 $\alpha \sim \alpha_2$. 这称为等价无穷小的传递性.

6. 确定无穷小阶的方法

设 $\lim\limits_{x \to x_0} \alpha(x) = 0$,常用如下四个方法确定 $\alpha(x)$ 是关于 $(x - x_0)$ 的几阶无穷小.

方法一：利用等价无穷小

例2.4.3 当 $x \to 0$ 时，问变量 $\alpha(x)$ 是 x 的几阶无穷小？

(1) $\alpha(x) = \sqrt{a+x^3} - \sqrt{a}$，其中常数 $a > 0$；

(2) 设 $\lim\limits_{x \to 0}\left(\cos x + \dfrac{\alpha(x)}{x}\right)^{\frac{1}{x^2}} = \mathrm{e}^{-1}$．

解：(1) $\alpha(x) = \sqrt{a+x^3} - \sqrt{a} = \sqrt{a}\left(\sqrt{1+\dfrac{x^3}{a}} - 1\right)$

$$= \sqrt{a}(\sqrt{1+u} - 1) \sim \dfrac{\sqrt{a}}{2} u$$

其中 $u = \dfrac{x^3}{a}$，于是 $\alpha(x)$ 是 x 的 3 阶无穷小．

(2) 由于 $\lim\limits_{x \to 0}\left(\cos x + \dfrac{\alpha(x)}{x}\right)^{\frac{1}{x^2}} = \lim\limits_{x \to 0}\left(1 + \left(\cos x - 1 + \dfrac{\alpha(x)}{x}\right)\right)^{\frac{1}{x^2}} = \mathrm{e}^{-1}$，

所以有 $\lim\limits_{x \to 0}\left(\dfrac{\cos x - 1}{x^2} + \dfrac{\alpha(x)}{x^3}\right) = -1$，而 $1 - \cos x \sim \dfrac{1}{2} x^2$，所以有 $\lim\limits_{x \to 0} \dfrac{\alpha(x)}{x^3} = -\dfrac{1}{2}$，故 $\alpha(x)$ 是 x 的 3 阶无穷小

方法二：利用无穷小阶的运算

命题2.4.1 当 $x \to x_0$ 时，设 $\alpha(x)$ 与 $\beta(x)$ 分别是 $(x-x_0)$ 的 n 阶与 m 阶无穷小，又 $\lim\limits_{x \to x_0} h(x) = l \neq 0$，则有：

(1) $\alpha(x) h(x)$ 仍为 $(x-x_0)$ 的 n 阶无穷小；

(2) $\alpha(x) \beta(x)$ 为 $(x-x_0)$ 的 $n+m$ 阶无穷小；

(3) 当 $m \neq n$ 时，则有 $\alpha(x) + \beta(x)$ 为 $(x-x_0)$ 的 $\min\{n,m\}$ 阶无穷小；

(4) 当 $n > m$ 时，则有 $\dfrac{\alpha(x)}{\beta(x)}$ 为 $(x-x_0)$ 的 $n-m$ 阶无穷小；

方法三：洛必达法则(等学完洛必达法则后)

例2.4.4 设 $\alpha(x) = x - \sin x$，$\beta(x) = \displaystyle\int_0^x (1 - \cos \sqrt[3]{t}) \mathrm{d}t$，当 $x \to 0$ 时，问 (1) $\alpha(x)$ 与 $\beta(x)$ 分别是 x 的几阶无穷小？(2) $\alpha(x)$ 是 $\beta(x)$ 的几阶无穷小？

解：(1) 设 $k > 0$ 待定，依据洛必达法则，计算 $\lim\limits_{x \to 0} \dfrac{\alpha(x)}{x^k} = \lim\limits_{x \to 0} \dfrac{1 - \cos x}{k x^{k-1}} =$

$\lim\limits_{x \to 0} \dfrac{x^2}{2k x^{k-1}} = l \neq 0$，则有 $k = 3$．

同理，设 $k>0$ 待定，计算 $\lim\limits_{x\to 0}\dfrac{\beta(x)}{x^k}=\lim\limits_{x\to 0}\dfrac{1-\cos\sqrt[3]{x}}{kx^{k-1}}=\lim\limits_{x\to 0}\dfrac{\sqrt[3]{x^2}}{2kx^{k-1}}=l\neq 0$，则有 $k=\dfrac{5}{3}$.

(2) $\alpha(x)$ 是 $\beta(x)$ 的 $\dfrac{4}{3}$ 阶无穷小.

方法四：带有皮亚诺余项的泰勒公式（等学完泰勒公式后）

命题 2.4.2 设函数 $f(x)$ 在点 x_0 处有 n 阶导数，且 $f(x_0)=f'(x_0)=\cdots=f^{(n-1)}(x_0)=0, f^{(n)}(x_0)\neq 0$，则当 $x\to x_0$ 时，变量 $f(x)$ 是 $(x-x_0)$ 的 n 阶无穷小.

证明： 依据带有皮亚诺余项的泰勒公式，有
$$f(x)=\sum_{i=0}^{n}\dfrac{f^{(i)}(x_0)}{i!}(x-x_0)^i+o((x-x_0)^n)$$
$$=\dfrac{f^{(n)}(x_0)}{n!}(x-x_0)^n+o((x-x_0)^n)\quad(x\to x_0)$$
得证.

例 2.4.5 设 $\alpha(x)=1+x^2-e^{x^2}$，当 $x\to 0$ 时，问 $\alpha(x)$ 是 x 的几阶无穷小？

解： 由于 $e^u=1+u+\dfrac{u^2}{2}+o(u^2)\ (u\to 0)$，所以有
$$e^{x^2}=1+x^2+\dfrac{x^4}{2}+o(x^4)\quad(x\to 0),$$
于是 $\alpha(x)$ 是 x 的 4 阶无穷小.

7. 利用等价无穷小计算极限

例 2.4.6 计算下列函数极限：

(1) 已知常数 $0<a<1$，计算 $\lim\limits_{n\to\infty}\dfrac{(\sqrt[3]{a^n+1}-\sqrt{a^n+1})}{a^n}$；

(2) $\lim\limits_{x\to 0}\dfrac{(e^{\sin x}-1)^3\cos x}{(1-\cos x)\sin x}$.

解： (1) $\lim\limits_{n\to\infty}\dfrac{(\sqrt[3]{a^n+1}-\sqrt{a^n+1})}{a^n}=\lim\limits_{n\to\infty}\dfrac{(\sqrt[3]{1+a^n}-1)-(\sqrt{1+a^n}-1)}{a^n}$

$$=\lim\limits_{n\to\infty}\dfrac{\left(\dfrac{1}{3}-\dfrac{1}{2}\right)a^n}{a^n}=\dfrac{-1}{6}.$$

(2) $\lim\limits_{x\to 0}\dfrac{(e^{\sin x}-1)^3\cos x}{(1-\cos x)\sin x}=\lim\limits_{x\to 0}\dfrac{(\sin x)^3}{\dfrac{1}{2}x^2\cdot\sin x}\cdot\lim\limits_{x\to 0}\cos x=2.$

例 2.4.7 确定极限中的常数：

(1) 已知 $\lim\limits_{x\to 0}\dfrac{\sqrt[3]{1+ax^2}-1}{1-\cos x}=1$，求常数 a；

(2) 若 $\lim\limits_{n\to\infty}\dfrac{n^{2020}}{n^k-(n-1)^k}=a$ 存在，当 $a\neq 0$ 时，计算 a 和 k；

(3) 若 $\lim\limits_{x\to 0}\dfrac{\sin x}{e^x-a}\cdot(\cos x-b)=5$；

(4) 若当 $x\to 0$ 时，有 $e^{\tan x}-e^{\sin x}$ 与 x^k 是同阶无穷小 ($k>0$)，计算 k.

解：(1) $\lim\limits_{x\to 0}\dfrac{\sqrt[3]{1+ax^2}-1}{1-\cos x}=\lim\limits_{x\to 0}\dfrac{\dfrac{a}{3}x^2}{\dfrac{1}{2}x^2}=\dfrac{2a}{3}=1$,

所以有 $a=\dfrac{3}{2}$.

(2) $\lim\limits_{n\to\infty}\dfrac{n^{2020}}{n^k-(n-1)^k}=\lim\limits_{n\to\infty}\dfrac{n^{2020}}{n^k\left(1-\left(1-\dfrac{1}{n}\right)^k\right)}=\lim\limits_{n\to\infty}\dfrac{n^{2020-k}}{k\dfrac{1}{n}}=a$,

所以有 $k=2021$，$a=\dfrac{1}{2021}$.

(3) 首先，由于
$$\lim\limits_{x\to 0}\sin x=0,\ \lim\limits_{x\to 0}(\cos x-b)=1-b,\ \lim\limits_{x\to 0}(e^x-a)=1-a,$$
而 $\lim\limits_{x\to 0}\dfrac{\sin x}{e^x-a}\cdot(\cos x-b)=5$，所以必有 $a=1$.

其次
$$\lim\limits_{x\to 0}\dfrac{\sin x}{e^x-1}\cdot(\cos x-b)=\lim\limits_{x\to 0}\dfrac{\sin x}{x}\cdot(\cos x-b)=1-b=5,$$
所以有 $b=-4$.

(4) $\lim\limits_{x\to 0}\dfrac{e^{\tan x}-e^{\sin x}}{x^k}=\lim\limits_{x\to 0}\dfrac{e^{\tan x-\sin x}-1}{x^k}\cdot\lim e^{\sin x}=\lim\limits_{x\to 0}\dfrac{\tan x-\sin x}{x^k}$

$=\lim\limits_{x\to 0}\dfrac{\sin x(1-\cos x)}{x^k}\cdot\lim\limits_{x\to 0}\dfrac{1}{\cos x}$

$=\lim\limits_{x\to 0}\dfrac{\dfrac{1}{2}x^3}{x^k}=c\neq 0$,

所以有 $k=3$.

注 2.4.3 在商运算中,灵活运用等价无穷小求极限,可以优化与简洁计算过程;但在和、差运算中,慎用等价无穷小,掌握好"度".建议一般用带有皮亚诺余项泰勒公式.

2.4.2 无穷大量

1. 定义

定义 2.4.4 在某一极限过程下,有 $\lim \alpha(x) = \infty$(或 $\pm\infty$),则称变量(函数或数列)为该过程下的无穷大量(或正、负无穷大量).

2. 定理

定理 2.4.2 在同一过程下,无穷大量的倒数是无穷小量;非零无穷小量(这里是指 $\lim \alpha(x) = 0$,$\alpha(x)$ 不恒等于 0)的倒数是无穷大量.

注 2.4.4

(1)讨论无穷大量的有关问题一般是转化为无穷小量的有关问题研究;

(2)无穷大量一定在此过程下是无界的,反之不真.例如,$a_n = \dfrac{1+(-1)^n}{2}n$ 是无界的,但非无穷大量(过程 $n \to \infty$).例如 $f(x) = x\sin 2\pi x$ 在过程 $x \to +\infty$ 下是无界的;

但是,$\lim\limits_{n \to \infty} f(n) = 0$,$\lim\limits_{n \to \infty} f\left(n + \dfrac{\pi}{2}\right) = +\infty$,所以 $f(x) = x\sin 2\pi x$ 在过程 $x \to +\infty$ 下不是无穷大量.

§2.5 函数连续的概念

2.5.1 某点连续的概念

1. 定义

定义 2.5.1 设函数 $f(x)$ 在点 x_0 的某邻域内有定义,若
$$\lim_{\Delta x \to 0}(f(x_0+\Delta x)-f(x))=0 \ (\lim_{\Delta x \to 0}\Delta y=0),$$
则称函数 $f(x)$ 在点 x_0 处连续.否则,称函数 $f(x)$ 在点 x_0 处不连

续，同时称点 x_0 是函数 $f(x)$ 的不连续点，或间断点.

其中 $\Delta x = x - x_0$，$\Delta y = f(x_0 + \Delta x) - f(x_0)$ 分别称为自变量和相应的因变量的增量.

两个表明：一是当函数 $f(x)$ 在点 x_0 处连续，则有极限符号与函数符号可以交换位置，即 $\lim\limits_{x \to x_0} f(x) = f(x_0) = f(\lim\limits_{x \to x_0} x)$. 二是当自变量的增量改变为无穷小时，则相应的因变量的增量也为无穷小. 即当 $\Delta x \to 0$ 时，有 $\Delta y \to 0$.

2. 某点左、右连续

定义 2.5.2 若 $\lim\limits_{x \to x_0^+} f(x) = f(x_0)$，则称函数 $f(x)$ 在点 x_0 处右连续. 若 $\lim\limits_{x \to x_0^-} f(x) = f(x_0)$，则称函数 $f(x)$ 在点 x_0 处左连续.

定理 2.5.1 函数 $f(x)$ 在点 x_0 处连续的充分必要条件是：函数 $f(x)$ 在点 x_0 处既是左连续又是右连续.

注 2.5.1 定理 2.5.1 常用来判断分段函数在分段点处的连续性.

例 2.5.1 判断下列函数在 $x_0 = 0$ 点的连续性：

(1) $f(x) = [x]$;

(2) $f(x) = \begin{cases} \dfrac{\sin x}{x}, & x \neq 0, \\ 0, & x = 0; \end{cases}$

(3) $f(x) = \begin{cases} x^2 \sin \dfrac{1}{x}, & x \neq 0, \\ 0, & x = 0; \end{cases}$

(4) $f(x) = \begin{cases} \dfrac{e^{\frac{1}{x}} - e^{-\frac{1}{x}}}{e^{\frac{1}{x}} + e^{-\frac{1}{x}}}, & x \neq 0, \\ 1, & x = 0; \end{cases}$

(5) 已知 $f(x) = \begin{cases} (\cos x)^{\frac{1}{x^2}}, & x \neq 0, \\ a, & x = 0 \end{cases}$ 在点 $x_0 = 0$ 处连续，求 a.

解：(1) 首先易知 $x_0 = 0$ 是分段函数的分段点，且有 $f(0) = 0$. 其次有 $\lim\limits_{x \to 0^+} [x] = 0$，$\lim\limits_{x \to 0^-} [x] = -1$. 所以函数在此点处仅右连续，此点为间断点.

(2) 首先易知 $x_0 = 0$ 是分段函数的分段点，且有 $f(0) = 0$. 其次有 $\lim\limits_{x \to 0^+} \dfrac{\sin x}{x} = 1$. 所以函数在此点处不连续，此点为间断点.

(3)首先易知 $x_0=0$ 是分段函数的分段点,且有 $f(0)=0$.其次有 $\lim\limits_{x\to 0}x^2\sin\dfrac{1}{x}=0$.所以函数在此点处连续.

(4)首先易知 $x_0=0$ 是分段函数的分段点,且有 $f(0)=1$.其次有

$$\lim_{x\to 0^+}\dfrac{e^{\frac{1}{x}}-e^{\frac{-1}{x}}}{e^{\frac{1}{x}}+e^{\frac{-1}{x}}}=\lim_{x\to 0^+}\dfrac{e^{\frac{1}{x}}(1-e^{\frac{-2}{x}})}{e^{\frac{1}{x}}(1+e^{\frac{-2}{x}})}=1,$$

$$\lim_{x\to 0^-}\dfrac{e^{\frac{1}{x}}-e^{\frac{-1}{x}}}{e^{\frac{1}{x}}+e^{\frac{-1}{x}}}=\lim_{x\to 0^-}\dfrac{(e^{\frac{2}{x}}-1)e^{\frac{-1}{x}}}{(e^{\frac{2}{x}}+1)e^{\frac{-1}{x}}}=-1.$$

所以函数在此点处仅右连续,此点为间断点.

(5)首先易知 $x_0=0$ 是分段函数的分段点,且有 $f(0)=a$.其次有 $\lim\limits_{x\to 0}(\cos x)^{\frac{1}{x^2}}\xlongequal{1^\infty}\lim\limits_{x\to 0}\left((1+(\cos x-1))^{\frac{1}{\cos x-1}}\right)^{\frac{\cos x-1}{x^2}}=e^{-\frac{1}{2}}$.依题意知有 $a=e^{\frac{-1}{2}}$.

2.5.2 区间上连续函数概念

1. 定义

定义 2.5.3 若函数 $f(x)$ 在区间 (a,b) 上每一点连续,则称函数 $f(x)$ 在区间 (a,b) 上连续.若函数 $f(x)$ 在区间 (a,b) 上连续且在点 $x=a$ 和点 $x=b$ 处分别为右连续和左连续,则称函数 $f(x)$ 在闭区间 $[a,b]$ 上连续.

类似可以定义函数 $f(x)$ 在半开半闭 $[a,b)$,$(a,b]$ 上连续.

例 2.5.2 证明下列函数在 **R** 上连续:

(1) $f(x)=a_0x^n+a_1x^{n-1}+\cdots+a_n$,其中 n 为正整数;

(2) $f(x)=a^x$,(3) $f(x)=\sin x$.

解:(1) $\forall x_0\in \mathbf{R}$,有 $\lim\limits_{x\to x_0}f(x)=f(x_0)$,所以函数 $f(x)$ 在 **R** 上连续.(2)和(3)的证明类似于(1),略.

2.5.3 连续函数运算法则及其初等函数的连续性

1. 运算性质

定理 2.5.2 设函数 $f(x),g(x)$ 在点 x_0 处连续,则

(1) $f(x)\pm g(x)$ 在点 x_0 处连续;

(2) $f(x)\cdot g(x)$ 在点 x_0 处连续;

(3) 当 $g(x)\neq 0$ 时,则 $\dfrac{f(x)}{g(x)}$ 在点 x_0 处连续.

证明:由函数极限的四则运算法则易知.

定理 2.5.3 设函数 $y=f(u)$ 与 $u=\varphi(x)$ 构成复合函数 $y=f(\varphi(x))$. 若函数 $y=f(u)$ 在点 u_0 处连续,函数 $\varphi(x)$ 在点 x_0 处连续,且 $u_0=\varphi(x_0)$,则复合函数 $y=f(\varphi(x))$ 在点 x_0 处连续.

证明:由复合函数的极限运算法则易知成立.

定理 2.5.4 若函数 $y=f(x)$ 在区间 I 上严格单调且连续,则其反函数 $x=f^{-1}(y)$ 在区间 $f(I)$ 上存在,连续且为同类型严格单调.

2. 初等函数重要结论

(1) 基本初等函数在其定义域上连续;

(2) 初等函数在其定义域区间上连续.

注 2.5.2 注意初等函数是在其定义域区间上连续,而不是定义域. 例如,函数 $y=\sqrt{\cos x-1}$ 的定义域为 $x=2k\pi$,其中 k 为整数. 一方面,可知定义域不构成区间. 另一方面,存在这些点的空心邻域且函数在其上无定义,所以不能讨论极限,当然也不能研究连续性.

例 2.5.3 设 $y=f(x)$ 是三次多项式,且有

$$\lim_{x\to 2a}\frac{f(x)}{x-2a}=\lim_{x\to 4a}\frac{f(x)}{x-4a}=1,$$

计算 $\lim\limits_{x\to 3a}\dfrac{f(x)}{x-3a}$. 这里 a 为非零实常数.

解:由于 $y=f(x)$ 是三次多项式,所以其在 **R** 上连续. 同时知

$$\lim_{x\to 2a}f(x)=f(2a)=0, \lim_{x\to 4a}f(x)=f(4a)=0.$$

于是可设 $f(x)=b_0(x-a_1)(x-2a)(x-4a)$,这里 b_0,a_1 为待

定常数. 进一步, 计算

$$\lim_{x \to 2a} \frac{f(x)}{x-2a} = \lim_{x \to 2a} b_0(x-a_1)(x-4a) = -2ab_0(2a-a_1) = 1,$$

$$\lim_{x \to 4a} \frac{f(x)}{x-4a} = \lim_{x \to 4a} b_0(x-a_1)(x-2a) = 2ab_0(4a-a_1) = 1,$$

解得 $a_1 = 3a, b_0 = \dfrac{1}{2a^2}$.

于是有

$$\lim_{x \to 3a} \frac{f(x)}{x-3a} = \lim_{x \to 3a} \frac{\dfrac{1}{2a^2}(x-3a)(x-2a)(x-4a)}{x-3a}$$

$$= \frac{1}{2a^2} \lim_{x \to 3a} (x-2a)(x-4a)$$

$$= \frac{1}{2a^2}(3a-2a)(3a-4a) = -\frac{1}{2}.$$

2.5.4 间断点的类型

1. 定义

定义 2.5.4 设 x_0 点是函数 $y = f(x)$ 的间断点.

(1) 若 $\lim\limits_{x \to x_0^+} f(x), \lim\limits_{x \to x_0^-} f(x)$ 均存在,

当 $\lim\limits_{x \to x_0^+} f(x) = \lim\limits_{x \to x_0^-} f(x)$ 时, 则称 x_0 点是可去间断点;

当 $\lim\limits_{x \to x_0^+} f(x) \neq \lim\limits_{x \to x_0^-} f(x)$ 时, 则称 x_0 点是跳跃间断点;

(2) 若 $\lim\limits_{x \to x_0^+} f(x), \lim\limits_{x \to x_0^-} f(x)$ 中至少有一个不存在, 则称 x_0 点是第二类间断点, 其中若有一个为无穷大, 则称 x_0 点是无穷间断点.

2. 应用举例

例 2.5.4 求下列初等函数的间断点并判断其类型:

(1) $f(x) = \dfrac{\sin x}{x}$; (2) $f(x) = \dfrac{x}{\sin x}$;

(3) $f(x) = \dfrac{x}{\tan x}$; (4) $f(x) = \dfrac{e^{2x}-1}{x(x-1)}$.

解: (1) 这是一个初等函数, 其定义域为 $\mathbf{R} - \{0\}$, 所以 $x = 0$ 为间断点. 计算 $\lim\limits_{x \to 0} \dfrac{\sin x}{x} = 1$, 所以 $x = 0$ 为可去间断点. 进一步, 补充定义

$$F(x)=\begin{cases}\dfrac{\sin x}{x}, & x\neq 0, \\ 1, & x=0,\end{cases} \text{在 } \mathbf{R} \text{ 上连续}.$$

(2)这是一个初等函数,其定义域为 $\mathbf{R}-\{k\pi\}$,其中 k 为整数,所以 $x=k\pi$ 为间断点. 计算 $\lim\limits_{x\to 0}\dfrac{x}{\sin x}=1$,所以 $x=0$ 为可去间断点;计算 $\lim\limits_{x\to k\pi}\dfrac{x}{\sin x}=\infty\,(k\neq 0)$,所以 $x=k\pi\,(k\neq 0)$ 为无穷间断点.

(3)这是一个初等函数(注意 $\tan x=\dfrac{\sin x}{\cos x}$ 在分母上),其定义域为 $\mathbf{R}-\left\{k\pi,k\pi+\dfrac{\pi}{2}\right\}$,其中 k 为整数,所以 $x=k\pi, x=k\pi+\dfrac{\pi}{2}$ 为间断点. 计算 $\lim\limits_{x\to 0}\dfrac{x}{\tan x}=1$,所以 $x=0$ 为可去间断点;计算 $\lim\limits_{x\to k\pi}\dfrac{x}{\tan x}=\infty$ $(k\neq 0)$,所以 $x=k\pi\,(k\neq 0)$ 为无穷间断点;计算 $\lim\limits_{x\to k\pi+\frac{\pi}{2}}\dfrac{x}{\tan x}=0$,所以 $x=k\pi+\dfrac{\pi}{2}$ 为可去间断点.

(4)这是一个初等函数,其定义域为 $\mathbf{R}-\{0,1\}$,所以 $x_1=0$, $x_2=1$ 为间断点. 计算 $\lim\limits_{x\to 0}\dfrac{\mathrm{e}^{2x}-1}{x(x-1)}=\lim\limits_{x\to 0}\dfrac{2x}{x}\cdot\lim\limits_{x\to 0}\dfrac{1}{x-1}=-2$,所以 $x=0$ 为可去间断点. 计算 $\lim\limits_{x\to 1}\dfrac{\mathrm{e}^{2x}-1}{x(x-1)}=\infty$,所以 $x=1$ 为无穷间断点.

例 2.5.5 求下列分段函数的间断点并判断其类型:

(1) $f(x)=\begin{cases}x+1, & x>0, \\ 0, & x=0, \\ \cos x, & x<0;\end{cases}$

(2) $f(x)=\lim\limits_{n\to\infty}\dfrac{1+x}{1+x^{2n}}$;

(3)设函数 $f(x)$ 在 $\mathbf{R}$ 上连续,且 $\lim\limits_{x\to\infty}f(x)=a$, $g(x)=\begin{cases}f\left(\dfrac{1}{x}\right), & x\neq 0, \\ 0, & x=0.\end{cases}$

解:(1)这是一个分段函数,其定义域为 $\mathbf{R}$. 当 $x>0$ 时,$x+1$ 为初等函数,易知其在 $x>0$ 上连续;当 $x<0$ 时,$\cos x$ 为初等函数,

易知其在 $x<0$ 上连续. $x=0$ 为分段函数分段点,计算 $\lim\limits_{x\to 0^+}f(x)=\lim\limits_{x\to 0^+}(x+1)=1$,$\lim\limits_{x\to 0^-}f(x)=\lim\limits_{x\to 0^-}\cos x=1$,所以 $x=0$ 为可去间断点.

(2)由于 $\lim\limits_{n\to\infty}x^{2n}=0$ ($|x|<1$),$\lim\limits_{n\to\infty}x^{2n}=+\infty$ ($|x|>1$). 所以,当 $|x|<1$ 时,有 $f(x)=\lim\limits_{n\to\infty}\dfrac{1+x}{1+x^{2n}}=\dfrac{1+x}{1+0}=1+x$;当 $|x|>1$ 时,有 $f(x)=\lim\limits_{n\to\infty}\dfrac{1+x}{1+x^{2n}}=0$;当 $x=-1$ 时,有 $f(-1)=\lim\limits_{n\to\infty}\dfrac{1+(-1)}{1+(-1)^{2n}}=\dfrac{0}{2}=0$;当 $x=1$ 时,有 $f(1)=\lim\limits_{n\to\infty}\dfrac{1+1}{1+1^{2n}}=\dfrac{2}{2}=1$. 综上,有

$$f(x)=\begin{cases}1+x, & |x|<1,\\ 0, & |x|>1,\\ 0, & x=-1,\\ 1, & x=1.\end{cases}$$

这是一个分段函数,其定义域为 **R**. 当 $|x|<1$ 时,$x+1$ 为初等函数,易知其在 $|x|<1$ 上连续;当 $|x|>1$ 时,0 为常数函数,易知其在 $|x|>1$ 上连续. $x=-1,1$ 为分段函数分段点,易知在 $x=-1$ 处连续,$x=1$ 为第一类间断点.

(3)这是一个分段函数,其定义域为 **R**. 当 $x\neq 0$ 时,$f\left(\dfrac{1}{x}\right)$ 为复合函数,由复合函数连续性定理知其在 $x\neq 0$ 上连续;$x=0$ 为分段函数分段点,计算 $\lim\limits_{x\to 0}f\left(\dfrac{1}{x}\right)\xlongequal{u=\frac{1}{x}}\lim\limits_{u\to\infty}f(u)=a$,所以当 $a=0$ 时,$x=0$ 为连续点;当 $a\neq 0$ 时,$x=0$ 为可去间断点.

例 2.5.6 求下列函数中常数:

(1)设 $f(x)=\dfrac{ax^3+bx^2+cx+d}{x^2+x-2}$,若 $\lim\limits_{x\to\infty}f(x)=1$,且 $\lim\limits_{x\to 1}f(x)=0$,则求常数 a,b,c,d;

(2)已知 $\lim\limits_{x\to +\infty}(3x-\sqrt{ax^2+bx+1})=2$,求常数 a,b 的值;

(3)设 $f(x)=\lim\limits_{n\to\infty}\dfrac{x^{2n-1}+ax^2+bx}{x^{2n}+1}$ 是连续函数,求常数 a,b 的值.

解:(1)这是一个初等函数,令 $x^2+x-2=(x+2)(x-1)$,所以定义域为 **R**$-\{-2,1\}$.

依据题意 $\lim\limits_{x\to\infty}f(x)=1$,有 $a=0,b=1$. 进一步依据题意知
$$\lim_{x\to 1}f(x)=\lim_{x\to 1}\frac{x^2+cx+d}{(x+2)(x-1)}=0,$$ 有 $1+c+d=0$,即
$$\lim_{x\to 1}\frac{x^2+cx+d}{(x+2)(x-1)}=\lim_{x\to 1}\frac{x^2+(-1-d)x+d}{(x+2)(x-1)}$$
$$=\lim_{x\to 1}\frac{x-d}{(x+2)}=\frac{1-d}{3}=0,$$

所以解得 $d=1,c=-2$. 综上有 $a=0,b=1,c=-2,d=1$.

(2) $3x-\sqrt{ax^2+bx+1}$ 为一个初等函数,由于
$$\lim_{x\to+\infty}(3x-\sqrt{ax^2+bx+1})=\lim_{x\to+\infty}\frac{9x^2-ax^2-bx-1}{3x+\sqrt{ax^2+bx+1}}=2,$$

所以,知 $a=9$,进一步,有

$$\lim_{x\to+\infty}\frac{-bx-1}{3x+\sqrt{ax^2+bx+1}}=\lim_{x\to+\infty}\frac{-b-\dfrac{1}{x}}{3+\sqrt{a+\dfrac{b}{x}+\dfrac{1}{x^2}}}$$

$$\xlongequal{u=\frac{1}{x}}\lim_{u\to 0^+}\frac{-b-u}{3+\sqrt{a+bu+u^2}}=2,$$

于是有 $\dfrac{-b-0}{3+\sqrt{9+b\cdot 0+0^2}}=2$,故有 $b=-12$.

(3) 由于 $\lim\limits_{n\to\infty}x^{2n}=0\ (|x|<1)$,$\lim\limits_{n\to\infty}x^{2n}=+\infty\ (|x|>1)$.
所以,当 $|x|<1$ 时,有
$$f(x)=\lim_{n\to\infty}\frac{x^{2n-1}+ax^2+bx}{x^{2n}+1}=\frac{0+ax^2+bx}{0+1}=ax^2+bx;$$

当 $|x|>1$ 时,有 $f(x)=\lim\limits_{n\to\infty}\dfrac{x^{2n-1}(1+ax^{-2n+3}+bx^{-2n+2})}{x^{2n}(1+x^{-2n})}=\dfrac{1}{x}$;

当 $x=-1$ 时,有 $f(-1)=\lim\limits_{n\to\infty}\dfrac{-1+a-b}{1+(-1)^{2n}}=\dfrac{-1+a-b}{2}$;

当 $x=1$ 时,有 $f(1)=\lim\limits_{n\to\infty}\dfrac{1+a+b}{1+1^{2n}}=\dfrac{a+b+1}{2}$. 综上,有

$$f(x)=\begin{cases}ax^2+bx, & |x|<1,\\ \dfrac{1}{x}, & |x|>1,\\ \dfrac{a-b-1}{2}, & x=-1,\\ \dfrac{a+b+1}{2}, & x=1.\end{cases}$$

这是一个分段函数,其定义域为 **R**. 当 $|x|<1$ 时,ax^2+bx 为初等函数,易知其在 $|x|<1$ 上连续;当 $|x|>1$ 时,$\dfrac{1}{x}$ 为初等函数,易知其在 $|x|>1$ 上连续. $x=-1,1$ 为分段函数分段点.依据题意函数在 **R** 上连续,必有

$$\lim_{x\to -1^-}f(x)=\lim_{x\to -1^+}f(x)=f(-1),\ \lim_{x\to 1^-}f(x)=\lim_{x\to 1^+}f(x)=f(1),$$

解得 $a=0,b=1$.

2.5.5 闭区间上连续函数的性质

1. 最大值与最小值定理

定义 2.5.5 设函数 $f(x)$ 在区间 I 上有定义,若存在 $x_0\in I$,满足 $\forall x\in I$,有 $f(x)\leqslant f(x_0)$($f(x)\geqslant f(x_0)$),则称 $f(x)$ 在区间 I 上存在最大(小)值 $f(x_0)$,称 x_0 为最大(小)值点.

定理 2.5.5 若函数 $f(x)$ 在闭区间 $[a,b]$ 上连续,则 $f(x)$ 在区间 $[a,b]$ 上一定存在最大值和最小值.

2. 有界性定理

定理 2.5.6 若函数 $f(x)$ 在闭区间 $[a,b]$ 上连续,则 $f(x)$ 在区间 $[a,b]$ 上有界.

推论 2.5.1 设函数 $f(x)$ 在区间 (a,b) 上连续,若 $\lim\limits_{x\to a^+}f(x)$,$\lim\limits_{x\to b^-}f(x)$ 均存在,则函数 $f(x)$ 在区间 (a,b) 上有界.

证明:构造新函数 $F(x)=\begin{cases}\lim\limits_{x\to a^+}f(x),&x=a,\\ f(x),&x\in(a,b),\\ \lim\limits_{x\to b^-}f(x),&x=b,\end{cases}$ 由定义知 $F(x)$ 在闭区间 $[a,b]$ 上连续,所以 $F(x)$ 在闭区间 $[a,b]$ 上有界,故 $f(x)$ 在区间 (a,b) 上有界.

推论 2.5.2 设函数 $f(x)$ 在区间 $(a,+\infty)$ 上连续,若 $\lim\limits_{x\to a^+}f(x)$,$\lim\limits_{x\to +\infty}f(x)$ 均存在,则函数 $f(x)$ 在区间 $(a,+\infty)$ 上有界.

注意半开半闭区间上也有类似性质.

推论 2.5.3 设函数 $f(x)$ 在区间 (a,b) 上连续,若 $\lim\limits_{x\to a^+}f(x)$,

$\lim\limits_{x\to b^-} f(x)$ 中至少有一个为无穷大(或正无穷大或负无穷大),则函数 $f(x)$ 在区间 (a,b) 上无界.

注意半开半闭区间上也有类似性质.

推论 2.5.4 设函数 $f(x)$ 在区间 $(a,+\infty)$ 上连续,若 $\lim\limits_{x\to a^+} f(x)$, $\lim\limits_{x\to +\infty} f(x)$ 中至少有一个为无穷大(或正无穷大或负无穷大),则函数 $f(x)$ 在区间 (a,b) 上无界.

注意半开半闭区间上也有类似性质.

注 2.5.3 依据推论 2.5.1－2.5.4 容易判断函数 $f(x)$ 在区间上的有界(或无界)性质.

例 2.5.7 判断函数 $f(x)=\dfrac{|x-2|\sin x}{x(x-1)(x-2)^2}$ 在下列哪个区间上有界：

(1) $(-1,0)$; (2) $(0,1)$; (3) $(1,2)$; (4) $(2,3)$.

解：首先,这是一个初等函数,其定义域为 $\mathbf{R}-\{0,1,2\}$,所以函数在其上连续. 其次

$$\lim_{x\to 0} f(x) = \lim_{x\to 0}\frac{|x-2|}{(x-1)(x-2)^2}\cdot \lim_{x\to 0}\frac{\sin x}{x}=\frac{1}{2},$$

$$\lim_{x\to 1} f(x) = \lim_{x\to 1}\frac{|x-2|\sin x}{x(x-1)(x-2)^2}=\infty,$$

$$\lim_{x\to 2} f(x) = \lim_{x\to 2}\frac{|x-2|\sin x}{x(x-1)(x-2)^2}=\infty.$$

最后,由注 2.5.3 知函数在区间 $(-1,0)$ 上有界.

3. 介值定理

定理 2.5.7 设函数 $f(x)$ 在闭区间 $[a,b]$ 上连续,记最小值与最大值分别为 m,M. 若 $\forall m\leqslant \mu\leqslant M$,则一定存在 $\xi\in[a,b]$,有 $f(\xi)=\mu$.

4. 零点定理

定理 2.5.8 设函数 $f(x)$ 在闭区间 $[a,b]$ 上连续,若 $f(a)\cdot f(b)<0$,则一定存在 $\xi\in(a,b)$,有 $f(\xi)=0$.

例 2.5.8 设函数 $f(x)$ 在闭区间 $[a,b]$ 上连续.

(1) 若 $a\leqslant f(x)\leqslant b$,则一定存在一 $\xi\in[a,b]$,有 $f(\xi)=\xi$.

(2) 若 $\alpha>0,\beta>0$,则一定存在一 $\xi\in[a,b]$,有 $\alpha f(a)+\beta f(b)=$

$(\alpha+\beta)f(\xi)$.

(3)若 $x_i \in [a,b]$, $n \in \mathbf{N}$,则一定存在一 $\xi \in [a,b]$,有

$$f(\xi) = \frac{\sum_{i=1}^{n} f(x_i)}{n}.$$ 进一步,若 $x_1 < x_2 < \cdots < x_n$,则一定存在一

$\xi \in [x_1, x_n] \subseteq [a,b]$,有 $f(\xi) = \dfrac{\sum_{i=1}^{n} f(x_i)}{n}$.

证明:(1)若 $f:[a,b] \to [a,b]$,则称函数 $f(x)$ 为区间 $[a,b]$ 上的自映射.

转化为证明方程 $f(x) - x = 0$ 有根 $x = \xi$(或函数 $f(x) - x$ 有零点 $x = \xi$).

构造辅助函数 $F(x) = f(x) - x$,知其在区间 $[a,b]$ 上连续. 计算有

$$F(a) = f(a) - a \geqslant 0, F(b) = f(b) - b \leqslant 0$$

当 $F(a) = 0$ 时,则取 $\xi = a$;当 $F(b) = 0$ 时,则取 $\xi = b$;当 $F(a) > 0$, $F(b) < 0$ 时,则由零点定理知一定存在一 $\xi \in (a,b)$,有 $F(\xi) = 0$. 综上,则一定存在一 $\xi \in [a,b]$,有 $F(\xi) = 0$.

(2)构造辅助函数

$$F(x) = \alpha f(a) + \beta f(b) - (\alpha + \beta) f(x),$$ 知其在区间 $[a,b]$ 上连续. 计算有

$$F(a) = \beta(f(b) - f(a)), F(b) = \alpha(f(a) - f(b))$$

当 $f(a) = f(b)$ 时,则取 $\xi = a$;当 $f(a) \neq f(b)$ 时,可知 $F(a) \cdot F(b) < 0$,则由零点定理知一定存在一 $\xi \in (a,b)$,有 $F(\xi) = 0$. 综上,则一定存在一 $\xi \in [a,b]$,有 $F(\xi) = 0$.

(3)首先函数 $f(x)$ 在闭区间 $[a,b]$ 上连续,则一定存在最大值 M 和最小值 m. 其次由于 $x_i \in [a,b]$, $n \in \mathbf{N}$,可知 $m \leqslant f(x_i) \leqslant M$,令 $\mu = \dfrac{\sum_{i=1}^{n} f(x_i)}{n}$,可知有 $m \leqslant \mu \leqslant M$,则由介值定理知一定存在一 $\xi \in [a,b]$,有 $f(\xi) = \dfrac{\sum_{i=1}^{n} f(x_i)}{n}$.

例 2.5.9 证明

(1) 若 $a>0, b>0$,则方程 $x=a\sin x+b$ 至少存在一正根且不超过 $a+b$.

(2) 若 n 为正整数,则方程 $x^n+nx-1=0$ 存在唯一正实根 x_n 且不超过 $\dfrac{1}{n}$.

证明: (1) 转化为证明方程 $x-a\sin x-b=0$ 存在一正实根且不超过 $a+b$.

首先,构造辅助函数 $F(x)=x-a\sin x-b$,其为初等函数,它在区间 $[0,a+b]$ 上连续.其次,计算
$$F(0)=0-a\sin 0-b=-b<0,$$
和
$$F(a+b)=(a+b)-a\sin(a+b)-b=a(1-\sin(a+b))\geqslant 0.$$

当 $1-\sin(a+b)=0$ 时,则 $a+b$ 为方程 $F(x)=0$ 的根;当 $1-\sin(a+b)>0$ 时,由零点定理知一定存在 $\xi\in(0,a+b)$,有 $F(\xi)=0$. 综上,方程 $F(x)=0$ 至少存在一正根且不超过 $a+b$.

(2) 首先,构造辅助函数 $F(x)=x^n+nx-1$,其为初等函数,它在区间 $[0,+\infty)$ 上连续.其次,计算
$$F(0)=0^n+n\cdot 0-1=-1<0,$$
和
$$F\left(\dfrac{1}{n}\right)=\left(\dfrac{1}{n}\right)^n+n\cdot\dfrac{1}{n}-1=\left(\dfrac{1}{n}\right)^n>0.$$

所以由零点定理知一定存在 $\xi\in\left(0,\dfrac{1}{n}\right)$,有 $F(\xi)=0$. 同时,有 $F'(x)=nx^{n-1}+n>0\ (x\geqslant 0)$,故方程 $x^n+nx-1=0$ 存在唯一正实根 x_n 且不超过 $\dfrac{1}{n}$.

例 2.5.10 (1) 设函数 $f(x)$ 在闭区间 $[a,b]$ 上连续,若满足 $f(a)=f(b)$,则一定存在一 $\xi\in[a,b)$,有 $f(\xi)=f\left(\xi+\dfrac{b-a}{2}\right)$.

(2) 设函数 $f(x)$ 在闭区间 $[0,4]$ 上连续,若满足 $f(0)=f(4)$,则一定存在一 $\xi\in[0,3]$,有 $f(\xi)=f(\xi+1)$.

证明：(1)转化为证明方程 $f(x)-f\left(x+\dfrac{b-a}{2}\right)=0$ 有根 $x=\xi$.

构造辅助函数 $F(x)=f(x)-f\left(x+\dfrac{b-a}{2}\right)$，可知其在 $a\leqslant x\leqslant\dfrac{a+b}{2}<b$ 上连续. 计算

$$F(a)=f(a)-f\left(a+\dfrac{b-a}{2}\right)=f(a)-f\left(\dfrac{a+b}{2}\right)$$

和

$$F\left(\dfrac{a+b}{2}\right)=f\left(\dfrac{a+b}{2}\right)-f\left(\dfrac{a+b}{2}+\dfrac{b-a}{2}\right)=f\left(\dfrac{a+b}{2}\right)-f(b),$$

当 $f(a)-f\left(\dfrac{a+b}{2}\right)=0$ 时，则取 $\xi=a$；当 $f(a)-f\left(\dfrac{a+b}{2}\right)\neq 0$ 时，则由零点定理知一定存在 $\xi\in\left(a,\dfrac{a+b}{2}\right)$，有 $F(\xi)=0$. 综上，一定存在一 $\xi\in[a,b)$，有 $f(\xi)=f\left(\xi+\dfrac{b-a}{2}\right)$.

(2)转化为证明方程 $f(x+1)-f(x)=0$ 有根 $x=\xi$.

构造辅助函数 $F(x)=f(x+1)-f(x)$，可知其在 $0\leqslant x\leqslant 3$ 上连续. 计算 $\dfrac{\sum\limits_{i=0}^{3}F(i)}{4}=0$，则由介值定理知一定存在 $\xi\in[0,3]$，有 $F(\xi)=0$.

类似题：

(1)设 $f(x)$ 是在 **R** 上连续且以 T 为周期的周期函数，求证：方程 $f(x)-f\left(x+\dfrac{T}{2}\right)=0$ 在任何长度为 $\dfrac{T}{2}$ 的闭区间上至少有一个实根.

(2)设函数 $f(x)$ 在闭区间 $[0,n]$ 上连续，其中 n 为正整数. 若满足 $f(0)=f(n)$，则一定存在一 $\xi\in[0,n-1]$，有 $f(\xi)=f(\xi+1)$.

下面用选择题答题技巧来结束本章.

例 2.5.11 选择题：

(1)设函数 $f(x)=x\tan x\mathrm{e}^{\sin x}$，则 $f(x)$ 在定义域上是（　　）.

A. 偶函数　　B. 无界函数　　C. 周期函数　　D. 单调函数

解：方法一（排除法），由于 x 是单调函数，而 $\tan x\mathrm{e}^{\sin x}$ 为周期函

数,立即排除 C. $x\tan x$ 是偶函数,而 $e^{\sin x}$ 为非奇非偶函数,立即排出 A. 同时,计算 $f\left(-\dfrac{\pi}{4}\right)=\dfrac{\pi}{4}e^{-\frac{\sqrt{2}}{2}}$,$f(0)=0$,$f\left(\dfrac{\pi}{4}\right)=\dfrac{\pi}{4}e^{\frac{\sqrt{2}}{2}}$,立即排除 D. 所以答案是 B.

方法二,由于函数为初等函数,其在定义域区间上连续. 计算 $\lim\limits_{x\to\frac{\pi}{2}}x\tan x e^{\sin x}=\infty$,由无穷大量与无界的关系知答案为 B.

(2)设函数 $f(x)=|x\sin x|e^{\cos x}$,则 $f(x)$ 在定义域上是( ).
A. 有界函数   B. 单调函数   C. 周期函数   D. 偶函数

解:方法一,由于 $|x\sin x|$,$e^{\cos x}$ 均是偶函数,所以答案是 D.

方法二(排除法),由于 $|x|$ 是非周期的,而 $|\cos x|e^{\sin x}$ 是周期的,立即排除 C. 计算 $f\left(-\dfrac{\pi}{4}\right)=\dfrac{\pi\sqrt{2}}{8}e^{-\frac{\sqrt{2}}{2}}$,$f(0)=0$,$f\left(\dfrac{\pi}{4}\right)=\dfrac{\pi\sqrt{2}}{8}e^{\frac{\sqrt{2}}{2}}$,立即排除 B. 取 $x_n=2n\pi+\dfrac{\pi}{2}$,计算 $\lim\limits_{n\to\infty}f(x_n)=\lim\limits_{n\to\infty}\left(2n\pi+\dfrac{\pi}{2}\right)=\infty$,立即排除 A. 所以答案是 D.

(3)设函数 $f(x)$,$g(x)$ 在 **R** 上有定义,$f(x)$ 为连续函数且 $f(x)\ne 0$,$g(x)$ 有间断点,则正确的是( ).

A. $g(f(x))$ 必有间断点   B. $g^2(f(x))$ 必有间断点

C. $f(g(x))$ 必有间断点   D. $\dfrac{g(x)}{f(x)}$ 必有间断点

解:方法一,假设答案 D 不正确,不妨设 $\dfrac{g(x)}{f(x)}=h(x)$ 连续,则由连续函数的四则运算法则知 $g(x)=f(x)\cdot h(x)$ 连续,矛盾.

方法二(排除法),要学会举反例. 令 $g(x)=\begin{cases}1,& x\geqslant 0,\\ -1,& x<0,\end{cases}$ 知 $x=0$ 是间断点,$f(x)=x^2+1$ 在 **R** 上连续且 $f(x)\ne 0$. 易知 $g(f(x))=1$,$g^2(x)=1$,$f(g(x))=2$ 均在 **R** 上连续,排除 A,B 和 C. 所以答案是 D.

(4)设函数 $f(x)=x\sin x e^{\cos x}$,则 $f(x)$ 是( ).

A. 当 $x\to +\infty$ 时,为无穷大   B. 在 **R** 上有界

C. 在 **R** 上无界   D. 当 $x\to +\infty$ 时,极限存在

解:由于若 $\lim\limits_{x\to +\infty}f(x)=\infty$,则函数在 **R** 上无界,立即排除 A. 取

077

$x_n = 2n\pi + \frac{\pi}{2}$,有 $\lim\limits_{n\to\infty} f(x_n) = \lim\limits_{n\to\infty}(2n\pi + \frac{\pi}{2}) = +\infty$,立即排除 B 和 D.
所以答案为 C.

(5)设函数 $f(x) = \frac{1}{x^2}\sin\frac{1}{x}$,则当 $x \to 0$ 时,$f(x)$ 是(　　).

A. 无穷小　　　　　　　　　　B. 无穷大

C. 有界的,但不是无穷小　　　D. 无界的,但不是无穷大

解:首先转化为研究在过程 $y \to \infty$ 下变量 $g(y) = y^2\sin y$ 的情形.

分别取 $y_n^{(1)} = 2n\pi, y_n^{(2)} = 2n\pi + \frac{\pi}{2}$,有

$\lim\limits_{n\to\infty} g(y_n^{(1)}) = \lim\limits_{n\to\infty} 0 = 0$,$\lim\limits_{n\to\infty} g(y_n^{(2)}) = \lim\limits_{n\to\infty}(2n\pi + \frac{\pi}{2}) = +\infty$,

立即排除 A、B 和 C.
所以答案是 D.

(6)设函数 $f(x) = \frac{x}{a + e^{bx}}$ 在 **R** 上连续且 $\lim\limits_{x\to-\infty} f(x) = 0$,则常数 a, b 满足(　　)

A. $a<0, b<0$　　B. $a>0, b>0$　　C. $a\geqslant 0, b<0$　　D. $a\leqslant 0, b>0$

解:首先只有当 $b<0$ 时,有 $\lim\limits_{x\to-\infty} f(x) = 0$,立即排除 B 和 D. 其次由于 $e^{bx} > 0$,只有当 $a \geqslant 0$ 时,有函数 $f(x)$ 的定义域为 **R**,立即排除 A. 所以答案是 C.

(7)设 $\{a_n\}, \{b_n\}, \{c_n\}$ 均为非负数列,且 $\lim\limits_{n\to\infty} a_n = 0$,$\lim\limits_{n\to\infty} b_n = 1$,$\lim\limits_{n\to\infty} c_n = +\infty$,则必有(　　)

A. $\forall n \in \mathbf{N}$,有 $a_n < b_n$　　　　B. $\forall n \in \mathbf{N}$,有 $b_n < c_n$

C. 极限 $\lim\limits_{n\to\infty} a_n c_n$ 不存在　　　D. 极限 $\lim\limits_{n\to\infty} b_n c_n$ 不存在

解:方法一,假设 D 不正确,不妨设极限 $\lim\limits_{n\to\infty} b_n c_n$ 存在,而 $\lim\limits_{n\to\infty} b_n = 1 \neq 0$,则由极限四则运算法则知 $\lim\limits_{n\to\infty} c_n = \lim\limits_{n\to\infty} \frac{c_n b_n}{b_n}$ 存在,矛盾. 所以答案是 D.

方法二(排除法),由于数列的敛散性是前面有限项无关,立即排除 A 和 B. 同时令 $a_n = \frac{1}{n}, c_n = n$,有 $\lim\limits_{n\to\infty} a_n = 0$,$\lim\limits_{n\to\infty} c_n = +\infty$,

$\lim\limits_{n\to\infty} a_n c_n = 1$,立即排除 C. 所以答案是 D.

(8) 设有两个数列 $\{a_n\}$,$\{b_n\}$,且 $\lim\limits_{n\to\infty} a_n b_n = 0$,则断言正确的是（   ）

A. 若 a_n 发散,则有 b_n 发散　　B. 若 a_n 无界,则有 b_n 有界

C. 若 a_n 有界,则有 b_n 为无穷小　D. 若 a_n 无穷大,则有 b_n 无穷小

解:方法一,注意已知什么,条件什么,结论什么. 关键写出结论涉及的表达式,即 $b_n = (a_n b_n) \cdot \dfrac{1}{a_n}$,所以答案 D 正确.

方法二(排除法),学会举反例. 令 $a_n = n, b_n = \dfrac{1}{n^2}$,立即排除 A. 令 $a_n = \dfrac{1}{n^2}, b_n = n$,立即排除 C. 令 $a_n = \dfrac{1+(-1)^n}{2} n$;$b_n = \dfrac{1+(-1)^{n+1}}{2} n$,立即排除 B. 所以答案是 D.

问题与思考

1. 问:若 $\lim\limits_{n\to\infty} a_n$ 和 $\lim\limits_{n\to\infty} b_n$ 均不存在,则 $\lim\limits_{n\to\infty}(a_n + b_n)$ 不存在吗？

答:不一定. 例如,$\lim\limits_{n\to\infty}\left((-1)^n + \dfrac{1}{n}\right)$ 和 $\lim\limits_{n\to\infty}(-1)^n$ 均不存在,而 $\lim\limits_{n\to\infty}\dfrac{1}{n}$ 存在;$\lim\limits_{n\to\infty} 2(-1)^n$ 和 $\lim\limits_{n\to\infty}(-1)^n$ 均不存在,而 $\lim\limits_{n\to\infty}(-1)^n$ 不存在.

2. 问:若 $\lim\limits_{n\to\infty} a_n$ 不存在,$\lim\limits_{n\to\infty} b_n$ 不存在,则 $\lim\limits_{n\to\infty}(a_n \times b_n)$ 存在吗？

答:不一定. 例如,$\lim\limits_{n\to\infty}(-1)^n$ 不存在,而 $\lim\limits_{n\to\infty}((-1)^n \times (-1)^n) = 1$ 存在;例如,$\lim\limits_{n\to\infty} n$ 不存在,$\lim\limits_{n\to\infty}(-1)^n$ 不存在,但 $\lim\limits_{n\to\infty}((-1)^n \times n)$ 不存在.

3. 问:若 $\lim\limits_{x\to x_0} f(x)$ 存在,则 $f(x)$ 在 **R** 上有界吗？

答:不一定,因为函数在某点极限收敛,则函数可以在此极限过程下有界,这是局部性质,而非全局性质. 例如,记 $f(x) = x$, $x \neq 0$,有 $\lim\limits_{x\to 1} f(x) = 1$,所以一定存在 $0 < |x-1| < 1$,有函数 $|f(x)| \leqslant 2$ 有界,而它在 **R** 上无界. 另 $f(x) = \dfrac{1}{x}$, $x \neq 0$,有 $\lim\limits_{x\to 1} f(x) = 1$,可知它在

$0<|x-1|<\frac{1}{2}$ 上有界,在 $0<|x-1|<1$ 上无界.

4. 问:若在点 x 处连续,则有 $|f(x)|$, $f^2(x)$ 和 $f(f(x))$ 在 x 点处连续,反之不真吗?

答:是的.由定义或复合函数的连续性质知道:若在点处连续,则有 $|f(x)|$, $f^2(x)$ 和 $f(f(x))$ 在 x 点处连续.而逆命题不真,例如,

设 $f(x)=\begin{cases}1, & x>0, \\ -1, & x\leqslant 0,\end{cases}$ 即知 $|f(x)|$, $f^2(x)$ 在点 $x=0$ 处连续,而 $f(x)$ 在点 $x=0$ 处不连续.

设 $f(x)=\begin{cases}1, & x\geqslant 0, \\ 0, & x<0,\end{cases}$ 则有 $f(f(x))=1$, $\forall x\in \mathbf{R}$,即知 $f(f(x))$ 在点 $x=0$ 处连续,而 $f(x)$ 在点 $x=0$ 处不连续.

5. 问:若在点处连续,则有 $f^3(x)$ 在点处连续,反之成立吗?

答:成立.假设 $f^3(x)$ 在点处连续,则基于 $f(x)=\sqrt[3]{f^3(x)}$,所以由复合函数连续性质知 $f(x)$ 在点 x 处连续.

6. 问:若 $f(x)$, $g(x)$ 均在点 x_0 处连续,且在一个邻域上 $O(x_0, \delta)$ 满足 $f(x)<g(x)$,则有 $\lim\limits_{x\to x_0}f(x)<\lim\limits_{x\to x_0}g(x)$ 吗?

答:是的.事实上,由于 $f(x)$, $g(x)$ 均在点 x_0 处连续,所以有
$$\lim\limits_{x\to x_0}f(x)=f(x_0)<g(x_0)=\lim\limits_{x\to x_0}g(x).$$

7. 问:设 $f(x)$, $g(x)$ 均在 $x>0$ 上连续, $f(x)<g(x)$,若 $\lim\limits_{x\to +\infty}f(x)$ 和 $\lim\limits_{x\to +\infty}g(x)$ 存在,则有 $\lim\limits_{x\to +\infty}f(x)<\lim\limits_{x\to +\infty}g(x)$ 吗?

答:不一定.事实上,设当 $x>0$ 时,有 $f(x)=\frac{1}{x}<g(x)=\frac{2}{x}$,而 $\lim\limits_{x\to +\infty}f(x)=\lim\limits_{x\to +\infty}g(x)=0$.

8. 问:若 $f(x)$, $g(x)$ 均在点 x_0 处连续,则有 $\max\{f(x),g(x)\}$ 和 $\min\{f(x),g(x)\}$ 均在点 x_0 处连续吗?

答:是的.事实上,有
$$\max\{f(x),g(x)\}=\frac{f+g+|f-g|}{2}$$
和
$$\min\{f(x),g(x)\}=\frac{f+g-|f-g|}{2}.$$

9. 问: 若在开区间 (a,b) 上连续,则 $f(x)$ 在 (a,b) 上有界吗?

答: 不一定. 事实上,设 $f(x)=\dfrac{1}{x}$,则在区间 $(1,2)$ 上有界,在区间 $(0,1)$ 上无界.

10. 问: 设 $f(x)$ 在开区间 (a,b) 上连续,若 $\lim\limits_{x\to a^+}f(x)=A$,$\lim\limits_{x\to b^-}f(x)=B$,则 $f(x)$ 在 (a,b) 上有界吗?

答: 一定有界. 事实上,构造函数 $F(x)=\begin{cases}A, & x=a,\\ f(x), & a<x<b,\\ B, & x=b,\end{cases}$ 易知其在闭区间 $[a,b]$ 上连续,故在闭区间 $[a,b]$ 上有界,所以 $f(x)$ 在 (a,b) 上有界.

11. 问: 若 $f(x)$ 在区间 $[a,+\infty)$ 上连续,且满足 $\lim\limits_{x\to+\infty}f(x)=l$,则 $f(x)$ 于 $[a,+\infty)$ 上有界吗?

答: 是的. 事实上,由于 $\lim\limits_{x\to+\infty}f(x)=l$,所以 $\varepsilon=1$ 存在 $\exists X>0$,当 $x>X$ 时,有 $|f(x)|=|f(x)-l+l|<1+|l|$. 由于 $f(x)$ 在 $[a,X]$ 上连续,所以存在 $M>0$,有 $|f(x)|\leqslant M$,故 $\forall x\in[a,+\infty)$ 有 $|f(x)|\leqslant M+1+|l|$.

12. 问: (1) 若 $f(x)$ 在闭区间 $[a,b]$ 上连续,且满足 $f(x)>0$,则 $\lim\limits_{n\to\infty}\sqrt[n]{f(x)}=1$,$\forall x\in[a,b]$ 吗?

(2) 若 $f(x)$ 在区间 $[a,+\infty)$ 上连续且 $f(x)>0$ 并满足 $\lim\limits_{x\to+\infty}f(x)=l>0$,则 $\lim\limits_{n\to\infty}\sqrt[n]{f(x)}=1$,$\forall x\in[a,+\infty)$ 吗?

答: 是的. 仅考虑(1)情形,其余类似. 由于 $f(x)$ 在闭区间 $[a,b]$ 上连续,且满足 $f(x)>0$,所以存在最大值 $M>0$ 和最小值 $m>0$,满足 $m\leqslant f(x)\leqslant M$,$\forall\in[a,b]$,而 $\lim\limits_{n\to\infty}\sqrt[n]{m}=\lim\limits_{n\to\infty}\sqrt[n]{M}=1$,依两边夹定理,故结论成立.

13. 问: 若 $f(x)$ 在 **R** 上连续且为周期函数,则其在 **R** 上有界吗?

答: 一定有界. 事实上,$\forall x\in\mathbf{R}$ 有 $x=kT+h(x)$,其中 $0\leqslant h(x)\leqslant T$,$T$ 为函数的周期,k 为某确定的整数. 同时函数 $f(x)$ 在闭区间 $[0,T]$ 上连续,所以有界.

注意函数 $f(x)=\tan x$ 是周期函数,但其定义域不是 **R**.

14. 问：若 $f(x), g(x)$ 均在 x 点连续，且 $f(x) > 0$，则幂指函数 $f(x)^{g(x)}$ 在 x 点连续吗？

答：是的. 事实上 $f(x)^{g(x)} = e^{g(x)\ln f(x)}$. 进一步，还有结论：若 $f(x), g(x)$ 均为初等函数且 $f(x) > 0$，则 $f(x)^{g(x)}$ 也为初等函数.

15. 问：若 $f(u)$ 为连续函数，$u = g(x)$ 为不连续函数，则复合函数 $f(g(x))$ 一定不连续吗？

答：不一定. 例如，设 $f(u) = u^2$，$g(x) = \begin{cases} 1, & x > 0, \\ -1, & x \leqslant 0, \end{cases}$ 则复合函数 $f(g(x)) = 1$ 为连续函数；设 $f(u) = u$，$g(x) = \begin{cases} 1, & x > 0, \\ -1, & x \leqslant 0, \end{cases}$ 则复合函数 $f(g(x)) = \begin{cases} 1, & x > 0, \\ -1, & x \leqslant 0 \end{cases}$ 为不连续函数.

16. 问：若 $f(u)$ 为不连续函数，$u = g(x)$ 为连续函数，则复合函数 $f(g(x))$ 一定不连续吗？

答：不一定. 例如，设 $f(u) = \begin{cases} 1, & u > 0, \\ -1, & u \leqslant 0, \end{cases}$ $g(x) = x^2 + 1$，则复合函数 $f(g(x)) = 1$ 为连续函数；设 $f(u) = \begin{cases} 1, & u > 0, \\ -1, & u \leqslant 0, \end{cases}$ $g(x) = x$，则复合函数 $f(g(x)) = \begin{cases} 1, & x > 0, \\ -1, & x \leqslant 0 \end{cases}$ 为不连续函数.

17. 问：若函数 $f(x)$ 与 $g(x)$ 在点 $x = x_0$ 处均不连续，则 $f(x) + g(x)$ 在 x_0 处不连续吗？

答：不一定. 例如，令 $f(x) = \begin{cases} 1, & x \geqslant 0, \\ -1, & x < 0, \end{cases}$ $g(x) = \begin{cases} -1, & x \geqslant 0, \\ 1, & x < 0, \end{cases}$ $f(x) + g(x) = 0$ 取 $x_0 = 0$.

18. 问：若函数 $f(x)$ 与 $g(x)$ 仅有一个在点 $x = x_0$ 处不连续，则 $f(x) + g(x)$ 在 x_0 处不连续吗？

答：是的. 事实上，不妨设函数 $f(x)$ 在点 $x = x_0$ 处连续，$g(x)$ 在点 $x = x_0$ 处不连续，反证，假设 $f(x) + g(x)$ 在 x_0 点处连续，则有 $g(x) = (f(x) + g(x)) - f(x)$ 在 x_0 点处连续. 矛盾.

19. 问：若 $f(x)$ 与 $g(x)$ 在点 $x=x_0$ 处均不连续,则 $f(x)g(x)$ 在 x_0 处不连续吗?

答：不一定. 例如,令 $f(x)=\begin{cases}1, & x\geq 0,\\ -1, & x<0,\end{cases}$ $f(x)=g(x)$,取 $x_0=0$.

20. 问：若函数 $f(x)$ 与 $g(x)$ 仅有一个在点 $x=x_0$ 处不连续,则 $f(x)g(x)$ 在 x_0 处不连续吗?

答：不一定. 例如,令 $f(x)=0$,$g(x)=\begin{cases}1, & x\geq 0,\\ -1, & x<0,\end{cases}$ 取 $x_0=0$.

21. 问：若函数 $f(x)$ 在点 $x=x_0$ 处连续且 $f(x_0)\neq 0$,$g(x)$ 在 $x=x_0$ 点处不连续,则 $f(x)g(x)$ 在 x_0 处不连续吗?

答：是的. 事实上,反证,假设 $f(x)g(x)$ 在 x_0 点处连续,则有 $g(x)=\dfrac{(f(x)g(x))}{f(x)}$ 在 x_0 点处连续. 矛盾.

22. 问：在任意一种极限过程下,设 $\lim\alpha(x)=0$,$\lim\beta(x)=0$,$\alpha\sim\alpha_1,\beta\sim\beta_1$,若 $\lim\dfrac{\alpha}{\beta}=l$,其中 l 为有限或无穷大,则有 $\lim\dfrac{\alpha_1}{\beta_1}=l$ 吗?

答：一定有. 事实上. 当 l 为有限时,有 $\lim\dfrac{\alpha_1}{\beta_1}=\lim\left(\dfrac{\alpha_1}{\alpha}\cdot\dfrac{\alpha}{\beta}\cdot\dfrac{\beta}{\beta_1}\right)=l$;当 l 为无穷大时,即 $\lim\dfrac{\beta}{\alpha}=0$,同上处理. 若 $\lim\dfrac{\alpha}{\beta}$ 不存在,则有 $\lim\dfrac{\alpha_1}{\beta_1}$ 不存在.

23. 问：设 $a_0=1$,$a_n=\dfrac{(2n-1)!!}{(2n)!!}$,对于 a_n 有估值范围吗?

答：有. 易知 $a_n=\dfrac{(2n-1)!!}{(2n)!!}$ 等同于 $a_n=\dfrac{2n-1}{2n}a_{n-1}$,$a_0=1$. 有

$$\left(\dfrac{a_n}{a_{n-1}}\right)^2=\dfrac{(2n-1)^2}{(2n)^2}=\dfrac{(2n)^2-1}{(2n)^2}\times\dfrac{2n-1}{2n+1}<\dfrac{2n-1}{2n+1},$$

这样,连乘有 $\left(\dfrac{a_n}{a_0}\right)^2<\dfrac{1}{2n+1}$,即 $a_n<\dfrac{1}{\sqrt{2n+1}}$.

进一步,设 $a_n=\dfrac{(3n-1)!!}{(3n)!!}$,易知 $a_n=\dfrac{(3n-1)!!}{(3n)!!}$ 等同于 $a_n=\dfrac{3n-1}{3n}a_{n-1}$,$a_0=1$. 有

$$\left(\frac{a_n}{a_{n-1}}\right)^3 = \frac{(3n-1)^3}{(3n)^3} = \frac{(3n-1)^2(3n+2)}{(3n)^3} \times \frac{3n-1}{3n+2} < \frac{3n-1}{3n+2}.$$

这样,连乘有 $\left(\frac{a_n}{a_0}\right)^3 < \frac{1}{3n+2}$,即 $a_n < \frac{1}{\sqrt[3]{3n+2}}$.

进一步,设 $a_n = \frac{(kn-1)!!}{(kn)!!}$,这里 $k \in \mathbf{N}, k \geq 2$,易知 $a_n = \frac{(kn-1)!!}{(kn)!!}$ 等同于 $a_n = \frac{kn-1}{kn} a_{n-1}, a_0 = 1$. 有

$$\left(\frac{a_n}{a_{n-1}}\right)^k = \frac{(kn-1)^k}{(kn)^3}.$$

基于 $1 - \frac{1}{kn+i} < 1 - \frac{1}{kn+(i+1)}, i = 0, 1, \cdots, k-1$,即

$$\frac{kn-1}{kn} < \frac{kn}{kn+1} < \frac{kn+1}{kn+2} < \cdots < \frac{kn+(k-2)}{kn+(k-1)}$$

这样,连乘有 $\left(\frac{a_n}{a_0}\right)^k < \frac{1}{kn+(k-1)}$,即 $a_n < \frac{1}{\sqrt[k]{kn+(k-1)}}$.

第 3 章

导数与微分

本章的重点是导数和微分的概念、导数的几何意义及函数的可导与连续之间的关系、导数的四则运算法则和复合函数的求导法、基本初等函数的导数公式、初等函数的一阶、二阶导数的求法;难点是复合函数的求导法、隐函数和参数式所确定的函数高阶导数.

本章要求学生掌握导数的四则运算和复合函数的求导法则;基本初等函数的导数公式;会求平面曲线的切线方程和法线方程;简单函数的高阶导数、分段函数的导数;会求隐函数和由参数方程所确定的函数及反函数的导数.

§3.1 导数的概念

3.1.1 某"点"导数定义

1. 定义

定义 3.1.1 设函数 $y=f(x)$ 在点 x_0 的一个邻域内有定义,若极限 $\lim\limits_{x \to x_0}\dfrac{f(x)-f(x_0)}{x-x_0}$ 存在,则称 $y=f(x)$ 在点 x_0 处可导,并称此极限为函数 $y=f(x)$ 在点 x_0 处的导数或微商,记为 $f'(x_0)$,$y'(x_0)$,$y'|_{x=x_0}$,$\dfrac{\mathrm{d}f}{\mathrm{d}x}\bigg|_{x=x_0}$. 这里 $\tan\varphi=\dfrac{\Delta y}{\Delta x}$,$\tan\alpha=f'(x_0)$. 如图 3.1 所示.

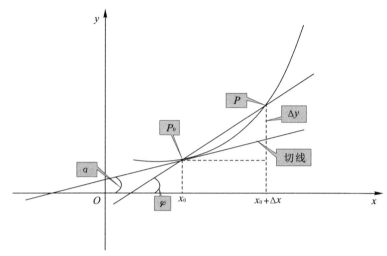

图 3.1

注 3.1.1

(1) 记 $\Delta x = x - x_0$, $\Delta y = f(x) - f(x_0)$，则上式可以改写为

$$\lim_{\Delta x \to 0} \frac{f(x_0 + \Delta x) - f(x_0)}{\Delta x} = \lim_{\Delta x \to 0} \frac{\Delta y}{\Delta x}.$$

在上面表达式的形式中，一定要注意三点：一是分子 $f(x_0 + \Delta x)$ 部分中"＋"一定是加号；二是分子 $f(x_0 + \Delta x)$ 部分中的 Δx 项一定要与分母项一致；三是分子 $f(x_0)$ 部分中的 x_0 为固定点．

(2) 一般 $f'(x_0) \neq (f(x_0))'$．

2. 常规练习

例 3.1.1 求函数指定点的导数：

(1) 函数 $y = f(x) = x^2$ 在点 $x_0 = 1$ 处的导数；

(2) 函数 $y = f(x) = \sin x$ 在点 $x = x_0$ 处的导数；

(3) 函数 $y = f(x) = a^x (a > 0, a \neq 1)$ 在点 $x = x_0$ 处的导数；

(4) 函数 $y = f(x) = \ln x$ 在点 $x = x_0$ 处的导数；

(5) 设 $f(x) = (2^x - 1)\varphi(x)$，其中 $\varphi(x)$ 在点 $x = 0$ 处连续，求 $f'(0)$．

解：(1) 依据定义计算

$$\lim_{x \to 1} \frac{f(x) - f(1)}{x - 1} = \lim_{x \to 1} \frac{x^2 - 1}{x - 1} = \lim_{x \to 1}(x + 1) = 2.$$

(提示：类似可计算有 $\dfrac{\mathrm{d}x^n}{\mathrm{d}x}\bigg|_{x = x_0} = n x_0^{n-1}$)

(2) 依据定义计算

$$\lim_{x \to x_0} \frac{f(x)-f(x_0)}{x-x_0} = \lim_{x \to x_0} \frac{\sin x - \sin x_0}{x-x_0}$$

$$= \lim_{x \to x_0} \frac{\sin \dfrac{x-x_0}{2} \cos \dfrac{x+x_0}{2}}{\dfrac{x-x_0}{2}}$$

$$= \cos x_0.$$

(提示:类似可计算有 $\left.\dfrac{\mathrm{d}\cos x}{\mathrm{d}x}\right|_{x=x_0} = -\sin x_0$)

(3)依据定义计算

$$\lim_{x \to x_0} \frac{f(x)-f(x_0)}{x-x_0} = \lim_{x \to x_0} \frac{a^x - a^{x_0}}{x-x_0} = \lim_{x \to x_0} \frac{a^{x_0}(a^{x-x_0}-1)}{x-x_0}$$

$$\overset{t=a^{x-x_0}-1}{=} a^{x_0} \lim_{x \to x_0} \frac{t}{\log_a(1+t)}$$

$$= a^{x_0} \lim_{t \to 0} \frac{1}{\log_a(1+t)^{\frac{1}{t}}} = a^{x_0} \ln a.$$

(4)依据定义计算

$$\lim_{\Delta x \to 0} \frac{f(x_0+\Delta x)-f(x_0)}{\Delta x} = \lim_{x \to x_0} \frac{\ln(x_0+\Delta x)-\ln x_0}{\Delta x}$$

$$= \lim_{\Delta x \to 0} \ln\left(1+\frac{\Delta x}{x_0}\right)^{\frac{1}{\Delta x}}$$

$$\overset{1^\infty}{=} \lim_{\Delta x \to 0} \ln\left(1+\frac{\Delta x}{x_0}\right)^{\frac{x_0}{\Delta x} \cdot \frac{1}{x_0}} = \frac{1}{x_0}.$$

(5)依据定义计算

$$\lim_{x \to 0} \frac{f(x)-f(0)}{x-0} = \lim_{x \to 0} \frac{(2^x-1)\varphi(x)}{x}$$

$$= \lim_{x \to 0} \frac{(2^x-1)}{x} \cdot \lim_{x \to 0} \varphi(x)$$

$$= \left.\frac{\mathrm{d}2^x}{\mathrm{d}x}\right|_{x=0} \cdot \varphi(0) = \varphi(0)\ln 2.$$

3. 主题练习

例 3.1.2 求下列函数在指定点的导数:

(1)设函数 $y=f(x)$ 在点 $x_0=0$ 连续,若极限 $\lim\limits_{x \to 0} \dfrac{f(x)}{3x} = l$ 存在,

求 $f'(0)$;

(2)若极限 $\lim\limits_{x\to 0}\dfrac{f(1-2x)-f(1)}{3x}=1$,求 $f'(1)$.

解:(1)一方面,有 $\lim\limits_{x\to 0}\dfrac{f(x)}{3x}=\dfrac{1}{3}\lim\limits_{x\to 0}\dfrac{f(x)}{x}=l$,所以 $\lim\limits_{x\to 0}\dfrac{f(x)}{x}=3l$;

另一方面,有

$$\lim_{x\to 0}f(x)=\lim_{x\to 0}\dfrac{f(x)}{x}\cdot x=3l\cdot 0=0=f(0);$$

于是,有 $\lim\limits_{x\to 0}\dfrac{f(x)}{x}=\lim\limits_{x\to 0}\dfrac{f(x)-f(0)}{x-0}=3l$,故有 $f'(0)=3l$.

(2)按照定义,可记 $\Delta x=-2x$,所以改写为

$$\lim_{x\to 0}\dfrac{f(1-2x)-f(1)}{3x}=\lim_{x\to 0}\dfrac{2}{-3}\dfrac{f(1+\Delta x)-f(1)}{\Delta x}=1,$$

于是有 $f'(1)=-\dfrac{3}{2}$.

(提示:这里用到了注 3.1.1)

例 3.1.3 求指定点处导数的有关问题:

(1)若 $y=f(x)$ 在点 x_0 处可导,证明 $\lim\limits_{h\to 0}\dfrac{f(x_0+h)-f(x_0-h)}{h}$ 存在并计算极限值. 反之不真;

(提示:反例 $y=f(x)=|x|$,$x_0=0$)

(2)设函数 $f(x)$ 在 $x=0$ 点可导,且 $f'(0)=1$,又对任意 x,有 $f(3+x)=3f(x)$,求 $f'(3)$;

(3)设 $f(x)$ 为不恒等于零的奇函数,且 $f'(0)$ 存在. 已知函数 $g(x)=\dfrac{f(x)}{x}$,判断间断点 $x=0$ 类型.

解:(1)因为函数 $f(x)$ 在点 $x=x_0$ 可导,即 $f'(x_0)$ 存在.

$$\lim_{h\to 0}\dfrac{f(x_0+h)-f(x_0-h)}{h}$$

$$=\lim_{h\to 0}\dfrac{f(x_0+h)-f(x_0)-(f(x_0-h)-f(x_0))}{h}$$

$$=\lim_{h\to 0}\dfrac{f(x_0+h)-f(x_0)}{h}+\lim_{h\to 0}\dfrac{f(x_0-h)-f(x_0)}{-h}=2f'(x_0).$$

(2)依据定义有

$$\lim_{\Delta x \to 0}\frac{f(3+\Delta x)-f(3)}{\Delta x}=\lim_{\Delta x \to 0}\frac{3f(\Delta x)-3f(0)}{\Delta x}$$
$$=3\lim_{\Delta x \to 0}\frac{f(\Delta x)-f(0)}{\Delta x}$$
$$=3f'(0)=3.$$

(3)因为 $f(x)$ 为奇函数,且在 $x=0$ 点处有定义,则有 $f(0)=0$. 进一步有,
$$\lim_{x \to 0}g(x)=\lim_{x \to 0}\frac{f(x)}{x}=\lim_{x \to 0}\frac{f(x)-f(0)}{x-0}=f'(0),$$
所以 $x=0$ 可去间断点.

类似题:

(1)设 a,b 为两个非零实数,若 $y=f(x)$ 在点 x_0 处可导,计算 $\lim\limits_{x \to 0}\dfrac{f(x_0+ax)-f(x_0+bx)}{x}$;

(2)设函数 $f(x)$ 在 $x=0$ 点可导,且 $f'(0)=b$,又对任意 x,有 $f(1+x)=af(x)$,其中 a,b 为两个非零实数,求 $f'(1)$.

解: (1)因为函数 $f(x)$ 在点 $x=x_0$ 可导,即 $f'(x_0)$ 存在. 计算
$$\lim_{x \to 0}\frac{f(x_0+ax)-f(x_0+bx)}{x}$$
$$=\lim_{x \to 0}\frac{f(x_0+ax)-f(x_0)-(f(x_0+bx)-f(x_0))}{x}$$
$$=a\lim_{x \to 0}\frac{f(x_0+ax)-f(x_0)}{ax}-b\lim_{x \to 0}\frac{f(x_0+bx)-f(x_0)}{bx}$$
$$=(a-b)f'(x_0);$$

(2)依据定义有
$$\lim_{\Delta x \to 0}\frac{f(1+\Delta x)-f(1)}{\Delta x}=\lim_{\Delta x \to 0}\frac{af(\Delta x)-af(0)}{\Delta x}$$
$$=a\lim_{\Delta x \to 0}\frac{f(\Delta x)-f(0)}{\Delta x}$$
$$=af'(0)=ab.$$

3.1.2 左、右导数(单侧导数)

1. 定义与记号

定义 3.1.2 设函数 $y=f(x)$ 在区间 $(x_0-\delta,x_0)$ 上有定义,若极限 $\lim\limits_{x\to x_0^-}\dfrac{f(x)-f(x_0)}{x-x_0}$ 存在,则称 $y=f(x)$ 在点 x_0 左可导,并称此极限为函数 $y=f(x)$ 在点 x_0 处的左导数,记为 $f'_-(x_0)$.

定义 3.1.3 设函数 $y=f(x)$ 在区间 $(x_0,x_0+\delta)$ 上有定义,若极限 $\lim\limits_{x\to x_0^+}\dfrac{f(x)-f(x_0)}{x-x_0}$ 存在,则称 $y=f(x)$ 在点 x_0 右可导,并称此极限为函数 $y=f(x)$ 在点 x_0 处的右导数,记为 $f'_+(x_0)$.

其中左、右导数统称为单侧导数.

2. 导数与单侧导数的关系

定理 3.1.1 $y=f(x)$ 在点 x_0 处可导的充分必要条件是 $y=f(x)$ 在点 x_0 处既左可导又右可导,且 $f'_-(x_0)=f'_+(x_0)$.

注 3.1.2 导数与单侧导数的关系一般常用于以下两方面,一是判断分段函数分段点处导数,二是判断极值点处导数.

例 3.1.4 判断下列函数在点 $x=0$ 处的导数是否存在;若存在,计算此点的导数.

(1) $y=f(x)=|x|$;

(2) $y=f(x)=[x]$;

(3) 设 $f(x)=|x|\varphi(x)$,其中 $\varphi(x)$ 在点 $x=0$ 处连续.

解: (1) 由于 $x=0$ 为分段函数分段点,计算有

$$\lim_{x\to 0^-}\frac{f(x)-f(0)}{x-0}=\lim_{x\to 0^-}\frac{-x}{x}=-1=f'_-(0),$$

$$\lim_{x\to 0^+}\frac{f(x)-f(0)}{x-0}=\lim_{x\to 0^+}\frac{x}{x}=1=f'_+(0),$$

知 $f'_-(0)\neq f'_+(0)$,所以函数在点 $x=0$ 处的导数不存在.

(2) 由于 $x=0$ 为分段函数分段点,计算有

$$\lim_{x\to 0^-}\frac{f(x)-f(0)}{x-0}=\lim_{x\to 0^-}\frac{-1}{x}=\infty,$$

$$\lim_{x\to 0^+}\frac{f(x)-f(0)}{x-0}=\lim_{x\to 0^+}\frac{0}{x}=0=f'_+(0),$$

知函数在点 $x=0$ 处左导数不存在,所以函数在点 $x=0$ 处导数不

存在.

(3) 由于 $x=0$ 为分段函数分段点,计算有
$$\lim_{x\to 0^-}\frac{f(x)-f(0)}{x-0}=\lim_{x\to 0^-}\frac{-x\varphi(x)}{x}=-\varphi(0)=f'_-(0)$$

和
$$\lim_{x\to 0^-}\frac{f(x)-f(0)}{x-0}=\lim_{x\to 0^-}\frac{x\varphi(x)}{x}=\varphi(0)=f'_+(0)$$

当 $\varphi(0)=0$ 时,知函数在点 $x=0$ 处的导数存在,且 $f'(0)=0$;
当 $\varphi(0)\neq 0$ 时,知函数 $f(x)$ 在点 $x=0$ 处的导数不存在.

例 3.1.5 设函数 $y=f(x)$ 在对称区间 $(-l,l)$ 上有定义且为偶函数,若 $f'(0)$ 存在,证明 $f'(0)=0$.

证: 观察 $x_0=0$ 处的单侧导数,有
$$f'_+(0)=\lim_{x\to 0^+}\frac{f(x)-f(0)}{x}, f'_-(0)=\lim_{x\to 0^-}\frac{f(x)-f(0)}{x}.$$

对于第二式,记 $x=-t$,注意到 $f(x)$ 为偶函数,则有
$$f'_-(0)=\lim_{t\to 0^+}\frac{f(-t)-f(0)}{-t}=-\lim_{t\to 0^+}\frac{f(-t)-f(0)}{t}$$
$$=-\lim_{t\to 0^+}\frac{f(t)-f(0)}{t}=-f'_+(0),$$

由导数与单侧导数的关系知 $f'(0)=0$.

类似题:

(1) 设 $f(x)=|(x-a)x|\varphi(x)$,其中 $\varphi(x)$ 在点 $x=a$ 处连续,判断函数在 $x=a$ 点处是否可导.

(2) 设函数 $f(x)$ 在 **R** 上有定义,对任意 x,满足 $f(x+1)=2f(x)$,当 $0\leqslant x\leqslant 1$ 时,有 $f(x)=x(1-x^2)$,判断函数在 $x=0$ 点处是否可导.

解: (1) 首先考虑 $a=0$ 情形,此时有 $f(x)=x^2\varphi(x)$,计算
$$\lim_{x\to 0}\frac{f(x)-f(0)}{x-0}=\lim_{x\to 0}\frac{x^2\varphi(x)}{x}=0\cdot\varphi(0)=0,$$

所以函数在 $x=0$ 点处可导且 $f'(0)=0$;

其次考虑 $a\neq 0$ 的情形,由于 $x=a$ 为分段函数分段点,计算有
$$\lim_{x\to a^-}\frac{f(x)-f(a)}{x-a}=|a|\lim_{x\to a^-}\frac{(a-x)\varphi(x)}{x-a}=-|a|\varphi(a)=f'_-(a)$$

和
$$\lim_{x \to a^+} \frac{f(x)-f(a)}{x-a} = |a| \lim_{x \to a^+} \frac{(x-a)\varphi(x)}{x-a} = |a|\varphi(a) = f'_+(a).$$

当 $\varphi(a)=0$ 时,知函数在点 $x=a$ 处导数存在,且 $f'(0)=0$；

当 $\varphi(a) \neq 0$ 时,知函数在点 $x=a$ 处导数不存在.

(2) 当 $0 \leqslant x \leqslant 1$ 时表达式已知,如何利用关系式 $f(x+1)=2f(x)$ 写出当 $-1 \leqslant x \leqslant 0$ 时的表达式？这是关键.

当 $-1 \leqslant x \leqslant 0$ 时,则有 $0 \leqslant x+1 \leqslant 1$,所以

$$f(x) = \frac{f(x+1)}{2} = \frac{(x+1)(1-(x+1)^2)}{2} = \frac{(x+1)(-x^2-2x)}{2}.$$

进一步,有

$$f(x) = \begin{cases} \dfrac{(x+1)(-x^2-2x)}{2}, & -1 \leqslant x < 0, \\ x(1-x^2), & 0 \leqslant x \leqslant 1. \end{cases}$$

易计算 $f'_-(0)=-1, f'_+(0)=1$,所以函数在点 $x=0$ 处导数不存在.

3.1.3 导数与连续的关系

定理 3.1.2 若函数 $y=f(x)$ 在点 $x=x_0$ 处可导,则函数一定在此点连续. 反之不真.

证明：依据题意,有 $f'(x_0) = \lim\limits_{\Delta x \to 0} \dfrac{\Delta y}{\Delta x}$,所以有

$$\lim_{\Delta x \to 0} \Delta y = \lim_{\Delta x \to 0} \left(\frac{\Delta y}{\Delta x} \cdot \Delta x \right) = f'(x_0) \cdot 0 = 0,$$

故函数一定在点 $x=x_0$ 处连续.

定理的逆不真. 事实上,不妨设 $f(x)=|x|$, $x_0=0$ 即知.

3.1.4 导数的几何意义

导数的几何意义：设函数 $y=f(x)$ 在点 $x=x_0$ 处可导,则曲线在点 $P_0(x_0, y_0)$ 处有不垂直 x 轴的切线,且此切线的斜率为 $f'(x_0)$ (如图 3.1 所示).

定义 3.1.4 设有两条曲线交于一点,若两条曲线在这点处有

相同的切线,则称两曲线相切. 此时切线称为公切线.

例 3.1.6 关于导数几何意义的问题:

(1) 设函数 $y=f(x)$ 在点 $x=1$ 处可导,且满足
$$\lim_{x\to 0}\frac{f(1)-f(1-x)}{2x}=-1,$$
计算曲线在点 $(1,f(1))$ 处的切线斜率;

(2) 设曲线 $f(x)=x^3+ax$ 与 $g(x)=bx^2+c$ 均过点 $(-1,0)$,且在点 $(-1,0)$ 处有公切线,计算 a,b,c;

(3) 已知 $y=f(x)$ 是周期为 5 的连续函数,它在点 $x=0$ 的某个邻域内满足
$$f(1+\sin x)-3f(1-\sin x)=8x+\alpha(x), \lim_{x\to 0}\frac{\alpha(x)}{x}=0.$$
若函数 $y=f(x)$ 在点 $x=1$ 处可导,求曲线在点 $(6,f(6))$ 处的切线方程;

(4) 曲线 $y=\dfrac{1}{\sqrt{x}}$ 的切线与 x 轴和 y 轴围成一个图形,记切点的横坐标为 a, (ⅰ) 计算切线方程; (ⅱ) 计算这个图形的面积,当切点沿曲线趋于无穷远时,该面积的变化趋势如何?

解: (1) 由于函数 $y=f(x)$ 在点 $x=1$ 处可导,所以有
$$\lim_{x\to 0}\frac{f(1)-f(1-x)}{2x}=\frac{1}{2}\lim_{x\to 0}\frac{f(1-x)-f(1)}{-x}=\frac{f'(1)}{2}=-1.$$
即有 $f'(1)=-2$.

(2) 依据题意,满足 $\begin{cases} f(-1,0)=g(-1,0), \\ f'(-1)=g'(-1), \end{cases}$

所以有 $\begin{cases} -1-a=b+c=0, \\ 3+a=-2b, \end{cases}$ 计算得 $a=-1,b=-1,c=1$.

(3) 由于 $y=f(x)$ 是周期为 5 的连续函数,要求曲线在点 $(6,f(6))$ 处的切线方程转化为计算 $f(1),f'(1)$.

首先,函数连续且在点 $x=0$ 的某个邻域内满足
$$f(1+\sin x)-3f(1-\sin x)=8x+\alpha(x), \lim_{x\to 0}\frac{\alpha(x)}{x}=0,$$

所以两边取极限有
$$\lim_{x\to 0}(f(1+\sin x)-3f(1-\sin x))=\lim_{x\to 0}(8x+\alpha(x)),$$
即 $f(1)-3f(1)=0$,得 $f(1)=0$.

其次,计算
$$\lim_{x\to 0}\frac{f(1+\sin x)-3f(1-\sin x)}{x}=8+\lim_{x\to 0}\frac{\alpha(x)}{x}=8,$$
整理
$$\lim_{x\to 0}\left(\frac{f(1+\sin x)-f(1)}{\sin x}\cdot\frac{\sin x}{x}\right)+3\lim_{x\to 0}\left(\frac{f(1-\sin x)-3f(1)}{-\sin x}\cdot\frac{\sin x}{x}\right)$$
$$=8,$$
即有 $4f'(1)=8$,得 $f'(1)=2$. 故切线方程为 $y-0=2(x-6)$.

(4)依据题意知在第一象限,首先计算 $y'=-\frac{1}{2}x^{-\frac{3}{2}}$,所以曲线 $y=\frac{1}{\sqrt{x}}$ 在点 $\left(a,\frac{1}{\sqrt{a}}\right)$ 处的切线方程为 $y-\frac{1}{\sqrt{a}}=-\frac{1}{2\sqrt{a^3}}(x-a)$.

其次在切线方程中分别令 $x=0,y=0$ 得 $y=\frac{3}{2\sqrt{a}},x=3a$,所以这个图形的面积为
$$S_{\triangle AOB}=\frac{OA\cdot OB}{2}=\frac{9}{4}\sqrt{a},$$
故有 $\lim_{a\to 0^+}S_{\triangle AOB}=0$, $\lim_{a\to+\infty}S_{\triangle AOB}=+\infty$.

类似题:

(1)设曲线 $f(x)=x^n$ 在点 $(1,1)$ 处的切线与 x 轴的交点为 $(\xi_n,0)$,计算 $\lim_{n\to\infty}f(\xi_n)$,这里 n 为正整数;

(2)已知 $y=f(x)$ 是周期为 5 的连续函数,且满足
$$\lim_{x\to 0}\frac{2f(1+x)-f(1-x)}{2x}=3.$$
若函数在点 $x=1$ 处可导,求曲线在点 $(6,f(6))$ 处的切线方程.

解:(1)计算 $f'(x)=nx^{n-1}$,所以在点 $(1,1)$ 处的切线方程为 $y-1=n(x-1)$. 令 $y=0$,得 $\xi_n=1-\frac{1}{n}$,计算 $\lim_{n\to\infty}f(\xi_n)=\lim_{n\to\infty}\left(1-\frac{1}{n}\right)^n=\frac{1}{e}$.

(2) 由于 $y=f(x)$ 是周期为 5 的连续函数,要求曲线在点 $(6,f(6))$ 处的切线方程转化为计算 $f(1),f'(1)$.

首先,函数连续且满足

$$\lim_{x\to 0}\frac{2f(1+x)-f(1-x)}{2x}=3,$$

有

$$\lim_{x\to 0}(2f(1+x)-f(1-x))=\lim_{x\to 0}\frac{2f(1+x)-f(1-x)}{2x}\cdot\lim_{x\to 0}2x$$
$$=3\cdot 0=0,$$

即 $2f(1)-f(1)=0$,得 $f(1)=0$.

其次,计算

$$\lim_{x\to 0}\frac{2f(1+x)-f(1-x)}{2x}=3,$$

整理

$$\lim_{x\to 0}\left(\frac{f(1+x)-f(1)}{x}\right)+\frac{1}{2}\lim_{x\to 0}\left(\frac{f(1-x)-f(1)}{-x}\right)=3,$$

即有 $\frac{3}{2}f'(1)=3$,得 $f'(1)=2$. 故切线方程为 $y-0=2(x-6)$.

3.1.5 函数在区间上可导的定义

定义 3.1.5 设 $I=(a,b)$ 为开区间,若函数 $y=f(x)$ 在区间 I 上每一点均可导,则称函数 $y=f(x)$ 在区间 I 上可导,这样在开区间上有导函数

$$f'(x)=\lim_{\Delta x\to 0}\frac{f(x+\Delta x)-f(x)}{\Delta x}, x\in I.$$

同时导函数又记为 y', $\frac{\mathrm{d}y}{\mathrm{d}x}$, $\frac{\mathrm{d}f}{\mathrm{d}x}$, $f'(x)$.

定义 3.1.6 设闭区间 $I=[a,b]$,若函数 $y=f(x)$ 在开区间 (a,b) 上可导且在点 $x=a$ 处右可导,在点 $x=b$ 处左可导,则称函数 $y=f(x)$ 在闭区间 I 上可导. 这样在闭区间上有导函数 $f'(x)$,其余区间上可类似定义函数可导.

常值函数,幂函数,指数函数,对数函数和正弦函数的导数如下:

$(c)'=0$; $\quad\quad (x^n)'=nx^{n-1}(n\in\mathbf{N})$;

$(a^x)'=a^x\ln a(a>0,a\neq 1)$; $\quad (\ln x)'=\frac{1}{x}$;

$(\sin x)'=\cos x$; $\quad\quad (\cos x)'=-\sin x$.

注 3.1.3 对于函数 $y=f(x)$，x 是自变量，y 是因变量. 导数是因变量对自变量求导，所以写成 $\dfrac{\mathrm{d}y}{\mathrm{d}x}=(f(x))'_x$ 形式.

§3.2 导数的运算法则

3.2.1 四则运算法则

1. 定理

定理 3.2.1 设函数 $u(x),v(x)$ 均可导，则有

(ⅰ) $ku(x)+lv(x)$ 可导，且有 $(ku(x)+lv(x))'=ku'(x)+lv'(x)$，这里 k,l 为实常数；

(ⅱ) $u(x)v(x)$ 可导，且有 $(u(x)v(x))'=u'(x)v(x)+u(x)v'(x)$；

(ⅲ) 当 $v(x)\neq 0$ 时，有 $\dfrac{u(x)}{v(x)}$ 可导，且有

$$\left(\frac{u(x)}{v(x)}\right)'=\frac{u'(x)v(x)-u(x)v'(x)}{v^2(x)}.$$

2. 应用举例

例 3.2.1 求下列函数导数：

(1) $f(x)=\dfrac{\sin x}{\cos x}$；(2) $f(x)=\dfrac{1}{\cos x}$；

(3) $f(x)=\mathrm{e}^x(\sin x+\cos x)$.

解：(1) $(\tan x)'=\left(\dfrac{\sin x}{\cos x}\right)'=\dfrac{(\sin x)'\cos x-\sin x(\cos x)'}{\cos^2 x}$

$$=\frac{1}{\cos^2 x}=\sec^2 x;$$

(提示：类似可得 $(\cot x)'=-\csc^2 x$)

(2) $(\sec x)'=\left(\dfrac{1}{\cos x}\right)'=\dfrac{(1)'\cos x-1\cdot(\cos x)'}{\cos^2 x}=\dfrac{\sin x}{\cos^2 x}$

$$=\sec x\tan x;$$

(提示：类似可得 $(\csc x)'=-\csc x\cot x$)

(3) $[\mathrm{e}^x(\sin x+\cos x)]'=(\mathrm{e}^x)'(\sin x+\cos x)+\mathrm{e}^x(\sin x+\cos x)'$

$$=\mathrm{e}^x(\sin x+\cos x)+\mathrm{e}^x(\cos x-\sin x)$$

$$=2\mathrm{e}^x\cos x.$$

例 3.2.2 （1）设函数 $f(x)=g(x)h(x)$，其中 $g(x)$ 在点 $x=a$ 处可导，$h(x)$ 在点 $x=a$ 处连续但不可导，证明当 $g(a)\neq 0$ 时，则 $f(x)$ 在点 $x=a$ 处不可导；当 $g(a)=0$ 时，则 $f(x)$ 在点 $x=a$ 处可导且 $f'(a)=g'(a)h(a)$；

（2）设函数 $f(x)=(x^2-x-2)|x^3-x|$，求此函数的不可导点的个数．

(1) **证**：当 $g(a)=0$ 时，计算
$$\lim_{x\to a}\frac{f(x)-f(a)}{x-a}=\lim_{x\to a}\frac{g(x)h(x)}{x-a}=\lim_{x\to a}\frac{g(x)-g(a)}{x-a}\cdot\lim_{x\to a}h(x)$$
$$=g'(a)h(a).$$

所以有 $f'(a)=g'(a)h(a)$．

当 $g(a)\neq 0$ 时，反证，假设结论不真，不妨设 $f(x)$ 在点 $x=a$ 处可导．由于 $g(a)\neq 0$，则有两结论，一是由连续的保号性知在 $x=a$ 点的某个邻域内 $h(x)=\dfrac{f(x)}{g(x)}$ 有意义；二是依据导数四则运算法则知 $h(x)=\dfrac{f(x)}{g(x)}$ 在 $x=a$ 点可导，矛盾．

(2) **解**：记 $g(x)=x^2-x-2=(x-2)(x+1)$，$h(x)=|x^3-x|=|x(x-1)(x+1)|$，易知函数 $g(x)$ 在 **R** 上可导，函数 $h(x)$ 仅在点 $x=-1,x=0,x=1$ 处不可导，计算 $g(-1)=0,g(0)=-2\neq 0$，$g(1)=-2\neq 0$，由(1)知函数 $f(x)$ 仅有两个不可导点．

3.2.2 反函数运算法则

1. 定理

定理 3.2.2 设函数 $y=f(x)$ 在点 x_0 处可导，且 $f'(x_0)\neq 0$．若 $y=f(x)$ 在点 x_0 的某个邻域内连续，且严格单调，则反函数 $x=f^{-1}(y)$ 存在且在点 $y_0=f(x_0)$ 处可导，且有

$$\left.\frac{\mathrm{d}f^{-1}(y)}{\mathrm{d}y}\right|_{y=y_0}=\frac{1}{\left.\dfrac{\mathrm{d}f(x)}{\mathrm{d}x}\right|_{x=x_0}}=\frac{1}{f'(x_0)}.$$

注 3.2.1

（1）对于 $\dfrac{\mathrm{d}f^{-1}(y)}{\mathrm{d}y}=(f^{-1}(y))'_y$ 而言，表示此时 y 是自变量，x 是

因变量. 对于 $\dfrac{\mathrm{d}f(x)}{\mathrm{d}x}=(f(x))_x'$ 而言,表示此时 x 是自变量,y 是因变量.

(2)若函数 $y=f(x)$ 在区间 I 上可导,且 $f'(x)>0(<0)$,则在区间 $f(I)$ 上反函数 $x=f^{-1}(y)$ 存在,且可导,并有

$$\frac{\mathrm{d}f^{-1}(y)}{\mathrm{d}y}=\frac{1}{\dfrac{\mathrm{d}f(x)}{\mathrm{d}x}}=\frac{1}{f'(x)} \quad 即 \quad \frac{\mathrm{d}x}{\mathrm{d}y}=\frac{1}{\dfrac{\mathrm{d}y}{\mathrm{d}x}}$$

和

$$\frac{\mathrm{d}f(x)}{\mathrm{d}x}=\frac{1}{\dfrac{\mathrm{d}f^{-1}(y)}{\mathrm{d}y}} \quad 即 \quad \frac{\mathrm{d}y}{\mathrm{d}x}=\frac{1}{\dfrac{\mathrm{d}x}{\mathrm{d}y}}.$$

(提示:称 $y=f(x)$ 与 $x=f^{-1}(y)$ 互为反函数,且有 $y=f(f^{-1}(y))$ 和 $x=f^{-1}(f(x))$).

2. 应用举例

例 3.2.3 求下列函数导数:

(1) $f(x)=\log_a x, a>0, a\neq 1$; (2) $f(x)=\arcsin x$.

解:(1) $y=f(x)=\log_a x, a>0, a\neq 1$ 的反函数为 $x=a^y$,利用反函数求导公式(注 3.2.1(2))有

$$\frac{\mathrm{d}f}{\mathrm{d}x}=\frac{\mathrm{d}y}{\mathrm{d}x}=\frac{1}{\dfrac{\mathrm{d}x}{\mathrm{d}y}}=\frac{1}{(a^y)_y'}=\frac{1}{a^y \ln a}=\frac{1}{x\ln a}.$$

(提示:由于 $(a^x)_x'=a^x \ln a$,所以有 $(a^y)_y'=a^y \ln a$)

$y=f(x)=\arcsin x$ 的反函数为 $x=\sin y$,利用反函数求导公式(注 3.2.1(2))有

$$\frac{\mathrm{d}f}{\mathrm{d}x}=\frac{\mathrm{d}y}{\mathrm{d}x}=\frac{1}{\dfrac{\mathrm{d}x}{\mathrm{d}y}}=\frac{1}{(\sin y)_y'}=\frac{1}{\cos y}=\frac{1}{\sqrt{1-\sin^2 y}}$$

$$=\frac{1}{\sqrt{1-x^2}} \quad (-1<x<1).$$

(提示:由于 $(\sin x)_x'=\cos x$,所以有 $(\sin y)_y'=\cos y$. 同时,$f(x)=\arcsin x$ 是专用符号,它表示 $\forall x\in[-1,1]$,$y=f(x)=\arcsin x\in\left[-\dfrac{\pi}{2},\dfrac{\pi}{2}\right]$)

3.2.3 复合函数运算法则

1. 定理(链式法则)

定理 3.2.3 设函数 $y=f(u)$ 在 u_0 点可导,$u=g(x)$ 在 x_0 点可导,则复合函数 $y=f(g(x))$ 在 x_0 点可导(其中 $u_0=f(x_0)$),且其导数为 $\dfrac{\mathrm{d}y}{\mathrm{d}x}\bigg|_{x=x_0}=\dfrac{\mathrm{d}y}{\mathrm{d}u}\bigg|_{u=u_0}\cdot\dfrac{\mathrm{d}u}{\mathrm{d}x}\bigg|_{x=x_0}=f'(u_0)\cdot g'(x_0).$

注 3.2.2

(1)仅函数 $y=f(u)$ 而言,u 是自变量,y 是因变量. 仅函数 $u=g(x)$ 而言,x 是自变量,u 是因变量,对于复合函数 $y=f(g(x))$ 而言,x 是自变量,y 是因变量,u 是中间变量;

(2)因变量对自变量求导数是导数固有属性,所以有复合函数求导的链式法则(如图3.2所示):设函数 $y=f(u)$ 可导,$u=g(x)$ 可导,则复合函数 $y=f(g(x))$ 可导,且其导函数为

$$\frac{\mathrm{d}y}{\mathrm{d}x}=\frac{\mathrm{d}y}{\mathrm{d}u}\cdot\frac{\mathrm{d}u}{\mathrm{d}x}=f'(g(x))\cdot g'(x).$$

注意最后一式子中 $f'(u)$ 一定要代回原变量 $u=g(x)$ 为 $f'(g(x))$.

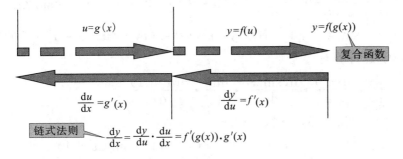

图 3.2

(3)推广:设函数 $y=f(u)$ 可导,$u=g(v)$ 可导,$v=h(x)$ 可导,则复合函数 $y=f(g(h(x)))$ 可导,且其导函数为

$\dfrac{\mathrm{d}y}{\mathrm{d}x}=\dfrac{\mathrm{d}y}{\mathrm{d}u}\cdot\dfrac{\mathrm{d}u}{\mathrm{d}v}\cdot\dfrac{\mathrm{d}v}{\mathrm{d}x}=f'(g(h(x)))\cdot g'(h(x))\cdot h'(x).$

(4)设 $y=f(x)$ 与 $x=f^{-1}(y)$ 互为反函数,则有 $x=f^{-1}(f(x))$,

右端可以看成 $f^{-1}(y), y=f(x)$ 的复合函数,两边对 x 求导,有 $1=\dfrac{dx}{dy}\cdot\dfrac{dy}{dx}$,即有 $\dfrac{dx}{dy}=\dfrac{1}{\frac{dy}{dx}}$.

2. 应用举例

例 3.2.4 计算下列导数:

(1) $y=\sin(x^2), y=\sin^2 x, y=\sin^2(x^2+1)^3$;

(2) $y=\arctan e^x - \ln\sqrt{\dfrac{e^{2x}}{1+e^{2x}}}$,计算 $\dfrac{dy}{dx}\bigg|_{x=1}$;

(3) $y=x^{a^a}+a^{x^a}+a^{a^x}$ $(a>0)$;

(4) $y=f\left(\dfrac{3x-2}{3x+2}\right), f'(x)=\arcsin x^2$,计算 $\dfrac{dy}{dx}\bigg|_{x=0}$;

(5) $f(t)=\lim\limits_{x\to\infty} t\left(\dfrac{x+t}{x-t}\right)^x$.

解:(1) $y=\sin(x^2)$ 看成 $y=\sin u, u=x^2$ 的复合函数,计算有

$$\dfrac{dy}{dx}=\dfrac{d(\sin u)}{du}\cdot\dfrac{d(x^2)}{dx}=\cos u\cdot 2x=2x\cdot\cos(x^2).$$

$y=\sin^2 x$ 看成 $y=u^2, u=\sin x$ 的复合函数,计算有

$$\dfrac{dy}{dx}=\dfrac{d(u^2)}{du}\cdot\dfrac{d(\sin x)}{dx}=2u\cdot\cos x=2\sin x\cdot\cos x=\sin 2x.$$

$y=\sin^2(x^2+1)^3$ 看成 $y=u^2, u=\sin v, v=w^3, w=x^2+1$ 的复合函数,计算有

$$\begin{aligned}\dfrac{dy}{dx}&=\dfrac{d(u^2)}{du}\cdot\dfrac{d(\sin v)}{dv}\cdot\dfrac{dw^3}{dw}\cdot\dfrac{d(x^2+1)}{dx}\\&=2u\cdot\cos v\cdot 3w^2\cdot 2x\\&=12\cdot x\cdot(x^2+1)^2\cdot\cos(x^2+1)^3\cdot\sin(x^2+1)^3.\end{aligned}$$

(2) $\dfrac{dy}{dx}=\dfrac{d(\arctan e^x)}{dx}-\dfrac{1}{2}\dfrac{d(\ln e^{2x}-\ln(1+e^{2x}))}{dx}$

$$=\dfrac{1}{1+(e^x)^2}\cdot e^x-\dfrac{1}{2}\left(2-\dfrac{2e^{2x}}{1+e^{2x}}\right)=\dfrac{e^x}{1+e^{2x}}-\dfrac{1}{1+e^{2x}},$$

所以有 $\dfrac{dy}{dx}\bigg|_{x=1}=\dfrac{e-1}{1+e^2}$.

(3) $y'=(x^{a^a})'+(a^{x^a})'+(a^{a^x})'$

$$=a^a x^{a^a-1}+(a^{x^a}\ln a)\cdot ax^{a-1}+(a^{a^x}\ln a)\cdot a^x\ln a.$$

(4) $y=f\left(\dfrac{3x-2}{3x+2}\right)$ 可看成 $y=f(u)$, $u=\dfrac{3x-2}{3x+2}$ 的复合函数,计算

$$\dfrac{\mathrm{d}y}{\mathrm{d}x}=\dfrac{\mathrm{d}f(u)}{\mathrm{d}u}\cdot\dfrac{\mathrm{d}\left(\dfrac{3x-2}{3x+2}\right)}{\mathrm{d}x}=f'(u)\cdot\dfrac{3(3x+2)-3(3x-2)}{(3x+2)^2}$$

$$=\arcsin\left(\dfrac{3x-2}{3x+2}\right)^2\cdot\dfrac{12}{(3x+2)^2}.$$

所以有 $\left.\dfrac{\mathrm{d}y}{\mathrm{d}x}\right|_{x=0}=\arcsin 1\cdot\dfrac{12}{4}=\dfrac{3\pi}{2}.$

(5) 关键理解 $f(t)=\lim\limits_{x\to\infty}t\left(\dfrac{x+t}{x-t}\right)^x$ 的含义,我们有

$$f(1)=\lim\limits_{x\to\infty}1\cdot\left(\dfrac{x+1}{x-1}\right)^x,\ f(5)=\lim\limits_{x\to\infty}5\cdot\left(\dfrac{x+5}{x-5}\right)^x,$$

即固定 t 计算

$$f(t)=\lim\limits_{x\to\infty}t\left(\dfrac{x+t}{x-t}\right)^x=t\lim\limits_{x\to\infty}\left(1+\dfrac{2t}{x-t}\right)^{\frac{x-t}{2t}\cdot\frac{2tx}{x-t}}\xlongequal{1^\infty}t\mathrm{e}^{2t}\ (t\neq 0).$$

当 $t=0$ 时,有 $f(0)=0$;

当 $t\neq 0$ 时,见上面有 $f(t)=\lim\limits_{x\to\infty}t\left(\dfrac{x+t}{x-t}\right)^x=t\mathrm{e}^{2t}.$

综上,有 $f(t)=t\mathrm{e}^{2t}$. 进一步,计算 $f'(t)=\mathrm{e}^{2t}+t\cdot 2\mathrm{e}^{2t}=(1+2t)\mathrm{e}^{2t}.$

注 3.2.3 例 3.2.4(5) 中一定要先计算出 $f(t)$ 的表达式,然后 $f(t)$ 再对 t 求导. 注意设 $f(t)=\lim\limits_{x\to\infty}g(t,x)$,一般 $f'(t)\neq\lim\limits_{x\to\infty}\dfrac{\partial g(t,x)}{\partial t}.$

类似题:

计算下列导数:

(1) $y=\cos(x^2)\sin^2\dfrac{1}{x}$, $y=(1+x^2)^{\arctan x}$;

(2) 设函数 $g(x)$ 可微,且 $h(x)=\mathrm{e}^{1+g(x)}$, $h'(1)=1$, $g'(1)=2$, 计算 $g(1)$;

(3) $y=8^{8^{8^x}}$;

(4) $y=f\left(\dfrac{3x-2}{3x+2}\right)$, $f'(x)=\arctan x^2$, 计算 $\left.\dfrac{\mathrm{d}y}{\mathrm{d}x}\right|_{x=0}$;

(5) $f(t)=\lim\limits_{x\to\infty}t\left(1+\dfrac{1}{x}\right)^{2tx}.$

解:(1)计算

$$\frac{dy}{dx}=(\cos(x^2))'\cdot\sin^2\frac{1}{x}+\cos(x^2)\cdot\left(\sin^2\frac{1}{x}\right)'$$

$$=-2x\sin(x^2)\cdot\sin^2\frac{1}{x}+\cos(x^2)\cdot\left(2\frac{-1}{x^2}\sin\frac{1}{x}\cdot\cos\frac{1}{x}\right);$$

(2)计算 $h'(x)=e^{1+g(x)}(0+g'(x))$,又 $h'(1)=1, g'(1)=2$,解得 $g(1)=-1-\ln 2$;

(3)函数 $y=8^{8^{8^x}}$ 看成 $y=8^u, u=8^v, v=8^x$ 的复合函数,计算有

$$\frac{dy}{dx}=\frac{dy}{du}\cdot\frac{du}{dv}\cdot\frac{dv}{dx}=(8^u\ln 8)\cdot(8^v\ln 8)\cdot(8^x\ln 8)$$

$$=27\cdot y=8^{8^{8^x}}8^{8^x}\cdot 8^x\ln 2.$$

(4) $y=f\left(\frac{3x-2}{3x+2}\right)$ 可看成 $y=f(u), u=\frac{3x-2}{3x+2}$ 的复合函数,计算

$$\frac{dy}{dx}=\frac{df(u)}{du}\cdot\frac{d\left(\frac{3x-2}{3x+2}\right)}{dx}=f'(u)\cdot\frac{3(3x+2)-3(3x-2)}{(3x+2)^2}$$

$$=\arctan\left(\frac{3x-2}{3x+2}\right)^2\cdot\frac{12}{(3x+2)^2}.$$

所以有 $\left.\dfrac{dy}{dx}\right|_{x=0}=\arctan 1\cdot\dfrac{12}{4}=\dfrac{3\pi}{4}$.

(5)计算

$$f(t)=\lim_{x\to\infty}t\left(1+\frac{1}{x}\right)^{2tx}=t\lim_{x\to\infty}\left(1+\frac{1}{x}\right)^{x\cdot 2t}=te^{2t}.$$

进一步,计算有 $f'(t)=e^{2t}+t\cdot 2e^{2t}=(1+2t)e^{2t}$.

例 3.2.5 设函数 $y=f(x)$ 在对称区间 $I=(-l, l)$ 上可导,

(1)若 $f(x)$ 是偶函数,则 $f'(x)$ 为奇函数;

(2)若 $f(x)$ 是奇函数,则 $f'(x)$ 为偶函数.

解:仅证(1),由于 $f(x)=f(-x)$,两边关于 x 求导数,可知左端为 $\dfrac{df}{dx}=f'(x)$;设 $u=-x$,依据复合函数求导法则可知右端为

$$\frac{df(u)}{du}\cdot\frac{du}{dx}=f'(u)\cdot(-1)=-f'(-x),$$ 于是有 $f'(x)=-f'(-x)$.

3.2.4 参数函数运算法则

1. 定理

若函数 $y=f(x)$ 可由下列参数方程所确定

$$\begin{cases} x=\varphi(t), \\ y=\psi(t). \end{cases}$$

那么如何计算 $\dfrac{\mathrm{d}y}{\mathrm{d}x}$? 分析一下,若 $x=\varphi(t)$ 的反函数 $t=\varphi^{-1}(x)$ 存在,则 $y=f(x)$ 可看成 $y=\psi(t),t=\varphi^{-1}(x)$ 的复合函数,利用复合函数和反函数求导法则,则有

$$\frac{\mathrm{d}y}{\mathrm{d}x}=\frac{\mathrm{d}y}{\mathrm{d}t}\cdot\frac{\mathrm{d}t}{\mathrm{d}x}=\frac{\mathrm{d}y}{\mathrm{d}t}\cdot\frac{1}{\frac{\mathrm{d}x}{\mathrm{d}t}}=\frac{\psi'(t)}{\varphi'(t)}.$$

注意这里不用消去 t 而直接计算 $\dfrac{\mathrm{d}y}{\mathrm{d}x}$.

定理 3.2.4 设函数 $x=\varphi(t),y=\psi(t)$ 在 t 的变化区间上可导,若函数具有单值连续的反函数 $t=\varphi^{-1}(x)$,且 $\varphi'(t)\neq 0$,则函数 $y=f(x)=\psi(\varphi^{-1}(x))$ 可导,且 $\dfrac{\mathrm{d}y}{\mathrm{d}x}=\dfrac{\psi'(t)}{\varphi'(t)}$.

证明: 函数 $y=f(x)=\psi(\varphi^{-1}(x))$ 看成 $y=\psi(t),t=\varphi^{-1}(x)$ 的复合函数,利用复合函数和反函数求导法则,则有

$$\frac{\mathrm{d}y}{\mathrm{d}x}=\frac{\mathrm{d}y}{\mathrm{d}t}\cdot\frac{\mathrm{d}t}{\mathrm{d}x}=\frac{\mathrm{d}y}{\mathrm{d}t}\cdot\frac{1}{\frac{\mathrm{d}x}{\mathrm{d}t}}=\frac{\psi'(t)}{\varphi'(t)}.$$

2. 应用举例

例 3.2.6 设椭圆参数方程为 $\begin{cases} x=a\cos t, \\ y=b\sin t, \end{cases}$ 计算 $\dfrac{\mathrm{d}y}{\mathrm{d}x}$.

解: 由定理 3.2.4 知,$\dfrac{\mathrm{d}y}{\mathrm{d}x}=\dfrac{\psi'(t)}{\varphi'(t)}=\dfrac{b\cos t}{-a\sin t}=\dfrac{-b}{a}\cot t\ (t\neq k\pi)$,其中 k 为整数.

3.2.5 隐函数运算法则

1. 定义

定义 3.2.1 对于函数方程 $F(x,y)=0$,若存在一个单值函数

$y=f(x)$ 满足 $F(x,f(x))=0$,则称 $y=f(x)$ 为方程 $F(x,y)=0$ 所确定的隐函数.

例如,对于函数方程 $F(x,y)=x^2+y^2-1=0$,知单值函数 $y=\sqrt{1-x^2}$,$y=-\sqrt{1-x^2}$ 满足 $F(x,\pm\sqrt{1-x^2})=x^2+(\pm\sqrt{1-x^2})^2-1=0$. 所以 $y=\sqrt{1-x^2}$,$y=-\sqrt{1-x^2}$ 均为函数方程 $F(x,y)=x^2+y^2-1=0$ 确定的隐函数.

2. 求导步骤

对于函数方程 $F(x,y)=0$,设函数 $y=f(x)$ 为方程 $F(x,y)=0$ 所确定的隐函数,计算 $\dfrac{dy}{dx}$. 一般分为三步:第一步,要正确理解变量的意义,x 为自变量,y 为因变量,方程 $F(x,y)=0$ 中的 y 是 $y=f(x)$ 的简写,因此方程中 y 的函数关系应该作为复合函数处理,其中 y 是中间变量. 第二步,方程两边关于 x 求导,利用导数运算法则计算. 第三步,解出 $\dfrac{dy}{dx}$.

例 3.2.7 设 $y=y(x)$ 是以下方程确定的隐函数,计算 $\dfrac{dy}{dx}$.

(1) $y=x\ln y$;(2) $e^{xy}+y^2=\cos x$.

解:(1)方程 $y=x\ln y$ 中 x 为自变量,y 为因变量,y 是 $y=y(x)$ 的简写,$\ln y(x)$ 应该看成 $\ln y$,$y=y(x)$ 的复合函数.

方程 $y=x\ln y$ 两边关于 x 求导,得 $(y)'_x=(x)'_x \ln y + x \cdot (\ln y)'_x$,即有

$$y'=\ln y+x\cdot(\ln y)'_y\cdot y'=\ln y+\frac{x\cdot y'}{y},$$

解得 $y'=\dfrac{y\ln y}{y-x}$.

(提示:这里 $y'=\dfrac{dy}{dx}=(y)'_x$)

(2)方程 $e^{xy}+y^2=\cos x$ 中 x 为自变量,y 为因变量,y 是 $y=y(x)$ 的简写,$y^2(x)$ 应该看成 y^2,$y=y(x)$ 的复合函数.

方程 $e^{xy}+y^2=\cos x$ 两边关于 x 求导,得 $(e^{xy})'_x+(y^2)'_x=(\cos x)'_x$,即有

$$e^{xy}(y+xy')+2yy'=-\sin x,$$

解得 $y' = -\dfrac{y\mathrm{e}^{xy} + \sin x}{x\mathrm{e}^{xy} + 2y}$.

类似题：

(1) 设 $y = y(x)$ 是方程 $\sqrt{x^2 + y^2} = \mathrm{e}^{\arctan\frac{y}{x}}$ 确定的隐函数，计算 $\dfrac{\mathrm{d}y}{\mathrm{d}x}$；

(2) 设 $\begin{cases} x = 3t^2 + 2t + 3, \\ \mathrm{e}^y \sin t - y + 1 = 0, \end{cases}$ 其中 $y = y(t)$ 是方程 $\mathrm{e}^y \sin t - y + 1 = 0$

确定的隐函数，计算 $\dfrac{\mathrm{d}y}{\mathrm{d}x}$.

解：(1) 方程 $\sqrt{x^2 + y^2} = \mathrm{e}^{\arctan\frac{y}{x}}$ 中 x 为自变量，y 为因变量，y 是 $y = y(x)$ 的简写，$y^2(x)$ 应该看成 y^2，$y = y(x)$ 的复合函数.

方程 $\sqrt{x^2 + y^2} = \mathrm{e}^{\arctan\frac{y}{x}}$ 两边关于 x 求导，得

$$\frac{1}{2} \frac{1}{\sqrt{x^2 + y^2}} \cdot (2x + 2yy') = \mathrm{e}^{\arctan\frac{y}{x}} \cdot \frac{1}{1 + \left(\frac{y}{x}\right)^2} \cdot \left(\frac{y' \cdot x - y \cdot 1}{x^2}\right),$$

解得 $y' = \dfrac{x + y}{x - y}$.

(2) 首先，由参数求导公式知 $\dfrac{\mathrm{d}y}{\mathrm{d}x} = \dfrac{\dfrac{\mathrm{d}y}{\mathrm{d}t}}{\dfrac{\mathrm{d}x}{\mathrm{d}t}}$. 其次，有 $\dfrac{\mathrm{d}x}{\mathrm{d}t} = 6t + 2$；方程

$\mathrm{e}^y \sin t - y + 1 = 0$ 两边关于 t 求导，得 $\left(\mathrm{e}^y \dfrac{\mathrm{d}y}{\mathrm{d}t}\right) \cdot \sin t + \mathrm{e}^y \cos t - \dfrac{\mathrm{d}y}{\mathrm{d}t} + 0 = 0$，

解得 $\dfrac{\mathrm{d}y}{\mathrm{d}t} = \dfrac{\mathrm{e}^y \cos t}{1 - \mathrm{e}^y \sin t}$. 再者，有

$$\frac{\mathrm{d}y}{\mathrm{d}x} = \frac{\mathrm{e}^y \cos t}{(1 - \mathrm{e}^y \sin t)(6t + 2)}.$$

§3.3 初等函数的求导问题

3.3.1 计算初等函数

1. 基本初等函数导数公式（熟记 16 个）
2. 四则运算法则

3. 复合函数求导公式

这样就可以解决初等函数求导问题. 众所周知,大多数分段函数不是初等函数,下面讨论此类函数的求导问题.

4. 关于分段函数的导数问题

例 3.3.1 求下列分段函数的导数问题:

(1) 设 $f(x)=3(x-1)^3+(x-1)^2|x-1|$,证明函数 $f(x)$ 在点 $x=1$ 处可导,且计算 $f'(x)$;

(2) 设 $f(x)=\begin{cases} e^{ax}, & x\leqslant 0, \\ b(1-x)^2, & x>0 \end{cases}$ 在点 $x=0$ 处可导,计算 a,b. 再计算 $f'(x)$;

(3) 设 $f(x)=\begin{cases} x^n \sin\dfrac{1}{x}, & x\neq 0, \\ 0, & x=0, \end{cases}$ 问 n 取何值时,(ⅰ)函数 $f(x)$ 在点 $x=0$ 处连续;(ⅱ)函数 $f(x)$ 在点 $x=0$ 处可导,并求 $f'(x)$;(ⅲ)函数 $f'(x)$ 在点 $x=0$ 处连续.

(4) 设函数 $f(x)$ 可导且导函数连续,令 $F(x)=f(x|x|)$,则计算 $F'(x)$.

解:(1) 函数是具体给出表达式的分段函数,首先写出其表达式. 其次在分段点用导数定义计算导数;在分段点的区间上是初等函数直接求导. 然后综合成导函数.

首先,有 $f(x)=\begin{cases} 2(x-1)^3, & x<1, \\ 0, & x=1, \\ 4(x-1)^3, & x>1. \end{cases}$

其次,计算

$$f'_-(1)=\lim_{x\to 1^-}\frac{f(x)-f(1)}{x-1}=\lim_{x\to 1^-}\frac{2(x-1)^3}{x-1}=0,$$

$$f'_+(1)=\lim_{x\to 1^+}\frac{f(x)-f(1)}{x-1}=\lim_{x\to 1^-}\frac{4(x-1)^3}{x-1}=0.$$

当 $x<1$ 时,计算有 $f'(x)=6(x-1)^2$;

当 $x>1$ 时,计算有 $f'(x)=12(x-1)^2$.

最后,有 $f'(x)=\begin{cases} 6(x-1)^2, & x<1, \\ 0, & x=1, \\ 12(x-1)^2, & x>1. \end{cases}$

(2)函数在 $x=0$ 点可导,则一定连续.同时 $x=0$ 点是分段函数的分段点必须从定义出发研究.

由于 $x=0$ 点是分段函数 $f(x)=\begin{cases} e^{ax}, & x<0, \\ 1, & x=0, \\ b(1-x)^2, & x>0 \end{cases}$ 的分段点,依据题意函数在点处可导,有函数在此点连续,

所以满足 $\begin{cases} f(0^-)=f(0^+)=f(0), \\ f'_-(0)=f'_+(0)=f'(0), \end{cases}$

即有 $\begin{cases} \lim\limits_{x\to 0^-}f(x)=\lim\limits_{x\to 0^-}e^{ax}=1=\lim\limits_{x\to 0^+}f(x)=\lim\limits_{x\to 0^+}b(1-x)^2=b, \\ \lim\limits_{x\to 0^-}\dfrac{f(x)-f(0)}{x-0}=\lim\limits_{x\to 0^-}\dfrac{e^{ax}-1}{x}=a=\lim\limits_{x\to 0^+}\dfrac{f(x)-f(0)}{x-0} \\ \qquad\qquad\qquad\qquad =\lim\limits_{x\to 0^+}\dfrac{b(1-x)^2-b}{x}=-2b, \end{cases}$

解得 $\begin{cases} a=-2, \\ b=1. \end{cases}$

进一步,有 $f'(x)=\begin{cases} -2e^{-2x}, & x<0, \\ -2, & x=0, \\ -2(1-x), & x>0. \end{cases}$

(3)(ⅰ)依据题意函数 $f(x)$ 在点 $x=0$ 处连续,所以满足 $\lim\limits_{x\to 0}f(x)=f(0)$,即 $\lim\limits_{x\to 0}x^n\sin\dfrac{1}{x}=0$,解得 $n>0$.

(提示:因为 $\left|\sin\dfrac{1}{x}\right|\leqslant 1$,利用无穷小量与有界变量乘积仍为无穷小量)

(ⅱ)依据题意函数 $f(x)$ 在点 $x=0$ 处可导,所以极限 $\lim\limits_{x\to 0}\dfrac{f(x)-f(0)}{x-0}$ 存在,即当 $n>1$ 时,有 $\lim\limits_{x\to 0}\dfrac{x^n\sin\dfrac{1}{x}-0}{x-0}=\lim\limits_{x\to 0}x^{n-1}\sin\dfrac{1}{x}$ 存在且极限为 0.

(提示:极限 $\lim\limits_{x\to 0}\sin\dfrac{1}{x}$ 不存在).

进一步,有

$$f'(x)=\begin{cases} nx^{n-1}\sin\dfrac{1}{x}-x^{n-2}\cos\dfrac{1}{x}, & x\neq 0, \\ 0, & x=0. \end{cases}$$

(iii)据题意知函数 $f'(x)$ 在点 $x=0$ 处连续,所以满足 $\lim\limits_{x\to 0}f'(x)=f'(0)$,即当 $n>1$ 时,有 $\lim\limits_{x\to 0}\left(nx^{n-1}\sin\dfrac{1}{x}-x^{n-2}\cos\dfrac{1}{x}\right)=0$,解得 $n>2$.

(提示:因为 $\left|\sin\dfrac{1}{x}\right|\leqslant 1$,$\left|\cos\dfrac{1}{x}\right|\leqslant 1$,利用无穷小量与有界变量乘积仍为无穷小量)

(4)首先写出分段函数 $F(x)=\begin{cases}f(x^2), & x>0,\\ f(0), & x=0,\\ f(-x^2), & x<0.\end{cases}$ 其次,

当 $x>0$ 时,依据复合函数求导法则计算有 $F'(x)=f'(x^2)\cdot 2x$;

当 $x<0$ 时,计算 $F'(x)=f'(-x^2)\cdot(-2x)$;

当 $x=0$ 时,依据定义计算有

$$f'_-(0)=\lim_{x\to 0^-}\frac{F(x)-F(0)}{x-0}=\lim_{x\to 0^-}\frac{f(-x^2)-f(0)}{x-0}$$
$$=\lim_{x\to 0^-}\frac{f(-x^2)-f(0)}{-x^2-0}\cdot\frac{-x^2}{x}=f'(0)\cdot 0=0$$

和

$$f'_+(0)=\lim_{x\to 0^+}\frac{F(x)-F(0)}{x-0}=\lim_{x\to 0^+}\frac{f(x^2)-f(0)}{x-0}$$
$$=\lim_{x\to 0^+}\frac{f(x^2)-f(0)}{x^2-0}\cdot\frac{x^2}{x}=f'(0)\cdot 0=0,$$

所以有 $F'(0)=0$. 综上,有

$$F'(x)=\begin{cases}2xf'(x^2), & x>0,\\ 0, & x=0,\\ -2xf'(-x^2), & x<0.\end{cases}$$

注 3.3.1 (1)在例 3.3.1 中给出分段函数求导数的一般方法,即分段点处用导数与单侧导数的关系求,其余直接求导数.

(2)这是某点的左导数的定义 $f'_-(x_0)=\lim\limits_{x\to x_0^-}\dfrac{f(x)-f(x_0)}{x-x_0}$,这是导数在此点左极限的定义 $f'(x_0^-)=\lim\limits_{x\to x_0^-}f'(x)$,它们是不同的概念,请注意符号区别和意义. 同理,右导数与导数的右极限也有同样的问题.

类似题：

(1) 设有函数 $f(x)=\begin{cases} x\arctan\dfrac{1}{x^2}, & x\neq 0, \\ 0, & x=0, \end{cases}$ 讨论 $f'(x)$ 在 **R** 上的连续性.

(2) 设函数 $f(x)$ 在 **R** 上可导，$g(x)=\begin{cases} x^3\sin\dfrac{1}{x}, & x\neq 0, \\ 0, & x=0, \end{cases}$ 令 $F(x)=f(g(x))$，则计算 $F'(x)$.

解：(1) 首先计算出 $f'(x)$ 的表达式，其次研究分段函数分段点的连续性，同时利用初等函数在其定义域区间上的连续性，给出 $f'(x)$ 在 **R** 上的连续性.

依据当 $x\neq 0$ 时，

$$f'(x)=\arctan\frac{1}{x^2}+x\cdot\frac{1}{1+\left(\dfrac{1}{x^2}\right)^2}\cdot\frac{-2}{x^3}=\arctan\frac{1}{x^2}+\frac{-2x^2}{1+x^4};$$

当 $x=0$ 时，依据导数定义计算

$$f'(0)=\lim_{x\to 0}\frac{f(x)-f(0)}{x-0}=\lim_{x\to 0}\arctan\frac{1}{x^2}=\frac{\pi}{2}.$$

综上有 $f'(x)=\begin{cases} \arctan\dfrac{1}{x^2}-\dfrac{2x^2}{1+x^4}, & x\neq 0, \\ \dfrac{\pi}{2}, & x=0. \end{cases}$

进一步，计算 $\lim\limits_{x\to 0}f'(x)=\dfrac{\pi}{2}-0=\dfrac{\pi}{2}=f'(0)$，所以 $f'(x)$ 在点 $x=0$ 处连续. 同时当 $x\neq 0$ 时，$f'(x)=\arctan\dfrac{1}{x^2}-\dfrac{2x^2}{1+x^4}$ 为初等函数，所以连续. 综上，知 $f'(x)$ 在 **R** 上连续.

(2) 首先写出分段函数 $F(x)=\begin{cases} f\left(x^3\sin\dfrac{1}{x}\right), & x\neq 0, \\ f(0), & x=0. \end{cases}$ 其次，

当 $x\neq 0$ 时，依据复合函数求导法则计算有

$$F'(x)=f'\left(x^3\sin\frac{1}{x}\right)\cdot\left(3x^2\sin\frac{1}{x}-x\cos\frac{1}{x}\right);$$

当 $x=0$ 时,依据定义计算有

$$F'(0)=\lim_{x\to 0}\frac{F(x)-F(0)}{x-0}=\lim_{x\to 0}\frac{f\left(x^3\sin\frac{1}{x}\right)-f(0)}{x-0}$$

$$=\lim_{x\to 0}\frac{f\left(x^3\sin\frac{1}{x}\right)-f(0)}{x^3\sin\frac{1}{x}-0}\cdot\frac{x^3\sin\frac{1}{x}}{x}$$

$$=f'(0)\cdot 0=0;$$

所以有 $F'(0)=0$. 综上有

$$F'(x)=\begin{cases}f'\left(x^3\sin\frac{1}{x}\right)\cdot\left(3x^2\sin\frac{1}{x}-x\cos\frac{1}{x}\right), & x\neq 0,\\ 0, & x=0.\end{cases}$$

3.3.2 功能性的求导法则

1. 反函数求导公式

2. 参数函数求导法则

3. 隐函数求导

4. 对数法求导法则

此方法适用于幂指函数以及一系列函数相乘(尤其中间含有根式函数)两类函数的求导. 同时用此方法还可以避免讨论定义域.

原理:若函数 $f(x)$ 可导,则函数 $\ln|f(x)|$ 可导,且有

$$\frac{\mathrm{d}\ln|f|}{\mathrm{d}x}=\frac{f'(x)}{f(x)}.$$

证明:首先证明 $\ln|u|$ 可导. 当 $u>0$ 时,有 $\ln|u|=\ln u$,所以有 $\frac{\mathrm{d}\ln|u|}{\mathrm{d}u}=\frac{\mathrm{d}\ln u}{\mathrm{d}u}=\frac{1}{u}$;当 $u<0$ 时,有 $\ln|u|=\ln(-u)$,所以有

$$\frac{\mathrm{d}\ln|u|}{\mathrm{d}u}=\frac{\mathrm{d}\ln(-u)}{\mathrm{d}u}\xlongequal{v=-u}\frac{\mathrm{d}\ln v}{\mathrm{d}v}\cdot\frac{\mathrm{d}v}{\mathrm{d}u}=\frac{1}{v}\cdot(-1)=\frac{1}{u}.$$

综上可知 $\ln|u|$ 可导且 $\frac{\mathrm{d}\ln|u|}{\mathrm{d}u}=\frac{1}{u}$.

其次,$\ln|f(x)|$ 可看成 $\ln|u|$,$u=f(x)$ 的复合函数,依据复合函数求导法则知 $\ln|f(x)|$ 可导,且有

$$\frac{\mathrm{d}\ln|f|}{\mathrm{d}x}\xlongequal{u=f(x)}\frac{\mathrm{d}\ln|u|}{\mathrm{d}u}\cdot\frac{\mathrm{d}u}{\mathrm{d}x}=\frac{1}{u}\cdot f'(x)=\frac{f'(x)}{f(x)}.$$

例 3.3.2 求下列函数的导数：

(1) 设函数 $y=f(x)^{g(x)}$，其中 $f(x)>0$ 且 $f(x),g(x)$ 均可导；

(2) $f(x)=\dfrac{\sqrt{x^2-1}}{2x^2+x}$；

(3) $y=\sqrt[n]{\left(\dfrac{b}{a}\right)^x \cdot \left(\dfrac{b}{x}\right)^a \cdot \left(\dfrac{x}{a}\right)^b}$ $(a\neq 0, n\in \mathbf{N})$.

解：(1) 这是幂指函数，不能直接求导.

方法一，$y=f(x)^{g(x)}=e^{g\ln f}$，所以 $y=e^{g\ln f}$ 看成 $y=\ln u, u=g\ln f$ 的复合函数，利用复合函数求导公式易得

$$\frac{dy}{dx}=\frac{de^u}{du}\cdot\frac{du}{dx}=e^u\cdot\left(g'\ln f+g\frac{f'}{f}\right)=f(x)^{g(x)}\left(g'\ln f+\frac{g\cdot f'}{f}\right).$$

方法二，两边取对数，有 $\ln y=g(x)\ln f(x)$，两边关于 x 求导数（作为隐函数求导），有

$$\frac{d\ln y}{dx}=\frac{d\ln y}{dy}\cdot\frac{dy}{dx}=\frac{1}{y}\cdot\frac{dy}{dx}=g'\ln f+g\cdot\frac{f'}{f},$$

即

$$\frac{dy}{dx}=y\left(g'\ln f+g\cdot\frac{f'}{f}\right)=f(x)^{g(x)}\left(g'\ln f+\frac{g\cdot f'}{f}\right).$$

(2) 一系列函数相乘，特别是中间含有根式的函数，这样涉及定义域的计算. 为了避开讨论定义域，进行简化计算，可用上面原理计算导数.

对函数 $f(x)=\dfrac{\sqrt{x^2-1}}{2x^2+x}$ 加绝对值后取对数，有

$$\ln|f(x)|=\frac{1}{2}\ln|x^2-1|-\ln|2x^2+x|,$$

两边关于 x 求导数，有

$$\frac{d\ln|f(x)|}{dx}=\frac{1}{2}\frac{d\ln|x^2-1|}{dx}-\frac{d\ln|2x^2+x|}{dx},$$

即

$$\frac{f'(x)}{f(x)}=\frac{1}{2}\frac{2x}{x^2-1}-\frac{4x+1}{2x^2+x},$$

整理有

$$f'(x)=\left(\frac{x}{x^2-1}-\frac{4x+1}{2x^2+x}\right)\cdot\frac{\sqrt{x^2-1}}{2x^2+x}$$

(3) 一系列函数相乘,特别是中间含有根式的函数,这样会涉及定义域的计算. 为了避开讨论定义域,进行简化计算,可用上面原理计算导数.

对 $y = \sqrt[n]{\left(\dfrac{b}{a}\right)^x \cdot \left(\dfrac{b}{x}\right)^a \cdot \left(\dfrac{x}{a}\right)^b}$ 两边加绝对值后取对数,有

$$\ln|y| = \dfrac{1}{n}\left(x\ln\left|\dfrac{b}{a}\right| + a\ln\left|\dfrac{b}{x}\right| + b\ln\left|\dfrac{x}{a}\right|\right)$$
$$= \dfrac{1}{n}\left(x\ln\left|\dfrac{b}{a}\right| + a(\ln|b| - \ln|x|) + b(\ln|x| - \ln|a|)\right),$$

两边关于 x 求导数,有

$$\dfrac{1}{y} \cdot y' = \dfrac{1}{n}\left(\ln\left|\dfrac{b}{a}\right| - \dfrac{a}{x} + \dfrac{b}{x}\right),$$

整理得

$$y' = \dfrac{1}{n}\sqrt[n]{\left(\dfrac{b}{a}\right)^x \cdot \left(\dfrac{b}{x}\right)^a \cdot \left(\dfrac{x}{a}\right)^b}\left(\ln\left|\dfrac{b}{a}\right| + \dfrac{b-a}{x}\right).$$

类似题:

计算下列函数的导数:

(1) $y = (1+x^2)^{\arctan x}$;

(2) 设 $y = (2x+1)^2\sqrt{\dfrac{(x+1)(3-x^2)}{7-3x^2}}$.

解:(1) 这是幂指函数,可用两种方法计算导数.

方法一,改写 $y = (1+x^2)^{\arctan x} = e^{\arctan x \cdot \ln(1+x^2)}$,计算

$$y' = e^{\arctan x \cdot \ln(1+x^2)}\left(\dfrac{\ln(1+x^2)}{1+x^2} + \arctan x \cdot \dfrac{2x}{1+x^2}\right)$$

$$= (1+x^2)^{\arctan x} \cdot \left(\dfrac{\ln(1+x^2) + 2x\arctan x}{1+x^2}\right).$$

方法二,两边加绝对值后取对数,有 $\ln|y| = \arctan x \cdot \ln(1+x^2)$,两边关于 x 求导数,有

$$\dfrac{1}{y} \cdot y' = \dfrac{\ln(1+x^2)}{1+x^2} + \arctan x \cdot \dfrac{2x}{1+x^2},$$

整理得

$$y' = (1+x^2)^{\arctan x} \cdot \left(\dfrac{\ln(1+x^2) + 2x\arctan x}{1+x^2}\right).$$

(2)这是一系列函数相乘,特别中间含有根式函数.

对 $y=(2x+1)^2\sqrt{\dfrac{(x+1)(3-x^2)}{7-3x^2}}$ 两边加绝对值后取对数,有

$$\ln|y|=2\ln|2x+1|+\dfrac{1}{2}(\ln|x+1|+\ln|3-x^2|-\ln|7-3x^2|),$$

两边关于 x 求导数,有

$$\dfrac{1}{y}\cdot y'=\dfrac{4}{2x+1}+\dfrac{1}{2}\left(\dfrac{1}{x+1}+\dfrac{2x}{x^2-3}-\dfrac{6x}{3x^2-7}\right),$$

整理得

$$y'=(2x+1)^2\sqrt{\dfrac{(x+1)(3-x^2)}{7-3x^2}}\cdot\left(\dfrac{4}{2x+1}+\dfrac{1}{2(x+1)}+\dfrac{x}{x^2-3}-\dfrac{3x}{3x^2-7}\right).$$

§3.4 高阶导数

3.4.1 高阶导数的概念及运算

1. 定义

定义 3.4.1 设函数 $y=f(x)$ 在区间 I 上可导,若导函数 $f'(x)$ 可导,则称函数 $y=f(x)$ 二阶可导,记二阶导数为 $f''(x)$,y'' 或 $\dfrac{d^2y}{dx^2}$.

定义 3.4.2 设函数 $y=f(x)$ 在区间 I 上 $n-1$ 阶可导($n-1$ 阶导数记为 $f^{(n-1)}(x)$),若函数 $f^{(n-1)}(x)$ 可导,则称函数 $y=f(x)$ n 阶可导,记 n 阶导数为 $f^{(n)}(x)$,$y^{(n)}$ 或 $\dfrac{d^n y}{dx^n}$. 这里 $n\in\mathbf{N}$.

定义 3.4.3 二阶及二阶以上的导数统称为高阶导数.

注 3.4.1 (1)定义等价于 $f^{(n)}(x)=\lim\limits_{\Delta x\to 0}\dfrac{f^{(n-1)}(x+\Delta x)-f^{(n-1)}(x)}{\Delta x}$;

(2)定义等价于 $\dfrac{d^n y}{dx^n}=(f^{(n-1)}(x))'$.

2. 高阶导数的计算

对于给定函数 $y=f(x)$,可逐阶计算导数,同时应注意下列三种方法.

（ⅰ）归纳法

例 3.4.1 求下列函数的 n 阶导数：

(1) $f(x)=x^n, n\in \mathbf{N}$；(2) $f(x)=a^x(a>0, a\neq 1)$；

(3) $f(x)=\sin x$；(4) $f(x)=\ln(1+x)$；

(5) 设函数 $f(x)$ 具有任何阶导数，且 $f'(x)=f^2(x)$.

解：(1) $f'(x)=nx^{n-1}, f''(x)=n(n-1)x^{n-2}$，归纳有
$$f^{(n)}(x)=n!, f^{(m)}(x)=0, m\in \mathbf{N}, m>n.$$

(2) $f'(x)=a^x\ln a, f''(x)=a^x(\ln a)^2$，

归纳有 $f^{(n)}(x)=(\ln a)^n \ln x$.

(3) $f'(x)=\cos x=\sin\left(x+\dfrac{\pi}{2}\right)$,

$$f'(x)=\cos\left(x+\dfrac{\pi}{2}\right)=\sin\left(x+2\cdot\dfrac{\pi}{2}\right),$$

归纳有 $f^{(n)}(x)=\sin\left(x+n\cdot\dfrac{\pi}{2}\right)$.

提示：$(\cos x)^{(n)}=\cos\left(x+n\cdot\dfrac{\pi}{2}\right)$.

(4) $f'(x)=\dfrac{1}{1+x}=(1+x)^{-1}, f''(x)=(-1)\cdot(1+x)^{-2}$,

归纳有 $f^{(n)}(x)=(-1)^{n-1}\cdot(n-1)!\cdot(1+x)^{-n}$.

(5) $f''=(f')'=(f^2)'=2f\cdot f'=2f^3$,
$$f^{(3)}=(f'')'=(2f^3)'=6f^2\cdot f'=6f^4,$$

归纳有 $f^{(n)}(x)=n!(f(x))^{n+1}$.

类似题：

计算下列函数的 n 阶导数：

(1) $y=e^{ax+b}$；(2) $y=\sin(ax+b)$；(3) $y=e^x \sin x$.

解：(1) $y'=ae^{ax+b}, y''=(y')'=a^2 e^{ax+b}$，归纳有 $y^{(n)}=a^n e^{ax+b}$.

(2) $y'=a\sin\left(ax+b+\dfrac{\pi}{2}\right), y''=(y')'=a^2\sin\left(ax+b+2\cdot\dfrac{\pi}{2}\right)$,

归纳有 $y^{(n)}=a^n\sin\left(ax+b+n\cdot\dfrac{\pi}{2}\right)$.

(3) $y'=e^x\sin x+e^x\cos x=e^x\sqrt{2}\sin\left(x+\dfrac{\pi}{4}\right)$,

归纳有 $y^{(n)}=(\sqrt{2})^n e^x\sin\left(x+n\cdot\dfrac{\pi}{4}\right)$.

(ⅱ) 高阶导数的运算法则

(1) 函数和、差的高阶导数

定理 3.4.1 设函数 $f(x), g(x)$ 都是 n 阶可导函数,则 $f(x) \pm g(x)$ 也 n 阶可导,而且有
$$(f(x) \pm g(x))^{(n)} = f^{(n)}(x) \pm g^{(n)}(x).$$

(2) 函数乘积的高阶导数

定理 3.4.2(莱布尼兹定理) 设函数 $f(x), g(x)$ 都是 n 阶可导函数,则 $f(x)g(x)$ 也 n 阶可导,而且有
$$(f(x)g(x))^{(n)} = \sum_{k=0}^{n} C_n^k f^{(n-k)}(x) g^{(k)}(x),$$
$$\text{其中 } C_n^k = \frac{n!}{k!(n-k)!}.$$

约定:$0! = 1, f^{(0)}(x) = f(x).$

注 3.4.2 一般利用和、差运算性质计算高阶导数比较简单,所以常用分解法计算高阶导数. 若不能分解,则有莱布尼兹定理计算函数乘积的高阶导数.

(ⅲ) 分解法

例 3.4.2 计算下列有理函数(两个多项式相除)和无理函数(带有根号)的 n 阶导数.
$$(1) f(x) = \frac{x^n}{x-1}; \quad (2) f(x) = \frac{1}{x^2+8x+7}; \quad (3) f(x) = \frac{1+x}{\sqrt{1-x}}.$$

解:(1) 整理
$$f(x) = \frac{x^n}{x-1} = \frac{x^n - 1 + 1}{x-1} = (x^{n-1} + x^{n-2} + \cdots + 1) + \frac{1}{x-1},$$
所以有
$$f^{(n)}(x) = 0 + ((x-1)^{-1})^{(n)} = (-1)^n n!\ (x-1)^{-n-1}.$$

(2) 整理
$$f(x) = \frac{1}{x^2+8x+7} = \frac{1}{6} \frac{(x+7)-(x+1)}{(x+1)(x+7)} = \frac{1}{6}\left(\frac{1}{x+1} - \frac{1}{x+7}\right),$$
所以有
$$f^{(n)}(x) = \frac{1}{6}(((x+1)^{-1})^{(n)} - ((x+7)^{-1})^{(n)})$$
$$= \frac{(-1)^n n!}{6}((x+1)^{-n-1} - (x+7)^{-n-1}).$$

(3) 整理

$$f(x) = \frac{1+x}{\sqrt{1-x}} = \frac{2-(1-x)}{\sqrt{1-x}} = \frac{2}{\sqrt{1-x}} - \sqrt{1-x},$$

所以有

$$\begin{aligned}f^{(n)}(x) &= 2\left((1-x)^{-\frac{1}{2}}\right)^{(n)} - \left((1-x)^{\frac{1}{2}}\right)^{(n)}\\ &= \frac{(2n-1)!!}{2^{n-1}}(1-x)^{-\frac{2n+1}{2}} + \frac{(2n-3)!!}{2^{n-1}}(1-x)^{-\frac{2n-1}{2}}.\end{aligned}$$

其中约定：$(-1)!! = 1$.

例 3.4.3 计算下列三角函数的 $n(n \geqslant 2)$ 阶导数：

(1) $f(x) = \sin^2 x$；(2) $f(x) = \sin^4 x + \cos^4 x$.

解：(1) 整理 $f(x) = \sin^2 x = \dfrac{1-\cos 2x}{2}$，

计算 $f^{(n)}(x) = -\dfrac{1}{2}(\cos 2x)^{(n)} = -\dfrac{1}{2} \cdot 2^n \cos\left(2x + n \cdot \dfrac{\pi}{2}\right)$

$$= -2^{n-1}\cos\left(2x + n \cdot \frac{\pi}{2}\right).$$

(2) 整理 $f(x) = \sin^4 x + \cos^4 x = (\sin^2 x + \cos^2 x)^2 - 2\sin^2 x \cos^2 x$

$$= \frac{3}{4} + \frac{1}{4}\cos 4x,$$

计算 $f^{(n)}(x) = \dfrac{1}{4}(\cos 4x)^{(n)} = \dfrac{1}{4} \cdot 4^n \cos\left(4x + n \cdot \dfrac{\pi}{2}\right)$

$$= 4^{n-1}\cos\left(4x + n \cdot \frac{\pi}{2}\right).$$

例 3.4.4 利用莱布尼兹公式计算高阶导数：

(1) $f(x) = x^2 \sin 2x$；

(2) 设 $f(x) = (x-a)^n \varphi(x)$，$\varphi(x)$ 在 a 点的邻域内有 $(n-1)$ 阶的连续导函数.

解：(1) 依据莱布尼兹公式有

$$\begin{aligned}y^{(n)} &= \sum_{k=0}^{n} C_n^k (x^2)^{(k)} (\sin 2x)^{(n-k)}\\ &= C_n^0 x^2 \cdot (\sin 2x)^{(n)} + C_n^1 \cdot (x^2)' \cdot (\sin 2x)^{(n-1)} +\\ &\quad C_n^2 \cdot (x^2)'' \cdot (\sin 2x)^{(n-2)}\end{aligned}$$

提示：注意 $(x^2)^{(k)} = 0, k \in \mathbf{N}, k > 2$.

(2)依据题意知 $\varphi(x)$ 在 a 点的邻域内有 $(n-1)$ 阶的连续导函数,由莱布尼兹公式有

$$f^{(n-1)}(x)=\sum_{k=0}^{n-1}C_{n-1}^k((x-a)^n)^{(k)}\varphi^{(n-1-k)}(x),$$

进一步,依据导数定义有

$$f^{(n)}(a)=\lim_{x\to a}\frac{f^{(n-1)}(x)-f^{(n-1)}(a)}{x-a}=\lim_{x\to a}\frac{f^{(n-1)}(x)}{x-a}$$
$$=n!\ \varphi(a).$$

类似题:

(1)计算下列函数的 n 阶导数:

① $f(x)=\dfrac{3x}{x^2-x-2}$;

② $y=\ln|x^2-x-2|$;

③ $y=\sin 3x\cos x.$

解: ①整理有

$$f(x)=\frac{3x}{(x-2)(x+1)}=\frac{2(x+1)+(x-2)}{(x-2)(x+1)}=\frac{2}{x-2}+\frac{1}{x+1},$$

计算有

$$y^{(n)}=2\left(\frac{1}{x-2}\right)^{(n)}+\left(\frac{1}{x+1}\right)^{(n)}$$
$$=2(-1)^{(n)}n!\ (x-2)^{-n-1}+(-1)^{(n)}n!\ (x+1)^{-n-1}.$$

②整理

$$y=\ln|x^2-x-2|=\ln|x-2|+\ln|x+1|,$$

计算有

$$y^{(n)}=(\ln|x-2|)^{(n)}+(\ln|x+1|)^{(n)}$$
$$=(-1)^{n-1}(n-1)!\ (x-2)^{-n}+(-1)^{n-1}(n-1)!\ (x+2)^{-n}.$$

③整理 $y=\dfrac{\sin 4x+\sin 2x}{2}$,计算有

$$y^{(n)}=\frac{1}{2}((\sin 4x)^{(n)}+(\sin 2x)^{(n)})$$
$$=\frac{1}{2}\left(4^n\sin\left(4x+n\cdot\frac{\pi}{2}\right)+2^n\sin\left(2x+n\cdot\frac{\pi}{2}\right)\right).$$

(2) 设 $y = xe^x$，计算 $y^{(n)}$ 极值(提示：等学完极值后做此题).

解：计算有 $y^{(n)} = (n+x)e^x$，进一步，计算有

$y^{(n+1)} = (n+1+x)e^x$ 和 $y^{(n+2)} = (n+2+x)e^x$，

令 $y^{(n+1)} = (n+1+x)e^x = 0$，解得 $x_0 = -n-1$，

有 $y^{(n+2)}(x_0) = (n+2-n-1)e^{-n-1} > 0$.

所以 $y^{(n)}$ 在点 $x_0 = -n-1$ 处取极小值.

3.4.2 一些特殊类型函数的二阶导数

1. 复合函数的二阶导数

$$\frac{d^2y}{dx^2} = \frac{d}{dx}\left(\frac{dy}{dx}\right) = \frac{d}{dx}(f'(\varphi(x))\varphi'(x))$$
$$= f''(\varphi(x))(\varphi'(x))^2 + f'(\varphi(x))\varphi''(x).$$

例 3.4.5 设 $y = \ln(x + \sqrt{x^2+1})$，计算 $y'''(\sqrt{3})$.

解：$y' = \dfrac{1 + \dfrac{x}{\sqrt{x^2+1}}}{x + \sqrt{x^2+1}} = \dfrac{1}{\sqrt{x^2+1}}$，

$y'' = ((x^2+1)^{-\frac{1}{2}})' = -\dfrac{1}{2} \cdot (x^2+1)^{-\frac{3}{2}} \cdot 2x$

$\quad = -x \cdot (x^2+1)^{-\frac{3}{2}}$

和

$y''' = -(x \cdot (x^2+1)^{-\frac{3}{2}})'$

$\quad = -\left((x^2+1)^{-\frac{3}{2}} + x \cdot \dfrac{-3}{2}(x^2+1)^{-\frac{5}{2}} \cdot 2x\right)$

$\quad = -\left((x^2+1)^{-\frac{3}{2}} - 3x^2(x^2+1)^{-\frac{5}{2}}\right).$

所以有 $y'''(\sqrt{3}) = \dfrac{5}{32}$.

2. 反函数的二阶导数

$$\frac{d^2x}{dy^2} = \frac{d}{dy}\left(\frac{dx}{dy}\right) = \frac{d}{dy}\left(\frac{1}{f'(x)}\right) = \frac{d}{dx}\left(\frac{1}{f'(x)}\right)\frac{dx}{dy} = \frac{-f''}{(f')^3}.$$

3. 参数函数的二阶导数

$$\frac{d^2y}{dx^2} = \frac{d}{dx}\left(\frac{dy}{dx}\right) = \frac{d}{dx}\left(\frac{\psi'(t)}{\varphi'(t)}\right) = \frac{d}{dt}\left(\frac{\psi'(t)}{\varphi'(t)}\right)\frac{dt}{dx} = \frac{\psi''\varphi' - \psi'\varphi''}{(\varphi')^3}.$$

例 3.4.6 设椭圆参数方程为 $\begin{cases} x = a\cos t, \\ y = b\sin t, \end{cases}$ 计算 $\dfrac{\mathrm{d}^2 y}{\mathrm{d}x^2}$.

解：由定理 3.2.4 知 $\dfrac{\mathrm{d}y}{\mathrm{d}x} = \dfrac{\psi'(t)}{\varphi'(t)} = \dfrac{b\cos t}{-a\sin t} = \dfrac{-b}{a}\cot t\,(t \neq k\pi)$，其中 k 为整数.进一步,有

$$\dfrac{\mathrm{d}^2 y}{\mathrm{d}x^2} = \dfrac{\mathrm{d}}{\mathrm{d}x}\left(\dfrac{\mathrm{d}y}{\mathrm{d}x}\right) = \dfrac{\mathrm{d}}{\mathrm{d}t}\left(-\dfrac{b\cos t}{a\sin t}\right) \cdot \dfrac{\mathrm{d}t}{\mathrm{d}x} = \dfrac{-b}{a} \cdot \dfrac{-\sin^2 t - \cos^2 t}{\sin^2 t} \cdot \dfrac{1}{\dfrac{\mathrm{d}x}{\mathrm{d}t}}$$

$$= -\dfrac{b}{a^2 \sin^3 t}.$$

提示：若给出参数方程的具体表达式，一般不直接套公式计算，而是像本题过程计算，先计算一阶导数，然后利用复合函数求导法则和反函数求导法则计算.

4. 隐函数的二阶导数

见具体例子.

例 3.4.7 计算隐函数的二阶导数：

(1) 设函数 $y = y(x)$ 是函数方程 $e^y = xy$ 确定的函数，计算 $y''(x)$；

(2) 设函数 $y = y(x)$ 是函数方程 $\sqrt{x^2 + y^2} = e^{\arctan\frac{y}{x}}$ 确定的函数，计算 $y''(x)$.

解：(1) 方程 $e^y = xy$ 两边关于 x 求导，得 $e^y \cdot y' = y + xy'$，解得 $y' = \dfrac{y}{e^y - x}$. 进一步,

$$y'' = \left(\dfrac{y}{e^y - x}\right)' = \dfrac{y' \cdot (e^y - x) - y \cdot (e^y - x)'}{(e^y - x)^2}$$

$$= \dfrac{y' \cdot (e^y - x) - y \cdot (e^y \cdot y' - 1)}{(e^y - x)^2} = \dfrac{y' \cdot (e^y - ye^y) + y}{(e^y - x)^2}$$

$$= \dfrac{\dfrac{y}{e^y - x} \cdot (e^y - ye^y) + y}{(e^y - x)^2} = \dfrac{y(2e^y - ye^y - x)}{(e^y - x)^3}.$$

(2) 方程 $\sqrt{x^2 + y^2} = e^{\arctan\frac{y}{x}}$ 两边关于 x 求导，得

$$\dfrac{1}{2} \dfrac{1}{\sqrt{x^2 + y^2}} \cdot (2x + 2yy') = e^{\arctan\frac{y}{x}} \cdot \dfrac{1}{1 + \left(\dfrac{y}{x}\right)^2} \cdot \left(\dfrac{y' \cdot x - y \cdot 1}{x^2}\right),$$

解得 $y' = \dfrac{x+y}{x-y}$. 进一步,

$$y'' = \left(\dfrac{x+y}{x-y}\right)' = \dfrac{(x+y)'(x-y)-(x+y)(x-y)'}{(x-y)^2}$$

$$= \dfrac{(1+y')(x-y)-(x+y)(1-y')}{(x-y)^2} = \dfrac{2(xy'-y)}{(x-y)^2}$$

$$= \dfrac{2\left(x \cdot \dfrac{x+y}{x-y} - y\right)}{(x-y)^2} = \dfrac{2(x^2+y^2)}{(x-y)^3}.$$

§3.5 函数的微分

3.5.1 某点处函数微分的定义

1. 定义

定义 3.5.1 设函数 $f(x)$ 在点 x_0 的一个邻域内有定义,记
$$\Delta x = x - x_0, \Delta y = f(x_0 + \Delta x) - f(x_0),$$
若存在一个仅与 x_0 有关的数 $A(x_0)$,满足
$$\Delta y = A(x_0)\Delta x + o(\Delta x) \quad (\Delta x \to 0),$$
则称函数 $f(x)$ 在点 x_0 处可微,称 $A(x_0)\Delta x$ 为函数 $f(x)$ 在点 x_0 处相应于自变量的增量 Δx 的微分,记为 $\mathrm{d}y$.

2. 微分与连续、导数的关系

定理 3.5.1 函数 $f(x)$ 在点 x_0 处可微的充分必要条件是函数 $f(x)$ 在点 x_0 处可导,且 $\mathrm{d}y(x_0) = f'(x_0)\mathrm{d}x$.

证明:设函数 $f(x)$ 在点 x_0 处可微,依据微分定义有
$$\Delta y = A(x_0)\Delta x + o(\Delta x) \quad (\Delta x \to 0),$$
所以有
$$\lim_{\Delta x \to 0} \dfrac{\Delta y}{\Delta x} = A(x_0) + \lim_{\Delta x \to 0} \dfrac{o(\Delta x)}{\Delta x} = A(x_0),$$
于是函数 $f(x)$ 在点 x_0 处可导,且 $\mathrm{d}y(x_0) = f'(x_0)\mathrm{d}x$.

设函数 $f(x)$ 在点 x_0 处可导,依据微分定义有 $\lim\limits_{\Delta x \to 0}\dfrac{\Delta y}{\Delta x} = f'(x_0)$,即有
$$\lim_{\Delta x \to 0} \dfrac{\Delta y - f'(x_0)\Delta x}{\Delta x} = 0,$$

即
$$\Delta y - f'(x_0)\Delta x = o(\Delta x) \cdot \Delta x = o(\Delta x) \quad (\Delta x \to 0)$$

所以可写成 $\Delta y = A(x_0)\Delta x + o(\Delta x)$ $(\Delta x \to 0)$,于是函数 $f(x)$在点 x_0 处可微,且 $A(x_0) = f'(x_0)$.

进一步知,若函数 $f(x)$在点 x_0 处可微,则函数 $f(x)$在点 x_0 处连续,反之结论不真.

注 3.5.1 (1)微分又称为"线性主部",一般有两种表示法:$dy(x_0) = f'(x_0)dx$ 或 $dy(x_0) = f'(x_0)\Delta x$;

(2)微分的几何意义,如图 3.3 所示.

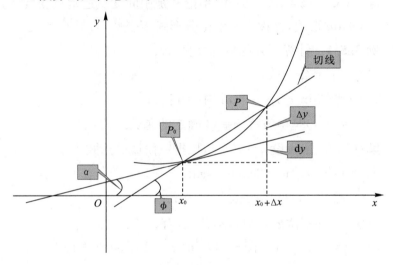

图 3.3

(3)区间上微分函数的基本公式为 $dy = f'(x)dx$. (3.5.1)
因此导数等价于两个微分之商,所以导数又称为"微商".

3.5.2 微分计算

1. 基本初等函数的微分基本公式(16 个)

2. 微分的运算法则

(1)四则运算法则

设函数 $u(x), v(x)$ 均可微,则有
$$d(u \pm v) = du \pm dv;$$

$$d(uv) = vdu + udv;$$

$$d\left(\frac{u}{v}\right) = \frac{vdu - udv}{v^2}, (v \neq 0).$$

(2) 复合函数的微分(一阶微分形式不变性)

定理 3.5.2 设函数 $y = f(u)$ 可微,函数 $u = \varphi(x)$ 可微,则复合函数 $y = f(\varphi(x))$ 可微并有微分基本公式

$$dy = f'(\varphi(x))dx. \qquad (3.5.2)$$

进一步有

$$dy = f'(\varphi(x))dx = f'(u)\varphi'(x)dx = f'(u)du. \quad (3.5.3)$$

综上(3.5.1)与(3.5.3)知,不论 u 是中间变量还是自变量,均有 $dy = f'(u)du$ 形式,这称为一阶微分形式不变性.

例 3.5.1 计算下列函数的微分 dy:

(1) $y = \sin^2(x^2 + 1)$;

(2) $y = f(\sin x^2) \cdot e^{f(x)}$,其中 f 可微;

(3) $y = y(x)$ 是由方程 $x = y^y$ 确定的函数.

解:(1) 方法一,设 $u = x^2 + 1$,依据一阶微分形式不变性,知

$$dy = (\sin^2 u)'_u du = 2\sin u \cos u \, d(x^2 + 1)$$
$$= 4x \sin(x^2 + 1) \cos(x^2 + 1) dx.$$

方法二,利用微分函数基本公式,有

$$dy = (\sin^2(x^2 + 1))'_x dx = 4x \sin(x^2 + 1) \cos(x^2 + 1) dx.$$

(2) 利用微分函数基本公式,有

$$dy = (f(\sin x^2) \cdot e^{f(x)})'_x dx$$
$$= (2x \cos x^2 f'(\sin x^2) \cdot e^{f(x)} + f(\sin x^2) \cdot e^{f(x)} f'(x)) dx$$
$$= e^{f(x)}(2x \cos x^2 f'(\sin x^2) + f(\sin x^2) f'(x)) dx.$$

(3) 两边取对数有 $\ln x = y \ln y$,两边关于 x 求导数,有 $\frac{1}{x} = y' \ln y + y \cdot \left(\frac{1}{y} y'\right)$,即 $y' = \frac{1}{x(1 + \ln y)}$,所以有 $dy = \frac{1}{x(1 + \ln y)} dx$.

类似题:

计算下列函数的微分 dy:

(1) $y = \sqrt[3]{1 - 2x^2}$;

(2) $y=y(x)$ 是由方程 $2^{xy}=x+y$ 确定的函数,计算 $dy|_{x=0}$;

(3) $y=y(x)$ 是由方程 $y\sin(xy)-\cos(x-y)=0$ 确定的函数.

解:(1)方法一,设 $u=1-2x^2$,依据一阶微分形式不变性,知

$$dy=(\sqrt[3]{u})'_u du=\frac{1}{3}u^{-\frac{2}{3}}d(1-2x^2)=\frac{-4x}{3}(1-2x^2)^{-\frac{2}{3}}dx.$$

方法二,利用微分函数基本公式,有

$$dy=(\sqrt[3]{1-2x^2})'_x dx=\frac{-4x}{3}(1-2x^2)^{-\frac{2}{3}}dx.$$

(2)两边关于 x 求导数,有 $(2^{xy}\ln 2)(y+xy')=1+y'$,即

$$y'=\frac{2^{xy}y\ln 2}{1-2^{xy}x\ln 2},\text{所以有 }dy=\frac{2^{xy}y\ln 2}{1-2^{xy}x\ln 2}dx,\text{故有}dy|_{(0,1)}=\ln 2 dx.$$

(3)两边关于 x 求导数,有

$$y'\sin(xy)+y\cos(xy)\cdot(y+xy')+\sin(x-y)\cdot(1-y')=0,$$

即

$$y'=\frac{-y^2\cos(xy)-\sin(x-y)}{\sin(xy)+xy\cos xy-\sin(x-y)},$$

所以有

$$dy=\frac{-y^2\cos(xy)-\sin(x-y)}{\sin(xy)+xy\cos xy-\sin(x-y)}dx.$$

最后,用选择题答题技巧来结束本章.

例 3.5.2 选择题答题技巧.

(1)设函数 $f(x)$ 在点 x_0 处可导,则函数 $|f(x)|$ 在点 x_0 处不可导的充分必要条件是( ).

A. $f(x_0)=0, f'(x_0)=0$ B. $f(x_0)=0, f'(x_0)\neq 0$

C. $f(x_0)>0, f'(x_0)>0$ D. $f(x_0)<0, f'(x_0)<0$

解:方法一(排除法),学会举反例.令 $f(x)=x$,知其在点 $x_0=0$ 处可导,$|f(x)|=|x|$ 在点 $x_0=0$ 处不可导,而 $f(0)=0, f'(0)=1\neq 0$,排除了 A,C 和 D 故答案是 B.

方法二,利用下面问题与思考中的 7 问易知答案是 B.

(2)设函数 $f(x)=|x^3-1|\varphi(x)$,其中 $\varphi(x)$ 在点 $x=1$ 处连续,则函数 $\varphi(1)=0$ 是 $f(x)$ 在点 $x=1$ 处可导的( ).

A. 充要条件   B. 必要但非充分

C. 充分但非必要   D. 既非充分但也非必要

解：知 $f(x) = |x^3 - 1|\varphi(x) = \begin{cases} (x^3-1)\varphi(x), & x>1, \\ 0, & x=1, \\ (1-x^3)\varphi(x), & x<1, \end{cases}$ 计算

$$f'_-(1) = \lim_{x \to 1^-} \frac{f(x) - f(1)}{x - 1} = -3\varphi(1),$$

$$f'_+(1) = \lim_{x \to 1^+} \frac{f(x) - f(1)}{x - 1} = 3\varphi(1).$$

所以 $f(x)$ 在点 $x=1$ 处可导的充要条件为 $f'_-(1) = f'_+(1)$，即 $\varphi(1) = 0$. 故答案是 A.

(3) 设函数 $f(x)$ 在区间 $(-\delta, \delta)$ 上有定义，若当 $x \in (-\delta, \delta)$ 时，恒 $|f(x)| \leqslant x^\alpha, \alpha > 1$，则 $x = 0$ 必是 $f(x)$ 的（　　）．

A. 间断点　　　　　　　　　　B. 连续而不可导点

C. 可导点且 $f'(0) = 0$　　　　D. 可导点且 $f'(0) \neq 0$

解：方法一（排除法），因为这里是小于等于，可取 $f(x) = x^\alpha$，可得 $f'(x) = \alpha x^{\alpha-1}$ 且有 $f'(0) = 0$. 这样可排除 A，B 和 D，故答案是 C.

方法二，首先，由两边夹定理知 $\lim\limits_{x \to 0} f(x) = 0 = f(0)$，其次，计算 $0 \leqslant \left| \dfrac{f(x) - f(0)}{x - 0} \right| \leqslant x^{\alpha - 1}$，由两边夹定理知 $\lim\limits_{x \to 0} \left| \dfrac{f(x) - f(0)}{x - 0} \right| = 0$，所以有 $f'(0) = \lim\limits_{x \to 0} \dfrac{f(x) - f(0)}{x - 0} = 0$. 故答案是 C.

(4) 设函数 $f(x_0) = 0$，则 $f'(x_0) = 0$ 是函数 $|f(x)|$ 在点 x_0 处可导的（　　）条件．

A. 充分非必要　　　　　　　　B. 必要非充分

C. 充分必要　　　　　　　　　D 非充分非必要

解：利用下面问题与思考中的 6 问与 7 问，易知答案是 C.

(5) 设函数 $f'(x)$ 在 $[a,b]$ 上连续，且 $f'(a) > 0$，$f'(b) < 0$，则下列结论中错误的是（　　）．

A. 至少存在一点 $x_0 \in (a,b)$，使得 $f(x_0) > f(a)$

B. 至少存在一点 $x_0 \in (a,b)$，使得 $f(x_0) > f(b)$

C. 至少存在一点 $x_0 \in (a,b)$，使得 $f'(x_0) = 0$

D. 至少存在一点 $x_0 \in (a,b)$，使得 $f(x_0) = 0$

解:方法一(排除法),令 $f(x)=2-x^2, x\in[-1,1]$,有 $f'(x)=-2x$.满足 $f'(-1)>0, f'(1)<0$,而 $f(x)>0, x\in[-1,1]$,故答案是 D.

方法二,由于函数 $f'(x)$ 在 $[a,b]$ 上连续且 $f'(a)>0, f'(b)<0$.首先,有零点定理得到 C.其次,依据连续函数的保号性知 $f'(x)>0$, $x\in(a,a+\delta)$ 和 $f'(x)<0, x\in(b-\delta,b)$.由单调性可得到 A 和 B,故答案是 D.

(6) 设函数 $f(x)$ 在点 $x=1$ 处连续但不可导,则下列在点 $x=1$ 处可导的函数是( ).

A. $f(x)(x+1)$ B. $f(x^2)$ C. $f(x-1)$ D. $(x^2-1)f(x)$

解:方法一(排除法)令 $f(x)=|x-1|$,知其在点 $x=1$ 处连续但不可导.则 $f(x)(x+1)=|x-1|(x+1), f(x^2)=|x^2-1|$ 在点 $x=1$ 处不可导,排除 A 和 B.令 $f(x)=|x(x-1)|$,则 $f(x-1)=|(x-1)(x-2)|$ 在点 $x=1$ 处不可导,排除 C,故答案为 D.

方法二,记 $F(x)=(x^2-1)f(x)$,计算 $\lim\limits_{x\to 1}\dfrac{F(x)-F(1)}{x-1}=\lim\limits_{x\to 1}\dfrac{(x^2-1)f(x)}{x-1}=2f(1)$,所以 $F(x)$ 在点 $x=1$ 处可导.故答案为 D.

(7) 设函数 $f(x)$ 在点 $x=0$ 处连续,则下列命题错误的是( ).

A. 若 $\lim\limits_{x\to 0}\dfrac{f(x)}{x}$ 存在,则 $f(0)=0$

B. 若 $\lim\limits_{x\to 0}\dfrac{f(x)+f(-x)}{x}$ 存在,则 $f(0)=0$

C. 若 $\lim\limits_{x\to 0}\dfrac{f(x)}{x}$ 存在,则 $f(x)$ 在点 $x=0$ 处可导

D. 若 $\lim\limits_{x\to 0}\dfrac{f(x)-f(-x)}{x}$ 存在,则 $f(x)$ 在点 $x=0$ 处可导

解:方法一,令 $f(x)=|x|$,易知其在点 $x=0$ 处连续但不可导,而满足 $\lim\limits_{x\to 0}\dfrac{f(x)-f(-x)}{x}=\lim\limits_{x\to 0}\dfrac{0}{x}=0$,故选 D.

方法二(排除法),首先,若 $\lim\limits_{x\to 0}\dfrac{f(x)}{x}$ 存在,则 $\lim\limits_{x\to 0}f(x)=\lim\limits_{x\to 0}\left(\dfrac{f(x)}{x}\cdot x\right)=0$,由于 $f(x)$ 在点 $x=0$ 处连续,即 $f(0)=0$.进一步

有 $\lim\limits_{x\to 0}\dfrac{f(x)}{x}=\lim\limits_{x\to 0}\dfrac{f(x)-f(0)}{x-0}$,即函数 $f(x)$ 在点 $x=0$ 处可导,所以排除 A 和 C. 其次,若 $\lim\limits_{x\to 0}\dfrac{f(x)+f(-x)}{x}$ 存在,则 $\lim\limits_{x\to 0}(f(x)+f(-x))=\lim\limits_{x\to 0}\left(\dfrac{f(x)+f(-x)}{x}\cdot x\right)=0$,由于 $f(x)$ 在点 $x=0$ 处连续,有 $2f(0)=0$,即 $f(0)=0$. 故答案是 D.

(8) 设函数 $f(x)$ 在点 x_0 处可导且有 $f'(x_0)=3$,则该函数在点 x_0 处的微分 $\mathrm{d}y$ 是( ).

  A. 与 Δx 等价的无穷小   B. 与 Δx 同阶的无穷小

  C. 比 Δx 低阶的无穷小   D. 比 Δx 高阶的无穷小

解:因为函数 $f(x)$ 在点 x_0 处可导,则利用导数与微分的关系知 $\mathrm{d}y=f'(x_0)\cdot\Delta x=3\cdot\Delta x$,故答案是 B.

(9) 设函数 $f(x)$ 具有二阶导数,且 $f'(x)>0,f''(x)>0,\Delta x$ 为自变量在点 x_0 处的增量,Δy 与 $\mathrm{d}y$ 分别为函数在点 x_0 处对应的增量与微分,若 $\Delta x>0$,则( ).

  A. $0<\mathrm{d}y<\Delta y$ B. $0<\Delta y<\mathrm{d}y$

  C. $\mathrm{d}y<\Delta y<0$ D. $\mathrm{d}y<0<\Delta y$

解:方法一(排除法),令 $f(x)=x^2,x\in(0,+\infty)$,满足 $f'(x)=2x>0,f''(x)=2>0$,取 $x_0=1,\Delta x>0$,有 $\Delta y=f(1+\Delta x)-f(1)=2\Delta x+(\Delta x)^2>2\Delta x=\mathrm{d}y>0$,排除了 B,C 和 D,故答案是 A.

方法二,利用微分几何意义(如图 3.3),画图易知答案是 A.

方法三,分析,能够把 $f'(x),f''(x),\Delta y,\mathrm{d}y$ 联系在一起的是泰勒公式(提示:等学过泰勒公式后用此方法),在点 x_0 处展开有 $\Delta y=f(x_0+\Delta x)-f(x_0)=\mathrm{d}y+\dfrac{f''(\xi)}{2!}(\Delta x)^2$,这里 $\mathrm{d}y=f'(x_0)\Delta x>0$. 故答案是 A.

(10) 设在 **R** 上满足 $f(x)=f(-x)$,若 $\forall x\in(-\infty,0),f'(x)>0,f''(x)<0$,则 $f(x)$ 在 $(0,+\infty)$ 内有( ).

  A. $f'(x)>0,f''(x)<0$ B. $f'(x)>0,f''(x)>0$

  C. $f'(x)<0,f''(x)<0$ D. $f'(x)<0,f''(x)>0$

解:方法一,由于 $f(x)=f(-x)$,两边关于 x 求一阶和二阶导数,有 $f'(x)=-f'(-x),f''(x)=f''(-x)$. 当 $x\in(0,+\infty)$ 时,有 $x\in(-\infty,0)$,所以有 $f'(x)<0,f''(x)<0$. 故答案 C 正确.

方法二,学会举反例. 例如取 $f(x)=-x^2$,计算有 $f'(x)=-2x$, $f''(x)=-2$,立即排除 A,B 和 D,所以答案 C 正确.

(11) 设 $f(x)$ 在 **R** 上可导,若 $\forall x_1<x_2$,满足 $f(x_1)+f(x_2)$,则( ).

A. 对任意 x,有 $f'(x)>0$
B. $f'(-x)\leqslant 0$;
C. 函数 $f(-x)$ 严格单调增加
D. 函数 $-f(-x)$ 严格单调增加

解:方法一,$\forall x_1<x_2$,即有 $-x_1>-x_2$. 依题意知 $f(-x_1)>f(-x_2)$,所以有 $-f(-x_1)<-f(-x_2)$. 故答案 D 正确.

方法二,学会举反例. 例如取 $f(x)=x^3$ 于 **R** 上可导且严格单调增,而 $f'(x)=3x^2\geqslant 0,f(-x)=-x^3,-f(-x)=x^3$,立即排除 A,B 和 C,所以答案 D 正确.

问题与思考

1. 问:若极限 $\lim\limits_{n\to\infty}\dfrac{f\left(x+\dfrac{1}{n}\right)-f(x)}{\dfrac{1}{n}}$ 存在,则函数 $f(x)$ 在点 x 处可导吗?

答:不一定. 事实上,例如,令 $f(x)=|x|,x_0=0$,有 $\lim\limits_{n\to\infty}\dfrac{\left|\dfrac{1}{n}-0\right|-0}{\dfrac{1}{n}}=1$, 而其在点 x_0 处不可导.

2. 问:(1) 若极限 $\lim\limits_{h\to 0}\dfrac{f(x+h)-f(x-h)}{2h}$ 存在,则函数 $f(x)$ 在点 x 处的导数存在吗?

答:不一定. 事实上,例如,令 $f(x)=|x|,x_0=0$,有 $\lim\limits_{h\to 0}\dfrac{|0+h|-|0-h|}{2h}=0$,而其在点 x_0 处不可导.

(2) 若函数 $f(x)$ 在点 x 处的导数存在,则有

$$\lim_{h \to 0} \frac{f(x+h) - f(x-h)}{2h} = f'(x) 吗?$$

答:是的. 事实上,若函数 $f(x)$ 在点 x 处的导数存在,则有

$$\lim_{h \to 0} \frac{f(x+h) - f(x-h)}{2h} = \lim_{h \to 0} \frac{f(x+h) - f(x)}{2h} + \lim_{h \to 0} \frac{f(x-h) - f(x)}{-2h}$$

$$= \frac{f'(x)}{2} + \frac{f'(x)}{2} = f'(x).$$

3. 问:若函数 $f(x)$ 在点 x 处的导数存在,则函数 $|f(x)|$ 在点 x 处的导数存在吗?

答:不一定. 事实上,例如,令 $f(x) = x$,$x_0 = 0$,易知其在点 x_0 处导数存在,而函数 $f(x)$ 在点 x_0 处的导数不存在.

4. 问:若函数 $f(x)$ 在点 x_0 处的导数存在且 $f(x_0) \neq 0$,则函数 $|f(x)|$ 在点 x_0 处的导数存在吗?

答:一定存在. 事实上,不妨设 $f(x_0) > 0$,由连续函数的保号性知,存在点 x_0 的一个邻域 $U(x_0, \delta)$,有 $f(x) > 0$,$\forall x \in U(x_0, \delta)$,所以有 $|f(x)| = f(x)$,$\forall x \in U(x_0, \delta)$,故函数 $|f(x)|$ 在点 x_0 处的导数存在.

5. 问:若函数 $|f(x)|$ 在点 x 处的导数存在,则函数 $f(x)$ 在点 x 处的导数存在吗?

答:不一定. 事实上,例如,令 $f(x) = \begin{cases} 1, & x \geq 0, \\ -1, & x < 0, \end{cases}$ $x_0 = 0$. 则有 $|f(x)| = 1$,所以在点 x_0 处导数存在,而函数 $f(x)$ 在点 x_0 处不连续,当然也在点 x_0 处不可导.

6 问:若 $f(x)$ 在点 x_0 处连续且函数 $|f(x)|$ 在点 x_0 处的导数存在,则函数 $f(x)$ 在点 x_0 处的导数存在吗?

答:一定存在. 事实上,当 $f(x_0) = 0$ 时,则有

$$\lim_{h \to 0} \frac{|f(x_0+h)| - |f(x_0)|}{h} = \lim_{h \to 0} \frac{|f(x_0+h) - f(x_0)|}{h},$$

所以 $f'(x_0) = 0$,故 $f(x)$ 在点 x_0 处的导数存在. 当 $f(x_0) \neq 0$ 时,同上 4 问讨论.

7. 问:若函数 $f(x)$ 在点 $x = x_0$ 处可导且 $f(x_0) = 0$,$f'(x_0) = 0$,

则$|f(x)|$在点$x=x_0$处可导吗?

答:一定可导. 事实上,由于
$$f'(x_0)=\lim_{\Delta x\to 0}\frac{f(x_0+\Delta x)-f(x_0)}{\Delta x}=\lim_{\Delta x\to 0}\frac{f(x_0+\Delta x)}{\Delta x}=0,$$
所以有$\lim_{\Delta x\to 0}\frac{|f(x_0+\Delta x)|-|f(x_0)|}{\Delta x}=\lim_{\Delta x\to 0}\frac{|f(x_0+\Delta x)|}{\Delta x}=0$,故结论成立.

8.问:若函数$f(x)$在点$x=x_0$处可导且$f(x_0)=0,f'(x_0)\neq 0$,则$|f(x)|$一定在点$x=x_0$处不可导吗?

答:是的. 反证,假设结论不真,不妨设$|f(x)|$在点$x=x_0$处可导. 即有$\lim_{\Delta x\to 0}\frac{|f(x_0+\Delta x)|-|f(x_0)|}{\Delta x}=\lim_{\Delta x\to 0}\frac{|f(x_0+\Delta x)|}{\Delta x}$存在,依左右导数和导数的关系知,$|f(x)|$在点$x=x_0$处的导数值为0,同上分析知$f'(x_0)=\lim_{\Delta x\to 0}\frac{f(x_0+\Delta x)-f(x_0)}{\Delta x}=\lim_{\Delta x\to 0}\frac{f(x_0+\Delta x)}{\Delta x}=0$,矛盾.

3问至8问归纳如下:

(1)若函数$f(x)$在点$x=x_0$处可导,当$f(x_0)\neq 0$时,则函数$|f(x)|$一定在点$x=x_0$处可导;当$f(x_0)=0,f'(x_0)=0$时,则函数$|f(x)|$一定在点$x=x_0$处可导且$(|f(x)|)'=0$;当$f(x_0)=0,f'(x_0)\neq 0$时,则函数$|f(x)|$一定在点$x=x_0$处不可导;

(2)若函数$|f(x)|$在点$x=x_0$处可导,当$f(x_0)=0$时,则函数$f(x)$一定在点$x=x_0$处可导且$f'(x_0)=0$;当$f(x_0)\neq 0$时,则函数$f(x)$不一定在点$x=x_0$处可导.

9.问:若函数$f(x)$在点$x=x_0$处可导,则函数$f(x)$一定在此点的一个邻域连续吗?

答:不一定. 事实上,例如,令$f(x)=\begin{cases}0, & x\text{ 有理数}\\ x^2, & x\text{ 无理数}\end{cases}$和$x_0=0$,

计算有$f'(0)=\lim_{x\to 0}\frac{f(x)-f(0)}{x-0}=0$. 对于$x_0=0$的任意邻域$U(x_0,\delta)$,都存在无穷多无理数和有理数,$\forall x_1\in U(x_0,\delta),x_1\neq 0$,由函数极限定义知$\lim_{x\to x_1}f(x)$不存在,故函数$f(x)$在$x_1$点处不连续.

10.问:设 $F(x)=f(x)g(x)$,若函数 $f(x)$ 在点 $x=x_0$ 处可导且 $f(x_0)\neq 0$,函数 $g(x)$ 在点 $x=x_0$ 处不可导,则 $F(x)$ 在点 $x=x_0$ 处不可导吗?

答:是的. 事实上,反证,假设 $F(x)$ 在点 $x=x_0$ 处可导,则有 $g(x)=\dfrac{F(x)}{f(x)}$ 在点 $x=x_0$ 处可导,矛盾.

11.问:(1)设 $F(x)=f(x)g(x)$,若函数 $f(x)$ 在点 $x=x_0$ 处可导且 $f(x_0)=0, f'(x_0)=0$,函数 $g(x)$ 在点 $x=x_0$ 附近有界,则 $F(x)$ 在点 $x=x_0$ 处可导吗?

答:是的. 事实上,计算

$$F'(x_0)=\lim_{\Delta x\to 0}\dfrac{F(x_0+\Delta x)-F(x_0)}{\Delta x}$$

$$=\lim_{\Delta x\to 0}\dfrac{g(x_0+\Delta x)(f(x_0+\Delta x)-f(x_0))}{\Delta x}=0.$$

(2)设 $F(x)=f(x)g(x)$,若函数 $f(x)$ 在点 $x=x_0$ 处可导且 $f(x_0)=0, f'(x_0)\neq 0$,函数 $g(x)$ 在点 $x=x_0$ 附近有界,则 $F(x)$ 在点 $x=x_0$ 处可导吗?

答:不一定. 例如,令 $f(x)=x, g(x)=|x|, x_0=0$,显然有 $F(x)$ 在点 $x=x_0$ 处可导;令 $f(x)=x, g(x)=\begin{cases}\sin\dfrac{1}{x}, & x\neq 0,\\ 0, & x=0,\end{cases} x_0=0$,显然有 $F(x)$ 在点 $x=x_0$ 处不可导.

12.问:$\forall n\in \mathbf{R}_+$,函数 $f(x)=\begin{cases}x^n\sin\dfrac{1}{x}, & x\neq 0,\\ 0, & x=0\end{cases}$ 在 $\mathbf{R}$ 上为连续、可导和连续可微函数与 n 取值有关吗?

答:是的. 事实上,仅需考虑在点 $x=0$ 处情形即可. 当 $n>0$ 时,有 $\lim\limits_{x\to 0}f(x)=\lim\limits_{x\to 0}x^n\sin\dfrac{1}{x}=0=f(0)$,所以函数在点 $x=0$ 处连续,故在 $\mathbf{R}$ 上为连续;当 $n>1$ 时,有 $f'(0)=\lim\limits_{x\to 0}\dfrac{f(x)-f(0)}{x-0}=\lim\limits_{x\to 0}x^{n-1}\sin\dfrac{1}{x}=0$,所以函数在点 $x=0$ 处可导,故在 $\mathbf{R}$ 上为可导,其导函数为

$$f'(x) = \begin{cases} nx^{n-1}\sin\dfrac{1}{x} - x^{n-2}\cos\dfrac{1}{x}, & x \neq 0, \\ 0, & x = 0; \end{cases}$$ 当 $n > 2$ 时,同上讨论知导

函数在点 $x=0$ 处连续,故在 **R** 上为连续.

13. 问:$\forall n \in \mathbf{N}$,函数 $f(x) = \begin{cases} x^{2n}\sin\dfrac{1}{x}, & x \neq 0, \\ 0, & x = 0 \end{cases}$ 在 **R** 上 n 阶可导,但不是 $n+1$ 阶可导吗?

答:是的. 事实上,用归纳法证明,计算有

$$f'(0) = \lim_{x \to 0} \frac{x^{2n}\sin\dfrac{1}{x} - 0}{x - 0} = 0,$$

$$f'(x) = \begin{cases} 2nx^{2n-1}\sin\dfrac{1}{x} - x^{2n-2}\cos\dfrac{1}{x}, & x \neq 0, \\ 0, & x = 0; \end{cases}$$

假设 $f^{(k)}(x) = \begin{cases} P_k(x)\sin\dfrac{1}{x} + Q_k(x)\cos\dfrac{1}{x}, & x \neq 0, \\ 0, & x = 0, \end{cases}$ 其中 $P_k(x), Q_k(x)$

中 x 的最低次数为 $2n - 2k$,则当 $k < n$ 时,有

$$f^{(k+1)}(0) = \lim_{x \to 0} \frac{P_k(x)\sin\dfrac{1}{x} + Q_k(x)\cos\dfrac{1}{x} - 0}{x - 0} = 0,$$

所以函数 $f(x)$ 在 **R** 上 $k+1$ 阶可导,并且有

$$f^{(k+1)}(x) = \begin{cases} \left(P'_k(x) - \dfrac{Q_k(x)}{x^2}\right)\sin\dfrac{1}{x} + \left(Q'_k(x) - \dfrac{P_k(x)}{x^2}\right)\cos\dfrac{1}{x}, & x \neq 0 \\ 0, & x = 0 \end{cases}$$

$$= \begin{cases} P_{k+1}(x)\sin\dfrac{1}{x} + Q_{k+1}(x)\cos\dfrac{1}{x}, & x \neq 0 \\ 0, & x = 0 \end{cases}$$

其中 $P_{k+1}(x), Q_{k+1}(x)$ 中 x 的最低次数为 $2n - 2(k+1)$. 因此函数 $f(x)$ 在 **R** 上 n 阶可导,而由于 $P_n(x), Q_n(x)$ 中 x 的最低次数为 $2n - 2n = 0$,所以 $\lim\limits_{x \to 0} f^{(n)}(x)$ 不存在,因此函数 $f(x)$ 在 **R** 上不是 $n+1$ 阶可导.

14. 问:(1)若函数 $f(x)$ 为 **R** 上偶函数且可导,则导函数为奇函数吗?

答:是的.事实上,利用导数定义和复合函数求导法则易得.仅以导数定义证明之.计算有

$$f'(-x) = \lim_{\Delta x \to 0} \frac{f(-x+\Delta x) - f(-x)}{\Delta x}$$

$$= -\lim_{\Delta x \to 0} \frac{f(x-\Delta x) - f(x)}{-\Delta x}$$

$$= -f'(x),$$

因此导函数为奇函数.

(2)若函数 $f(x)$ 为 **R** 上偶奇函数且可导,则导函数为偶函数吗?

答:是的.事实上,利用导数定义和复合函数求导法则易得.仅以复合函数求导数证明之.因为 $f(-x) = -f(x)$,两边对 x 求导数,有

$$\frac{\mathrm{d}f(-x)}{\mathrm{d}x} = \frac{\mathrm{d}f(u)}{\mathrm{d}u}\frac{\mathrm{d}u}{\mathrm{d}x} = -f'(-x) = -f'(x),$$

于是有 $f'(-x) = f'(x)$,因此导函数为偶函数.

第 4 章

微分中值定理及其应用

本章的重点是 Lagrange 中值定理及其几何意义、L'Hospital 法则求未定式极限、利用导函数判断函数的单调性、极值,凸性与拐点.难点是各种中值定理与 Taylor 公式的应用.

本章要求学生掌握各种中值定理的应用;用 L'Hospital 法则求未定式极限;用导数判断函数的单调性和求函数极值;求函数最值的方法及其简单应用;会利用导数判断函数的凸性、拐点和渐近线,函数作图;会计算曲率和曲率半径.

§4.1 微分中值定理

4.1.1 定义与定理

1. 定义

定义 4.1.1 设函数 $f(x)$ 在点 x_0 的一个邻域 $(x_0-\delta, x_0+\delta)$ 内有定义,若 $\forall x \in (x_0-\delta, x_0+\delta)$,有
$$f(x) \leqslant f(x_0) (或 f(x) \geqslant f(x_0)),$$
则称点 $(x_0, f(x_0))$ 为极大点(或极小点),$f(x_0)$ 称为极大值(或极小值).极大值和极小值简称为极值.

注 4.1.1

(1) 极值是一个局部性概念;

(2) 最值不一定是极值,极值也不一定是最值;例如,若仅知函数 $y=f(x)=x, x\in[0,1]$,可知最大值 $f(1)$ 与最小值 $f(0)$ 都不是极值. 例如, $y=f(x)=x(x-1)^2, x\in[-2,2]$,极大值 $f\left(\dfrac{1}{3}\right)$ 不是最大值,极小值 $f(1)$ 也不是最小值;

(3) 极小值不一定小于极大值;

(4) 开区间上的最值一定为极值.

定义 4.1.2　若 $\exists x_0$,有 $f'(x_0)=0$,则称点 x_0 为驻点.

2. 四大定理

定理 4.1.1（费马定理）　设函数 $f(x)$ 在 x_0 点处可导,若 $f(x_0)$ 是极值,则有 $f'(x_0)=0$.

证明:不妨设 $f(x_0)$ 是极大值,依据定义知,存在 $\delta>0$,满足 $\forall x\in(x_0-\delta,x_0+\delta)$,有 $f(x)\leqslant f(x_0)$. 又由于 $f(x)$ 在点 x_0 处可导,所以 $f'(x_0)=f'_-(x_0)=f'_+(x_0)$,而

$$f'_-(x_0)=\lim_{x\to x_0^-}\frac{f(x)-f(x_0)}{x-x_0}\geqslant 0,$$

$$f'_+(x_0)=\lim_{x\to x_0^+}\frac{f(x)-f(x_0)}{x-x_0}\leqslant 0.$$

故有 $f'(x_0)=0$.

注 4.1.2

(1) 不可导点也可能是极值点. 例如 $f(x)=|x|, x_0=0$;

(2) 驻点也可能不是极值点. 例如 $f(x)=x^3, x_0=0$;

(3) 可疑极值点为两类:一是不可导点,二是驻点.

例 4.1.1　设函数 $f(x)$ 在 $[a,b]$ 上可导,若 $f'_+(a)\cdot f'_-(b)<0$,则 $\exists \xi\in(a,b)$,有 $f'(\xi)=0$.

证明:由于函数 $f(x)$ 在 $[a,b]$ 上可导,所以在闭区间 $[a,b]$ 上连续,则必有最小值 $f(x_1)=m$ 和最大值 $f(x_2)=M$,这里 $x_1,x_2\in[a,b]$. 同时知 $f'_+(a)\cdot f'_-(b)<0$,不妨设 $f'_+(a)>0, f'_-(b)<0$,如图 4.1 所示,即有

$$f'_+(a)=\lim_{x\to a^+}\frac{f(x)-f(a)}{x-a}>0,$$

$$f'_-(b)=\lim_{x\to b^-}\frac{f(x)-f(b)}{x-b}<0,$$

则最大值 $f(x_2)=M$ 一定在开区间 (a,b) 上取到,即 $x_2\in(a,b)$,则由注 4.1.1 中(4)知 $f(x_2)=M$ 是极大值,由费马定理 $f'(x_2)=0$ 知,取 $\xi=x_2$ 即可.

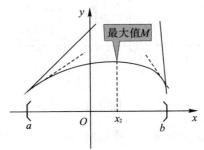

图 4.1

类似题:

(1)设函数 $f(x)$ 在点 $x=\dfrac{1}{2}$ 处可导,若在此点的一个邻域内满足 $f(x)\geqslant x, f(x)\geqslant 1-x$,则有 $f\left(\dfrac{1}{2}\right)>\dfrac{1}{2}$.

证明: 首先,画出两曲线 $f(x)=x, f(x)=1-x$;其次,断言 $f\left(\dfrac{1}{2}\right)>\dfrac{1}{2}$.反证,假设结论不真,不妨设 $f\left(\dfrac{1}{2}\right)=\dfrac{1}{2}$(由于 $f\left(\dfrac{1}{2}\right)\geqslant\dfrac{1}{2}$),如图 4.2 所示.由条件 $f(x)\geqslant x, f(x)\geqslant 1-x$ 知 $f\left(\dfrac{1}{2}\right)=\dfrac{1}{2}$ 是极小点,且此点可导,于是由费马定理知 $f'\left(\dfrac{1}{2}\right)=0$;再者,曲线 $y=f(x)$ 落在区域 $f(x)\geqslant x, f(x)\geqslant 1-x$ 之中,设 x 为右半邻域内任意一点,$A(x,f(x))$ 为曲线 $y=f(x)$ 点,连接 $A(x,f(x))$,$\left(\dfrac{1}{2}, f\left(\dfrac{1}{2}\right)\right)$ 两点作直线,知其斜率 $k\geqslant 1$.进一步,依右导数定义知 $f'_+\left(\dfrac{1}{2}\right)\geqslant 1$,这与单侧导数与双侧导数关系矛盾,所以断言正确.

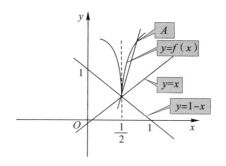

图 4.2

定理 4.1.2(罗尔定理) 设函数 $f(x)$ 在闭区间 $[a,b]$ 上连续, 在开区间 (a,b) 上可导. 若 $f(a)=f(b)$, 则至少 $\exists\xi\in(a,b)$, 有 $f'(\xi)=0$.

证明: 由于函数 $f(x)$ 在 $[a,b]$ 上连续, 则必有最小值 $f(x_1)=m$ 和最大值 $f(x_2)=M$, 这里 $x_1,x_2\in[a,b]$.

当 $m=M$ 时, 此时 $f(x)$ 为常数函数, 结论成立.

当 $m\neq M$ 时, 由于 $f(a)=f(b)$, 此时至少有一个最值在开区间 (a,b) 上取值, 不妨设 $x_1\in(a,b)$, 则由注 4.1.1 中 4 知 $f(x_1)=m$ 是极小值, 由费马定理 $f'(x_1)=0$ 知, 取 $\xi=x_1$ 即可.

例 4.1.2 设 $f(x)=\begin{vmatrix} 1 & x-1 & 2x-1 \\ 1 & x-2 & 3x-2 \\ 1 & x-3 & 4x-3 \end{vmatrix}$, 证明: 至少 $\exists\xi\in(0,1)$, 使得 $f'(\xi)=0$.

解: 已知函数 $f(x)$ 为多项式, 则其在 **R** 上可导, 又知

$$f(0)=\begin{vmatrix} 1 & 0-1 & 0-1 \\ 1 & 0-2 & 0-2 \\ 1 & 0-3 & 0-3 \end{vmatrix}=0, f(1)=\begin{vmatrix} 1 & 1-1 & 2-1 \\ 1 & 1-2 & 3-2 \\ 1 & 1-3 & 4-3 \end{vmatrix}=0,$$

所以函数 $f(x)$ 在区间 $[0,1]$ 上满足罗尔定理条件, 所以至少 $\exists\xi\in(0,1)$, 使得 $f'(\xi)=0$.

类似题:

设函数 $f(x)$ 在 $[0,3]$ 上连续, 在开区间 $(0,3)$ 上可导. 若 $f(0)+f(1)+f(2)=3, f(3)=1$, 则至少 $\exists\xi\in(0,3)$, 有 $f'(\xi)=0$.

解: 首先, 由于函数 $f(x)$ 在 $[0,3]$ 上连续, 由介值定理知一定存

在 $a \in [0,2]$,有 $f(a) = \dfrac{f(0)+f(1)+f(2)}{3} = 1$. 进一步,知函数 $f(x)$ 在 $[a,3]$ 上满足罗尔定理条件,所以至少 $\exists \xi \in (a,3)$,有 $f'(\xi) = 0$.

例 4.1.3 关于构造辅助函数与 ξ 存在性问题.

(1) 设函数 $f(x)$ 在 $[0,1]$ 上连续,在开区间 $(0,1)$ 上可导. 若 $f(1)=0$,则至少 $\exists \xi \in (0,1)$,有 $f'(\xi) = -\dfrac{f(\xi)}{\xi}$;

(2) 设函数 $f(x)$ 在 $[a,b]$ 上连续,在开区间 (a,b) 上可导. 若 $f(a)=f(b)=0$,则至少 $\exists \xi \in (a,b)$,有 $f'(\xi)+f(\xi)=0$;

(3) 设函数 $f(x)$ 在 $[0,1]$ 上连续,在开区间 $(0,1)$ 上可导. 若 $f(0)=f(1)=0, f\left(\dfrac{1}{2}\right)=1$,则至少 $\exists \xi \in (0,1)$,有 $f'(\xi)=1$.

解:(1) 转化为证明方程 $f'(x) = -\dfrac{f(x)}{x}$ 在区间 $(0,1)$ 上至少存在一个根 ξ. 改写方程为 $\dfrac{f'(x)}{f(x)} = -\dfrac{1}{x}$,有 $(\ln f(x))' = -(\ln x)'$,即有 $(\ln(xf(x)))' = 0$.

注意最后一式,表达式最简,左边是某函数的导数,右边为零. 所以 $xf(x)$ 即为所找辅助函数.

构造辅助函数 $F(x) = xf(x)$,有 $F(0) = F(1) = 0$. 所以知函数 $F(x)$ 在 $[0,1]$ 上满足罗尔定理条件,所以至少 $\exists \xi \in (0,1)$,有 $F'(\xi) = 0$. 而 $F'(x) = f(x) + xf'(x)$,即有 $f'(\xi) = -\dfrac{f(\xi)}{\xi}$.

(2) 转化为证明方程 $f'(x)+f(x)=0$ 在区间 (a,b) 上至少存在一个根 ξ. 改写方程为 $\dfrac{f'(x)}{f(x)} + 1 = 0$,有 $(\ln f(x))' + (x)' = 0$,即有 $(\ln(e^x f(x)))' = 0$. 注意最后一式,表达式最简,左边是某函数的导数,右边为零. 所以 $e^x f(x)$ 即为所找辅助函数.

构造辅助函数 $F(x) = e^x f(x)$,有 $F(a) = F(b) = 0$. 所以知函数 $F(x)$ 在 $[a,b]$ 上满足罗尔定理条件,所以至少 $\exists \xi \in (a,b)$,有 $F'(\xi) = 0$. 而 $F'(x) = e^x f(x) + e^x f'(x)$,即有 $f'(\xi) + f(\xi) = 0$.

(3) 转化为证明方程 $f'(x) = 1$ 在区间 $(0,1)$ 上至少存在一个根 ξ. 改写方程为 $f'(x) = (x)'$,即有 $(f(x)-x)' = 0$. 注意最后一式,表

达式最简,左边是某函数的导数,右边为零. 所以 $f(x)-x$ 即为所找辅助函数.

构造辅助函数 $F(x)=f(x)-x$, 有 $F(0)=0$, $F\left(\dfrac{1}{2}\right)=\dfrac{1}{2}>0$, $F(1)=-1<0$. 有零点定理知存在 $x_0\in\left(\dfrac{1}{2},1\right)$, 有 $F(x_0)=0$. 所以知函数 $F(x)$ 在 $[x_0,1]$ 上满足罗尔定理条件, 所以至少 $\exists\,\xi\in(x_0,1)$, 有 $F'(\xi)=0$. 而 $F'(x)=f'(x)-1$, 即有 $f'(\xi)=1$.

类似题:

(1) 设函数 $f(x)$ 在 $[a,b]$ 上连续, 在开区间 (a,b) 上可导. 若 $f(a)=f(b)=0$, 则 $\forall\lambda\in\mathbf{R}$, 至少 $\exists\,\xi\in(a,b)$, 有 $f'(\xi)+\lambda f(\xi)=0$.

证: 转化为证明方程 $f'(x)+\lambda f(x)=0$ 在区间 (a,b) 上至少存在一个根 ξ. 改写方程为 $\dfrac{f'(x)}{f(x)}+\lambda=0$, 有 $(\ln f(x))'+(\lambda x)'=0$, 即有 $(\ln(\mathrm{e}^{\lambda x}f(x)))'=0$. 注意最后一式, 表达式最简, 左边是某函数的导数, 右边为零. 所以 $\mathrm{e}^{\lambda x}f(x)$ 即为所找辅助函数.

构造辅助函数 $F(x)=\mathrm{e}^{\lambda x}f(x)$, 有 $F(a)=F(b)=0$. 所以知函数 $F(x)$ 在 $[a,b]$ 上满足罗尔定理条件, 所以至少 $\exists\,\xi\in(a,b)$, 有 $F'(\xi)=0$. 而 $F'(x)=\lambda\mathrm{e}^{\lambda x}f(x)+\mathrm{e}^{\lambda x}f'(x)$, 即有 $f'(\xi)+\lambda f(\xi)=0$.

(2) 设函数 $f(x)$ 在 $[a,b]$ 上连续, 在开区间 (a,b) 上可导, 其中 $a>0$. 若 $f(a)=f(b)=0$, 则 $\forall\lambda\in\mathbf{R}$, 至少 $\exists\,\xi\in(a,b)$, 有 $\xi f'(\xi)+\lambda f(\xi)=0$.

证: 转化为证明方程 $xf'(x)+\lambda f(x)=0$ 在区间 (a,b) 上至少存在一个根 ξ. 改写方程为 $\dfrac{f'(x)}{f(x)}+\dfrac{\lambda}{x}=0$, 有 $(\ln f(x))'+(\ln x^\lambda)'=0$, 即有 $(\ln(x^\lambda f(x)))'=0$. 注意最后一式, 表达式最简, 左边是某函数的导数, 右边为零. 所以 $x^\lambda f(x)$ 即为所找辅助函数.

构造辅助函数 $F(x)=x^\lambda f(x)$, 有 $F(a)=F(b)=0$. 所以知函数 $F(x)$ 在 $[a,b]$ 上满足罗尔定理条件, 所以至少 $\exists\,\xi\in(a,b)$, 有 $F'(\xi)=0$. 而 $F'(x)=\lambda x^{\lambda-1}f(x)+x^\lambda f'(x)$, 即有 $\xi f'(\xi)+\lambda f(\xi)=0$.

(3) 设函数 $f(x)$ 在 $[a,b]$ 上连续, 在开区间 (a,b) 上可导, 其中 $a>0$. 若 $f(a)=0$, 则至少 $\exists\,\xi\in(a,b)$, 有 $f(\xi)=\dfrac{b-\xi}{a}f'(\xi)$.

解:转化为证明方程 $f(x) = \dfrac{b-x}{a} f'(x)$ 在区间 (a,b) 上至少存在一个根 ξ. 改写方程为 $\dfrac{f'(x)}{f(x)} - \dfrac{a}{b-x} = 0$, 有 $(\ln f(x))' + (\ln(b-x)^a)' = 0$, 即有 $(\ln((b-x)^a f(x)))' = 0$. 注意最后一式, 表达式最简, 左边是某函数的导数, 右边为零. 所以 $(b-x)^a f(x)$ 即为所找辅助函数.

构造辅助函数 $F(x) = (b-x)^a f(x)$, 有 $F(a) = F(b) = 0$. 所以知函数 $F(x)$ 在 $[a,b]$ 上满足罗尔定理条件, 所以至少 $\exists \xi \in (a,b)$, 有 $F'(\xi) = 0$. 而 $F'(x) = -a(b-x)^{a-1} f(x) + (b-x)^a f'(x)$, 即有 $f(\xi) = \dfrac{b-\xi}{a} f'(\xi)$.

定理 4.1.3(拉格朗日中值定理) 若函数 $f(x)$ 在 $[a,b]$ 上连续, 在开区间 (a,b) 上可导. 则至少 $\exists \xi \in (a,b)$, 有 $f'(\xi) = \dfrac{f(b) - f(a)}{b-a}$.

证明:构造辅助函数 $F(x) = f(x) - \dfrac{f(b)-f(a)}{b-a} x$, 计算有

$$F(b) - F(a) = \left(f(b) - \dfrac{f(b)-f(a)}{b-a} b\right) - \left(f(a) - \dfrac{f(b)-f(a)}{b-a} a\right) = 0.$$

所以知函数 $F(x)$ 在 $[a,b]$ 上满足罗尔定理条件, 所以至少 $\exists \xi \in (a,b)$, 有 $F'(\xi) = 0$. 而 $F'(x) = f'(x) - \dfrac{f(b)-f(a)}{b-a}$, 即有 $f'(\xi) = \dfrac{f(b)-f(a)}{b-a}$.

注 4.1.3

(1)几何意义: $\dfrac{f(b)-f(a)}{b-a}$ 为连接 $(a,f(a))$, $(b,f(b))$ 两点直线的斜率. 如图 4.3 所示.

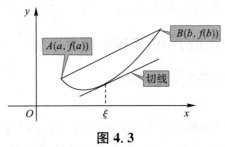

图 4.3

(2) ξ 的另一种表示形式：$\xi = a + \theta(b-a), 0 < \theta < 1$.

(3) 推论：设函数 $f(x)$ 在区间 I 上可导，若 $\forall x \in I, f'(x) = 0$，则有 $f(x) = C, \forall x \in I$.

定理 4.1.4（柯西中值定理） 若函数 $f(x), g(x)$ 在 $[a,b]$ 上连续，在开区间 (a,b) 上可导. 若 $\forall x \in (a,b), g'(x) \neq 0$，则至少 $\exists \xi \in (a,b)$，有 $\dfrac{f(b)-f(a)}{g(b)-g(a)} = \dfrac{f'(\xi)}{g'(\xi)}$.

证明： 首先，断言 $g(a) \neq g(b)$. 反证，假设结论不真，不妨设 $g(a) = g(b)$，由罗尔定理知至少 $\exists \xi \in (a,b)$，有 $g'(\xi) = 0$. 矛盾.

其次，构造辅助函数 $F(x) = f(x) - \dfrac{f(b)-f(a)}{g(b)-g(a)} g(x)$，计算有

$$F(b) - F(a) = \left[f(b) - \dfrac{f(b)-f(a)}{g(b)-g(a)} g(b)\right] - \left[f(a) - \dfrac{f(b)-f(a)}{g(b)-g(a)} g(a)\right]$$
$$= 0.$$

所以知函数 $F(x)$ 在 $[a,b]$ 上满足罗尔定理条件，所以至少 $\exists \xi \in (a,b)$，有 $F'(\xi) = 0$. 而 $F'(x) = f'(x) - \dfrac{f(b)-f(a)}{g(b)-g(a)} g'(x)$，即有 $\dfrac{f(b)-f(a)}{g(b)-g(a)} = \dfrac{f'(\xi)}{g'(\xi)}$.

注 4.1.4

(1) 几何意义：平面上光滑曲线 C 写成参数形式：$\begin{cases} u = g(x), \\ v = f(x), \end{cases}$ $x \in [a,b]$，由于 $\forall x \in (a,b), g'(x) \neq 0$，所以反函数 $x = g^{-1}(u)$ 存在. 可知函数 $y = f(g^{-1}(u))$ 满足拉格朗日中值定理条件，所以至少 $\exists \xi = g^{-1}(\eta) \in (a,b)$，有 $\left.\dfrac{\mathrm{d}v}{\mathrm{d}u}\right|_{x=\eta} = \dfrac{f'(\xi)}{g'(\xi)} = \dfrac{f(b)-f(a)}{g(b)-g(a)}$.

(2) ξ 的另一种表示形式：$\xi = a + \theta(b-a), 0 < \theta < 1$.

4.1.2 两个微分中值定理的应用举例

1. 拉格朗日中值定理应用举例

(1) ξ 存在性

例 4.1.4 设函数 $f(x)$ 在 $[a,b]$ 上具有二阶导数连续，记连接 $A(a, f(a))$ 和 $B(b, f(b))$ 两点的割线为 $\overline{AB}$. 若割线 $\overline{AB}$ 交曲线 $f(x)$

于 $C(c,f(c))$ 点，其中 $a<c<b$，则至少 $\exists \xi \in (a,b)$，有 $f''(\xi)=0$.

证明：方法一，明白割线 $\overline{AC}$ 和 $\overline{CB}$ 斜率相等，利用拉格朗日中值定理的几何意义和罗尔定理.

首先，由拉格朗日中值定理知 $\exists \xi_1 \in (a,c)$，$\exists \xi_2 \in (c,b)$ 满足
$$f'(\xi_1)=\frac{f(c)-f(a)}{c-a},\ f'(\xi_2)=\frac{f(b)-f(c)}{b-c}.$$

其次，由于割线 $\overline{AC}$ 和 $\overline{CB}$ 斜率相等，如图 4.4 所示.

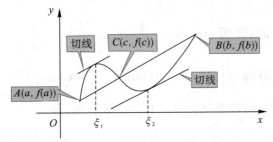

图 4.4

则由拉格朗日中值定理的几何意义知 $f'(\xi_1)=f'(\xi_2)$，于是函数 $f'(x)$ 在区间 $[\xi_1,\xi_2] \subset [a,b]$ 上满足罗尔定理条件，所以至少 $\exists \xi \in (\xi_1,\xi_2) \subseteq (a,b)$，有 $f''(\xi)=0$.

方法二，构造辅助函数 $F(x)=f'(x)$，由拉格朗日中值定理知 $\exists \xi_1 \in (a,c)$，$\exists \xi_2 \in (c,b)$，满足
$$F(\xi_1)=f'(\xi_1)=\frac{f(c)-f(a)}{c-a},\ F(\xi_2)=f'(\xi_2)=\frac{f(b)-f(c)}{b-c}.$$

由于割线 $\overline{AC}$ 和 $\overline{CB}$ 斜率相等，即有 $F(\xi_1)=F(\xi_2)$，于是函数 $F(x)$ 在区间 $[\xi_1,\xi_2] \subset [a,b]$ 上满足罗尔定理条件，所以至少 $\exists \xi \in (\xi_1,\xi_2) \subseteq (a,b)$，有 $F'(\xi)=0$.

(2) 证明恒等式和不等式

例 4.1.5 证明 $\arcsin x + \arccos x = \dfrac{\pi}{2}$，$|x| \leqslant 1$.

证明：一方面，设 $f(x)=\arcsin x + \arccos x$，$|x| \leqslant 1$，这是一个初等函数，所以在区间 $(-1,1)$ 上直接求导，有 $f'(x)=\dfrac{1}{\sqrt{1-x^2}}+\dfrac{-1}{\sqrt{1-x^2}}=0$，所以由推论知 $f(x)=C$，$\forall x \in (-1,1)$. 取 $x=0 \in (-1,1)$ 确定常数，解得 $C=\arcsin 0 + \arccos 0 = \dfrac{\pi}{2}$，于是有 $f(x)=\dfrac{\pi}{2}$，$\forall x \in (-1,1)$.

另一方面,分别令 $x=-1, x=1$ 有

$$f(-1)=\arcsin(-1)+\arccos(-1)=\frac{\pi}{2},$$

$$f(1)=\arcsin 1+\arccos 1=\frac{\pi}{2}.$$

综上,有 $f(x)=\arcsin x+\arccos x=\frac{\pi}{2}, |x|\leqslant 1$.

类似题:

当 $x\geqslant 1$ 时,证明 $\arctan x-\frac{1}{2}\arccos\frac{2x}{1+x^2}=\frac{\pi}{4}$.

证明: 一方面,设 $f(x)=\arctan x-\frac{1}{2}\arccos\frac{2x}{1+x^2}, x\geqslant 1$,这是一个初等函数,所以在区间 $x>1$ 上直接求导,有

$$f'(x)=\frac{1}{1+x^2}+\frac{1}{2}\frac{1}{\sqrt{1-\left(\frac{2x}{1+x^2}\right)^2}} \cdot \frac{2(1+x^2)-2x \cdot 2x}{(1+x^2)^2}$$

$$=\frac{1}{1+x^2}+\frac{1}{2}\frac{1+x^2}{x^2-1} \cdot \frac{2(1-x^2)}{(1+x^2)^2}=0,$$

所以由推论知 $f(x)=C, \forall x>1$,而

$$\lim_{x\to+\infty}\left(\arctan x-\frac{1}{2}\arccos\frac{2x}{1+x^2}\right)=\frac{\pi}{4},$$

解得 $C=\frac{\pi}{4}$,于是有 $f(x)=\frac{\pi}{4}, \forall x>1$.

另一方面,令 $x=1$ 有

$$f(1)=\arctan 1-\frac{1}{2}\arccos 1=\frac{\pi}{4}.$$

综上有 $f(x)=\arctan x-\frac{1}{2}\arccos\frac{2x}{1+x^2}=\frac{\pi}{4}, x\geqslant 1$.

例 4.1.6 证明若 $x>0$,有 $\frac{x}{1+x}<\ln(1+x)<x$.

证明: 记 $f(t)=\ln(1+t)$,易知其在区间 $[0,x]$ 上满足拉格朗日中值定理,则至少 $\exists \xi\in(0,x)$,有 $f'(\xi)=\frac{f(x)-f(0)}{x-0}=\frac{\ln(1+x)}{x}$.

而 $f'(t)=\frac{1}{1+t}$,所以有 $\frac{\ln(1+x)}{x}=\frac{1}{1+\xi}$,故有 $\frac{x}{1+x}<\ln(1+x)<x$.

类似题：

若 $0<a<b$，证明 $\dfrac{b-a}{b}<\ln\dfrac{b}{a}<\dfrac{b-a}{a}$.

证明： 记 $f(x)=\ln x$，易知其在区间 $[a,b]$ 上满足拉格朗日中值定理，则至少 $\exists \xi\in(a,b)$，有 $f'(\xi)=\dfrac{f(b)-f(a)}{b-a}$. 而 $f'(x)=\dfrac{1}{x}$，所以有 $\dfrac{1}{b}<\dfrac{\ln b-\ln a}{b-a}=\dfrac{1}{\xi}<\dfrac{1}{a}$，故有

$$\dfrac{b-a}{b}<\ln\dfrac{b}{a}<\dfrac{b-a}{a}.$$

(3) 求极限

例 4.1.7 计算 $\lim\limits_{n\to\infty}(3^{\frac{3}{n}}-3^{\frac{1}{n}})n$.

解： 记 $f(x)=3^x$，计算有 $f'(x)=3^x\ln 3$，有

$$\dfrac{f\left(\dfrac{3}{n}\right)-f\left(\dfrac{1}{n}\right)}{\dfrac{3}{n}-\dfrac{1}{n}}=f'(\xi_n),\xi_n\in\left(\dfrac{1}{n},\dfrac{3}{n}\right),$$

于是有

$$\lim_{n\to\infty}(3^{\frac{3}{n}}-3^{\frac{1}{n}})n=2\lim_{n\to\infty}3^{\xi_n}\ln 3=2\ln 3.$$

类似题：

(1) 设函数 $f(x)$ 在 $[a,b]$ 上连续，在开区间 (a,b) 上可导. 若 $f'(a^+)=l$（l 有限或无限），则有 $f'_+(a)=l$.

证： 理解导数的右极限 $f'(a^+)=\lim\limits_{x\to a^+}f'(x)$ 与某点的右导数 $f'_+(a)=\lim\limits_{x\to a^+}\dfrac{f(x)-f(a)}{x-a}$ 的定义和符号意义，然后利用拉格朗日中值定理证明之.

计算

$$\lim_{x\to a^+}\dfrac{f(x)-f(a)}{x-a}=\lim_{x\to a^+}f'(\xi(x))=\lim_{\xi(x)\to a^+}f'(\xi(x))=l.$$

(提示：注意两点，一是依据拉格朗日中值定理，$\exists \xi(x)\in(a,x)$，有 $\dfrac{f(x)-f(a)}{x-a}=f'(\xi(x))$. 二是只有 $f'(a^+)=\lim\limits_{x\to a^+}f'(x)$ 存在，才有 $\lim\limits_{\xi(x)\to a^+}f'(\xi(x))=l$.)

(2)计算 $\lim\limits_{x\to 0}\dfrac{e^x-e^{\sin x}}{x-\sin x}$.

解：方法一，由拉格朗日中值定理知，至少 $\exists \xi(x)$ 介于 $x,\sin x$ 之间，满足 $\dfrac{e^x-e^{\sin x}}{x-\sin x}=e^{\xi(x)}$.

计算
$$\lim_{x\to 0}\dfrac{e^x-e^{\sin x}}{x-\sin x}=\lim_{x\to 0}e^{\xi(x)}=\lim_{\xi(x)\to 0}e^{\xi(x)}=1.$$

方法二，利用等价无穷小替换计算
$$\lim_{x\to 0}\dfrac{e^x-e^{\sin x}}{x-\sin x}=\lim_{x\to 0}\dfrac{e^{\sin x}(e^{x-\sin x}-1)}{x-\sin x}=\lim_{x\to 0}e^{\sin x}\cdot\lim_{x\to 0}\dfrac{x-\sin x}{x-\sin x}=1.$$

(3)设函数 $f(x)$ 在 $[0,1]$ 上连续，在开区间 $(0,1)$ 上可导. 若 $f(0)=f(1)$，$|f'(x)|\leqslant 1$，则 $\forall x_1,x_2\in[0,1]$，有 $|f(x_1)-f(x_2)|\leqslant\dfrac{1}{2}$.

解：如图 4.5 所示. 情形 1：不妨设 $x_1<x_2$. 当 $0<x_2-x_1\leqslant\dfrac{1}{2}$ 时，依据拉格朗日中值定理知至少 $\exists\xi\in(x_1,x_2)$，有 $f'(\xi)=\dfrac{f(x_2)-f(x_1)}{x_2-x_1}$，即
$$|f(x_2)-f(x_1)|=|f'(\xi)|\cdot(x_2-x_1)\leqslant\dfrac{1}{2}.$$

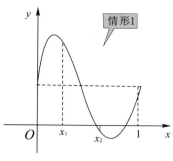 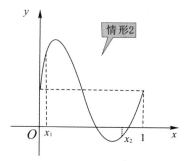

图 4.5

情形 2：当 $\dfrac{1}{2}<x_2-x_1$ 时，由于区间长度为 1，因此 $(1-x_2)+(x_1-0)<\dfrac{1}{2}$，依据拉格朗日中值定理知至少 $\exists\xi_1\in(0,x_1)$，$\exists\xi_2\in(x_2,1)$，有
$$f'(\xi_1)=\dfrac{f(x_1)-f(0)}{x_1-0},\quad f'(\xi_2)=\dfrac{f(1)-f(x_2)}{1-x_2},$$

即
$$|f(x_2)-f(x_1)| = |f(x_1)-f(0)+f(1)-f(x_2)|$$
$$\leqslant |f'(\xi_1)| \cdot (x_1-0)+|f'(\xi_2)|(1-x_2) \leqslant x_1+1-x_2 < \frac{1}{2}.$$

2. 柯西中值定理应用举例(ξ 存在性)

例 4.1.8 设函数 $f(x)$ 在 $[a,b]$ 上连续,在开区间 (a,b) 上可导,证明:至少 $\exists \xi \in (a,b)$,有 $f(b)-f(a)=\xi f'(\xi)\ln(b/a)$. 其中 $a>0$.

证:方法一,要证明 $\dfrac{f(b)-f(a)}{\ln b - \ln a} = \dfrac{f'(\xi)}{\dfrac{1}{\xi}}$,方法是利用柯西中值定理.

令 $g(x)=\ln x$,可知 $g'(x)=\dfrac{1}{x}>0, \forall x>a$. 所以函数 $f(x)$, $g(x)$ 在区间 $[a,b]$ 上满足柯西中值定理条件,所以至少 $\exists \xi \in (a,b)$,有 $\dfrac{f(b)-f(a)}{\ln b - \ln a} = \dfrac{f'(\xi)}{\dfrac{1}{\xi}}$,即有 $f(b)-f(a)=\xi f'(\xi)\ln(b/a)$.

方法二,构造辅助函数 $F(x)=f(x)-\dfrac{f(b)-f(a)}{\ln(b/a)}\ln x$,计算
$$F(b)-F(a) = \left(f(b)-\frac{f(b)-f(a)}{\ln(b/a)}\ln b\right) - \left(f(a)-\frac{f(b)-f(a)}{\ln(b/a)}\ln a\right)$$
$$=0,$$
所以函数 $F(x)$ 在区间 $[a,b]$ 上满足罗尔定理条件,则至少 $\exists \xi \in (a,b)$,有 $F'(\xi)=0$,而 $F'(x)=f'(x)-\dfrac{f(b)-f(a)}{\ln(b/a)} \cdot \dfrac{1}{x}$,所以有 $f(b)-f(a)=\xi f'(\xi)\ln(b/a)$.

类似题:

设函数 $f(x)$ 在 $[a,b]$ 上连续,在开区间 (a,b) 上可导,证明:至少 $\exists \xi \in (a,b)$,有 $\dfrac{bf(a)-af(b)}{b-a}=f(\xi)-\xi f'(\xi)$. 其中 $a>0$.

证:方法一,要证明 $\dfrac{\dfrac{f(b)}{b}-\dfrac{f(a)}{a}}{\dfrac{1}{b}-\dfrac{1}{a}} = \dfrac{\xi f'(\xi)-f(\xi)}{\dfrac{-1}{\xi^2}}$,方法是利用柯西中值定理.

令 $F(x)=\dfrac{f(x)}{x}$,$G(x)=\dfrac{1}{x}$,可知 $G'(x)=\dfrac{-1}{x^2}<0$,$\forall x>a$. 所以函数 $F(x)$,$G(x)$ 在区间 $[a,b]$ 上满足柯西中值定理条件,所以至少 $\exists \xi \in (a,b)$,有

$$\frac{\dfrac{f(b)}{b}-\dfrac{f(a)}{a}}{\dfrac{1}{b}-\dfrac{1}{a}}=\frac{\xi f'(\xi)-f(\xi)}{\dfrac{-1}{\xi^2}},$$

即

$$\frac{bf(a)-af(b)}{b-a}=f(\xi)-\xi f'(\xi).$$

方法二,构造辅助函数 $F(x)=\dfrac{f(x)}{x}-\dfrac{bf(a)-af(b)}{b-a}\dfrac{1}{x}$,计算

$$F(b)-F(a)=\left(\frac{f(b)}{b}-\frac{bf(a)-af(b)}{b-a}\cdot\frac{1}{b}\right)-\left(\frac{f(a)}{a}-\frac{bf(a)-af(b)}{b-a}\cdot\frac{1}{a}\right)=0,$$

所以函数 $F(x)$ 在区间 $[a,b]$ 上满足罗尔定理条件,则至少 $\exists \xi \in (a,b)$,有 $F'(\xi)=0$,而

$$F'(x)=\frac{xf'(x)-f(x)}{x^2}+\frac{bf(a)-af(b)}{b-a}\cdot\frac{1}{x^2},$$

所以有 $\dfrac{bf(a)-af(b)}{b-a}=f(\xi)-\xi f'(\xi)$.

3. 延拓练习

例 4.1.9 设函数 $f(x)$ 在 $[a,b]$ 上连续,在开区间 (a,b) 上可导. 若 $f(a)=f(b)=1$,则至少 $\exists \xi, \eta \in (a,b)$,有 $e^{\eta-\xi}[f'(\eta)+f(\eta)]=1$.

证明:分析:$e^{\eta-\xi}[f'(\eta)+f(\eta)]=1$ 中 ξ,η 是互相独立的,所以不妨设 $e^{\xi}=k$,这里 k 是一个非零的实常数,即 $e^{\eta}[f'(\eta)+f(\eta)]=k$,转化为证明方程 $e^x[f'(x)+f(x)]=k$ 在区间 (a,b) 上至少存在一个根 η. 由于函数是泛泛的,自然想了解其特征,即找到其核心属性. 改写方程为 $[e^x f(x)-kx]'=0$. 注意最后一式,表达式最简,左边是某函数的导数,右边为零. 所以 $e^x f(x)-kx$ 是硬核.

构造辅助函数 $F(x)=e^x f(x)-kx$,这里 k 是一个非零的实常

数.利用拉格朗日中值定理,则 $\exists \eta \in (a,b)$,有
$$\frac{F(b)-F(a)}{b-a} = \frac{e^b - e^a}{b-a} - k = F'(\eta),$$
而
$$F'(x) = e^x(f(x)+f'(x)) - k,$$
即
$$\frac{e^b - e^a}{b-a} = e^\eta [f(\eta)+f'(\eta)];$$

同时,利用拉格朗日中值定理,则 $\exists \xi \in (a,b)$,有 $\frac{e^b - e^a}{b-a} = e^\xi$. 综上有
$$e^{\eta - \xi}[f'(\eta)+f(\eta)] = 1.$$

(提示:$G(x)$ 取 k 右边的函数即可,利用柯西中值定理)

类似题:

设 $0 < a < b$,函数 $f(x)$ 在 $[a,b]$ 上连续,在开区间 (a,b) 上可导.若 $f(a) \neq f(b)$,则至少 $\exists \xi, \eta \in (a,b)$,有 $f'(\xi) = \frac{a+b}{2\eta}f'(\eta)$.

证: $f'(\xi) = \frac{a+b}{2\eta}f'(\eta)$ 中 ξ, η 是互相独立的,所以不妨设 $f'(\xi) = k$,这里 k 是一个实常数,即 $k = \frac{a+b}{2\eta}f'(\eta)$,转化为证明方程 $\frac{a+b}{2x}f'(x) = k$ 在区间 (a,b) 上至少存在一个根 η. 由于函数是泛泛的,自然想了解其特征,即找到其核心属性. 改写方程为 $[(a+b)f(x) - kx^2]' = 0$. 注意最后一式,表达式最简,左边是某函数的导数,右边为零. 所以 $(a+b)f(x) - kx^2$ 是硬核.

构造辅助函数 $F(x) = (a+b)f(x) - kx^2$,这里 k 是一个实常数,令 $G(x) = x^2$.

函数满足柯西中值定理条件,所以 $\exists \eta \in (a,b)$,有
$$\frac{F(b)-F(a)}{G(b)-G(a)} = \frac{f(b)-f(a)}{b-a} - k = \frac{F'(\eta)}{G'(\eta)},$$
而
$$F'(x) = (a+b)f'(x) - 2kx, \quad G'(x) = 2x,$$

即
$$\frac{f(b)-f(a)}{b-a}=\frac{(a+b)f'(\eta)}{2\eta}.$$

同时,利用拉格朗日中值定理,则 $\exists \xi \in (a,b)$,有 $\frac{f(b)-f(a)}{b-a}=f'(\xi)$. 综上,有 $f'(\xi)=\frac{a+b}{2\eta}f'(\eta)$.

(提示:$G(x)$ 取 k 右边的函数即可)

例 4.1.10 设函数 $f(x)$ 在区间 $[a,b]$ 上连续,在区间 (a,b) 上可导,且 $f(a)=0, f(b)=1$. 证明:$\forall \lambda_1, \lambda_2 \in (0,1), \lambda_1+\lambda_2=1$,存在 $\xi, \eta \in (a,b), \xi \neq \eta$,使得
$$\frac{\lambda_1}{f'(\xi)}+\frac{\lambda_2}{f'(\eta)}=b-a.$$

证:$\frac{\lambda_1}{f'(\xi)}+\frac{\lambda_2}{f'(\eta)}=b-a$ 中 ξ, η 不是互相独立的(因为要求 $\xi \neq \eta$). 所以可以分别利用拉格朗日中值定理.

首先,$\forall \lambda_1 \in (0,1)$,由介值定理知一定存在 $x_0 \in (a,b)$,有 $f(x_0)=\lambda_1$. 其次,利用拉格朗日中值定理,有
$$\xi \in (a,x_0), \frac{f(x_0)-f(a)}{x_0-a}=f'(\xi);$$
$$\eta \in (x_0,b), \frac{f(b)-f(x_0)}{b-x_0}=f'(\eta)$$

使得
$$\frac{\lambda_1}{f'(\xi)}+\frac{\lambda_2}{f'(\eta)}=(x_0-a)+(b-x_0)=b-a.$$

§4.2 洛必达法则

4.2.1 不定式定义与洛必达法则

1. 不定式定义

定义 4.2.1 在六类过程下,若函数极限 $\lim f(x)$ 状态呈现为 $\frac{0}{0}, \frac{\infty}{\infty}, 0 \cdot \infty, \infty-\infty, 1^{\infty}, 0^0, \infty^0$ 七个形式之一,则称 $\lim f(x)$ 为不

定式,或称为未定式(待定式). 称 $\dfrac{0}{0}$ 和 $\dfrac{\infty}{\infty}$ 为基本型.

注 4.2.1

为什么 0^∞ 不是不定式?

事实上,有 $\lim f(x) = \lim g(x)^{h(x)}$,$\lim g(x) = 0$,$\lim h(x) = \infty$. 对函数两边取对数后再极限有 $\lim \ln f(x) = \lim h(x) \ln g(x) = \infty(+\infty, -\infty)$.

当 $\lim \ln f(x) = +\infty$ 时,则 $\lim f(x) = +\infty$;

当 $\lim \ln f(x) = -\infty$ 时,则 $\lim f(x) = 0$;

当 $\lim \ln f(x) = \infty$ 时,则 $\lim f(x)$ 不存在.

综上,当 $f(x)$ 表达式具体给出时,则 $\lim f(x)$ 是确定的.

2. 洛必达法则

定理 4.2.1(洛必达法则) 在六类过程下,设 $\lim f(x) = \lim g(x) = 0$,若 $\lim \dfrac{f'(x)}{g'(x)} = l$(有限或无穷大),则有 $\lim \dfrac{f(x)}{g(x)} \stackrel{\frac{0}{0}}{=} \lim \dfrac{f'(x)}{g'(x)} = l$.

定理 4.2.2(洛必达法则) 在六类过程下,设 $\lim f(x) = \lim g(x) = \infty(+\infty, -\infty)$,若 $\lim \dfrac{f'(x)}{g'(x)} = l$(有限或无穷大),则有 $\lim \dfrac{f(x)}{g(x)} \stackrel{\frac{\infty}{\infty}}{=} \lim \dfrac{f'(x)}{g'(x)} = l$.

注 4.2.2

(1)只有基本型才能直接用洛必达法则,所以其余类型不定式一定转化成基本型后才能用洛必达法则.

(2)洛必达法则可一直连续用(在满足定理 4.2.1 和定理 4.2.2 的条件下),当最后极限不存在且不为 ∞ 时,千万不要说原极限不存在,它只表明洛必达定理失效,一定用其他方法计算之. 例如,$\lim\limits_{x \to \infty} \dfrac{x + \sin x}{x}$ 为 $\dfrac{\infty}{\infty}$ 基本型,计算 $\lim\limits_{x \to \infty} \dfrac{(x + \sin x)'}{(x)'} = \lim\limits_{x \to \infty} \dfrac{1 + \cos x}{1}$ 不存在且不为 ∞,此时说明洛必达法则失效,应改用其他方法计算.

因此,进一步计算

$$\lim_{x \to \infty} \dfrac{x + \sin x}{x} = \lim_{x \to \infty} \left(1 + \dfrac{\sin x}{x}\right) = 1.$$

(3)数列极限没有洛必达法则,但可以先用洛必达法则计算相应的函数极限,然后利用函数极限与数列极限的关系给出数列极限.

例如,计算 $\lim\limits_{n\to\infty}n(3^{\frac{3}{n}}-3^{\frac{1}{n}})$.事实上,首先计算

$$\lim_{x\to 0^+}\frac{3^{3x}-3^x}{x}=\lim_{x\to 0^+}\frac{3\cdot 3^{3x}\ln 3-3^x\ln 3}{1}=2\ln 3,$$

然后依据函数极限与数列极限的关系知 $\lim\limits_{n\to\infty}n(3^{\frac{3}{n}}-3^{\frac{1}{n}})=2\ln 3$.

4.2.2 应用举例

例 4.2.1 确定极限中的常数:

(1)设 $\lim\limits_{x\to 1}\dfrac{x^3+ax^2+x+b}{x^2-1}=3$,求 a,b;

(2)设 $f(x)$ 在 **R** 上可导,且

$$f'(x)=\mathrm{e},\lim_{x\to\infty}\left(\frac{x+a}{x-a}\right)^x=\lim_{x\to\infty}[f(x)-f(x-1)],求 a.$$

解:(1)由于 $\lim\limits_{x\to 1}\dfrac{x^3+ax^2+x+b}{x^2-1}=3$,所以 $\lim\limits_{x\to 1}(x^3+ax^2+x+b)=0$,即有 $1+a+1+b=0$.同时,计算

$$\lim_{x\to 1}\frac{x^3+ax^2+x+b}{x^2-1}\xlongequal{\frac{0}{0}}\lim_{x\to 1}\frac{3x^2+2ax+1}{2x}=3,$$

即 $\dfrac{3+2a+1}{2}=3$,解得 $a=1$.又有 $b=-3$.

(2)左边为不定式 1^∞ 型,一般可用两种方法计算.

右边 $\lim\limits_{x\to\infty}\dfrac{f(x)-f(x-1)}{x-(x-1)}$ 用拉格朗日中值定理.

方法一,首先计算左边极限,令 $y=\left(\dfrac{x+a}{x-a}\right)^x$,有

$$\ln y=\frac{\ln|x+a|-\ln|x-a|}{\frac{1}{x}},$$

计算

$$\lim_{x\to\infty}\ln y=\lim_{x\to\infty}\frac{\ln|x+a|-\ln|x-a|}{\frac{1}{x}}\xlongequal{\frac{0}{0}}\lim_{x\to\infty}\frac{\frac{1}{x+a}-\frac{1}{x-a}}{\frac{-1}{x^2}}=2a,$$

所以 $\lim\limits_{x\to\infty}y=\mathrm{e}^{2a}$. 其次计算右边极限,有

$$\lim_{x\to\infty}[f(x)-f(x-1)]=\lim_{x\to\infty}\frac{f(x)-f(x-1)}{x-(x-1)}\xlongequal{\exists\xi(x)\in x-1,x}\lim_{x\to\infty}f'(\xi(x))$$
$$=\lim_{\xi(x)\to\infty}f'(\xi(x))=\mathrm{e}.$$

于是依据题意有 $\mathrm{e}^{2a}=\mathrm{e}$,解得 $a=\frac{1}{2}$.

方法二:计算 $\lim\limits_{x\to\infty}\left(\dfrac{x+a}{x-a}\right)^x \xlongequal{1^\infty} \lim\limits_{x\to\infty}\left(1+\dfrac{2a}{x-a}\right)^{\frac{x-a}{2a}\cdot\frac{2ax}{x-a}}=\mathrm{e}^{2a}.$

(提示:易知 $a\neq 0$)

例 4.2.2 计算下列 $\infty-\infty$ 型函数极限:

(1) $\lim\limits_{x\to 0}\left(\dfrac{1+x}{1-\mathrm{e}^{-x}}-\dfrac{1}{x}\right)$;   (2) $\lim\limits_{x\to 0}\left(\dfrac{1}{\sin^2 x}-\dfrac{\cos^2 x}{x^2}\right)$;

(3) $\lim\limits_{x\to +\infty}\left((x+2)\mathrm{e}^{\frac{1}{x}}-x\right)$.

解: 对于 $\infty-\infty$ 型,一般先通分转化成两个基本型之一,然后再利用洛必达法则(有时还结合等价无穷小替换简化)计算极限. 当为不能通分的特殊情形时,一般提取起主导作用的因子,再计算.

(1) $\lim\limits_{x\to 0}\left(\dfrac{1+x}{1-\mathrm{e}^{-x}}-\dfrac{1}{x}\right) \xlongequal{\infty-\infty} \lim\limits_{x\to 0}\dfrac{x+x^2-1+\mathrm{e}^{-x}}{x(1-\mathrm{e}^{-x})}=\lim\limits_{x\to 0}\dfrac{x+x^2-1+\mathrm{e}^{-x}}{x\cdot x}$

$$\xlongequal{\frac{0}{0}}\lim_{x\to 0}\dfrac{1+2x-\mathrm{e}^{-x}}{2x}\xlongequal{\frac{0}{0}}\lim_{x\to 0}\dfrac{2+\mathrm{e}^{-x}}{2}=\dfrac{3}{2}.$$

(提示:这里用到了 $1-\mathrm{e}^{-x}\sim x,(x\to 0)$ 进行简化. 同时考虑到在加减法运算中慎用等价无穷小替代,例如这样计算是错误的,

$$\lim_{x\to 0}\dfrac{x+x^2-1+\mathrm{e}^{-x}}{x(1-\mathrm{e}^{-x})}=\lim_{x\to 0}\dfrac{x+x^2-x}{x\cdot x}=1).$$

(2) $\lim\limits_{x\to 0}\left(\dfrac{1}{\sin^2 x}-\dfrac{\cos^2 x}{x^2}\right) \xlongequal{\infty-\infty} \lim\limits_{x\to 0}\dfrac{x^2-\sin^2 x\cos^2 x}{x^2\sin^2 x}=\lim\limits_{x\to 0}\dfrac{x^2-\frac{1}{4}\sin^2 2x}{x^4}$

$$\xlongequal{\frac{0}{0}}\lim_{x\to 0}\dfrac{2x-\sin 2x\cos 2x}{4x^3}=\lim_{x\to 0}\dfrac{2x-\frac{1}{2}\sin 4x}{4x^3}$$

$$\xlongequal{\frac{0}{0}}\lim_{x\to 0}\dfrac{2(1-\cos 4x)}{12x^2}=\lim_{x\to 0}\dfrac{1-\cos 4x}{6x^2}$$

$$=\lim_{x\to 0}\dfrac{\frac{1}{2}(4x)^2}{6x^2}=\dfrac{4}{3}.$$

(提示:因为 $1-\cos x \sim \dfrac{1}{2}x^2, (x\to 0)$,所以有 $1-\cos 4x \sim \dfrac{1}{2}(4x)^2$, $(x\to 0)$. 同时考虑到在加减法运算中慎用等价无穷小替代,例如这样计算是错误的,$\lim\limits_{x\to 0}\dfrac{x^2-\sin^2 x\cos^2 x}{x^2\sin^2 x}=\lim\limits_{x\to 0}\dfrac{x^2-x^2\cos^2 x}{x^4}=\lim\limits_{x\to 0}\dfrac{1-\cos^2 x}{x^2}=\lim\limits_{x\to 0}\dfrac{\sin^2 x}{x^2}=1$).

(3) $\lim\limits_{x\to+\infty}\left[(x+2)\mathrm{e}^{\frac{1}{x}}-x\right]\xlongequal{0\cdot\infty}\lim\limits_{x\to+\infty}x\left[\left(1+2\dfrac{1}{x}\right)\mathrm{e}^{\frac{1}{x}}-1\right]$

$\xlongequal[t=\frac{1}{x}]{\frac{0}{0}}\lim\limits_{t\to+0}\dfrac{(1+2t)\mathrm{e}^t-1}{t}$

$=\lim\limits_{t\to+0}\dfrac{2\mathrm{e}^t+(1+2t)\mathrm{e}^t}{1}=3.$

类似题:

计算下列 $\infty-\infty$ 型函数极限:

(1) $\lim\limits_{x\to 0}\left(\dfrac{1}{x^2}-\dfrac{1}{x\tan x}\right)$;

(2) $\lim\limits_{x\to 0}\left[\dfrac{a}{x}-\left(\dfrac{1}{x^2}-a^2\right)\ln(1+ax)\right], (a\neq 0)$;

(3) $\lim\limits_{x\to 0}\left[x-x^2\ln\left(1+\dfrac{1}{x}\right)\right]$.

解: (1) $\lim\limits_{x\to 0}\left(\dfrac{1}{x^2}-\dfrac{1}{x\tan x}\right)\xlongequal{\frac{0}{0}}\lim\limits_{x\to 0}\dfrac{\tan x-x}{x^2\tan x}=\lim\limits_{x\to 0}\dfrac{\tan x-x}{x^2\cdot x}$

$\xlongequal{\frac{0}{0}}\lim\limits_{x\to 0}\dfrac{\sec^2 x-1}{3x^2}=\lim\limits_{x\to 0}\dfrac{\tan^2 x}{3x^2}$

$=\dfrac{1}{3}.$

(2) $\lim\limits_{x\to 0}\left[\dfrac{a}{x}-\left(\dfrac{1}{x^2}-a^2\right)\ln(1+ax)\right]$

$\xlongequal{\infty-\infty}\lim\limits_{x\to 0}\dfrac{ax-(1-a^2x^2)\ln(1+ax)}{x^2}$

$\xlongequal{\frac{0}{0}}\lim\limits_{x\to 0}\dfrac{a+2a^2 x\ln(1+ax)-\dfrac{a(1-a^2x^2)}{1+ax}}{2x}$

$=a^2\lim\limits_{x\to 0}\dfrac{2\ln(1+ax)+1}{2}=\dfrac{a^2}{2}.$

(3) $\lim\limits_{x\to+\infty}\left[x-x^2\ln\left(1+\dfrac{1}{x}\right)\right] \stackrel{\infty-\infty}{=\!=\!=} \lim\limits_{x\to+\infty} x^2\left[\dfrac{1}{x}-\ln\left(1+\dfrac{1}{x}\right)\right]$

$\stackrel{0\cdot\infty}{\underset{t=\frac{1}{x}}{=\!=\!=}}\lim\limits_{t\to+0}\dfrac{t-\ln(1+t)}{t^2}$

$\stackrel{\frac{0}{0}}{=\!=\!=}\lim\limits_{t\to+0}\dfrac{1-\dfrac{1}{1+t}}{2t}=\dfrac{1}{2}.$

例 4.2.3 计算下列 1^∞ 型函数极限：

(1) $\lim\limits_{x\to 0}(1+xe^x)^{\frac{1}{x}}$；

(2) $\lim\limits_{x\to 0}\left(\dfrac{a^x+b^x}{2}\right)^{\frac{3}{x}}$, $(a>0,b>0)$；

(3) $\lim\limits_{x\to 0}\left(\dfrac{e^x+e^{2x}+\cdots+e^{nx}}{n}\right)^{\frac{1}{x}}$, $(n\in\mathbf{N})$.

解：计算 1^∞ 型，一般两种方法（见下）.

(1) 方法一，

$$\lim\limits_{x\to 0}(1+xe^x)^{\frac{1}{x}}=\lim\limits_{x\to 0}(1+xe^x)^{\frac{1}{xe^x}\cdot e^x}=e^1=e.$$

方法二，令 $y=(1+xe^x)^{\frac{1}{x}}$，有 $\ln y=\dfrac{\ln(1+xe^x)}{x}$，计算

$$\lim\limits_{x\to 0}\ln y=\lim\limits_{x\to 0}\dfrac{\ln(1+xe^x)}{x}\stackrel{\frac{0}{0}}{=\!=\!=}\lim\limits_{x\to 0}\dfrac{\dfrac{e^x+xe^x}{1+xe^x}}{1}=1.$$

所以 $\lim\limits_{x\to 0}(1+xe^x)^{\frac{1}{x}}=e.$

(2) 方法一，

$$\lim\limits_{x\to 0}\left(\dfrac{a^x+b^x}{2}\right)^{\frac{3}{x}}=\lim\limits_{x\to 0}\left[1+\left(\dfrac{a^x+b^x}{2}-1\right)\right]^{\frac{2}{a^x+b^x-2}\cdot\frac{3(a^x+b^x-2)}{2x}},$$

而

$$\lim\limits_{x\to 0}\dfrac{a^x+b^x-2}{x}\stackrel{\frac{0}{0}}{=\!=\!=}\lim\limits_{x\to 0}\dfrac{a^x\ln a+b^x\ln b}{1}=\ln(ab),$$

所以 $\lim\limits_{x\to 0}\left(\dfrac{a^x+b^x}{2}\right)^{\frac{3}{x}}=(ab)^{\frac{3}{2}}.$

方法二，令 $y=\left(\dfrac{a^x+b^x}{2}\right)^{\frac{3}{x}}$，有 $\ln y=\dfrac{3(\ln(a^x+b^x)-\ln 2)}{x}$，计算

$$\lim_{x\to 0}\ln y = \lim_{x\to 0}\frac{3(\ln(a^x+b^x)-\ln 2)}{x} = 3\lim_{x\to 0}\frac{\dfrac{a^x\ln a+b^x\ln b}{a^x+b^x}}{1}$$

$$= \frac{3}{2}\ln(ab).$$

所以 $\lim\limits_{x\to 0}\left(\dfrac{a^x+b^x}{2}\right)^{\frac{3}{x}} = (ab)^{\frac{3}{2}}.$

(3) 方法一，

$$\lim_{x\to 0}\left(\frac{e^x+e^{2x}+\cdots+e^{nx}}{n}\right)^{\frac{1}{x}}$$

$$=\lim_{x\to 0}\left(1+\frac{e^x+e^{2x}+\cdots+e^{nx}-n}{n}\right)^{\frac{n}{e^x+e^{2x}+\cdots+e^{nx}-n}\cdot\frac{e^x+e^{2x}+\cdots+e^{nx}-n}{nx}}.$$

而

$$\lim_{x\to 0}\frac{e^x+e^{2x}+\cdots+e^{nx}-n}{nx} \stackrel{\frac{0}{0}}{=} \frac{1}{n}\lim_{x\to 0}\frac{e^x+2e^{2x}+\cdots+ne^{nx}}{1}$$

$$=\frac{1+2+\cdots+n}{n}=\frac{n+1}{2},$$

所以 $\lim\limits_{x\to 0}\left(\dfrac{e^x+e^{2x}+\cdots+e^{nx}}{n}\right)^{\frac{1}{x}} = e^{\frac{n+1}{2}}.$

方法二，令 $y=\left(\dfrac{e^x+e^{2x}+\cdots+e^{nx}}{n}\right)^{\frac{1}{x}}$，有

$$\ln y = \frac{\ln(e^x+e^{2x}+\cdots+e^{nx})-\ln n}{x},$$

计算

$$\lim_{x\to 0}\ln y \stackrel{\frac{0}{0}}{=} \lim_{x\to 0}\frac{\dfrac{e^x+2e^{2x}+\cdots+ne^{nx}}{e^x+e^{2x}+\cdots+e^{nx}}}{1} = \frac{1+2+\cdots+n}{n}=\frac{n+1}{2}.$$

所以 $\lim\limits_{x\to 0}\left(\dfrac{e^x+e^{2x}+\cdots+e^{nx}}{n}\right)^{\frac{1}{x}} = e^{\frac{n+1}{2}}.$

类似题：

计算下列 1^∞ 型函数极限：

(1) $\lim\limits_{x\to 0}(1+\ln(1+x))^{\frac{2}{x}}$；

(2) $\lim\limits_{x\to 0}(\cos x)^{\frac{1}{\ln(1+x^2)}}$;

(3) $\lim\limits_{x\to\infty}\left(\cos\dfrac{1}{x}+\sin\dfrac{1}{x}\right)^x$.

解：(1)方法一，

$$\lim_{x\to 0}[1+\ln(1+x)]^{\frac{2}{x}}=\lim_{x\to 0}[1+\ln(1+x)]^{\frac{1}{\ln(1+x)}\cdot\frac{2\ln(1+x)}{x}},$$

而

$$\lim_{x\to 0}\frac{\ln(1+x)}{x}=\lim_{x\to 0}\frac{x}{x}=1,$$

所以 $\lim\limits_{x\to 0}[1+\ln(1+x)]^{\frac{2}{x}}=e^2$

方法二，令 $y=(1+\ln(1+x))^{\frac{2}{x}}$，有 $\ln y=\dfrac{2\ln[1+\ln(1+x)]}{x}$，

计算

$$\lim_{x\to 0}\ln y\stackrel{\frac{0}{0}}{=}2\lim_{x\to 0}\frac{\ln[1+\ln(1+x)]}{x}=2\lim_{x\to 0}\frac{\frac{1}{[1+\ln(1+x)](1+x)}}{1}$$
$$=2.$$

所以 $\lim\limits_{x\to 0}[1+\ln(1+x)]^{\frac{2}{x}}=e^2$.

(2)方法一，

$$\lim_{x\to 0}(\cos x)^{\frac{1}{\ln(1+x^2)}}=\lim_{x\to 0}[1+(\cos x-1)]^{\frac{1}{\cos x-1}\cdot\frac{\cos x-1}{\ln(1+x^2)}},$$

而

$$\lim_{x\to 0}\frac{\cos x-1}{\ln(1+x^2)}=\lim_{x\to 0}\frac{-\frac{1}{2}x^2}{x^2}=-\frac{1}{2},$$

所以 $\lim\limits_{x\to 0}(\cos x)^{\frac{1}{\ln(1+x^2)}}=e^{\frac{-1}{2}}$

方法二，令 $y=(\cos x)^{\frac{1}{\ln(1+x^2)}}$，有 $\ln y=\dfrac{\ln\cos x}{\ln(1+x^2)}$，计算

$$\lim_{x\to 0}\ln y\stackrel{\frac{0}{0}}{=}\lim_{x\to 0}\frac{\dfrac{-\sin x}{\cos x}}{\dfrac{2x}{1+x^2}}=-\frac{1}{2}.$$

所以 $\lim\limits_{x\to 0}(\cos x)^{\frac{1}{\ln(1+x^2)}}=e^{\frac{-1}{2}}$.

(3)设 $x=\dfrac{1}{t}$,有 $\lim\limits_{x\to\infty}\left(\cos\dfrac{1}{x}+\sin\dfrac{1}{x}\right)^x=\lim\limits_{t\to 0}(\cos t+\sin t)^{\frac{1}{t}}$.

方法一,

$$\lim_{t\to 0}(\cos t+\sin t)^{\frac{1}{t}}=\lim_{t\to 0}(1+(\cos t+\sin t-1))^{\frac{1}{\cos t+\sin t-1}\cdot\frac{\cos t+\sin t-1}{t}}.$$

而

$$\lim_{t\to 0}\dfrac{\cos t+\sin t-1}{t}\overset{\frac{0}{0}}{=}\lim_{t\to 0}\dfrac{-\sin t+\cos t}{1}=1,$$

所以 $\lim\limits_{x\to\infty}\left(\cos\dfrac{1}{x}+\sin\dfrac{1}{x}\right)^x=\mathrm{e}^1=\mathrm{e}$.

方法二,令 $y=(\cos t+\sin t)^{\frac{1}{t}}$,有 $\ln y=\dfrac{\ln(\cos t+\sin t)}{t}$,计算

$$\lim_{t\to 0}\ln y=\lim_{t\to 0}\dfrac{\ln(\cos t+\sin t)}{t}\overset{\frac{0}{0}}{=}\lim_{t\to 0}\dfrac{\dfrac{-\sin t+\cos t}{\cos t+\sin t}}{1}=1.$$

所以 $\lim\limits_{x\to\infty}\left(\cos\dfrac{1}{x}+\sin\dfrac{1}{x}\right)^x=\mathrm{e}^1=\mathrm{e}$.

例 4.2.4 计算下列函数极限:

(1) $\lim\limits_{x\to 1}(1-x)\tan\dfrac{\pi}{2}x$;

(2) $\lim\limits_{x\to\infty}x\left(\sin\ln\left(1+\dfrac{3}{x}\right)-\sin\ln\left(1+\dfrac{1}{x}\right)\right)$;

(3) $\lim\limits_{x\to+\infty}\left(\sqrt{1+x^2}+x\right)^{\frac{1}{x}}$.

解:(1)这是 $0\cdot\infty$ 型,需要转化成 $\dfrac{0}{0}$ 型或 $\dfrac{\infty}{\infty}$ 型.

首先,化简有

$$\lim_{x\to 1}(1-x)\tan\dfrac{\pi}{2}x=\lim_{x\to 1}(1-x)\dfrac{\sin\dfrac{\pi}{2}x}{\cos\dfrac{\pi}{2}x}$$

$$=\lim_{x\to 1}\sin\dfrac{\pi}{2}x\cdot\lim_{x\to 1}\dfrac{1-x}{\cos\dfrac{\pi}{2}x}=\lim_{x\to 1}\dfrac{1-x}{\cos\dfrac{\pi}{2}x}.$$

其次,计算

$$\lim_{x\to 1}\frac{1-x}{\cos\frac{\pi}{2}x}\overset{\frac{0}{0}}{=}\lim_{x\to 1}\frac{-1}{-\frac{\pi}{2}\sin\frac{\pi}{2}x}=\frac{2}{\pi}.$$

(2)这是 $0\cdot\infty$ 型,需要转化成 $\frac{0}{0}$ 型或 $\frac{\infty}{\infty}$ 型. 令 $t=\frac{1}{x}$ 有

$$\lim_{x\to\infty}x\left[\sin\ln\left(1+\frac{3}{x}\right)-\sin\ln\left(1+\frac{1}{x}\right)\right]$$

$$=\lim_{t\to 0}\frac{\sin\ln(1+3t)-\sin\ln(1+t)}{t}$$

$$\overset{\frac{0}{0}}{=}\lim_{t\to 0}\frac{\frac{3}{1+3t}\cos\ln(1+3t)-\frac{1}{1+t}\cos\ln(1+t)}{1}=2.$$

注意也可以用拉格朗日中值定理求极限,留给读者练习.

(3)这是 ∞^0 型,需要转化成 $\frac{0}{0}$ 型或 $\frac{\infty}{\infty}$ 型. 令 $y=(\sqrt{1+x^2}+x)^{\frac{1}{x}}$,

有 $\ln y=\frac{\ln(\sqrt{1+x^2}+x)}{x}$,计算

$$\lim_{x\to+\infty}\ln y=\lim_{x\to+\infty}\frac{\ln(\sqrt{1+x^2}+x)}{x}\overset{\frac{\infty}{\infty}}{=}\lim_{x\to+\infty}\frac{\frac{\frac{x}{\sqrt{1+x^2}}+1}{\sqrt{1+x^2}+x}}{1}=0,$$

所以,有 $\lim_{x\to+\infty}(\sqrt{1+x^2}+x)^{\frac{1}{x}}=1.$

类似题:

计算下列函数极限:

(1) $\lim_{x\to 0}\dfrac{3\sin x+x^2\cos\dfrac{1}{x}}{(1+\cos x)\ln(1+x)}$;

(2) $\lim_{x\to-\infty}(\sqrt{1+x^2}+x)^{\frac{1}{x}}$;

(3) 设 $\lim_{x\to 0}\dfrac{\sin 2x+xf(x)}{x^3}=0$,计算 $\lim_{x\to 0}\dfrac{2+f(x)}{x^2}$.

解: (1)这是 $\dfrac{0}{0}$ 型.

$$\lim_{x \to 0} \frac{3\sin x + x^2 \cos \frac{1}{x}}{(1+\cos x)\ln(1+x)} = \lim_{x \to 0} \frac{1}{1+\cos x} \cdot \lim_{x \to 0} \frac{3\sin x + x^2 \cos \frac{1}{x}}{\ln(1+x)}$$

$$= \frac{1}{2} \lim_{x \to 0} \frac{3\sin x + x^2 \cos \frac{1}{x}}{x}$$

$$= \frac{1}{2} \lim_{x \to 0} \left(3 \frac{\sin x}{x} + x \cos \frac{1}{x}\right) = \frac{3}{2}.$$

注意这题说明:不要看到是 $\frac{0}{0}$ 型就急着用洛必达法则,而是要从全局分析,进行化简整合,利用等价无穷小替代计算,有时可达到事半功倍的效果.

(2) 由于 $\sqrt{1+x^2} + x = \frac{1}{\sqrt{1+x^2} - x}$,所以可知 $\lim_{x \to -\infty} (\sqrt{1+x^2} + x)^{\frac{1}{x}}$ 为 0^0 型(注意与例 4(3)进行比较). 这是 0^0 型,需要转化成 $\frac{0}{0}$ 型或 $\frac{\infty}{\infty}$ 型. 令 $y = (\sqrt{1+x^2} + x)^{\frac{1}{x}}$,有 $\ln y = \frac{\ln(\sqrt{1+x^2} + x)}{x}$

$$\lim_{x \to -\infty} \ln y = \lim_{x \to -\infty} \frac{\ln(\sqrt{1+x^2} + x)}{x} \overset{\frac{\infty}{\infty}}{=} \lim_{x \to -\infty} \frac{\frac{x}{\sqrt{1+x^2}} + 1}{\sqrt{1+x^2} + x} = 0,$$

所以,有 $\lim_{x \to -\infty} (\sqrt{1+x^2} + x)^{\frac{1}{x}} = 1$.

(3) $\lim_{x \to 0} \frac{2 + f(x)}{x^2}$ 是不定式吗? 不知道! 利用斗转星移方法变化为计算

$$\lim_{x \to 0} \frac{2x + xf(x)}{x^3} = \lim_{x \to 0} \frac{2x + xf(x) + \sin 2x - \sin 2x}{x^3}$$

$$= \lim_{x \to 0} \frac{(2x - \sin 2x) + (xf(x) + \sin 2x)}{x^3}.$$

计算

$$\lim_{x \to 0} \frac{2x - \sin 2x}{x^3} \overset{\frac{0}{0}}{=} \lim_{x \to 0} \frac{2 - 2\cos 2x}{3x^2} = \frac{2}{3} \lim_{x \to 0} \frac{1 - \cos 2x}{x^2}$$

$$= \frac{2}{3} \lim_{x \to 0} \frac{\frac{(2x)^2}{2}}{x^2} = \frac{4}{3}.$$

§4.3 泰勒公式

4.3.1 泰勒公式

1. n 阶泰勒多项式

定义 4.3.1 设函数 $f(x)$ 在区间 I 上有定义,$x_0 \in I$,若 $f(x)$ 在点 x_0 处有 n 阶导数,则记 $P_n(x) = \sum\limits_{i=0}^{n} \dfrac{f^{(i)}(x_0)}{i!}(x-x_0)^i$,称 $P_n(x)$ 为 $f(x)$ 在点 x_0 处的 n 阶泰勒多项式.

约定:$f^{(0)}(x) = f(x)$,$0! = 1$.

其中当 $x_0 = 0$ 时称为麦克劳林多项式.

记 $R_n(x) = f(x) - P_n(x)$,称 $R_n(x)$ 为 $f(x)$ 关于 $P_n(x)$ 的余项.

2. 余项的估计

(1) 带有皮亚诺余项的泰勒公式

定理 4.3.1 设 $f(x)$ 在点 x_0 有 n 阶导数,则有
$$R_n(x) = o((x-x_0)^n) \quad (x \to x_0).$$

(2) 带有拉格朗日余项的泰勒公式

定理 4.3.2 设 $f(x)$ 在区间 I 上有 $n+1$ 阶导数,且 $x_0 \in I$,则 $\forall x \in I$,$\exists \xi \in (x, x_0)$ 或 $\exists \xi \in (x_0, x)$,有
$$R_n(x) = \dfrac{f^{(n+1)}(\xi)}{(n+1)!}(x-x_0)^{n+1}, \quad \forall x \in I.$$

4.3.2 应用

1. 直接法

基于定理 4.3.1 和定理 4.3.2 给出的泰勒公式的方法称为直接法. 需熟记 $e^x, \sin x, \cos x, (1+x)^\alpha, \ln(1+x)$ 五个常见的基本初等函数的麦克劳林公式.

2. 间接法

定理 4.3.3(唯一性定理) 设 $f(x)$ 在点 x_0 有 n 阶导数,若
$f(x) = a_0 + a_1(x-x_0) + a_2(x-x_0)^2 + \cdots + a_n(x-x_0)^n + o((x-x_0)^n) \quad (x \to x_0),$

则 $a_0 = f(x_0), \cdots, a_n = \dfrac{f^{(n)}(x_0)}{n!}$.

注 4.3.1

(1) 定理 4.3.3 中 $(x-x_0)^n$ 前的系数是唯一的,其一定为 $a_n = \dfrac{f^{(n)}(x_0)}{n!}$.

(2) 定理 4.3.3 表明:基于五个常见的基本初等函数的麦克劳林公式,利用四则运算、有限次复合、换元法、求导数和求积分等运算所得公式为所求的泰勒公式.

例 4.3.1 求下列函数带有皮亚诺余项的麦克劳林公式(括号内为指定阶数):

(1) $f(x) = e^{2x}, (x^n)$; (2) $f(x) = e^x \cos x, (x^3)$;
(3) $f(x) = \ln(1+x+x^2), (x^3)$.

解: (1) 由于 $e^u = 1 + u + \dfrac{u^2}{2!} + \cdots + \dfrac{u^n}{n!} + o(u^n) \ (u \to 0)$,

令 $u = 2x$,利用间接法有

$$e^{2x} = 1 + 2x + \dfrac{(2x)^2}{2!} + \cdots + \dfrac{(2x)^n}{n!} + o((2x)^n) \ (2x \to 0),$$

整理为

$$e^{2x} = 1 + 2x + \dfrac{2^2 x^2}{2!} + \cdots + \dfrac{2^n x^n}{n!} + o((x)^n) \ (x \to 0).$$

(2) 由于 $e^x = 1 + x + \dfrac{x^2}{2!} + \dfrac{x^3}{3!} + o(x^3) \ (x \to 0)$

和 $\cos x = 1 - \dfrac{x^2}{2!} + o(x^3) \ (x \to 0)$,所以有

$$f(x) = e^x \cos x = \left(1 + x + \dfrac{x^2}{2!} + \dfrac{x^3}{3!} + o(x^3)\right)\left(1 - \dfrac{x^2}{2!} + o(x^3)\right)$$

$$= 1 + x - \dfrac{1}{3}x^3 + o(x^3) \ (x \to 0).$$

(3) 由于 $\ln(1+u) = u - \dfrac{1}{2}u^2 + \dfrac{1}{3}u^3 + o(u^3) \ (u \to 0)$,令 $u = x + x^2$,利用间接法有

$$\ln(1+x+x^2) = (x+x^2) - \dfrac{1}{2}(x+x^2)^2 + \dfrac{1}{3}(x+x^2)^3 + o((x+x^2)^3) \ (x+x^2 \to 0),$$

整理有
$$\ln(1+x+x^2)=x+\frac{1}{2}x^2-\frac{2}{3}x^3+o(x^3)\quad(x\to 0).$$

例 4.3.2 求下列函数在指定点 x_0 处带有皮亚诺余项的泰勒公式：

(1) $f(x)=e^x, x_0=1$；(2) $f(x)=\dfrac{1}{2+x}, x_0=1$；

(3) $f(x)=\sin\left(x+\dfrac{\pi}{4}\right), x_0=\dfrac{\pi}{4}$.

解：依题意写出在点 $x_0=1$ 处的泰勒公式，目的想用五个函数的麦克林劳公式.

(1) 首先，令 $u=x-1$，这样有 $x_0=1$ 对应着 $u_0=0$. 其次，有
$$e^x=e^{1+u}=e\cdot\left(1+u+\frac{u^2}{2!}+\cdots+\frac{u^n}{n!}+o(u^n)\right)$$
$$=e\left(1+(x-1)+\frac{(x-1)^2}{2!}+\cdots+\frac{(x-1)^n}{n!}+o((x-1)^n)\right),$$
$$(x\to 1).$$

(2) 首先，令 $u=x-1$，这样有 $x_0=1$ 对应着 $u_0=0$. 其次，有
$$\frac{1}{2+x}=\frac{1}{3+u}=\frac{1}{3}\cdot\frac{1}{1+\frac{u}{3}}$$
$$=\frac{1}{3}\left(1-\frac{u}{3}+\left(\frac{u}{3}\right)^2+\cdots+(-1)^n\left(\frac{u}{3}\right)^n+o\left(\left(\frac{u}{3}\right)^n\right)\right)$$
$$=\frac{1}{3}-\frac{u}{3^2}+\frac{u^2}{3^3}+\cdots+(-1)^n\frac{u^n}{3^{n+1}}+o((u)^n).$$

于是，有
$$\frac{1}{2+x}=\frac{1}{3}-\frac{(x-1)}{3^2}+\frac{(x-1)^2}{3^3}+\cdots+(-1)^n\frac{(x-1)^n}{3^{n+1}}$$
$$+o((x-1)^n)\quad(x\to 1).$$

(3) 首先，令 $u=x-\dfrac{\pi}{4}$，这样有 $x_0=\dfrac{\pi}{4}$ 对应着 $u_0=0$. 其次，有
$$f(x)=\sin\left(x+\frac{\pi}{4}\right)=\sin\left(u+\frac{\pi}{2}\right)=\cos u$$
$$=1-\frac{u^2}{2!}+\frac{u^4}{4!}-\frac{u^8}{8!}+\cdots+(-1)^m\frac{u^{2m}}{(2m)!}+o(u^{2m})$$

于是,有

$$f(x)=1-\frac{\left(x-\frac{\pi}{4}\right)^2}{2!}+\frac{\left(x-\frac{\pi}{4}\right)^4}{4!}-\frac{\left(x-\frac{\pi}{4}\right)^8}{8!}+\cdots$$

$$+(-1)^m\frac{\left(x-\frac{\pi}{4}\right)^{2m}}{(2m)!}+o\left(\left(x-\frac{\pi}{4}\right)^{2m}\right)\quad\left(x\to\frac{\pi}{4}\right)$$

3. 利用带有皮亚诺余项的麦克劳林公式求极限

例 4.3.3 求下列函数极限:

(1) $\lim\limits_{x\to 0}\dfrac{\sin x-x}{x^3}$; (2) $\lim\limits_{x\to 0}\dfrac{e^x\sin x-x(1+x)}{x^3}$;

(3) $\lim\limits_{n\to\infty}\left(n-n^2\ln\left(1+\dfrac{1}{n}\right)\right)$.

解:(1) $\lim\limits_{x\to 0}\dfrac{\sin x-x}{x^3}=\lim\limits_{x\to 0}\dfrac{x-\dfrac{1}{3!}x^3+o(x^3)-x}{x^3}=-\dfrac{1}{6}$.

(2) $\lim\limits_{x\to 0}\dfrac{e^x\sin x-x(1+x)}{x^3}$

$=\lim\limits_{x\to 0}\dfrac{\left(1+x+\dfrac{x^2}{2!}+\dfrac{x^3}{3!}+o(x^3)\right)\cdot\left(x-\dfrac{x^3}{3!}+o(x^3)\right)-x(1+x)}{x^3}$

$=\lim\limits_{x\to 0}\dfrac{\dfrac{1}{3}x^3+o(x^3)}{x^3}=\dfrac{1}{3}$.

$\left(\text{提示}:o(x^3)(x\to 0)\text{是 }x^3\text{ 高阶无穷小的统一记号,即}\lim\limits_{x\to 0}\dfrac{o(x^3)}{x^3}=0\right)$

(3) $\lim\limits_{n\to\infty}\left(n-n^2\ln\left(1+\dfrac{1}{n}\right)\right)=\lim\limits_{n\to\infty}\dfrac{\left(\dfrac{1}{n}-\ln\left(1+\dfrac{1}{n}\right)\right)}{\dfrac{1}{n^2}}$

$=\lim\limits_{n\to\infty}\dfrac{\dfrac{1}{n}-\left(\dfrac{1}{n}-\dfrac{1}{2}\left(\dfrac{1}{n}\right)^2+o\left(\dfrac{1}{n^2}\right)\right)}{\dfrac{1}{n^2}}$

$=\dfrac{1}{2}$.

类似题：

求下列函数极限：

(1)计算 $\lim\limits_{x\to 0}\dfrac{\cos x-\mathrm{e}^{-\frac{x^2}{2}}}{x^4}$；

(2)求 $\lim\limits_{x\to +\infty}(\sqrt[3]{x^3+3x^2}-\sqrt[4]{x^4-2x^3})$.

解：(1) $\lim\limits_{x\to 0}\dfrac{\cos x-\mathrm{e}^{-\frac{x^2}{2}}}{x^4}$

$=\lim\limits_{x\to 0}\dfrac{\left[1-\dfrac{x^2}{2!}+\dfrac{x^4}{4!}+o(x^4)\right]-\left[1+\left(-\dfrac{x^2}{2}\right)+\dfrac{1}{2!}\left(-\dfrac{x^2}{2}\right)^2+o(x^4)\right]}{x^4}$

$=\lim\limits_{x\to 0}\dfrac{\left(\dfrac{1}{24}-\dfrac{1}{8}\right)x^4+o(x^4)}{x^4}=-\dfrac{1}{12}.$

(2) $\lim\limits_{x\to +\infty}(\sqrt[3]{x^3+3x^2}-\sqrt[4]{x^4-2x^3})$

$=\lim\limits_{x\to +\infty}\dfrac{\sqrt[3]{1+3\dfrac{1}{x}}-\sqrt[4]{1-2\dfrac{1}{x}}}{\dfrac{1}{x}}$

$\overset{t=\frac{1}{x}}{=}\lim\limits_{t\to +0}\dfrac{\sqrt[3]{1+3t}-\sqrt[4]{1-2t}}{t}$

$=\lim\limits_{t\to +0}\dfrac{\left[1+\dfrac{1}{3}\cdot 3t+o(t)\right]-\left[1+\dfrac{1}{4}\cdot(-2t)+o(t)\right]}{t}$

$=\lim\limits_{t\to +0}\dfrac{\dfrac{3}{2}t+o(t)}{t}=\dfrac{3}{2}.$

4. 利用带有皮亚诺余项的麦克劳林公式求函数在 $x=0$ 处的高阶导数

例 4.3.4 写出下列函数带有皮亚诺余项的麦克林劳公式且求 $f^{(n)}(0)$.

(1) $f(x)=\mathrm{e}^{x^2}$；(2) $f(x)=\arctan x$

解：(1)由于 $\mathrm{e}^u=1+u+\dfrac{u^2}{2!}+\cdots+\dfrac{u^n}{n!}+o(u^n)(u\to 0)$，令 $u=x^2$，

利用间接法有

$$e^{x^2}=1+x^2+\frac{x^4}{2!}+\cdots+\frac{x^{2n}}{n!}+o((x^{2n}))(x\to 0),$$

依据唯一性定理知,有

$$e^{x^2}=1+x^2+\frac{x^4}{2!}+\cdots+\frac{x^{2n}}{n!}+o(x^{2n})$$

$$=\sum_{i=0}^{2n}\frac{f^{(i)}(0)}{i!}x^i+o(x^{2n})(x\to 0)$$

所以当 $n=2m-1$ 时,有 $f^{(2m-1)}(0)=0$;当 $n=2m$ 时,有

$$\frac{f^{(2m)}(0)}{(2m)!}=\frac{1}{m!},f^{(2m)}(0)=\frac{(2m)!}{m!}.$$

(2)由于 $\frac{1}{1-u}=1+u+u^2+\cdots+u^n+o(u^n)$ $(u\to 0)$.

而 $f'(x)=\frac{1}{1+x^2}$,所以有

$$f'(x)=\frac{1}{1-(-x^2)}=1-x^2+x^4+\cdots+(-1)^n x^{2n}+o(x^{2n})(x\to 0)$$

依据唯一性定理知,有

$$f'(x)=\frac{1}{1-(-x^2)}=1-x^2+x^4+\cdots+(-1)^n x^{2n}+o(x^{2n})$$

$$=\sum_{i=0}^{2n}\frac{f^{(i+1)}(0)}{i!}x^i+o(x^{2n})(x\to 0)$$

所以当 $n=2m-1$ 时,有 $f^{(2m)}(0)=0$;当 $n=2m$ 时,有

$$\frac{f^{(2m+1)}(0)}{(2m)!}=(-1)^m,f^{(2m+1)}(0)=(-1)^m(2m)!.$$

5. 用带有拉格朗日余项的泰勒公式证明

例 4.3.5 设 $f''(x)>0$,若 $\lim\limits_{x\to 0}\frac{f(x)}{x}=1$,则当 $x\neq 0$ 时,有 $f(x)>x$.

证:这里涉及函数以及函数二阶导数,一般用带有拉格朗日余项的泰勒公式.

由于函数 $f(x)$ 具有二阶导数,所以由 $\lim\limits_{x\to 0}\frac{f(x)}{x}=1$,知 $f(0)=\lim\limits_{x\to 0}f(x)=0$,进一步,有 $f'(0)=\lim\limits_{x\to 0}\frac{f(x)-f(0)}{x-0}=1$. 于是函数 $f(x)$

在点 $x=0$ 处的泰勒公式（带有拉格朗日余项）为 $f(x)=f(0)+\dfrac{f'(0)}{1!}x+\dfrac{f''(\theta x)}{2!}x^2,(0<\theta<1)$，故有 $f(x)>x,(x\neq 0)$.

例 4.3.6 设函数 $f(x)$ 在闭区间 $[-1,1]$ 上有三阶连续导数，若
$$f(-1)=0, f(1)=1, f'(0)=0,$$
则 $\exists \xi\in(-1,1)$，有 $f'''(\xi)=3$.

证：这里涉及函数以及函数的一阶和三阶导数，一般用带有拉格朗日余项的泰勒公式.

首先，写出在点 $x=0$ 处的泰勒公式（带有拉格朗日余项）为
$$f(x)=f(0)+\dfrac{f'(0)}{1!}x+\dfrac{f''(0)}{2!}x^2+\dfrac{f'''(\xi)}{3!}x^3,$$
其中 ξ 介于 $0,x$ 之间.

分别取 $x=-1, x=1$，有
$$f(-1)=f(0)+\dfrac{f'(0)}{1!}(-1)+\dfrac{f''(0)}{2!}(-1)^2+\dfrac{f'''(\xi_1)}{3!}(-1)^3,$$
$$(-1<\xi_1<0)$$
和
$$f(1)=f(0)+\dfrac{f'(0)}{1!}\cdot 1+\dfrac{f''(0)}{2!}\cdot 1^2+\dfrac{f'''(\xi_2)}{3!}\cdot 1^3,$$
$$(0<\xi_2<1).$$

于是，有 $1=f(1)-f(-1)=\dfrac{f'''(\xi_2)+f'''(\xi_1)}{6}$.

进一步，由于三阶导数连续，则由介值定理知
$$\exists \xi\in(\xi_1,\xi_2)\subset[-1,1], f(\xi)=\dfrac{f'''(\xi_2)+f'''(\xi_1)}{2}=3.$$

例 4.3.7 设函数 $f(x)$ 在闭区间 $[0,1]$ 上有二阶连续导数，若 $f(0)=f(1)=0$，且 $f(x)$ 在 $[0,1]$ 上的最小值为 -1，则 $\exists \xi\in(0,1)$，有 $f''(\xi)\geqslant 8$.

证：这里涉及函数以及函数二阶导数，一般用带有拉格朗日余项的泰勒公式. 关键是最小值在 $(0,1)$ 上取值，所以是极小值.

首先，基于 $f(0)=f(1)=0$，且 $f(x)$ 在 $[0,1]$ 上的最小值为 -1，所以 $\exists x_0\in(0,1)$，有 $f(x_0)=-1$. 于是由极值定义知 $f(x_0)=-1$ 为极小值，依据费马定理有 $f'(x_0)=0$.

其次,写出在点 x_0 处的泰勒公式(带有拉格朗日余项)为
$$f(x) = f(x_0) + \frac{f'(x_0)}{1!}(x-x_0) + \frac{f''(\xi)}{2!}(x-x_0)^2$$
$$= -1 + \frac{f''(\xi)}{2!}(x-x_0)^2,$$
其中 ξ 介于 x_0, x 之间.

分别取 $x=0, x=1$,有
$$f(0) = -1 + \frac{f''(\xi_1)}{2!}x_0^2, \quad (0<\xi_1<x_0) \qquad (4.3.1)$$
和
$$f(1) = -1 + \frac{f''(\xi_2)}{2!}(1-x_0)^2, \quad (x_0<\xi_2<1) \qquad (4.3.2)$$

进一步,当 $0<x_0\leqslant\dfrac{1}{2}$ 时,由式(4.3.1)知 $f''(\xi_1)=\dfrac{2!}{x_0^2}\geqslant 8$,取 $\xi=\xi_1$ 即可;当 $\dfrac{1}{2}<x_0<1$ 时,由式(4.3.2)知 $f''(\xi_2)=\dfrac{2!}{(1-x_0)^2}>8$,取 $\xi=\xi_2$ 即可.

例 4.3.8 设函数 $f(x)$ 在点 x_0 处有 $n+1$ 阶导数且 $f^{(n+1)}(x_0)\neq 0$,若 $f(x)$ 在点 x_0 处按泰勒公式展开为
$$f(x_0+h) = f(x_0) + \frac{f'(x_0)}{1!}h + \frac{f''(x_0)}{2!}h^2 + \cdots + \frac{f^{(n)}(x_0+\theta_n h)}{n!}h^n,$$
其中 $0<\theta_n<1$,则有 $\lim\limits_{h\to 0}\theta_n = \dfrac{1}{n+1}$.(此问题称为中值问题)

证:这里涉及函数以及函数的各阶导数,一般用带有拉格朗日余项的泰勒公式和带有皮亚诺余项的泰勒公式(因为涉及 $h\to 0$).关键是两点:一是 $\dfrac{1}{n+1}$ 来自哪里? 二是 θ_n 如何写出.

首先分别写出带有拉格朗日余项的 $n-1$ 阶泰勒公式和带有皮亚诺余项的 $n+1$ 阶的泰勒展开式
$$f(x_0+h) = f(x_0) + \frac{f'(x_0)}{1!}h + \frac{f''(x_0)}{2!}h^2 + \cdots + \frac{f^{(n)}(x_0+\theta_n h)}{n!}h^n$$
和
$$f(x_0+h) = f(x_0) + \frac{f'(x_0)}{1!}h + \frac{f''(x_0)}{2!}h^2 + \cdots + \frac{f^{(n)}(x_0)}{n!}h^n$$
$$+ \frac{f^{(n+1)}(x_0)}{(n+1)!}h^{n+1} + o(h^{n+1}) \quad (h\to 0).$$

进一步，两式相减有

$$\frac{f^{(n)}(x_0+\theta_n h)-f^{(n)}(x_0)}{n!}h^n=\frac{f^{(n+1)}(x_0)}{(n+1)!}h^{n+1}+o(h^{n+1}),$$

即

$$\frac{f^{(n)}(x_0+\theta_n h)-f^{(n)}(x_0)}{h}=\frac{f^{(n+1)}(x_0)}{n+1}+\frac{n!\cdot o(h^{n+1})}{h^{n+1}}.$$

其次，有

$$f^{(n+1)}(x_0)=\lim_{h\to 0}\frac{f^{(n)}(x_0+\theta_n h)-f^{(n)}(x_0)}{h\theta_n},$$

于是，有

$$\lim_{h\to 0}\theta_n=\lim_{h\to 0}\frac{\theta_n h}{f^{(n)}(x_0+\theta_n h)-f^{(n)}(x_0)}\cdot\frac{f^{(n)}(x_0+\theta_n h)-f^{(n)}(x_0)}{h}$$

$$=\frac{1}{f^{(n+1)}(x_0)}\lim_{h\to 0}\left(\frac{f^{(n+1)}(x_0)}{(n+1)}+\frac{n!\,o(h^{n+1})}{h^{n+1}}\right)$$

$$=\frac{f^{(n+1)}(x_0)}{(n+1)f^{(n+1)}(x_0)}=\frac{1}{n+1}.$$

§4.4 函数的单调性与极值

4.4.1 函数单调性判别法与极值判别法

1. 函数单调性判别法

仅以 $f(x)$ 在 $(a,b]$ 上连续，(a,b) 上可导为例，其余情形类似.

定理 4.4.1 设函数 $f(x)$ 在 $(a,b]$ 上连续，(a,b) 上可导，则有

(1) $f(x)$ 于 $(a,b]$ 上单调增加（减少）的充分必要条件为 $f'(x)\geqslant 0(\leqslant 0)$，$x\in(a,b)$.

(2) 若 $f'(x)>0(<0)$，$x\in(a,b)$，则有 $f(x)$ 在 $(a,b]$ 上严格单调增加（减少）. 反之不真.

例如，$f(x)=x^3$ 在 **R** 上严格单调增加，而 $f'(x)=3x^2\geqslant 0$，$f'(0)=0$. 这样有下面的结论.

(3) 若 $f'(x)\geqslant 0(\leqslant 0)$，$x\in(a,b)$，且使得 $f'(x)=0$ 是孤立的点，则有 $f(x)$ 在 $(a,b]$ 上严格单调增加（减少）.

例如，考虑函数 $f(x)=x+\sin x$，有 $f'(x)=1+\cos x\geq 0$，令 $f'(x)=0$，有 $x_k=(2k+1)\pi$，这里 k 为整数. 所以 $f(x)$ 在 **R** 上严格单调增加.

2. 函数极值的充分判别法

定理 4.4.2（判别法一） 设函数 $f(x)$ 在 x_0 点连续，在 x_0 点的去心邻域 $U(x_0,\delta)$ 内可导.

(1) 若 $f'(x)$ 在 x_0 点左右变号，则 $f(x_0)$ 一定是极值. 具体见表4.1.

表 4.1

区间	$(x_0-\delta,x_0)$	x_0	$(x_0,x_0+\delta)$
$f'(x)$	+（或−）		−（或+）
$f(x)$	严格增加（或严格减少）	极大值（或极小值）	严格减少（或严格增加）

(2) 若 $f'(x)$ 在 x_0 点左右不变号，则 $f(x_0)$ 一定不是极值.

定理 4.4.3（判别法二） 设 $f(x)$ 在 x_0 点有二阶导数，且 $f'(x_0)=0$.

(1) 若 $f''(x_0)\neq 0$，则 $f(x_0)$ 一定为极值. 具体见表 4.2.

表 4.2

$f''(x_0)$	+	−
$f(x_0)$	极小值	极大值

(2) 若 $f''(x_0)=0$，则定理 4.4.3 失效，需进一步讨论. 例如，令 $f(x)=x^3$，$f(0)$ 不是极值；令 $f(x)=x^4$，$f(0)$ 是极小值.

例 4.4.1 求函数 $f(x)=\dfrac{(x-1)^3}{(x+1)^2}$ 的单调区间和极值点.

解：计算 $f'(x)=\dfrac{(x-1)^2(x+5)}{(x+1)^3}$，令 $f'(x)=\dfrac{(x-1)^2(x+5)}{(x+1)^3}=0$，解得驻点 $x=-5,x=1$，以 $x=-5,x=-1,x=1$ 为分界点，划分见表 4.3.

表 4.3

x	$(-\infty,-5)$	-5	$(-5,-1)$	-1	$(-1,1)$	1	$(1,+\infty)$
$f(x)$	↗	极大	↘	无定义	↗	不是极值点	↗
$f'(x)$	+	0	−		+	0	+

这样，单调区间和极值点见表 4.3.

定理 4.4.4（判别法三，利用 n 阶导数判别极值）

设 $f(x)$ 在 x_0 点有 n 阶导数，且 $f'(x_0)=f''(x_0)=\cdots=f^{(n-1)}(x_0)=0$，但 $f^{(n)}(x_0)\neq 0$，

若 n 为偶数，则 x_0 必为极值点；当 $f^{(n)}(x_0)>0$，x_0 为极小值，当 $f^{(n)}(x_0)<0$，x_0 为极大值；

若 n 为奇数，则 x_0 不为极值点．

则 $f(x_0)$ 一定不为极值．

4.4.2 关于函数的最大值和最小值

1. 理论背景

原理 4.4.1 设函数 $f(x)$ 在闭区间 $[a,b]$ 上连续，则一定存在最大值 M 与最小值 m，设 $x_1^{(1)},x_2^{(1)},\cdots,x_r^{(1)}$ 为不可导点，设 $x_1^{(2)}$，$x_2^{(2)},\cdots,x_s^{(2)}$ 为驻点，于是有

$$M=\max\{f(a),f(x_1^{(1)}),f(x_2^{(1)}),\cdots,f(x_r^{(1)}),f(x_1^{(2)}),$$
$$f(x_2^{(2)}),\cdots,f(x_s^{(2)}),f(b)\}$$

和

$$m=\min\{f(a),f(x_1^{(1)}),f(x_2^{(1)}),\cdots,f(x_r^{(1)}),f(x_1^{(2)}),$$
$$f(x_2^{(2)}),\cdots,f(x_s^{(2)}),f(b)\}$$

例 4.4.2 求 $f(x)=\sqrt[3]{(x^2-2x)^2}$ 在 $[-1,3]$ 上的最大值与最小值．

解：首先，初等函数 $f(x)=\sqrt[3]{(x^2-2x)^2}$ 在 $[-1,3]$ 上连续，则一定存在最大值与最小值．其次，计算 $f'(x)=\dfrac{4}{3}\cdot\dfrac{x-1}{\sqrt[3]{x(x-2)}}$，$(x\neq 0,2)$，令 $f'(x)=\dfrac{4}{3}\cdot\dfrac{x-1}{\sqrt[3]{x(x-2)}}=0$，解得 $x=1$．这样，有

$$M=\max\{f(-1),f(0),f(2),f(1),f(3)\}=\sqrt[3]{9}$$

和

$$m=\min\{f(-1),f(0),f(2),f(1),f(3)\}=0.$$

类似题：

(1) 设 $f(x)=ax^3-6ax^2+b$ 在区间 $[-1,2]$ 上最大值为 3，最小值为 -29，若 $a>0$，求 a,b．

解：$f(x)=ax^3-6ax^2+b$ 是 **R** 上的三次多项式，可以计算任何阶导数．计算 $f'(x)=3ax^2-12ax=3ax(x-4)$，$f''(x)=6ax-12a$．令 $f'(x)=3ax(x-4)=0$，解得 $[-1,2]$ 上的唯一驻点 $x=0$．这样，有

$$M=\max\{f(-1),f(0),f(2)\}=b=3$$

和

$$m=\min\{f(-1),f(0),f(2)\}=-16a+b=-29.$$

即有 $a=2,b=3$．

(2) 设 $a>1$，$f(x)=a^x-ax$ 在 **R** 上的驻点为 $x(a)$，问 a 为何值时 $x(a)$ 为最小，并求出最小值．

解：首先，计算 $f'(x)=a^x\ln a-a$，令 $f'(x)=a^x\ln a-a=0$，解得唯一驻点为 $x(a)=1-\dfrac{\ln\ln a}{\ln a}$．其次，计算

$$\frac{\mathrm{d}x(a)}{\mathrm{d}a}=-\frac{\dfrac{1}{a}-\dfrac{\ln\ln a}{a}}{(\ln a)^2}=\frac{\ln\ln a-1}{a(\ln a)^2},$$

令 $\dfrac{\mathrm{d}x(a)}{\mathrm{d}a}=\dfrac{\ln\ln a-1}{a(\ln a)^2}=0$，解得唯一驻点为 $a=\mathrm{e}^\mathrm{e}$．见表4.4.

表 4.4

a	$(1,\mathrm{e}^\mathrm{e})$	e^e	$(\mathrm{e}^\mathrm{e},+\infty)$
$x(a)$	↘	极小(最小)	↗
$x'(a)$	−	0	+

所以当 $a=\mathrm{e}^\mathrm{e}$ 时，$x(\mathrm{e}^\mathrm{e})=1-\dfrac{1}{\mathrm{e}}$ 为最小值．

原理 4.4.2 设函数 $f(x)$ 在开区间 (a,b) 上连续，且 $f(a^+)=A$，$f(b^-)=B$，若 $\exists c\in(a,b)$，使得 $f(c)>A$，$f(c)>B$，则 $f(x)$ 在 (a,b) 上有最大值．关于最小值也有类似的结果．

2. 实际应用

原理 4.4.3 建立数学模型，设 $f(x)$ 在区间 (a,b) 上可导，且只有唯一的驻点 x_0，若 $f(x_0)$ 为极大(小)值，则其为最大(小)值．

例 4.4.3 做一无盖的圆柱形铁皮桶，如何使得容积一定，材料最省？

解:记圆桶容积为 V,铁皮的面积为 S,设其高为 h,底面半径为 r.建立数学模型,有
$$S=2\pi rh+\pi r^2, V=\pi r^2 h$$
于是,有 $S=2\dfrac{V}{r}+\pi r^2$,$(0<r<+\infty)$.计算 $S'=-2\dfrac{V}{r^2}+2\pi r$,求驻点令
$$S'=-2\dfrac{V}{r^2}+2\pi r=0,$$
解得 $r=\sqrt[3]{\dfrac{V}{\pi}}$,可知它是 $S(r)$ 在区间 $(0,+\infty)$ 上的唯一驻点且为极小点.

由于这是一个实际应用问题,最小值一定存在,所以 $S\left(\sqrt[3]{\dfrac{V}{\pi}}\right)$ 为最省的材料.

4.4.3 主题练习

1. 关于导数符号确定函数的单调性

例 4.4.4 设函数 $f(x)$ 在 $[a,+\infty)$ 上连续,$f''(x)$ 在 $(a,+\infty)$ 内存在.记 $F(x)=\dfrac{f(x)-f(a)}{x-a}$,$(x>a)$,若 $\forall x\in(a,+\infty)$,$f''(x)>0$,则 $F(x)$ 在 $(a,+\infty)$ 内严格单调增.

证:由于 $f''(x)$ 存在,一般计算导数并确定导数符号.
计算
$$F'(x)=\dfrac{f'(x)(x-a)-[f(x)-f(a)]}{(x-a)^2},$$
下面确定其符号.

方法一,记 $G(x)=f'(x)(x-a)-[f(x)-f(a)]$,计算 $G'(x)=f''(x)(x-a)+f'(x)-f'(x)=f''(x)(x-a)>0$,$(a<x<+\infty)$,
所以函数 $G(x)$ 在区间 $[a,+\infty)$ 上严格单调增,于是 $\forall x\in(a,+\infty)$,$G(x)>G(a)=0$.故有 $F'(x)>0$,$(a<x<+\infty)$,即 $F(x)$ 在 $(a,+\infty)$ 内严格单调增.

方法二,有
$$F'(x) = \frac{1}{x-a}\left[f'(x) - \frac{f(x)-f(a)}{x-a}\right]$$
$$= \frac{1}{x-a}[f'(x) - f'(\xi)] > 0, (a < \xi < x),$$

即 $F(x)$ 在 $(a, +\infty)$ 内严格单调增.

（提示:这里用到了拉格朗日中值定理）

类似题:

设函数 $f(x)$ 在 $[0, +\infty)$ 上可导且 $f(0) = 0$,记 $F(x) = \frac{f(x)}{x}$, $(x > 0)$,若 $f'(x)$ 在 $[0, +\infty)$ 上严格单调增,则 $F(x)$ 在 $(0, +\infty)$ 内单调增.

证: 由于 $f'(x)$ 存在,一般计算导数并确定导数符号.

计算 $F'(x) = \frac{f'(x)x - f(x)}{x^2}$,下面确定其符号.

有
$$F'(x) = \frac{1}{x}\left[f'(x) - \frac{f(x)}{x}\right] = \frac{1}{x}\left[f'(x) - \frac{f(x)-f(0)}{x-0}\right]$$
$$= \frac{1}{x}[f'(x) - f'(\xi)] > 0, (0 < \xi < x),$$

即 $F(x)$ 在 $(0, +\infty)$ 内严格单调增.

（提示:这里用到了拉格朗日中值定理）

2. 证明不等式

例 4.4.5 证明下列不等式:

(1) 若 $0 < x < \frac{\pi}{2}$,则有 $\frac{\sin x}{x} > \frac{2}{\pi}$;

(2) 若 $x > 0$,则有 $\sin x > x - \frac{x^3}{3!}$;

(3) 若 $x > 0$,则有 $\ln\left(1 + \frac{1}{x}\right) > \frac{1}{1+x}$;

(4) 若 $x > 0, n \geq 1$,则有 $xe^{-nx} \leq \frac{1}{ne}$;

(5) 若 $b > a \geq e$,则有 $a^b > b^a$.

证：(1)记 $f(x)=\dfrac{\sin x}{x}-\dfrac{2}{\pi}$，计算

$$f'(x)=\dfrac{x\cos x-\sin x}{x^2}=\dfrac{\cos x(x-\tan x)}{x^2}<0,\left(0<x<\dfrac{\pi}{2}\right),$$

所以函数 $f(x)$ 在区间 $\left(0,\dfrac{\pi}{2}\right]$ 上严格单调减，于是当 $0<x<\dfrac{\pi}{2}$ 时，有

$$f(x)=\dfrac{\sin x}{x}-\dfrac{2}{\pi}>f\left(\dfrac{\pi}{2}\right)=0.$$

(2)记 $f(x)=\sin x-x+\dfrac{x^3}{3!}$，计算

$$f'(x)=\cos x-1+\dfrac{x^2}{2},\ f''(x)=-\sin x+x>0,(x>0),$$

所以函数 $f'(x)$ 在区间 $[0,+\infty)$ 上严格单调增，于是当 $0<x<+\infty$ 时，有 $f'(x)=\cos x-1+\dfrac{x^2}{2}>f'(0)=0$. 这样，函数 $f(x)$ 在区间 $[0,+\infty)$ 上严格单调增，于是当 $0<x<+\infty$ 时，有 $f(x)=\sin x-x+\dfrac{x^3}{3!}>f(0)=0.$

(3)记 $f(x)=\ln\left(1+\dfrac{1}{x}\right)-\dfrac{1}{1+x}$，计算

$$f'(x)=\dfrac{1}{1+x}-\dfrac{1}{x}+\dfrac{1}{(1+x)^2}=\dfrac{x(1+x)-(1+x)^2+x}{x(1+x)^2}$$

$$=\dfrac{x(1+x)-(1+x)^2+x}{x(1+x)^2}=\dfrac{-1}{x(1+x)^2}<0,(x>0),$$

所以函数 $f(x)$ 在区间 $[0,+\infty)$ 上严格单调减，于是当 $0<x<+\infty$ 时，有

$$f(x)=\ln\left(1+\dfrac{1}{x}\right)-\dfrac{1}{1+x}>\lim_{x\to+\infty}f(x)=0.$$

(4)右边是常数且可以取等号，转化为证明 $\dfrac{1}{n\mathrm{e}}$ 是函数 $x\mathrm{e}^{-nx}$ 在区间 $(0,+\infty)$ 上的最大值.

记 $f(x)=\dfrac{1}{n\mathrm{e}}-x\mathrm{e}^{-nx}$，计算 $f'(x)=-\mathrm{e}^{-nx}+nx\mathrm{e}^{-nx}$，令 $f'(x)=-\mathrm{e}^{-nx}+nx\mathrm{e}^{-nx}=0$，解得唯一驻点 $x=\dfrac{1}{n}$. 见表 4.5：

表 4.5

x	$\left(0, \dfrac{1}{n}\right)$	$\dfrac{1}{n}$	$\left(\dfrac{1}{n}, +\infty\right)$
$f(x)$	↘	极小	↗
$f'(x)$	$-$	0	$+$

所以 $f\left(\dfrac{1}{n}\right)$ 是区间 $(0,+\infty)$ 上最小值,于是当 $0<x<+\infty$ 时,有 $f(x)=\dfrac{1}{ne}-xe^{-nx}\geqslant f\left(\dfrac{1}{n}\right)=0$.

(5) 当不等式中含有两个参数时,一般可采用两种方法,一是把其中之一作为常数,另一个作为变量处理;二是用拉格朗日中值定理(或柯西中值定理)证明.

方法一,把 a 作为常数,b 作为自变量处理. 记 $f(x)=x\ln a-a\ln x$, $(e<a<x)$,计算 $f'(x)=\ln a-\dfrac{a}{x}>0$, $(e<a<x)$,所以函数 $f(x)$ 在区间 $[a,+\infty)$ 上严格单调增,于是当 $a<x<+\infty$ 时,有 $f(x)=x\ln a-a\ln x>f(a)=0$, 即 $a^b>b^a$.

方法二,整理要证明 $\dfrac{\ln a}{a}>\dfrac{\ln b}{b}$. 记 $f(x)=\dfrac{\ln x}{x}$, $(x>e)$,由拉格朗日中值定理知,存在 $\xi\in(a,b)$,满足 $\dfrac{f(b)-f(a)}{b-a}=f'(\xi)=\dfrac{1-\ln\xi}{\xi^2}<0$. 故有 $f(b)<f(a)$.

类似题:

证明不等式:

(1) 若 $0<x<\dfrac{\pi}{2}$,则有 $\dfrac{\tan x}{x}>\dfrac{x}{\sin x}$;

(2) 若 $0\leqslant x\leqslant 1$,则有 $\begin{cases}\dfrac{1}{2^{p-1}}\leqslant x^p+(1-x)^p\leqslant 1, (p>1), \\ 1\leqslant x^p+(1-x)^p\leqslant \dfrac{1}{2^{p-1}}, (p<1);\end{cases}$

(3) 设函数 $f(x)$ 在闭区间 $[0,c]$ 上连续,其导数 $f'(x)$ 在开区间 $(0,c)$ 内存在且单调减少,若 $f(0)=0$,则有 $f(a+b)\leqslant f(a)+f(b)$. 其中 a,b 为常数,满足 $0\leqslant a\leqslant b\leqslant a+b\leqslant c$;

(4)若 $0<a<b<\pi$,则有 $b\sin b+2\cos b+\pi b>a\sin a+2\cos a+\pi a$;

(5)若 $e<a<b<e^2$,则有 $\ln^2 b-\ln^2 a>\dfrac{4}{e^2}(b-a)$.

证:(1)记 $f(x)=\sin x\cdot\tan x-x^2$,计算

$$f'(x)=\cos x\tan x+\sin x\sec^2 x-2x=\tan x\left(\dfrac{1}{\cos x}+\cos x\right)-2x$$

$$\geqslant 2\tan x-2x>0,\left(0<x<\dfrac{\pi}{2}\right),$$

所以函数 $f(x)$ 在区间 $\left[0,\dfrac{\pi}{2}\right)$ 上严格单调增,于是有

$$f(x)=\sin x\cdot\tan x-x^2>f(0),\left(0<x<\dfrac{\pi}{2}\right).$$

即 $\dfrac{\tan x}{x}>\dfrac{x}{\sin x}$.

(2)仅证明 $p>1$ 情形,其余留给读者练习.

转化为求函数在闭区间的最值问题.

记 $f(x)=x^p+(1-x)^p$,计算

$$f'(x)=px^{p-1}-p(1-x)^{p-1}=p(x^{p-1}-(1-x)^{p-1}),$$

令 $f'(x)=p(x^{p-1}-(1-x)^{p-1})=0$,解得驻点 $x=\dfrac{1}{2}$.所以有

$$m=\min\left\{f(0),f\left(\dfrac{1}{2}\right),f(1)\right\}=\dfrac{1}{2^{p-1}},$$

$$M=\max\left\{f(0),f\left(\dfrac{1}{2}\right),f(1)\right\}=1.$$

故有

$$\dfrac{1}{2^{p-1}}\leqslant x^p+(1-x)^p\leqslant 1,(p>1,0\leqslant x\leqslant 1).$$

(3)方法一,把 a 作为常数,b 作为自变量处理.

记 $F(x)=f(a)+f(x)-f(a+x),(0\leqslant a\leqslant x\leqslant a+x\leqslant c)$,

计算 $F'(x)=f'(x)-f'(a+x)$.由于 $f'(x)$ 在开区间 $(0,c)$ 内单调减,于是当 $0<x<c$ 时,有 $F'(x)=f'(x)-f'(a+x)\geqslant 0$,即函数 $F(x)$ 在闭区间 $[0,c]$ 上单调增.因此有

$$F(x)=f(a)+f(x)-f(a+x)\geqslant F(0)=0,(0\leqslant a\leqslant x\leqslant a+x\leqslant c).$$

故有 $f(a+b)\leqslant f(a)+f(b)$.

方法二,整理要证明 $f(a+b)-f(b) \leqslant f(a)$. 当 $a=0$ 或 $b=0$ 时,结论显然成立. 当 $a \neq 0, b \neq 0$ 时,由拉格朗日中值定理知,存在 $\xi_1 \in (0, a), \xi_2 \in (b, a+b)$,满足
$$f(a) = af'(\xi_1) \geqslant af'(\xi_2) = f(a+b) - f(b).$$
故有 $f(a+b) \leqslant f(a) + f(b)$.

(4) 留给读者自行练习.

(5) 留给读者自行练习.

3. 关于函数 $f(x)$ 的极值

(1) 利用导数 $f'(x)$ 的图形判别极值

例 4.4.6 设函数 $f(x)$ 在 **R** 上连续,在 **R**$-\{0\}$ 上具有一阶连续导数,其导数 $f'(x)$ 的图形如图 4.6 所示,求函数的极值并判别类型.

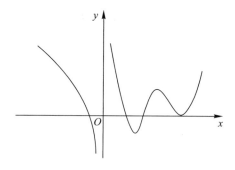

图 4.6

解:首先,找可疑极值点(两类,一是不可导点,二是驻点),于是有四个驻点(与 x 轴相交点)和一个不可导点 $x_2 = 0$,从左向右分别记为 x_1, x_2, x_3, x_4, x_5. 其次,基于判别法一(观察可疑极值点左右两边的导数符号,即在 x 轴上有 $f'(x) > 0$,下有 $f'(x) < 0$)确定 x_1, x_2, x_3, x_4 为极值点. 再者,可知 x_1, x_3 为极大值点,x_2, x_4 为极小值点.

(2) 利用函数极限判别极值

例 4.4.7 设函数 $f(x)$ 在 $x_0 = 0$ 点连续,在 x_0 点的去心邻域 $\overset{\circ}{U}(x_0, \delta)$ 内可导,求下列函数的极值点.

(1) $\lim\limits_{x \to 0} \dfrac{f'(x)}{\sin x} = 1$;   (2) $\lim\limits_{x \to 0} \dfrac{f'(x)}{|x|} = 1$.

解：(1) 由于 $\lim\limits_{x\to 0}\dfrac{f'(x)}{\sin x}=1$，所以 $\lim\limits_{x\to 0^-}\dfrac{f'(x)}{\sin x}=1$ 和 $\lim\limits_{x\to 0^+}\dfrac{f'(x)}{\sin x}=1$，于是存在 $\delta>0$，见表 4.6.

表 4.6

x	$(-\delta,0)$	0	$(0,\delta)$
$f(x)$	↘	极小值点	↗
$f'(x)$	−	未知	+

所以 $x_0=0$ 为极小值点.

(2) 由于 $\lim\limits_{x\to 0}\dfrac{f'(x)}{|x|}=1$，所以 $\lim\limits_{x\to 0^-}\dfrac{f'(x)}{|x|}=1$ 和 $\lim\limits_{x\to 0^+}\dfrac{f'(x)}{|x|}=1$，于是存在 $\delta>0$，见表 4.7.

表 4.7

x	$(-\delta,0)$	0	$(0,\delta)$
$f(x)$	↗	不是极值点	↗
$f'(x)$	+	未知	+

所以 $x_0=0$ 不是极值点.

4. 关于方程根的存在与唯一性问题

原理 4.4.4　存在性：一般用零点定理和罗尔定理.

唯一性：一般导数的符号确定唯一性.

个数分布：主要求出单调区间（以不可导点和驻点作为区间的分界点）判断其相对位置.

例 4.4.8　(1) 若函数 $f(x)=2x^3-9x^2+12x-a$ 在 **R** 上恰有两个不同的零点，计算 a.

(2) 证明方程 $e^x-x^2-3x-1=0$ 有且有三个不同的实根.

(3) 设函数 $f(x)$ 在 $[0,+\infty)$ 上有连续导数，若 $f(0)<0$，$f'(x)\geqslant k>0$，则 $f(x)=0$ 在 $(0,+\infty)$ 上有且仅有一个实根.

(4) 讨论曲线 $y=4\ln x+k$ 与 $y=4x+\ln^4 x$ 的交点个数.

(5) 若 $a_1<a_2<a_3$，则 $f(x)=\dfrac{1}{x-a_1}+\dfrac{1}{x-a_2}+\dfrac{1}{x-a_3}$ 在定义域上有且仅有两个零点.

解：(1) 由于 $f(x)=2x^3-9x^2+12x-a$ 是 **R** 上的三次多项式，

可以计算任何阶导数. 计算

$$f'(x)=6x^2-18x+12=6(x-1)(x-2), f''(x)=12x-18.$$

令 $f'(x)=6(x-1)(x-2)=0$，解得两个驻点 $x_1=1, x_2=2$. 所以有表 4.8.

表 4.8

x	$(-\infty,1)$	1	$(1,2)$	2	$(2,+\infty)$
$f(x)$	↗	$f(1)=5-a$ 极大值	↘	$f(2)=4-a$ 极小值	↗
$f'(x)$	+	$f'(1)=0$	−	$f'(2)=0$	+
$f''(x)$		$f''(1)=-6<0$		$f''(2)=6>0$	

同时有 $\lim\limits_{x\to-\infty}f(x)=-\infty$，$\lim\limits_{x\to+\infty}f(x)=+\infty$. 计算有 $f(1)=a-5$，$f(2)=4-a$，易知满足以下两种情形时函数有且仅有两个零点. 如图 4.7 所示.

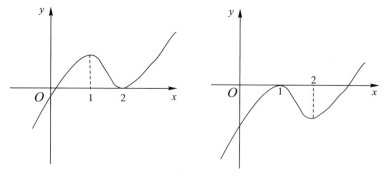

图 4.7

情形 1：当 $f(1)>0, f(2)=4-a=0$ 时，解得 $a=4$；情形 2：当 $f(1)=a-5=0, f(2)<0$ 时，解得 $a=5$. 故有 $a=4, a=5$.

(2) 转化为证明函数 $f(x)=e^x-x^2-3x-1$ 有且有三个不同的零点.

记 $f(x)=e^x-x^2-3x-1$，易知其在 **R** 上可以求任何阶导数. 首先，证明存在性，计算有

$$\lim_{x\to-\infty}f(x)=-\infty, f(-1)=e^{-1}+1>0, f(0)=0,$$
$$f(1)=e-5<0, \lim_{x\to+\infty}f(x)=+\infty,$$

由零点定理知 $f(x)$ 在 **R** 上至少存在三个零点.

其次证明唯一性. 一方面，假设 $f(x)$ 在 **R** 上存在 x_1, x_2, x_3, x_4

($x_1<x_2<x_3<x_4$)四个不同的零点,即有 $f(x_1)=f(x_2)=f(x_3)=f(x_4)=0$,所以 $f(x)$ 满足罗尔定理条件,存在 $\xi_1\in(x_1,x_2)$,$\xi_2\in(x_2,x_3)$,$\xi_3\in(x_3,x_4)$,有 $f'(\xi_1)=f'(\xi_2)=f'(\xi_3)=0$.

进一步,$f'(x)$ 满足罗尔定理条件,存在 $\eta_1\in(\xi_1,\xi_2)$,$\eta_2\in(\xi_2,\xi_3)$,有 $f''(\eta_1)=f''(\eta_2)=0$.进一步,$f''(x)$ 满足罗尔定理条件,存在 $\zeta_1\in(\eta_1,\eta_2)$,有 $f'''(\zeta_1)=0$.另一方面,计算有
$$f'(x)=e^x-2x-3, f''(x)=e^x-2, f'''(x)>0.$$
所以矛盾,故方程 $e^x-x^2-3x-1=0$ 有且有三个不同的实根.

(3)首先,证明唯一性.由于 $f'(x)\geq k>0$,所以函数 $f(x)$ 在 $[0,+\infty)$ 上严格单调增,故唯一性得证.

其次,证明存在性.由拉格朗日中值定理知 $\dfrac{f(x)-f(0)}{x-0}=f'(\xi)\geq k$,$(0<\xi<x)$,所以有 $f(x)\geq f(0)+kx$,$(0<x)$,即有 $\lim\limits_{x\to+\infty}f(x)=+\infty$,而 $f(0)<0$,于是由零点定理知 $f(x)$ 在 $(0,+\infty)$ 上有一个零点.

综上,则 $f(x)=0$ 在 $(0,+\infty)$ 上有且仅有一个实根.如图 4.8 所示.

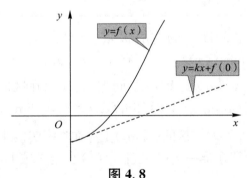

图 4.8

(4)等价讨论 $f(x)=4\ln x+k-4x-\ln^4 x=0$ 在 $(0,+\infty)$ 上有几个实根.

记 $f(x)=4\ln x+k-4x-\ln^4 x$,计算
$$f'(x)=\dfrac{4}{x}-4-\dfrac{4\ln^3 x}{x}, f''(x)=\dfrac{-4}{x^2}-\dfrac{12\ln^2 x-4\ln^3 x}{x^2}.$$

令 $f'(x)=\dfrac{4}{x}(1-x-\ln^3 x)=0$,求驻点 $x=1$(唯一的,因为 $(1-x-\ln^3 x)'=-1-\dfrac{3\ln^2 x}{x}<0$).所以有表 4.9.

表 4.9

x	$(0,1)$	1	$(1,+\infty)$
$f(x)$	↗	$f(1)=k-4$ 极大值(最大值)	↘
$f'(x)$	+	$f'(1)=0$	−
$f''(x)$		$f''(1)=-4<0$	

于是,当 $k<4$ 时,则没有实根;当 $k=4$ 时,则有唯一的实根 $x=1$;当 $k>4$ 时,则有两个实根.

(5)关于个数分布,主要求出单调区间(以不可导点和驻点作为区间的分界点)判断其相对位置.

首先,函数 $f(x)$ 的定义域为 $\mathbf{R}-\{a_1,a_2,a_3\}$,且有
$$f'(x)=-\frac{1}{(x-a_1)^2}-\frac{1}{(x-a_2)^2}-\frac{1}{(x-a_3)^2}<0.$$

a_1,a_2,a_3 作为分界点,见表 4.10.

表 4.10

x	$(-\infty,a_1)$	a_1	(a_1,a_2)	a_2	(a_2,a_3)	a_3	$(a_3,+\infty)$
$f(x)$	↘	无定义	↘	无定义	↘	无定义	↘
$f'(x)$	−		−		−		−

这时要注意间断点的左右极限. 在区间上 $(-\infty,a_1)$,计算 $\lim\limits_{x\to-\infty}f(x)=0$,$\lim\limits_{x\to a_1^-}f(x)=-\infty$,有 $f(x)<0$,$(-\infty<x<a_1)$,所以 $f(x)$ 在区间 $(-\infty,a_1)$ 上无实根. 同理知 $f(x)$ 在区间 $(a_3,+\infty)$ 上无实根. 在区间 (a_1,a_2) 上,计算 $\lim\limits_{x\to a_1^+}f(x)=+\infty$,$\lim\limits_{x\to a_2^-}f(x)=-\infty$,所以有零点定理知 $f(x)$ 在区间 (a_1,a_2) 上存在唯一实根. 同理知 $f(x)$ 在区间 (a_2,a_3) 上存在唯一实根. 综上,$f(x)$ 在定义域上有且仅有两个零点.

类似题:

关于方程的实根的有关问题:

(1)设 $f(x)=x^3+bx^2+cx+a$,若 $a<0,b^2-3c<0$,则 $f(x)$ 有唯一的零点且为正.

(2)设 $k>0$,讨论 $f(x)=\ln x-\dfrac{x}{e}+k$ 在区间 $(0,+\infty)$ 上的零点个数.

(3)设方程 $\ln x=ax$,$(a>0)$. 讨论方程有几个实根.

(4)若方程 $kx+\dfrac{1}{x^2}=1,(x>0)$ 有且仅有一个解,求 k 的范围.

解:(1) $f(x)=x^3+bx^2+cx+a$ 是 **R** 上的三次多项式,可以计算任何阶导数.

首先,证明存在性,计算有 $f(0)=a<0$,$\lim\limits_{x\to+\infty}f(x)=+\infty$,所以由零点定理知一定存在一个正零点.

其次,证明唯一性,计算 $f'(x)=3x^2+2bx+c$,$\Delta=4b^2-12c=4(b^2-3c)<0$,有 $f'(x)>0$. 所以结论正确.

(2)首先求 $f(x)=\ln x-\dfrac{x}{\mathrm{e}}+k$ 在区间 $(0,+\infty)$ 上的可疑极值点(不可导点和驻点),计算 $f'(x)=\dfrac{1}{x}-\dfrac{1}{\mathrm{e}}$,令 $f'(x)=\dfrac{1}{x}-\dfrac{1}{\mathrm{e}}=0$,解得驻点 $x=\mathrm{e}$. 其次见表 4.11.

表 4.11

x	$(0,\mathrm{e})$	e	$(\mathrm{e},+\infty)$
$f(x)$	↗	$f(\mathrm{e})=k$ 极大值(最大值)	↘
$f'(x)$	$+$	$f'(\mathrm{e})=0$	$-$

同时计算 $\lim\limits_{x\to 0^+}f(x)=-\infty$,$\lim\limits_{x\to+\infty}f(x)\xlongequal{\infty-\infty}\lim\limits_{x\to+\infty}x\left(\dfrac{\ln x}{x}-\dfrac{1}{\mathrm{e}}+\dfrac{k}{x}\right)=-\infty$.

又 $f(\mathrm{e})=k>0$,于是,由零点定理知存在两个实根.

(提示:$\lim\limits_{x\to+\infty}\dfrac{\ln x}{x}\xlongequal{\frac{\infty}{\infty}}\lim\limits_{x\to+\infty}\dfrac{\frac{1}{x}}{1}=0$)

(3)记 $f(x)=\dfrac{\ln x}{x}-a$. 首先求 $f(x)=\dfrac{\ln x}{x}-a$ 在区间 $(0,+\infty)$ 上的可疑极值点(不可导点和驻点),计算 $f'(x)=\dfrac{1-\ln x}{x^2}$,

令 $f'(x)=\dfrac{1-\ln x}{x^2}=0$,解得驻点 $x=\mathrm{e}$. 其次见表 4.12.

表 4.12

x	$(0,\mathrm{e})$	e	$(\mathrm{e},+\infty)$
$f(x)$	↗	$f(\mathrm{e})=\dfrac{1}{\mathrm{e}}-a$ 极大值(最大值)	↘
$f'(x)$	$+$	$f'(\mathrm{e})=0$	$-$

同时计算 $\lim\limits_{x\to 0^+}f(x)=-\infty$，$\lim\limits_{x\to +\infty}f(x)\stackrel{\infty}{=}\lim\limits_{x\to +\infty}\left(\dfrac{\ln x}{x}-a\right)=-a$.

于是，当 $\dfrac{1}{e}-a<0$ 时，则没有实根；当 $\dfrac{1}{e}-a=0$ 时，则有唯一的实根 $x=e$；当 $\dfrac{1}{e}-a>0$ 时，则有两个实根.

(4) 若方程 $kx+\dfrac{1}{x^2}=1$，$(x>0)$ 有且仅有一个解，求 k 的范围.

讨论转化为 $f(x)=kx+\dfrac{1}{x^2}-1$，$(x>0)$ 零点的有关问题.

记 $f(x)=kx+\dfrac{1}{x^2}-1$，$(x>0)$，首先求 $f(x)=kx+\dfrac{1}{x^2}-1$ 在区间 $(0,+\infty)$ 上的可疑极值点（不可导点和驻点），计算 $f'(x)=k-\dfrac{2}{x^3}$，令 $f'(x)=0$，解得当 $k>0$ 时有驻点 $x=\sqrt[3]{\dfrac{2}{k}}>0$. 其次，当 $k<0$ 时，有 $f(x)$ 在区间 $(0,+\infty)$ 上严格单调减，计算 $\lim\limits_{x\to 0^+}f(x)=+\infty$，$\lim\limits_{x\to +\infty}f(x)=-\infty$，由零点定理知存在唯一零点. 当 $k=0$ 时，易知有唯一的零点 $x=1$. 当 $k>0$ 时，见表 4.13.

表 4.13

x	$\left(0,\sqrt[3]{\dfrac{2}{k}}\right)$	$\sqrt[3]{\dfrac{2}{k}}$	$\left(\sqrt[3]{\dfrac{2}{k}},+\infty\right)$
$f(x)$	↘	$f\left(\sqrt[3]{\dfrac{2}{k}}\right)=\dfrac{3\sqrt[3]{2k^2}}{2}-1$ 极小值（最小值）	↗
$f'(x)$	$-$	$f'\left(\sqrt[3]{\dfrac{2}{k}}\right)=0$	$+$

同时计算 $\lim\limits_{x\to 0^+}f(x)=+\infty$，$\lim\limits_{x\to +\infty}f(x)=+\infty$.

于是，当 $f\left(\sqrt[3]{\dfrac{2}{k}}\right)=\dfrac{3\sqrt[3]{2k^2}}{2}-1=0$ 时，则有唯一的实根 $x=\sqrt{3}$.

综上，满足条件的 k 的范围是：$(-\infty,0]\cup\left\{\dfrac{2}{3\sqrt{3}}\right\}$.

§4.5 函数的凸性和曲线的拐点、渐近线

4.5.1 函数的凸性和曲线的拐点

1. 凸性与拐点定义

仅以 (a,b) 为例,其余类似.

定义 4.5.1 设函数 $f(x)$ 在区间 (a,b) 上有定义,若 $\forall x_1, x_2 \in (a,b), x_1 \neq x_2$,有

$$f\left(\frac{x_1+x_2}{2}\right) < \frac{f(x_1)+f(x_2)}{2},$$

则称函数 $f(x)$ 在区间 (a,b) 上为下凸的或凹的. 如图 4.9 中情形 1 所示.

定义 4.5.2 设函数 $f(x)$ 在区间 (a,b) 上有定义,若 $\forall x_1, x_2 \in (a,b), x_1 \neq x_2$,有

$$f\left(\frac{x_1+x_2}{2}\right) > \frac{f(x_1)+f(x_2)}{2},$$

则称函数 $f(x)$ 在区间 (a,b) 上为上凸的或凸的. 如图 4.9 中情形 2 所示.

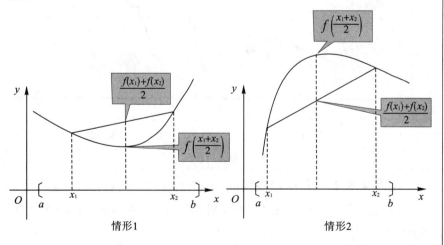

图 4.9

注 4.5.1

(1) 几何意义如图 4.9 所示；

(2) 凸性是描述曲线弯曲的方向.

定义 4.5.3 设函数 $f(x)$ 于 $(x_0-\delta,x_0+\delta)$ 上有定义,若 $f(x)$ 在 $(x_0-\delta,x_0]$,$[x_0,x_0+\delta)$ 上凸性相反,则称 $(x_0,f(x_0))$ 点为曲线的拐点

注 4.5.2

(1) 拐点是描述曲线方向转向的点；

(2) 凸性与拐点的判别定理.

定理 4.5.1 设 $f(x)$ 在区间 (a,b) 上有一阶导数,$\forall x_0 \in (a,b)$,

(1) 若 $f(x_0)+f'(x_0)(x-x_0)<f(x)$,$\forall x \in (a,b),x \neq x_0$,则函数 $f(x)$ 在区间 (a,b) 上为下凸的.

(2) 若 $f(x_0)+f'(x_0)(x-x_0)>f(x)$,$\forall x \in (a,b),x \neq x_0$,则函数 $f(x)$ 在区间 (a,b) 上为上凸的.

证明：$\forall x_1,x_2 \in (a,b),x_1 \neq x_2$,取 $x_0=\dfrac{x_1+x_2}{2}$. 易证结论正确. 如图 4.10 所示.

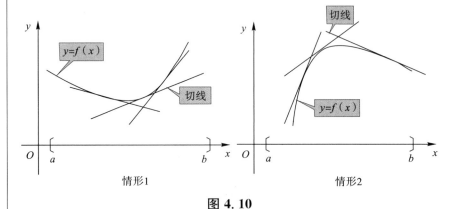

图 4.10

定理 4.5.2 设 $f(x)$ 在区间 (a,b) 上有二阶导数,

(1) 若 $f''(x)>0,x \in (a,b)$,则函数 $f(x)$ 在区间 (a,b) 上为下凸的.

(2) 若 $f''(x)<0,x \in (a,b)$,则函数 $f(x)$ 在区间 (a,b) 上为上凸的.

证明: $\forall x_1, x_2 \in (a,b), x_1 \neq x_2$,取 $x_0 = \dfrac{x_1+x_2}{2}$. 利用泰勒公式易证.

注 4.5.3

(1)解析表达式记忆法；

(2)脸谱记忆法,如图 4.11 所示.

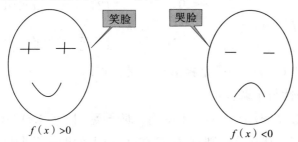

图 4.11

定理 4.5.3 设 $f(x)$ 在 $(x_0-\delta, x_0+\delta)$ 上连续,在 $(x_0-\delta, x_0)$ 和 $(x_0, x_0+\delta)$ 上具有二阶导数,若 $f''(x)$ 在 x_0 点两侧变号,则点 $(x_0, f(x_0))$ 为曲线 $y=f(x)$ 的拐点.

定理 4.5.4 设在点 x_0 处有三阶导数,若 $f''(x_0)=0, f'''(x_0) \neq 0$,则点 $(x_0, f(x_0))$ 为曲线 $y=f(x)$ 的拐点.

注 4.5.4

(1)有关可疑拐点:

例如 $f(x) = x|x| = \begin{cases} x^2, & x>0, \\ 0, & x=0, \\ -x^2, & x<0, \end{cases}$

计算 $f'(x) = \begin{cases} 2x, & x>0, \\ 0, & x=0, \\ -2x, & x<0, \end{cases}$ $f''(x) = \begin{cases} 2, & x>0, \\ -2, & x<0, \end{cases}$ 所以 $x=0$ 是拐点.

例如 $f(x) = x^{\frac{1}{3}}$,计算 $f'(x) = \dfrac{1}{3}x^{-\frac{2}{3}}, f''(x) = -\dfrac{2}{9}x^{-\frac{5}{3}}$,所以 $x=0$ 是拐点.

因此可疑拐点为两类,二阶不可导点和二阶可导且使得 $f''(x)=0$ 的点.

(2) 有关极值点与拐点：

① 设函数 $f(x)$ 于点 x_0 处三阶导数存在，若 $f'''(x_0) \neq 0$，则点 $(x_0, f(x_0))$ 不可能既是极值点又是拐点；

② 设 $f(x) = \begin{cases} x^2, & x \leq 0, \\ 2\sqrt{x}, & x > 0, \end{cases}$

计算 $f'(x) = \begin{cases} 2x, & x < 0, \\ \dfrac{1}{\sqrt{x}}, & x > 0, \end{cases}$ $f''(x) = \begin{cases} 2, & x < 0, \\ -\dfrac{1}{2} x^{-\frac{3}{2}}, & x > 0, \end{cases}$

易知点 $(0, f(0))$ 既是极值点又是拐点.

(3) 凸性与单调：

设函数 $f(x)$ 于 $(-l, l)$ 上具有二阶导数，且 $f''(x) > 0$，若 $f(x)$ 于 $(-l, l)$ 上为偶函数，则有 $f(x)$ 在 $[0, l)$ 上为严格单调增加.

(提示：$f'(x)$ 于 $(-l, l)$ 上为奇函数且有 $f'(0) = 0$)

4.5.2 应用举例

1. 利用极限判断拐点

例 4.5.1 设函数 $f(x)$ 在 $x_0 = 0$ 点连续，在 x_0 点的去心邻域 $\overset{\circ}{U}(x_0, \delta)$ 内具有二阶导数，判别 $(x_0, f(x_0))$ 是否为拐点.

(1) $\lim\limits_{x \to 0} \dfrac{f''(x)}{x} = 1$；(2) $\lim\limits_{x \to 0} \dfrac{f''(x)}{|x|} = 1$.

解：(1) 由于 $\lim\limits_{x \to 0} \dfrac{f''(x)}{x} = 1$，所以 $\lim\limits_{x \to 0^-} \dfrac{f''(x)}{x} = 1$ 和 $\lim\limits_{x \to 0^+} \dfrac{f''(x)}{x} = 1$，于是存在 $\delta > 0$，见表 4.14.

表 4.14

x	$(-\delta, 0)$	0	$(0, \delta)$
$f(x)$	∩	拐点	∪
$f''(x)$	−	未知	+

所以 $x_0 = 0$ 为拐点.

(2) 由于 $\lim\limits_{x \to 0} \dfrac{f''(x)}{|x|} = 1$，所以 $\lim\limits_{x \to 0^-} \dfrac{f''(x)}{|x|} = 1$ 和 $\lim\limits_{x \to 0^+} \dfrac{f''(x)}{|x|} = 1$，于是存在 $\delta > 0$，见表 4.15.

表 4.15

x	$(-\delta,0)$	0	$(0,\delta)$
$f(x)$	$\cup$	不是拐点	$\cup$
$f''(x)$	$+$	未知	$+$

所以 $x_0=0$ 不是拐点.

2. 利用凸性区间判别拐点

例 4.5.2 求 $f(x)=\dfrac{(x-1)^3}{(x+1)^2}$ 的凸性区间及曲线的拐点.

解：计算 $f'(x)=\dfrac{(x-1)^2(x+5)}{(x+1)^3}$，$f''(x)=\dfrac{24(x-1)}{(x+1)^4}$，分别令

$$f'(x)=\frac{(x-1)^2(x+5)}{(x+1)^3}=0, f''(x)=\frac{24(x-1)}{(x+1)^4}=0,$$

解得 $x=-5, x=1$，以 $x=-5, x=-1, x=1$ 为分界点画出表4.16.

表 4.16

x	$(-\infty,-5)$	-5	$(-5,-1)$	-1	$(-1,1)$	1	$(1,+\infty)$
$f(x)$	↗∩	极大	↘∩	无定义	↗∩	拐点	↗∪
$f'(x)$	$+$	0	$-$		$+$	0	$+$
$f''(x)$	$-$	$-$	$-$		$-$	0	$+$

3. 利用一、二阶导数图像判别拐点

例 4.5.3 （1）设函数 $f(x)$ 在 **R** 上连续，在 **R**$-\{0\}$ 上具有二阶连续导数，其导数 $f'(x)$ 的图形如图 4.12 所示，求函数的拐点.

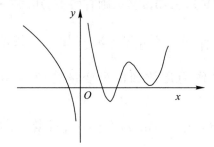

图 4.12

（2）设函数 $f(x)$ 在 **R** 上连续，在 **R**$-\{0\}$ 上具有二阶连续导数，

其导数 $f''(x)$ 的图形如图 4.13 所示,求函数的拐点.

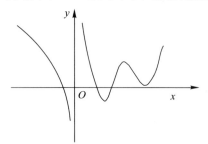

图 4.13

解:(1)首先,找可疑拐点(一是二阶不可导点,二是 $f''(x)=0$ 的点). 由于这是 $f'(x)$ 的图像,于是有三个其切线与 x 轴平行的点(即 $f''(x)=0$ 的点)和一个不可导点 $a_1=0$,从左向右分别记为 a_1, a_2,a_3,a_4. 其次,基于函数 $f'(x)$ 的单调性确定 a_2,a_3,a_4 为拐点.

(提示:当 $f''(x)>0$ 时,意味 $f'(x)$ 单调增,当 $f''(x)>0$ 时,意味 $f'(x)$ 单调减)

(2)首先,找可疑拐点(一是二阶不可导点,二是 $f''(x)=0$ 的点). 由于这是 $f''(x)$ 的图像,于是有四个零点(与 x 轴相交点)和一个二阶不可导点 $b_2=0$,从左向右分别记为 b_1,b_2,b_3,b_4,b_5. 其次,基于 $f''(x)$ 的符号(观察可疑拐点左右两边的符号,即在 x 轴上下判别)确定 b_1,b_2,b_3,b_4 为拐点.

4. 利用凸性证明不等式

例 4.5.4 若 $\forall x,y>0,x\neq y$,则有 $(x+y)\ln\dfrac{x+y}{2}<x\ln x+y\ln y$.

解:转化为要证 $\dfrac{(x+y)}{2}\ln\dfrac{x+y}{2}<\dfrac{x\ln x+y\ln y}{2}$,这给出方法一用凸性证明. 也可作为常数和作为变量处理,利用函数的单调性证明.

方法一,记 $f(x)=x\ln x$,$(x>0)$,计算 $f'(x)=\ln x+1$,$f''(x)=\dfrac{1}{x}>0$,所以函数 $f(x)$ 在区间 $(0,+\infty)$ 上为下凸的,因此 $\forall x_1,x_2\in(0,+\infty),x_1\neq x_2$,有 $f\left(\dfrac{x_1+x_2}{2}\right)<\dfrac{f(x_1)+f(x_2)}{2}$,于是,

取 $x=x_1, y=x_2$,则结论正确.

方法二,$f(x)=x\ln x+a\ln a-(x+a)\ln\dfrac{x+a}{2}$,$(x>0, a>0)$,利用单调性证明,留给读者练习.

例 4.5.5 设 $f(x)$ 在区间 (a,b) 上有二阶导数,$\forall x_1, x_2 \in (a,b)$,$x_1 \neq x_2$.

(1) 若 $f''(x)>0, x\in(a,b)$,则有
$f(\lambda_1 x_1+\lambda_2 x_2)<\lambda_1 f(x_1)+\lambda_2 f(x_2)$,$\forall \lambda_i \in (0,1), \lambda_1+\lambda_2=1$;

(2) 若 $f''(x)<0, x\in(a,b)$,则有
$f(\lambda_1 x_1+\lambda_2 x_2)>\lambda_1 f(x_1)+\lambda_2 f(x_2)$,$\forall \lambda_i \in (0,1), \lambda_1+\lambda_2=1$.

解: 仅证明(1),其余情形类似.

$\forall x_1, x_2 \in (a,b), x_1<x_2$,取 $x_0=\lambda_1 x_1+\lambda_2 x_2$. 首先,写出在点 x_0 处的泰勒公式(带有拉格朗日余项)为

$$f(x)=f(x_0)+\dfrac{f'(x_0)}{1!}(x-x_0)+\dfrac{f''(\xi)}{2!}(x-x_0)^2$$
$$>f(x_0)+\dfrac{f'(x_0)}{1!}(x-x_0),$$

其中 ξ 介于 x_0, x 之间. 其次,分别取 $x=x_1, x=x_2$,有

$$f(x_1)>f(x_0)+\dfrac{f'(x_0)}{1!}(x_1-x_0)$$

和

$$f(x_2)>f(x_0)+\dfrac{f'(x_0)}{1!}(x_2-x_0),$$

进一步,有
$\lambda_1 f(x_1)+\lambda_2 f(x_2)>(\lambda_1+\lambda_2)f(x_0)+f'(x_0)[\lambda_1 x_1+\lambda_2 x_2-(\lambda_1+\lambda_2)x_0]$
$=f(x_0)=f(\lambda_1 x_1+\lambda_2 x_2).$

4.5.3 渐近线

1. 定义

定义 4.5.4 若动点沿着曲线无限远离一定点时,此动点与一定直线的距离趋向于零,则称该直线为曲线的渐近线.

2. 分类

(1) 垂直渐近线

若 $x \to x_0 (x \to x_0^-$ 或 $x \to x_0^+)$ 有 $f(x)$ 趋向于 $\infty(-\infty$ 或 $+\infty)$，则称 $x = x_0$ 为垂直渐近线. 例如令 $f(x) = \dfrac{(x-1)\mathrm{e}^x}{x}$，$f(x) = \ln x$，有 $x = 0$ 为垂直渐近线. 注意令 $f(x) = \dfrac{\sin x}{x}$，易知 $x = 0$ 不为垂直渐近线.

(2) 斜渐近线（包括水平渐近线）

以下仅考虑 $x \to +\infty$ 情形，其余类似.

设直线 $y = ax + b$ 是曲线 $y = f(x)$ 的水平渐近线，有
$$\lim_{x \to +\infty}(f(x) - (ax+b)) = 0.$$ 即有
$$\lim_{x \to +\infty} x\left(\dfrac{f(x)}{x} - \left(a + \dfrac{b}{x}\right)\right) = 0,$$
所以
$$a = \lim_{x \to +\infty} \dfrac{f(x)}{x}, \quad b = \lim_{x \to +\infty}(f(x) - ax).$$

(3) 水平渐近线

在上面(2)中，当 $a = 0$ 时称为水平渐近线. 例如令 $f(x) = \dfrac{\sin x}{x}$，易知 $y = 0$ 为水平渐近线.

注 4.5.5

(1) 渐近线是描述曲线向无穷远处伸展的走向；

(2) 设 D 为初等函数 $f(x)$ 的定义域，当 $x_0 \in D$ 时，知 $x = x_0$ 是连续点，即有 $\lim\limits_{x \to x_0} f(x) = f(x_0)$，所以 $x = x_0$ 不是垂直渐近线. 故间断点为可疑垂直渐近线.

3. 应用举例

(1) 求渐近线

例 4.5.6 求曲线的渐近线：

(1) $f(x) = \dfrac{(x-1)^3}{(x+1)^2}$；(2) $f(x) = x\mathrm{e}^{\frac{2}{x}} + 1$.

解：(1) 首先，函数 $f(x) = \dfrac{(x-1)^3}{(x+1)^2}$ 为初等函数，其定义域为 $\mathbf{R} - \{-1\}$，所以 $x = -1$ 是可疑垂直渐近线.

进一步,计算 $\lim\limits_{x\to -1} f(x)=\infty$,于是 $x=-1$ 为垂直渐近线.

其次,计算

$$a=\lim_{x\to\infty}\frac{f(x)}{x}=1,$$

和

$$b=\lim_{x\to\infty}(f(x)-x)=\lim_{x\to\infty}\left(\frac{(x-1)^3}{(x+1)^2}-x\right)=-5.$$

所以有斜渐近线 $y=x-5$.

(2) 首先,函数 $f(x)=xe^{\frac{2}{x}}+1$ 为初等函数,其定义域为 $\mathbf{R}-\{0\}$,所以 $x=0$ 是可疑垂直渐近线.进一步,计算 $\lim\limits_{x\to 0^+}f(x)\xlongequal{t=\frac{1}{x}}1+\lim\limits_{t\to +\infty}\frac{e^t 2t}{t}=1+\lim\limits_{t\to +\infty}\frac{2e^t 2t}{1}=+\infty$,于是 $x=0$ 为垂直渐近线.其次,计算

$$a=\lim_{x\to\infty}\frac{f(x)}{x}=\lim_{x\to\infty}\left(e^{\frac{2}{x}}+\frac{1}{x}\right)=1,$$

和

$$b=\lim_{x\to\infty}(f(x)-x)=1+\lim_{x\to\infty}x\left(e^{\frac{2}{x}}-1\right)\xlongequal{t=\frac{1}{x}}1+\lim_{t\to 0}\left(\frac{e^{2t}-1}{t}\right)$$
$$=1+2=3$$

所以有斜渐近线 $y=x+3$.

类似题:

求曲线的渐近线:

(1) $f(x)=\dfrac{x}{x^2+2x+2}$; (2) $f(x)=x+\arctan x$.

解: (1) 首先,函数 $f(x)=\dfrac{x}{x^2+2x+2}=\dfrac{x}{(x+1)^2+1}$ 为初等函数,其定义域为 $\mathbf{R}$,所以没有垂直渐近线.其次,计算

$$a=\lim_{x\to\infty}\frac{f(x)}{x}=\lim_{x\to\infty}\frac{1}{x^2+2x+2}=0,$$

和

$$b=\lim_{x\to\infty}f(x)=0$$

所以有水平渐近线 $y=0$.

(2)首先,函数 $f(x)=x+\arctan x$ 为初等函数,其定义域为 **R**,所以没有垂直渐近线.其次,计算

$$a_1 = \lim_{x \to -\infty} \frac{f(x)}{x} = \lim_{x \to -\infty}\left(1+\frac{\arctan x}{x}\right) = 1,$$

$$a_2 = \lim_{x \to +\infty} \frac{f(x)}{x} = \lim_{x \to +\infty}\left(1+\frac{\arctan x}{x}\right) = 1,$$

和

$$b_1 = \lim_{x \to -\infty}(f(x)-x) = \lim_{x \to -\infty}\arctan x = -\frac{\pi}{2},$$

$$b_2 = \lim_{x \to +\infty}(f(x)-x) = \lim_{x \to +\infty}\arctan x = \frac{\pi}{2},$$

所以有两个斜渐近线 $y=x-\frac{\pi}{2}$ 和 $y=x+\frac{\pi}{2}$.

初等函数作图(五步曲):

(1)定义域(间断点);

(2)判别有界性,奇偶性和周期性;

(3)利用一阶导数判断单调性(包括单调区间与极值),确定曲线的走向;

(4)利用二阶导数判断凸性(包括凸性区间和拐点),确定曲线的弯曲方向.进一步,求渐近线(包括垂直、水平和斜),确定曲线向无穷远处伸展的走向;

(5)给出一些特殊点,精确定位.

例 4.5.7 作曲线 $f(x)=\dfrac{(x-1)^3}{(x+1)^2}$ 的图形.

解:略.(读者自行完成)

§4.6 平面曲线的曲率

4.6.1 光滑曲线的弧微分与曲率

1. 定义

定义 4.6.1 设函数 $f(x)$ 在区间 (a,b) 上可导,若 $f'(x)$ 连续,则称曲线 $y=f(x)$ 为光滑曲线.以下均假设曲线为光滑曲线.

定义 4.6.2 设点 $M_0(x_0)$ 为曲线 C 上一确定点,同时把其作为计算弧长的起点(基准点). 规定曲线 C 的正向:沿 x 增长的方向为曲线的正向. 这样,设点 $M(x)$ 为曲线上任意一点,记 $s(x)=\widehat{M_0M}$,其中 s 为曲线段的弧长,有 $s(x)=\widehat{M_0M}=\begin{cases}s, & x>x_0,\\ 0, & x=x_0,\\ -s, & x<x_0,\end{cases}$ 称其为有向弧段. 所以,$s(x)$ 是 x 的单调函数. 如图 4.14 所示.

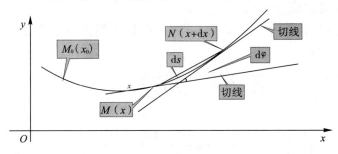

图 4.14

这样,得到弧微分的基本公式 $ds=\sqrt{(dx)^2+(dy)^2}$.

进一步,当曲线方程为 $y=f(x)$ 时,则 $ds=\sqrt{1+(y')^2}dx$;

当曲线方程为 $\begin{cases}x=x(t),\\ y=y(t)\end{cases}$ 时,则 $ds=\sqrt{(x'(t))^2+(y'(t))^2}dt$.

2. 曲率

定义 4.6.3 曲线 $y=f(x)$ 在 M 点处的曲率为 $k=\left|\dfrac{d\varphi}{ds}\right|$,其中 φ 为 x 轴正向到 M 点切线的夹角. 如图 4.14 所示.

进一步,设曲线方程为 $y=f(x)$,

则有 $\varphi=\arctan y'$,$d\varphi=\dfrac{y''}{1+(y')^2}dx$,$ds=\sqrt{1+(y')^2}dx$,

此时有 $k=\left|\dfrac{y''}{(1+(y')^2)^{\frac{3}{2}}}\right|$.

设曲线方程为 $\begin{cases}x=x(t),\\ y=y(t),\end{cases}$ 类似有 $k=\left|\dfrac{y''x'-x''y'}{((x')^2+(y')^2)^{\frac{3}{2}}}\right|$.

4.6.2 应用

1. 计算曲率

例 4.6.1 求下列曲线上任一点处的曲率：

(1) 直线 $y = ax + b$；

(2) 圆 $\begin{cases} x = R\cos t, \\ y = R\sin t, \end{cases} t \in [0, 2\pi]$；

(3) 抛物线 $y = x^2$.

解：(1) 计算 $y' = a, y'' = 0$，有 $k = 0$. 这表明直线不弯曲.

(2) 计算
$$\frac{dy}{dx} = \frac{y'(t)}{x'(t)} = \frac{R\cos t}{-R\sin t} = -\cot t,$$

和
$$\frac{d^2y}{dx^2} = \frac{d}{dx}\left(\frac{dy}{dx}\right) = \frac{d}{dt}(-\cot t) \cdot \frac{dt}{dx} = \csc^2 t \cdot \frac{1}{x'(t)} = \frac{-\csc^3 t}{R}.$$

进一步，有 $k = \left|\dfrac{y''}{(1+(y')^2)^{\frac{3}{2}}}\right| = \dfrac{1}{R}\left|\dfrac{-\csc^3 t}{(1+(-\cot t)^2)^{\frac{3}{2}}}\right| = \dfrac{1}{R}.$

这表明圆上每一点处弯曲程度一样.

(3) 计算 $y' = 2x, y'' = 2$，有 $k = \left|\dfrac{y''}{(1+(y')^2)^{\frac{3}{2}}}\right| = \dfrac{2}{(\sqrt{1+4x^2})^3}.$

同时，易知抛物线 $y = x^2$ 在原点处弯曲程度最大.

3. 曲率半径与曲率圆

定义 4.6.4 设曲线 $y = f(x)$ 在 M 点处的曲率为 $k, k \neq 0$，称 $\rho = \dfrac{1}{k}$ 为曲线在此点处的曲率半径. 做曲线在此点处法线，在曲线凹侧沿法线上取一点为圆心 A，做一圆，使得圆的半径为 $R = \rho = \dfrac{1}{k}$，称该圆为曲线在 M 点处的曲率圆，圆心称为曲率中心.

设 $A(\alpha, \beta)$ 为曲线 $y = f(x)$ 在 M 点处曲率圆的曲率中心，则满足

$$\begin{cases} \dfrac{\beta - y}{\alpha - x} = -\dfrac{1}{y'}, \\ \sqrt{(\alpha-x)^2 + (\beta-y)^2} = \dfrac{1}{k}, \end{cases}$$

即有
$$\begin{cases} \alpha = x - \dfrac{y'(1+(y')^2)}{y''}, \\ \beta = y + \dfrac{1+(y')^2}{y''}. \end{cases}$$

注 4.6.1

(1) 曲率是描述曲线弯曲程度的指标;

(2) 曲线与此点的曲率圆有很好的"几何吻合度",它们有相同切线,一致的凸性且弯曲程度相同.

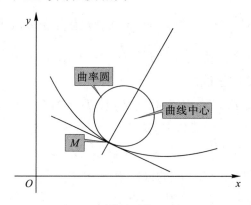

图 4.15

最后,以选择题技巧结束本章.

例 4.6.2 选择题

(1) 设 $f'(x_0)=f''(x_0)=0, f'''(x_0)>0$,则下列选项正确的是( ).

A. $f'(x_0)$ 是 $f'(x)$ 的极大值

B. $f(x_0)$ 是 $f(x)$ 的极大值

C. $f(x_0)$ 是 $f(x)$ 的极小值

D. $(x_0, f(x_0))$ 是曲线 $y=f(x)$ 的拐点

解:方法一,由定理 4.5.4 和注 4.5.4(2) 易知答案 D 正确.

方法二,学会举反例,不妨取 $f(x)=x^3, x_0=0$,计算有 $f'(0)=f''(0)=0, f'''(0)=6>0$,易排除 A,B 和 C,所以答案 D 正确.

(2) 设函数 $f(x)$ 在点 $x=x_0$ 的某邻域内连续,且 $f(x_0)$ 为极大

值,则存在 $\delta>0$,当 $x\in(x_0-\delta,x_0+\delta)$ 时,必有( ).

A. $(x-x_0)(f(x)-f(x_0))\geqslant 0$

B. $(x-x_0)(f(x)-f(x_0))\leqslant 0$

C. $\lim\limits_{t\to x_0}\dfrac{f(t)-f(x)}{(t-x)^2}\geqslant 0,(x\neq x_0)$

D. $\lim\limits_{t\to x_0}\dfrac{f(t)-f(x)}{(t-x)^2}\leqslant 0,(x\neq x_0)$

解:方法一,首先,由极大值定义排除 A 和 B,其次,连续和极大值定义知 $\lim\limits_{t\to x_0}f(t)=f(x_0)\geqslant f(x)$,易知答案 C 正确.

(提示:$\lim\limits_{t\to x_0}\dfrac{f(t)-f(x)}{(t-x)^2},(x\neq x_0)$ 中 t 为自变量,x 作为参数)

方法二,学会举反例,不妨取 $f(x)=-|x|,x_0=0$,可排除 A,B 和 D,所以答案 C 正确.

(3)设函数 $f(x)$ 在 **R** 上有定义,且 $f(x_0),(x_0\neq 0)$ 为极大值,则( ).

A. x_0 必是驻点

B. $-x_0$ 必是 $-f(-x)$ 的极小点

C. $-x_0$ 必是 $-f(x)$ 的极小点

D. 对一切 x,都有 $f(x)\leqslant f(x_0)$

解:方法一,令 $x=-u$,所以 $u_0=-x_0$ 必是 $f(-u)$ 的极大点,于是 $u_0=-x_0$ 必是 $-f(-u)$ 的极小点,故答案 B 正确.

方法二,由于不知道函数是否可导,排除 A. 由于极值是局部性概念,排除 D. 举反例,不妨取 $f(x)=-|x-1|,x_0=1$,有 $-f(x)=|x-1|,-f(-x)=|x+1|$,排除 C.

故答案 B 正确.

(4)设 $f(x_0),g(x_0)$ 均为极大值,记 $F(x)=f(x)g(x)$,则存在 $F(x)$ 必在点 $x=x_0$ 处( ).

A. 必取极大值　　　　　　B. 必取极小值

C. 不可能取极值　　　　　D. 是否取极值不能确定

解:学会举反例,取 $f(x)=g(x)=-x^2,x_0=0$,立即排除 A,C. 取 $f(x)=g(x)=\sin x,x_0=\dfrac{\pi}{2}$,立即排除 B. 故答案 D 正确.

(5) 设 $f(x)=|x(1-x)|$,则( ).

A. $x=0$ 是 $f(x)$ 的极值点,但 $(0,0)$ 不是曲线 $y=f(x)$ 的拐点

B. $x=0$ 不是 $f(x)$ 的极值点,但 $(0,0)$ 是曲线 $y=f(x)$ 的拐点

C. $x=0$ 是 $f(x)$ 的极值点,且 $(0,0)$ 是曲线 $y=f(x)$ 的拐点

D. $x=0$ 不是 $f(x)$ 的极值点,且 $(0,0)$ 不是曲线 $y=f(x)$ 的拐点

解: $f(x)=|x(1-x)|$ 是分段函数,改写为

$$f(x)=\begin{cases} x^2-x, & x<0, \\ 0, & x=0, \\ x-x^2, & 0<x<1, \\ 0, & x=1, \\ x^2-x, & x>1, \end{cases}$$

有 $f'(x)=\begin{cases} 2x-1, & x<0, \\ 1-2x, & 0<x<1, \\ 2x-1, & x>1, \end{cases}$ $f''(x)=\begin{cases} 2, & x<0, \\ -2, & 0<x<1, \\ 2, & x>1, \end{cases}$

易知 $x=0$ 是 $f(x)$ 的极小值点,且 $(0,0)$ 是曲线 $y=f(x)$ 的拐点. 故答案 C 正确.

(6) 设 $\lim\limits_{x\to x_0}\dfrac{f(x)-f(x_0)}{(x-x_0)^2}=-1$,则在点 $x=x_0$ 处( ).

A. x_0 是 $f(x)$ 的极小点

B. x_0 是 $f(x)$ 的极大点

C. $f(x)$ 的导数存在且 $f'(x_0)\neq 0$

D. $f(x)$ 的导数不存在

解: 方法一,由于 $\lim\limits_{x\to x_0}\dfrac{f(x)-f(x_0)}{(x-x_0)^2}=-1$,易知. 存在 $\delta>0$,当 $x\in(x_0-\delta,x_0+\delta)-\{x_0\}$ 时有 $f(x)-f(x_0)<0$. 所以正确答案是 B.

方法二,学会举反例,不妨取 $f(x)=-(x-x_0)^2$,立即排除 A,C 和 D,这样答案正确的是 B.

(7) 设函数 $f(x)$ 的导数在点 $x=x_0$ 处连续,又 $\lim\limits_{x\to x_0}\dfrac{f'(x)}{x-x_0}=-1$,则( ).

A. x_0 是 $f(x)$ 的极小点

B. x_0 是 $f(x)$ 的极大点

C. $(x_0,f(x_0))$ 是曲线 $y=f(x)$ 的拐点

D. x_0 不是 $f(x)$ 的极值点,且 $(0,0)$ 不是曲线 $y=f(x)$ 的拐点

解:方法一,易知

$$f'(0)=\lim_{x\to x_0}f'(x)=0, \lim_{x\to x_0^-}\frac{f'(x)}{x-x_0}=-1, \lim_{x\to x_0^+}\frac{f'(x)}{x-x_0}=-1.$$

于是存在 $\delta>0$,有表 4.17,所以正确答案是 B.

表 4.17

x	$(-\delta,0)$	0	$(0,\delta)$
$f(x)$	↗	极大值	↘
$f'(x)$	+	0	+

方法二,举反例,不妨取 $f(x)=\dfrac{-1}{2}(x-x_0)^2$,立即排除 A,C 和 D. 这样答案正确的是 B.

(8) 设函数 $f(x)$ 在点 $x=0$ 的某个邻域内连续且 $f(0)=0$,又 $\lim\limits_{x\to x_0}\dfrac{f(x)}{1-\cos x}=-1$,则( ).

A. $x=0$ 是 $f(x)$ 的极小点　　B. $x=0$ 是 $f(x)$ 的极大点

C. 不可导　　　　　　　　D. 可导且 $f'(0)\neq 0$

解:类似选择题(6)正确答案是 B,留给读者练习.

(9) 设函数 $f(x)$ 具有二阶连续导数,且 $f'(0)=0$,又 $\lim\limits_{x\to 0}\dfrac{f''(x)}{1-\cos x}=-1$,则( ).

A. $x=0$ 是 $f(x)$ 的极大点

B. $x=0$ 是 $f(x)$ 的极小点

C. $(0,0)$ 是曲线 $y=f(x)$ 的拐点

D. $x=0$ 不是 $f(x)$ 的极值点,且 $(0,0)$ 不是曲线 $y=f(x)$ 的拐点

解:方法一,由于 $\lim\limits_{x\to 0}\dfrac{f''(x)}{1-\cos x}=-1$,所以存在 $\delta>0$,当 $x\in(-\delta,\delta)-\{0\}$ 时,有 $f''(x)<0$.进一步,有表 4.18.

表 4.18

x	$(-\delta,0)$	0	$(0,\delta)$
$f(x)$	↗	极大值	↘
$f'(x)$	+	0	−

所以答案是 A.

方法二,举反例. 取 $f(x)=-\dfrac{1}{24}x^4$,立即排除 B,C 和 D. 所以正确答案是 A.

(10) 设曲线 $y=\dfrac{1+e^x-x^2}{1-e^x-x^2}$,则( ).

A. 没有渐近线　　　B. 仅有水平渐近线

C. 仅有垂直渐近线　D. 既有水平渐近线,又有垂直渐近线

解:首先,函数 $y=\dfrac{1+e^x-x^2}{1-e^x-x^2}$ 为初等函数,其定义域为 $\mathbf{R}-\{0\}$,所以 $x=0$ 是可疑垂直渐近线. 进一步,计算 $\lim\limits_{x\to 0}f(x)=\infty$,于是 $x=0$ 为垂直渐近线. 其次,计算

$$a=\lim_{x\to\infty}\dfrac{f(x)}{x}=\lim_{x\to\infty}\dfrac{1+e^x-x^2}{x(1-e^x-x^2)}=0, b=\lim_{x\to\infty}(f(x)-ax)=2,$$

所以有水平渐近线 $y=2$.

于是答案 D 正确.

(11) 设曲线 $y=e^x\dfrac{1}{x^2}\arctan\dfrac{x^2+x+1}{(x-1)(x+2)}$ 的渐近线有( ).

A. 1 条　　　B. 2 条　　　C. 3 条　　　D. 4 条

解:首先,函数 $y=e^x\dfrac{1}{x^2}\arctan\dfrac{x^2+x+1}{(x-1)(x+2)}$ 为初等函数,其定义域为 $\mathbf{R}-\{-2,0,1\}$,所以 $x=-2,x=0,x=1$ 是三条可疑垂直渐近线.

进一步,

$$\lim_{x\to -2^-}f(x)=-\dfrac{\pi}{2}e^x\dfrac{1}{4},\ \lim_{x\to -2^+}f(x)=\dfrac{\pi}{2}e^x\dfrac{1}{4},\ \lim_{x\to 0}f(x)=\infty,$$

$$\lim_{x\to 1^-}f(x)=-\dfrac{\pi}{2}e,\ \lim_{x\to 1^+}f(x)=\dfrac{\pi}{2}e,$$

于是 $x=0$ 为垂直渐近线. 其次,计算

$$a=\lim_{x\to\infty}\dfrac{f(x)}{x}=\lim_{x\to\infty}\dfrac{e^x\dfrac{1}{x^2}\arctan\dfrac{x^2+x+1}{(x-1)(x+2)}}{x}=0,$$

$$b=\lim_{x\to\infty}(f(x)-ax)=\dfrac{\pi}{4},$$

所以有水平渐近线 $y=\dfrac{\pi}{4}$.

于是答案 B 正确.

(12) 设曲线 $y = e^x \dfrac{1}{x^2} \arctan \dfrac{x^2+x-1}{(x+1)(x-2)}$ 的渐近线有（   ）.

A. 1 条　　　B. 2 条　　　C. 3 条　　　D. 4 条

解：类似选择题(11)，答案为 B 留给读者练习.

(13) 设函数 $f(x)$ 在区间 $[a,b]$ 上有定义，在开区间 (a,b) 内可导，则（   ）.

A. 当 $f(a) \cdot f(b) < 0$ 时，存在 $\xi \in (a,b)$，使得 $f(\xi) = 0$

B. 对任何的 $\xi \in (a,b)$，有 $\lim\limits_{x \to \xi}(f(x) - f(\xi)) = 0$

C. 存在 $\xi \in (a,b)$ 使得 $f(b) - f(a) = f'(\xi)(b-a)$

D. 当 $f(a) = f(b)$ 时，存在 $\xi \in (a,b)$，使得 $f'(\xi) = 0$

解：方法一，因为函数 $f(x)$ 在开区间 (a,b) 内可导，所以在开区间 (a,b) 内连续，于是对任何的 $\xi \in (a,b)$，有 $\lim\limits_{x \to \xi} f(x) = f(\xi)$. 故答案 B 正确.

方法二，学会举反例. 例如，取 $f(x) = \begin{cases} -1, & x = 0, \\ x, & 0 < x < 1, \\ 1, & x = 1, \end{cases}$ 立即排除 A；取 $f(x) = \begin{cases} 1, \\ x, \\ 1, \end{cases}$ 立即排除 C 和 D. 故答案 B 正确.

（提示：对于 A，零点定理是闭区间上连续函数的性质. 对于 C 和 D，罗尔定理和拉格朗日中值定理均需要在闭区间上连续，开区间上可导的条件）

(14) 设在 $[0,1]$ 上，若 $f''(x) > 0$，则 $f'(0), f'(1), f(1) - f(0)$ 或 $f(0) - f(1)$ 的大小顺序是（   ）.

A. $f'(1) > f'(0) > f(1) - f(0)$

B. $f'(1) > f(1) - f(0) > f'(0)$

C. $f(1) - f(0) > f'(1) > f'(0)$

D. $f'(1) > f(0) - f(1) > f'(0)$

解：方法一，因为涉及 $f'(0), f'(1), f(1) - f(0)$，所以用中值定理.

一方面,存在 $\xi\in(0,1)$ 使得 $f(1)-f(0)=f'(\xi)(1-0)=f'(\xi)$.
另一方面,由于 $f''(x)>0$,所以 $f'(x)$ 严格单调增,
即有 $f'(1)>f'(\xi)>f'(0)$. 故答案 B 正确.

方法二(排除法),取 $f(x)=x^2$,计算有 $f'(x)=2x,f''(x)=2>0$,
立即排除 A,C 和 D. 故答案 B 正确.

(15) 设函数 $f(x)$ 在 **R** 上可导,则( ).

A. 当 $\lim\limits_{x\to+\infty}f'(x)=+\infty$ 时,必有 $\lim\limits_{x\to+\infty}f(x)=+\infty$

B. 当 $\lim\limits_{x\to+\infty}f(x)=+\infty$ 时,必有 $\lim\limits_{x\to+\infty}f'(x)=+\infty$

C. 当 $\lim\limits_{x\to-\infty}f'(x)=-\infty$ 时,必有 $\lim\limits_{x\to-\infty}f(x)=-\infty$

D. 当 $\lim\limits_{x\to-\infty}f(x)=-\infty$ 时,必有 $\lim\limits_{x\to-\infty}f'(x)=-\infty$

解:方法一,由于涉及 $f(x),f'(x)$ 的因果关系,所以一般用拉格朗日中值定理.

由于 $\lim\limits_{x\to+\infty}f'(x)=+\infty$,所以令 $M=1$,存在 $X>0$,当 $x>X$ 时,有 $f'(x)>1$. 进一步,由拉格朗日中值定理知,当 $x>X$ 时,存在 $\xi\in(X,x)$,使得 $f(x)-f(X)=f'(\xi)(x-X)>x-X$,因此有 $\lim\limits_{x\to+\infty}f(x)=+\infty$,故答案 A 正确.

方法二(排除法),例如,取 $f(x)=x$,立即排除 B 和 D,取 $f(x)=x^2$,计算有 $f'(x)=2x$,立即排除 C. 故答案 A 正确.

(16) 设函数 $f(x)$ 在 $(0,+\infty)$ 内有界且可导,则( ).

A. 当 $\lim\limits_{x\to+\infty}f(x)=0$ 时,必有 $\lim\limits_{x\to+\infty}f'(x)=0$

B. 当 $\lim\limits_{x\to+\infty}f'(x)$ 存在时,必有 $\lim\limits_{x\to+\infty}f'(x)=0$

C. 当 $\lim\limits_{x\to 0^+}f(x)=0$ 时,必有 $\lim\limits_{x\to 0^+}f'(x)=0$

D. 当 $\lim\limits_{x\to 0^+}f'(x)$ 存在时,必有 $\lim\limits_{x\to 0^+}f'(x)=0$

解:方法一,由于涉及 $f(x),f'(x)$ 的因果关系,所以一般用拉格朗日中值定理.

由拉格朗日中值定理知 $\forall x\in(0,+\infty)$,存在 $\xi\in(x,2x)$,使得 $\dfrac{f(2x)-f(x)}{x}=f'(\xi)$,因此有 $0=\lim\limits_{x\to+\infty}\dfrac{f(2x)-f(x)}{x}=\lim\limits_{x\to+\infty}f'(\xi)=\lim\limits_{\xi\to+\infty}f'(\xi)=0$,故答案 B 正确.

方法二(排除法),例如,取 $f(x)=\sin x$,有 $f'(x)=\cos x$ 排除 C 和 D. 取 $f(x)=\dfrac{\sin x^3}{x}$,计算有

$$f'(x)=\dfrac{3x^3\cos x^3-2\sin x^3}{x^2}=3x\cos x^3-\dfrac{2\sin x^3}{x^2},\ \lim_{x\to+\infty}f(x)=0,$$

而 $\lim\limits_{x\to+\infty}f'(x)$ 不存在,于是排除 A. 故答案 B 正确.

(17) 以下命题中,正确的是(　　).

A. 若 $f'(x)$ 在 $(0,1)$ 内连续,则 $f(x)$ 在 $(0,1)$ 上有界

B. 若 $f(x)$ 在 $(0,1)$ 内连续,则 $f(x)$ 在 $(0,1)$ 上有界

C. 若 $f'(x)$ 在 $(0,1)$ 内有界,则 $f(x)$ 在 $(0,1)$ 上有界

D. 若 $f(x)$ 在 $(0,1)$ 内连续,则 $f'(x)$ 在 $(0,1)$ 上有界

解:方法一,依据后面问题与思考中问题 4 即知答案 C 正确.

方法二(排除法),例如,取 $f(x)=\dfrac{1}{x}$,计算有 $f'(x)=\dfrac{-1}{x^2}$,立即排除 A 和 B. 取 $f(x)=2\sqrt{x}$,计算有 $f'(x)=\dfrac{1}{\sqrt{x}}$,立即排除 D. 故答案 C 正确.

问题与思考

1. 问:设函数 $f(x)$ 在区间 $[a,b]$ 上连续,且有唯一的极值点 $x_0\in(a,b)$,若 $f(x_0)$ 为极大(小)值.则 $f(x_0)$ 为 $f(x)$ 在区间 $[a,b]$ 上的最大(小)值吗?

答:是的.反证,假设 $f(x_0)$ 不为最大值,则存在 $x_1\in[a,b]$,不妨设 $x_0<x_1$ 使 $f(x_0)<f(x_1)$. 因为 $f(x_0)$ 为极大值,故存在 $0<\delta<x_1-x_0$,在区间 $(x_0-\delta,x_0+\delta)$ 内有 $f(x)\leqslant f(x_0)$,于是根据最值定理,知连续函数必在 (x_0,x_1) 中取到最小值,显然也为极小值.这与 $f(x_0)$ 在 x_0 处有唯一的极值点矛盾.

2. 问:设函数 $f(x)$ 和 $g(x)$ 在区间 (a,b) 上可导,若 $f(x)<g(x)$,则 $\forall x\in(a,b)$ 有 $f'(x)\leqslant g'(x)$ 吗?

答:不一定.例如,在区间 $(0,1)$ 上,令 $f(x)=x,g(x)=1$,有 $f(x)<g(x)$ 且 $f'(x)=1>g'(x)=0$;例如,在区间 $(0,1)$,令

$f(x)=x, g(x)=e^x x$,有 $f(x)<g(x)$ 且 $f'(x)=1<g'(x)=e^x x$.

3. 问:设函数 $f(x)$ 在有限区间 (a,b) 上可导,若函数 $f(x)$ 在此区间上有界,则导函数 $f'(x)$ 是否在此区间上一定有界吗?

答:不一定. 例如,令 $f(x)=\sin x$,则 $f(x),f'(x)$ 均在区间 $(0,1)$ 上有界;

例如,令 $f(x)=\sqrt{x}$,则其在区间 $(0,1)$ 上有界,而 $f'(x)=\dfrac{1}{2\sqrt{x}}$ 在 $(0,1)$ 上无界.

4. 问:若导函数 $f'(x)$ 在有限区间 (a,b) 上有界,则函数 $f(x)$ 一定在此区间上有界吗?

答:一定. 取定 $x_0 \in (a,b)$,$\forall x \in (a,b)$,由微分中值,知 $\xi \in (x_0,x)$ 或 $\xi \in (x,x_0)$,有 $\dfrac{f(x)-f(x_0)}{x-x_0}=f'(\xi)$. 于是,有

$$|f(x)|=|f(x)-f(x_0)+f(x_0)| \leqslant |f'(\xi)|(b-a)+|f(x_0)|,$$

所以函数 $f(x)$ 在区间 (a,b) 上有界.

(提示:此结论在 $[a,+\infty)$ 上不成立,例如,令 $f(x)=x$.)

5. 问:设函数 $f(x),g(x)$ 在区间 $[a,+\infty)$ 上可导,且 $0<|f'(x)| \leqslant |g'(x)|$,若在 $[a,+\infty)$ 上有 $g(x) \neq 0$ 且有界,则函数 $f(x)$ 一定在此区间上有界吗?

答:一定. $\forall x \in (a,+\infty)$,由柯西微分中值定理知,$\exists \xi \in (a,x)$ 有

$$\dfrac{f(x)-f(a)}{g(x)-g(a)}=\dfrac{f'(\xi)}{g'(\xi)},$$

于是,有

$$|f(x)| \leqslant \left|\dfrac{f'(\xi)}{g'(\xi)}[g(x)-g(a)]\right|+|f(a)|$$
$$\leqslant |g(x)-g(a)|+|f(a)|,$$

故函数 $f(x)$ 在此区间上有界.

(提示:在把条件 $0<|f'(x)| \leqslant |g'(x)|$ 改为 $0<f'(x) \leqslant g'(x)$,则有 $\lim\limits_{x \to +\infty} f(x)$ 存在.)

6. 问:若函数 $f(x)$ 在 **R** 上有界且有二阶导数 $f''(x)>0$,则 $f(x)$ 在 **R** 上一定为常数吗?

答:一定. 反证,假设结论不成立,不妨设 $\exists x_1,x_2 \in \mathbf{R}, x_1<x_2$,

有 $f(x_1) < f(x_2)$. 一方面,由拉格朗日中值定理知 $\exists x_0 \in [x_1, x_2]$ 有 $\dfrac{f(x_2) - f(x_1)}{x_2 - x_1} = f'(x_0) > 0$. 另一方面,令

$$F(x) = f(x) - [f(x_0) + f'(x_0)(x - x_0)],$$

则有

$$F'(x) = f'(x) - f'(x_0), \quad F''(x) = f''(x) > 0,$$

所以 $F'(x)$ 严格单调上升,同时又 $F'(x_0) = 0$,于是有 $F'(x) > 0$, $\forall x \in (x_0, +\infty)$. 进一步有 $F(x)$ 于 $[x_0, +\infty)$ 上严格单调上升,同时又 $F'(x_0) = 0$,所以 $F(x) > 0$, $\forall x \in (x_0, +\infty)$,

因此有

$$f(x) > [f(x_0) + f'(x_0)(x - x_0)], \forall x \in (x_0, +\infty).$$

而 $\lim\limits_{x \to +\infty}[f(x_0) + f'(x_0)(x - x_0)] = +\infty$,这与 $f(x)$ 在 **R** 上有界矛盾.

(提示:若熟知泰勒公式,则可以简化证明. 事实上,依泰勒公式知:$\forall x \in (x_0, +\infty)$, $\exists \xi(x) \in (x_0, x)$ 有

$$f(x) = f(x_0) + f'(x_0)(x - x_0) + \dfrac{f''(\xi)}{2!}(x - x_0)^2,$$

于是有

$$f(x) > f(x_0) + f'(x_0)(x - x_0), \forall x \in (x_0, +\infty).)$$

7. 问:设函数 $f(x)$ 在区间 (a, b) 上具有一阶导数,若函数 $f(x)$ 严格单调上升,则一定有 $f'(x) > 0$ 吗?

答:不一定. 例如,令 $f(x) = x^3$, $(a, b) = (-1, 1)$,有 $f'(x) = 3x^2 \geqslant 0$,而 $f(x)$ 在区间 (a, b) 上严格单调上升.

8. 问:设函数 $f(x)$ 在 x_0 点可导,若 $f'(x_0) > 0$,是否一定存在 x_0 点邻域 $U(x_0, \delta)$ 使得 $f(x)$ 严格单调上升吗?

答:不一定. 例如,令 $f(x) = \begin{cases} x + 2x^2 \sin \dfrac{1}{x}, & x \neq 0, \\ 0, & x = 0, \end{cases}$ $x_0 = 0$,

有 $f'(x) = \begin{cases} 1 + 4x \sin \dfrac{1}{x} - 2\cos \dfrac{1}{x}, & x \neq 0, \\ 1, & x = 0, \end{cases}$ 易知在 $x_0 = 0$ 点的任何一

个邻域内 $f(x)$ 都不严格单调上升.

9. 问:右导数与导数的右极限之间有关系吗?

答:(1)若函数 $f(x)$ 于 (a,b) 可导且于 $x=a$ 点右导数不存在,则两者无关系.

例如,记 $f(x)=\text{sgn } x$,

易知 $f(x)$ 在 $x=0$ 点右导数 $\lim\limits_{x\to 0^+}\dfrac{f(x)-f(0)}{x-0}=\lim\limits_{x\to 0^+}\dfrac{1-0}{x-0}=+\infty$ 不存在,

而 $f'(x)=\begin{cases}0, & x>0 \\ 0, & x<0,\end{cases}$ 于是,有 $f'(0^+)=\lim\limits_{x\to 0^+}f'(x)=0$.

例如,记 $f(x)=\begin{cases}x\sin\dfrac{1}{x}, & x\neq 0 \\ 0, & x=0,\end{cases}$ 易知 $f(x)$ 于 $x=0$ 点右导数不存在,而 $f'(x)=\sin\dfrac{1}{x}-\dfrac{1}{x}\cos\dfrac{1}{x}\ x\neq 0$,可知 $f'(x)$ 于 $x=0$ 点右极限不存在.

(2)若函数 $f(x)$ 在 $[a,b]$ 上可导,则两者无关系.

例如,记 $f(x)=|x|$,易知 $f'_+(0)=\lim\limits_{x\to 0^+}\dfrac{f(x)-f(0)}{x-0}=1$,

而 $f'(x)=\begin{cases}1, & x>0, \\ -1, & x<0,\end{cases}$ 于是,有 $f'(0^+)=\lim\limits_{x\to 0^+}f'(x)=1$.

例如,记 $f(x)=\begin{cases}x^2\sin\dfrac{1}{x}, & x\neq 0, \\ 0, & x=0.\end{cases}$

易知 $f'_+(0)=\lim\limits_{x\to 0^+}\dfrac{f(x)-f(0)}{x-0}=0$,

而 $f'(x)=\begin{cases}2x\sin\dfrac{1}{x}-\cos\dfrac{1}{x}, & x\neq 0 \\ 0, & x=0,\end{cases}$ 可知 $f'(x)$ 于 $x=0$ 点右极限不存在.

(3)设函数 $f(x)$ 在 $[a,b)$ 连续,在 (a,b) 内可导.若 $\lim\limits_{x\to a^+}f'(x)=l$,则两者有关系,即有 $f'_+(a)=l$.

证明:对 $\forall x\in(a,b)$, $f(t)$ 在 $[a,x]$ 上满足拉格朗日中值定理的

条件,因而存在 $\xi \in (a,x)$,使 $\dfrac{f(x)-f(a)}{x-a}=f'(\xi)$. 于是,有
$\lim\limits_{x \to a^+}\dfrac{f(x)-f(a)}{x-a}=\lim\limits_{\xi \to a^+}f'(\xi)=l$,即有 $f'_+(a)=l$.

10. 问:可否用函数的导数符号判定数列单调呢?

答:有时可以. 若使用正确,则可以事半功倍. 下面仅用三例说明:

例 1 证明数列 $\left\{\left(1+\dfrac{1}{n}\right)^n\right\}$ 是严格单调增的.

解:令 $f(x)=\left(1+\dfrac{1}{x}\right)^x, x>1$,即有 $\ln f(x)=x\ln\left(1+\dfrac{1}{x}\right)$,两边关于 x 求导数,于是有 $f'(x)=f(x)\left[\ln\left(1+\dfrac{1}{x}\right)-\dfrac{1}{1+x}\right]$.

令 $g(x)=\ln\left(1+\dfrac{1}{x}\right)-\dfrac{1}{1+x}, x>1$,两边关于 x 求导数,于是有 $g'(x)=\dfrac{-1}{x(1+x)^2}<0$,所以函数严格单调减,而 $\lim\limits_{x \to +\infty}g(x)=0$,所以有 $g(x)>0, x>1$. 于是 $f'(x)>0$,所以 $f(x)$ 严格单调增.

例 2 设 $a>0, b>0$,定义数列为 $\{a_n\}$ 为 $a_1=\sqrt{a}, a_{n+1}=\sqrt{b+a_n}$,$n\in \mathbf{N}$. 求极限 $\lim\limits_{n \to \infty}a_n$.

解:令 $f(x)=\sqrt{b+x}, x>0$,即有 $f'(x)=\dfrac{1}{2\sqrt{b+x}}>0$,但这不表明数列 $\{a_n\}$ 是严格单调增的,因为必须比较 a_1 与 a_2 的大小,具体关系如下:当 $a-\sqrt{a}<b$ 时,则数列为严格单调增;当 $0<a-\sqrt{a}=b$ 时,则数列为常数数列;当 $a-\sqrt{a}>b$ 时,则数列为严格单调减.

下面仅讨论 $a-\sqrt{a}<b$ 情形,依上面讨论知 $a_n<a_{n+1}$,则有 $a_n<\sqrt{b+a_n}$,即有 $a_n^2-a_n-b<0$,令 $g(x)=x^2-x-b$,易知有 $g'(x)=2x-1, g''(x)=2>0$,所以 $g(x)$ 是凹函数,因此必须有 $0<x<\dfrac{1+\sqrt{1+4b}}{2}$,于是有 $0<a_n<\dfrac{1+\sqrt{1+4b}}{2}$. 所以数列 $\{a_n\}$ 为单调有界数列,则必有极限. 记 $\lim\limits_{n \to \infty}a_n=l$,对 $a_{n+1}=\sqrt{b+a_n}$ 两边取极限,则有 $l=\sqrt{b+l}$,即 $l=\dfrac{1+\sqrt{1+4b}}{2}$.

例3 设 $a_1>0, a_{n+1}=\dfrac{1}{3}\left(2a_n+\dfrac{1}{a_n^2}\right)$,求极限 $\lim\limits_{n\to\infty}a_n$.

解:设 $f(x)=\dfrac{1}{3}\left(2x+\dfrac{1}{x^2}\right)$,$x>0$,有 $f(x)=\dfrac{1}{3}\left(2x+\dfrac{1}{x^2}\right)$,$x>0$,于是点 $(1,1)$ 是最小值点. 于是不论 $a_1>0$ 为何值,则有 $a_2=f(a_1)\geqslant 1$.

当 $a_2=1$ 时,则 $\lim\limits_{n\to\infty}a_n$;

当 $a_2>1$ 时,计算 $a_3=\dfrac{1}{3}\left(2a_2+\dfrac{1}{a_2^2}\right)-a_2=\dfrac{1}{3}\left(\dfrac{1}{a_2^2}-a_2\right)<0$,

而 $f'(x)=\dfrac{2}{3}-\dfrac{2}{3}x^{-3}>0$,$x>1$,于是数列为严格单调且有下界,所以极限 $\lim\limits_{n\to\infty}a_n$ 存在. 设 $\lim\limits_{n\to\infty}a_n=l$,则有 $l=\dfrac{1}{3}\left(2l+\dfrac{1}{l^2}\right)$,故 $l=1$.

综上,当 $f'(x)>0$ 时,见下表:

前两项大小关系	数列单调性
$a_1<a_2$	严格单调增
$a_1=a_2$	常数数列
$a_1>a_2$	严格单调减

注意:当 $f'(x)<0$ 时,一般不能用.

11. 问:在微分中值定理应用中,构造辅助函数有规律可循吗?

答:有. 以下仅用一例诠释应用.

例 设函数在闭区间 $[0,1]$ 上二阶可导,且 $f(0)=f(1)=0$,证明 $\xi\in(0,1)$,使得 $f''(\xi)=\dfrac{2f'(\xi)}{1-\xi}$.

解:就是要证函数 $f''(x)=\dfrac{2f'(x)}{1-x}$ 有根 $x=\xi$,由于函数是泛指的,所以必须研究其可能的特征(假设推导过程允许进行). 于是有
$\dfrac{f''(x)}{f'(x)}=(\ln f'(x))'=-2(\ln(1-x))'$,即有 $\ln(f'(x)(1-x)^2)=c.$
令辅助函数 $F(x)=f'(x)(1-x)^2$,一方面 $f(x)$ 在区间 $[0,1]$ 上满足拉格朗日定理条件且有 $f(0)=f(1)=0$,则 $\exists\xi_1\in(0,1)$,有 $f'(\xi_1)=0$.另一方面,$F(x)$ 在区间 $[\xi_1,1]$ 上满足拉格朗日中值定理条件且有 $F(\xi_1)=F(1)=0$,则 $\exists\xi\in(\xi_1,1)$,有 $F'(\xi)=0$,而
$$F'(x)=f''(x)(1-x)^2-2f'(x)(1-x).$$

12.问(讲完定积分后思考):设 $f(x)$ 在区间 $[a,b]$ 上是连续的,若其为下凸函数,则一定有估计式 $f\left(\dfrac{a+b}{2}\right) \leqslant \dfrac{1}{b-a}\int_a^b f(x)\mathrm{d}x \leqslant \dfrac{f(a)+f(b)}{2}$ 吗?

答:有. 一方面,当 $x\in\left[\dfrac{a+b}{2},b\right]$ 时,有 $a+b-x\in\left[a,\dfrac{a+b}{2}\right]$,且有 $f\left(\dfrac{a+b}{2}\right)\leqslant\dfrac{f(a+b-x)+f(x)}{2}$. 于是,有

$$\int_a^b f(x)\mathrm{d}x = \int_a^{\frac{a+b}{2}} f(x)\mathrm{d}x + \int_{\frac{a+b}{2}}^b f(x)\mathrm{d}x$$
$$= \int_{\frac{a+b}{2}}^b (f(a+b-x)+f(x))\mathrm{d}x \geqslant \int_{\frac{a+b}{2}}^b 2f\left(\dfrac{a+b}{2}\right)\mathrm{d}x$$
$$= (b-a)f\left(\dfrac{a+b}{2}\right).$$

另一方面,当 $f(x)\geqslant 0$ 时,由定积分的几何意义知,有 $\dfrac{1}{b-a}\int_a^b f(x)\mathrm{d}x \leqslant \dfrac{f(a)+f(b)}{2}$;否则取适当的常数 $c>0$,使得 $F(x)=f(x)+c\geqslant 0$,由上知也成立. 于是,有

$$f\left(\dfrac{a+b}{2}\right) \leqslant \dfrac{1}{b-a}\int_a^b f(x)\mathrm{d}x \leqslant \dfrac{f(a)+f(b)}{2}.$$

13.问:设 $f(x)$ 在 **R** 上有二阶导数,若 $f(x)$ 和 $f''(x)$ 有界,则 $f'(x)$ 一定有界吗?

答:一定. 事实上,由题意知 $\exists M_1>0, M_2>0$,满足 $|f(x)|\leqslant M_1$,$|f''(x)|\leqslant M_2$. 由泰勒公式知,有

$$f(x+h)=f(x)+f'(x)h+\dfrac{1}{2}f''(\xi_1)h^2,\text{其中 }h>0,\xi_1\in(x,x+h);$$

和

$$f(x-h)=f(x)-f'(x)h+\dfrac{1}{2}f''(\xi_2)h^2,\text{其中 }\xi_2\in(x-h,x).$$

两式相减得,

$$f(x+h)-f(x-h)=2hf'(x)+\dfrac{h^2}{2}[f''(\xi_1)-f''(\xi_2)],$$

即有 $2h|f'(x)|\leqslant 2M_1+h^2M_2$,即 $0\leqslant h^2M_2-2h|f'(x)|+2M_1, \forall h>0$.

类似地,可知 $\forall h<0$,上式也成立.

于是有 $\Delta=4(|f'(x)|)^2-4M_1M_2\leqslant 0$,

即有 $|f'(x)|\leqslant\sqrt{M_1M_2}$.

14. 问:设 $f(x)$ 在 **R** 上有三阶连续导数,若 $f(x),f'''(x)$ 有界,则 $f'(x)$ 与 $f''(x)$ 一定有界吗?

答:一定. 事实上,由题意知 $\exists M_1>0,M_2>0$,满足 $|f(x)|\leqslant M_1$,$|f'''(x)|\leqslant M_2$. 由泰勒公式知,存在 $\xi_1\in(x,x+1),\xi_2\in(x-1,x)$,满足

$$f(x+1)=f(x)+f'(x)+\frac{f''(x)}{2}+\frac{1}{6}f'''(\xi_1),$$

$$f(x-1)=f(x)-f'(x)+\frac{f''(x)}{2}-\frac{1}{6}f'''(\xi_2).$$

整理,有

$$|f''(x)|\leqslant |f(x+1)|+|f(x-1)|+2|f(x)|+$$
$$\frac{1}{6}[|f'''(\xi_1)|+|f'''(\xi_2)|]\leqslant 4M_1+\frac{M_2}{6},$$

$$|f'(x)|\leqslant\frac{|f(x+1)|+|f(x-1)|}{2}+\frac{1}{12}[|f'''(\xi_1)|+|f'''(\xi_2)|]$$
$$\leqslant M_1+\frac{M_2}{6},$$

(提示:(1)设 $f(x)$ 在 **R** 上有二阶连续导数,即使 $f(x),f'(x)$ 有界,也不能保证 $f''(x)$ 有界. 例如,令 $f(x)=\mathrm{e}^{-2x^2}\sin \mathrm{e}^{x^2}$,计算

$$f'(x)=-4x\mathrm{e}^{-2x^2}\sin \mathrm{e}^{x^2}+2x\mathrm{e}^{-x^2}\cos \mathrm{e}^{x^2},$$
$$f''(x)=-4\mathrm{e}^{-2x^2}\sin \mathrm{e}^{x^2}+16x^2\mathrm{e}^{-2x^4}\sin \mathrm{e}^{x^2}-8x^2\mathrm{e}^{-x^2}\cos \mathrm{e}^{x^2}$$
$$+2\mathrm{e}^{-x^2}\cos \mathrm{e}^{x^2}-4x^2\mathrm{e}^{-x^2}\cos \mathrm{e}^{x^2}-4x^2\sin \mathrm{e}^{x^2}.$$

(2)设 $f(x)$ 在 **R** 上有二阶连续导数,即使 $f'(x),f''(x)$ 有界,也不能保证 $f(x)$ 有界.

例如,令 $f(x)=x$,计算 $f'(x)=1,f''(x)=0$.

(3)读者可以思考如下问题:设 $f(x)$ 在 **R** 上有 n 阶连续导数,若 $f(x),f^{(n)}(x)$ 有界,则 $f^{(k)}(x),\forall 1\leqslant k\leqslant n-1$ 有界吗?

15. 问:(1)设函数 $f(x),g(x)$ 均为 **R** 上的下凸函数,则 $f(x)g(x)$ 一定为 **R** 上的下凸函数吗?

(2)设函数 $f(x),g(x)$ 分别为 **R** 上的上、下凸函数,$f(x)+g(x)$ 一定为 **R** 上的非凹、凸函数吗?

答:(1)不一定.事实上,令 $f(x)=g(x)=x^2-1$,有
$f'(x)=g'(x)=2x, f''(x)=g''(x)=2>0$,而
$(f(x)g(x))''=4(3x^2-1)$.

(2)不一定.事实上,令 $f(x)=2x^2, g(x)=-3x^2, h(x)=-x^2$,有
$f(x)+g(x)=-x^2, f(x)+h(x)=x^2$ 分别为上凸和下凸函数.

第 5 章

不定积分

本章的重点是不定积分的定义、基本公式与性质,换元积分法与分部积分法. 难点是不定积分的常见技巧、有理函数的积分、几种不定积分方法的综合应用.

本章要求学生掌握不定积分基本公式;不定积分的性质;换元积分法与分部积分法. 会求有理函数、三角函数有理式和简单无理函数的不定积分.

§5.1 不定积分的概念与性质

5.1.1 原函数与不定积分概念

1. 定义与性质

定义 5.1.1 设函数 $f(x)$ 在某个区间 I 上有定义,若存在函数 $F(x)$,使得 $\forall x \in I$,有 $F'(x) = f(x)$ 或 $dF(x) = f(x)dx$,则称 $F(x)$ 是函数 $f(x)$ 在 I 上的一个原函数.

性质 5.1.1 若 $F(x), G(x)$ 是函数 $f(x)$ 在 I 上的两个原函数,则 $F(x) = G(x) + C$,其中 C 为任意常数. 几何意义如图 5.1 所示.

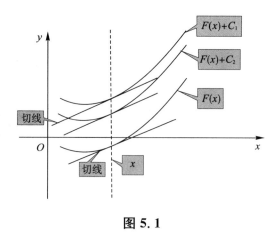

图 5.1

定义 5.1.2 函数 $f(x)$ 的全体原函数的表达式称为 $f(x)$ 的不定积分,记作

$$\int f(x)\mathrm{d}x = F(x) + C$$

其中 C 为任意常数,$\int$ 称为积分号,$f(x)$ 称为被积函数,$f(x)\mathrm{d}x$ 称为被积表达式,x 称为积分变量,C 称为积分常数.

注 5.1.1

(1)计算原函数或不定积分其实是微分运算的逆问题;

(2)不定积分中任意常数是标配,千万要写,不能少;

(3)不定积分几何意义如图 5.1 所示.注意曲线族 $F(x)+C$ 的切线斜率 $f(x)$(所以对于曲线族在横坐标 x 处的切线都是平行的).

2. 有关不定积分的存在性

(1)不定积分的存在性

定理 5.1.1 若函数 $f(x)$ 在区间 I 上连续,则不定积分 $\int f(x)\mathrm{d}x$ 在 I 上存在.

注 5.1.2 不定积分存在也简称原函数存在.

5.1.2 基本公式与运算法则

1. 基本公式

(1) $\left(\int f(x)\mathrm{d}x\right)' = f(x),\mathrm{d}\left(\int f(x)\mathrm{d}x\right) = f(x)\mathrm{d}x$,主要用于证

明和验证；

(2) $\int f(x)\mathrm{d}x = \int \mathrm{d}F(x) = F(x) + C$，主要用于计算.

2. 初等函数的 12 个常用公式

3. 运算法则

性质 5.1.2 设 $f(x), g(x)$ 均原函数存在，则 $k_1 f(x) \pm k_2 g(x)$ 原函数存在且有

$$\int (k_1 f(x) \pm k_2 g(x))\mathrm{d}x = k_1 \int f(x)\mathrm{d}x \pm k_2 \int g(x)\mathrm{d}x$$

其中 k_1, k_2 为两个实常数.

例 5.1.1 求下列不定积分：

(1) $\int \dfrac{1}{\sqrt{x}}\mathrm{d}x$；(2) $\int \dfrac{1}{x}\mathrm{d}x$.

解：略.

例 5.1.2 求下列函数 $f(x)$：

(1) 设 $f'(x^2) = \sqrt{x}$；

(2) 设 $f'(\sin^2 x) = \cos 2x + \tan^2 x$，其中 $0 < x < 1$.

解：(1) 方法一，令 $u = x^2$，有 $x = \sqrt{u}$，所以有 $f'(u) = \sqrt[4]{u}$. 于是有

$$f(u) + C = \int f'(u)\mathrm{d}u = \int \sqrt[4]{u}\,\mathrm{d}u = \frac{4}{5} u^{\frac{5}{4}},$$

故 $f(x) = \dfrac{4}{5} x^{\frac{5}{4}} + C$.

方法二（若学完换元法）

$$f(u) + C = \int f'(u)\mathrm{d}u \xlongequal{u=x^2} \int f'(x^2) 2x\,\mathrm{d}x = \int 2x^{\frac{3}{2}}\,\mathrm{d}x$$

$$= \frac{4}{5} x^{\frac{5}{2}} = \frac{4}{5} u^{\frac{5}{4}},$$

于是 $f(x) = \dfrac{4}{5} x^{\frac{5}{4}} + C$. 这里 C 为任意常数.

(2) 令 $u = \sin^2 x$，有

$$f'(u) = 1 - 2\sin^2 x + \frac{\sin^2 x}{1 - \sin^2 x} = 1 - 2u + \frac{u}{1-u}$$

$$= -2u + \frac{1}{1-u}.$$

于是有
$$f(u)+C=\int f'(u)\mathrm{d}u=\int\left(-2u+\frac{1}{1-u}\right)\mathrm{d}u$$
$$=\int -2u\mathrm{d}u+\int\frac{1}{1-u}\mathrm{d}u$$
$$=-u^2-\ln(1-u),$$

故 $f(x)=-x^2-\ln(1-x)+C$. 这里 C 为任意常数.

类似题：

(1) 设 $f'(\ln x)=1+x$, 计算 $f(x)$；

(2) 设 $f(x^2-1)=\ln\dfrac{x^2}{x^2-2}$, 且 $f(\varphi(x))=\ln x$, 求 $\int\varphi(x)\mathrm{d}x$.

解：(1) 方法一，令 $u=\ln x$, 有 $x=\mathrm{e}^u$, 所以有 $f'(u)=1+\mathrm{e}^u$. 于是有

$$f(u)+C=\int f'(u)\mathrm{d}u=\int(1+\mathrm{e}^u)\mathrm{d}u=u+\mathrm{e}^u,$$

故 $f(x)=x+\mathrm{e}^x+C$.

方法二（若学完换元法）

$$f(u)+C=\int f'(u)\mathrm{d}u\stackrel{u=\ln x}{=}\int f'(\ln x)\frac{1}{x}\mathrm{d}x$$
$$=\int\left(1+\frac{1}{x}\right)\mathrm{d}x=x+\ln x=\mathrm{e}^u+u,$$

于是 $f(x)=x+\mathrm{e}^x+C$. 这里 C 为任意常数.

(2) 令 $u=x^2-1$, 有 $f(u)=\ln\dfrac{u+1}{u-1}$.

进一步，有 $f(\varphi(x))=\ln\dfrac{\varphi(x)+1}{\varphi(x)-1}=\ln x$, 解得 $\varphi(x)=\dfrac{x+1}{x-1}$.

于是有 $\int\varphi(x)\mathrm{d}x=\int\mathrm{d}x+\int\dfrac{2}{x-1}\mathrm{d}x=x+2\ln|x-1|+C.$

这里 C 为任意常数.

例 5.1.3 求下列初等函数的不定积分：

(1) $\int\left(3x^2-4x+\dfrac{1}{x}+1\right)\mathrm{d}x$；(2) $\int\dfrac{(x-1)^3}{x^2}\mathrm{d}x$；

(3) $\int\dfrac{1}{\sin^2 x\cos^2 x}\mathrm{d}x.$

解:(1) $\int \left(3x^2 - 4x + \dfrac{1}{x} + 1\right)dx$

$= \int 3x^2 dx - 2\int 2x dx + \int \dfrac{1}{x}dx + \int dx$

$= x^3 - 2x^2 + \ln|x| + x + C.$

这里 C 为任意常数.

(提示：运算时，加减项需要分开利用线性计算（即使得每项为 12 个基本式之一））

(2) $\int \dfrac{(x-1)^3}{x^2}dx = \int \dfrac{x^3 - 3x^2 + 3x - 1}{x^2}dx$

$= \dfrac{1}{2}x^2 - 3x + 3\ln|x| + \dfrac{1}{x} + C.$

这里 C 为任意常数.

(提示：利用诸如牛顿二项式定理等公式，把分子分成几项然后利用线性计算之.)

(3) 方法一

$\int \dfrac{1}{\sin^2 x \cos^2 x}dx = \int \dfrac{\sin^2 x + \cos^2 x}{\sin^2 x \cos^2 x}dx = \int \sec^2 x dx + \int \csc^2 x dx$

$= \tan x - \cot x + C.$

(提示：利用诸如牛顿二项式定理等公式，把分子分成几项利用线性计算之).

方法二（学完换元法）

$\int \dfrac{1}{\sin^2 x \cos^2 x}dx = 2\int \dfrac{1}{\sin^2 2x}d2x = -2\cot 2x + C.$

这里 C 为任意常数.

例 5.1.4 求下列分段函数的不定积分：

(1) $\int |x|dx$；(2) $\int \min\{x^2, x\}dx.$

解:(1) 因为 $f(x) = \begin{cases} x, & x \geq 0, \\ -x, & x < 0 \end{cases}$ 是连续的分段函数，所以不定积分存在且要分别在不同区间上计算，继后再化零为整统一常数.

一方面，当 $x \geq 0$ 时，$\int f(x)dx = \int x dx = \dfrac{1}{2}x^2 + C_1$；当 $x < 0$ 时，

$$\int f(x)\mathrm{d}x = \int -x\mathrm{d}x = \frac{-1}{2}x^2 + C_2;$$

另一方面,由于 $\int f(x)\mathrm{d}x = F(x)+C$ 中只有一个常数,而 $F(x)+C$ 可导,所以连续. 于是,有 $\lim\limits_{x\to 0^+}\left(\frac{1}{2}x^2 + C_1\right) = \lim\limits_{x\to 0^-}\left(\frac{-1}{2}x^2 + C_2\right)$,解得 $C_1 = C_2$,取 $C_1 = C$. 故有 $\int f(x)\mathrm{d}x = \begin{cases} \frac{1}{2}x^2 + C, & x \geqslant 0, \\ -\frac{1}{2}x^2 + C, & x < 0. \end{cases}$

(2)因为 $f(x) = \begin{cases} x, & x \geqslant 1, \\ x^2, & 0 < x < 1, \\ x, & x \leqslant 0 \end{cases}$ 是连续的分段函数,所以不定积分存在且要分别在不同区间上计算,继后再化零为整统一常数.

一方面,当 $x \geqslant 1$ 时,$\int f(x)\mathrm{d}x = \int x\mathrm{d}x = \frac{1}{2}x^2 + C_1$;

当 $0 < x < 1$ 时,$\int f(x)\mathrm{d}x = \int x^2\mathrm{d}x = \frac{1}{3}x^3 + C_2$;

当 $x \leqslant 0$ 时,$\int f(x)\mathrm{d}x = \int x\mathrm{d}x = \frac{1}{2}x^2 + C_3$;

另一方面,由于 $\int f(x)\mathrm{d}x = F(x)+C$ 中只有一个常数,而 $F(x)+C$ 可导,所以连续. 于是,有

$$\lim\limits_{x\to 1^+}\left(\frac{1}{2}x^2 + C_1\right) = \lim\limits_{x\to 1^-}\left(\frac{1}{3}x^2 + C_2\right),$$

$$\lim\limits_{x\to 0^+}\left(\frac{1}{3}x^2 + C_2\right) = \lim\limits_{x\to 0^-}\left(\frac{1}{2}x^2 + C_3\right),$$

解得 $C_1 = \frac{-1}{6} + C_2$,$C_3 = C_2$,取 $C_2 = C$. 故有

$$\int f(x)\mathrm{d}x = \begin{cases} \frac{1}{2}x^2 + C - \frac{1}{6}, & x \geqslant 1, \\ \frac{1}{3}x^3 + C, & 0 < x < 1, \\ \frac{1}{2}x^2 + C, & x < 0. \end{cases}$$

以下 C 均为任意常数,以后不再专门说明.

§5.2 换元积分法

5.2.1 第一换元法(凑微分法)

1. 定理

定理 5.2.1(第一换元法) 设 $u=\varphi(x)$ 具有连续导数,若 $\int f(u)\mathrm{d}u = F(u)+C$,则

$$\int f(\varphi(x))\varphi'(x)\mathrm{d}x = \int f(\varphi(x))\mathrm{d}\varphi(x) = \int f(u)\mathrm{d}u = F(u)+C$$
$$= F(\varphi(x))+C.$$

证明:略.

注 5.2.1

(1) 一般 $\int f(u)\mathrm{d}u = F(u)+C$ 是初等函数的 12 个基本式之一;

(2) 此定理为复合函数求导数的逆运算;

(3) 计算完别忘了带回原变量.

2. 应用举例

例 5.2.1 求下列初等函数的不定积分:

(1) $\int \dfrac{3}{3+2x}\mathrm{d}x$,

加强版 1:设 $\int f(x)\mathrm{d}x = F(x)+C$,求 $\int f(ax+b)\mathrm{d}x$,其中 $a\neq 0$;

(2) $\int \dfrac{x^2}{(x+1)^3}\mathrm{d}x$,

加强版 2:$\int \dfrac{x^m}{(x+a)^n}\mathrm{d}x, m\in \mathbf{N}$;

(3) $\int \dfrac{1}{a^2+x^2}\mathrm{d}x \ (a>0)$,

加强版 3:$\int \dfrac{1}{\sqrt{a^2-x^2}}\mathrm{d}x \ (a>0)$;

(4) $\int \dfrac{1}{a^2-x^2}\mathrm{d}x \ (a>0)$;

(5) $\int e^{2x} dx$,

加强版 4: $\int x e^{x^2} dx, \int \dfrac{e^{2x}}{1+e^x} dx, \int \dfrac{1}{1+e^x} dx$;

(6) $\int \dfrac{x}{1+x^4} dx$,

加强版 5: $\int \dfrac{x^{3n-1}}{(x^n+1)^2} dx \ (n \in \mathbf{N}), \int \dfrac{1}{x(1+x^n)} dx \ (n \neq 0)$;

(7) $\int \dfrac{\sin\sqrt{x}}{\sqrt{x}} dx$,

加强版 6: $\int \dfrac{\ln(1+\sqrt{x})}{\sqrt{x}(1+\sqrt{x})} dx$;

(8) 设 $\int x f(x) dx = \arcsin x + C$, 求 $\int \dfrac{1}{f(x)} dx$.

解:(1)计算

$$\int \dfrac{3}{3+2x} dx = \dfrac{3}{2} \int \dfrac{1}{3+2x} d(3+2x) \stackrel{u=2x+3}{=\!=\!=} \dfrac{3}{2} \int \dfrac{1}{u} du$$

$$= \dfrac{3}{2} \ln|u| + C = \dfrac{3}{2} \ln|2x+3| + C.$$

计算(加强版 1)

$$\int f(ax+b) dx = \dfrac{1}{a} \int f(ax+b) d(ax+b) \stackrel{u=ax+b}{=\!=\!=} \dfrac{1}{a} \int f(u) du$$

$$= \dfrac{1}{a}(F(u)+C) = \dfrac{1}{a}(F(ax+b)+C).$$

(2)相对而言分母比分子复杂的情况下,一般做变换处理使得分母最简单,然后再计算.

计算

$$\int \dfrac{x^2}{(x+1)^3} dx = \int \dfrac{((x+1)-1)^2}{(x+1)^3} d(x+1) \stackrel{u=x+1}{=\!=\!=} \int \dfrac{(u-1)^2}{u^3} du$$

$$= \int \dfrac{u^2-2u+1}{u^3} du = \ln|u| + 2u^{-1} - \dfrac{1}{2} u^{-2} + C$$

$$= \ln|x+1| + 2(x+1)^{-1} - \dfrac{1}{2}(x+1)^{-2} + C.$$

计算(加强版 2)

$$\int \dfrac{x^m}{(x+a)^n} dx = \int \dfrac{((x+a)-a)^m}{(x+a)^n} d(x+a) \stackrel{u=x+a}{=\!=\!=} \int \dfrac{(u-a)^m}{u^n} du,$$

然后分子利用牛顿二项式定理展开,利用线性性计算之,留给读者练习.

(3)初等函数不定积分的 12 个基本公式有 $\int \dfrac{1}{1+x^2}\mathrm{d}x = \arctan x + C$,因此目的是"$a$"位置"1"化.

计算

$$\int \dfrac{1}{a^2+x^2}\mathrm{d}x = \dfrac{1}{a}\int \dfrac{1}{1+\left(\dfrac{x}{a}\right)^2}\mathrm{d}\left(\dfrac{x}{a}\right) \xlongequal{u=\frac{x}{a}} \dfrac{1}{a}\int \dfrac{1}{1+u^2}\mathrm{d}u$$

$$= \dfrac{1}{a}\arctan u + C = \dfrac{1}{a}\arctan \dfrac{x}{a} + C.$$

计算(加强版 3)

$$\int \dfrac{1}{\sqrt{a^2-x^2}}\mathrm{d}x = \int \dfrac{1}{\sqrt{1-\left(\dfrac{x}{a}\right)^2}}\mathrm{d}\left(\dfrac{x}{a}\right) \xlongequal{u=\frac{x}{a}} \int \dfrac{1}{\sqrt{1-u^2}}\mathrm{d}u$$

$$= \arcsin u + C = \arcsin \dfrac{x}{a} + C.$$

(4)计算

$$\int \dfrac{1}{a^2-x^2}\mathrm{d}x = \dfrac{1}{2a}\int \dfrac{(a-x)+(a+x)}{(a-x)(a+x)}\mathrm{d}x$$

$$= \dfrac{1}{2a}\left(\int \dfrac{1}{(a+x)}\mathrm{d}(x+a) + \int \dfrac{-1}{(a-x)}\mathrm{d}(a-x)\right)$$

$$= \dfrac{1}{2a}\ln\left|\dfrac{a+x}{a-x}\right| + C.$$

(提示:当分母为两项乘积,而两项的加或减为常数时,常如上处理)

(5)计算

$$\int \mathrm{e}^{2x}\mathrm{d}x = \dfrac{1}{2}\int \mathrm{e}^{2x}\mathrm{d}(2x) \xlongequal{u=2x} \dfrac{1}{2}\mathrm{e}^u + C = \dfrac{1}{2}\mathrm{e}^{2x} + C.$$

计算(加强版 4)

$$\int x\mathrm{e}^{x^2}\mathrm{d}x = \dfrac{1}{2}\int \mathrm{e}^{x^2}\mathrm{d}x^2 = \dfrac{1}{2}\mathrm{e}^{x^2} + C;$$

$$\int \dfrac{\mathrm{e}^{2x}}{1+\mathrm{e}^x}\mathrm{d}x = \int \dfrac{\mathrm{e}^x \cdot \mathrm{e}^x}{1+\mathrm{e}^x}\mathrm{d}x = \int \dfrac{\mathrm{e}^x}{1+\mathrm{e}^x}\mathrm{d}\mathrm{e}^x = \int \left(1 - \dfrac{1}{1+\mathrm{e}^x}\right)\mathrm{d}\mathrm{e}^x$$

$$= \mathrm{e}^x - \ln(1+\mathrm{e}^x) + C;$$

$$\int \frac{1}{1+\mathrm{e}^x}\mathrm{d}x = \int \frac{\mathrm{e}^x}{\mathrm{e}^x(1+\mathrm{e}^x)}\mathrm{d}x = \int \frac{1}{\mathrm{e}^x(1+\mathrm{e}^x)}\mathrm{d}\mathrm{e}^x$$

$$= \int \left(\frac{1}{\mathrm{e}^x} - \frac{1}{1+\mathrm{e}^x}\right)\mathrm{d}\mathrm{e}^x = \ln\frac{\mathrm{e}^x}{1+\mathrm{e}^x} + C$$

或

$$\int \frac{1}{1+\mathrm{e}^x}\mathrm{d}x = \int \frac{1}{\mathrm{e}^x(1+\mathrm{e}^{-x})}\mathrm{d}x = -\int \frac{\mathrm{e}^{-x}}{1+\mathrm{e}^{-x}}\mathrm{d}(-x)$$

$$= -\int \frac{1}{1+\mathrm{e}^{-x}}\mathrm{d}\mathrm{e}^{-x} = -\int \frac{1}{1+\mathrm{e}^{-x}}\mathrm{d}(\mathrm{e}^{-x}+1)$$

$$= -\ln(1+\mathrm{e}^{-x}) + C.$$

(提示:计算熟悉以后可省略设置变换)

(6)计算

$$\int \frac{x}{1+x^4}\mathrm{d}x = \frac{1}{2}\int \frac{1}{1+x^4}\mathrm{d}x^2 = \frac{1}{2}\int \frac{1}{1+(x^2)^2}\mathrm{d}x^2$$

$$= \frac{1}{2}\arctan x^2 + C.$$

计算(加强版5)

$$\int \frac{x^{3n-1}}{(x^n+1)^2}\mathrm{d}x = \int \frac{x^{2n}x^{n-1}}{(x^n+1)^2}\mathrm{d}x = \frac{1}{n}\int \frac{(x^n)^2}{(x^n+1)^2}\mathrm{d}(x^n)$$

$$\xlongequal{u=x^n} \frac{1}{n}\int \frac{u^2}{(u+1)^2}\mathrm{d}u$$

$$= \frac{1}{n}\int \frac{((u+1)-1)^2}{(u+1)^2}\mathrm{d}(u+1)$$

$$\xlongequal{t=u+1} \frac{1}{n}\int \frac{(t-1)^2}{t^2}\mathrm{d}t = \frac{1}{n}\left(t - 2\ln|t| - \frac{1}{t}\right) + C$$

$$= \frac{1}{n}\left((x^n+1) - 2\ln|x^n+1| - \frac{1}{x^n+1}\right) + C,$$

$$\int \frac{1}{x(1+x^n)}\mathrm{d}x = \int \frac{x^{n-1}}{x^n(1+x^n)}\mathrm{d}x = \frac{1}{n}\int \frac{1}{x^n(1+x^n)}\mathrm{d}(x^n)$$

$$= \frac{1}{n}\int \frac{(1+x^n)-x^n}{x^n(1+x^n)}\mathrm{d}(x^n)$$

$$= \frac{1}{n}\ln\left|\frac{x^n}{1+x^n}\right| + C.$$

(7)计算

$$\int \frac{\sin\sqrt{x}}{\sqrt{x}}\mathrm{d}x = 2\int \sin\sqrt{x}\,\mathrm{d}(\sqrt{x}) = -2\cos\sqrt{x} + C.$$

计算(加强版 6)

$$\int \frac{\ln(1+\sqrt{x})}{\sqrt{x}(1+\sqrt{x})}\mathrm{d}x = 2\int \frac{\ln(1+\sqrt{x})}{1+\sqrt{x}}\mathrm{d}(\sqrt{x})$$

$$= 2\int \frac{\ln(1+\sqrt{x})}{1+\sqrt{x}}\mathrm{d}(1+\sqrt{x})$$

$$= 2\int \ln(1+\sqrt{x})\mathrm{d}(\ln(1+\sqrt{x}))$$

$$= \ln^2(1+\sqrt{x})+C.$$

(8)首先,对 $\int xf(x)\mathrm{d}x = \arcsin x + C$ 两边求导,

解得 $f(x) = \dfrac{1}{x\sqrt{1-x^2}}$. 其次,计算

$$\int \frac{1}{f(x)}\mathrm{d}x = \int x\sqrt{1-x^2}\mathrm{d}x = -\frac{1}{2}\int \sqrt{1-x^2}\mathrm{d}(1-x^2)$$

$$= -\frac{1}{3}(1-x^2)^{\frac{3}{2}}+C.$$

5.2.2　第二换元法

1. 定理

定理 5.2.2　设 $f(x)$ 连续,$x=\varphi(t)$ 连续可导且 $\varphi'(t)\neq 0$(即存在连续的反函数 $t=\varphi^{-1}(x)$),若

$$\int f(\varphi(t))\varphi'(t)\mathrm{d}t = F(t)+C,$$

则

$$\int f(x)\mathrm{d}x = \int f(\varphi(t))\mathrm{d}\varphi(t) = \int f(\varphi(t))\varphi'(t)\mathrm{d}t = F(t)+C$$

$$= F(\varphi^{-1}(x))+C.$$

证明:略.

注 5.2.2

(1)第二换元法是去根号的主要方法,常用于计算简单无理函数的不定积分;

(2)定理 5.2.2 中,x 为原积分变量,t 为新积分变量,运算完别忘了带回原变量(原积分变量).

2. 应用举例(简单无理函数的不定积分)

类型 1 当被积函数中含有 $\sqrt[n]{ax+b}$ ($a\neq 0$)因子时,令 $t=\sqrt[n]{ax+b}$,有 $x=\dfrac{t^n-b}{a}$,$\mathrm{d}x=\dfrac{n}{a}t^{n-1}$,代入被积表达式中进行运算.

例 5.2.2 求下列函数的不定积分:

(1) $\displaystyle\int \dfrac{1}{1+\sqrt{x}}\mathrm{d}x$; (2) $\displaystyle\int \dfrac{x^{\frac{3}{2}}}{1+x}\mathrm{d}x$; (3) $\displaystyle\int \dfrac{1}{\sqrt{x}(1+x)}\mathrm{d}x$.

解:(1)计算

$$\int \dfrac{1}{1+\sqrt{x}}\mathrm{d}x \xlongequal{t=\sqrt{x}\geqslant 0} \int \dfrac{1}{1+t}\mathrm{d}(t^2) = 2\int \dfrac{t}{1+t}\mathrm{d}t = 2\int \dfrac{(t+1)-1}{1+t}\mathrm{d}t$$

$$= 2(t-\ln(1+t))+C$$

$$= 2(\sqrt{x}-\ln(1+\sqrt{x}))+C.$$

(2)计算

$$\int \dfrac{x^{\frac{3}{2}}}{1+x}\mathrm{d}x = \int \dfrac{x\cdot\sqrt{x}}{1+x}\mathrm{d}x \xlongequal{t=\sqrt{x}\geqslant 0} \int \dfrac{t^3}{1+t^2}\mathrm{d}(t^2) = 2\int \dfrac{t^4}{1+t^2}\mathrm{d}t$$

$$= 2\int \dfrac{(t^4-1)+1}{1+t^2}\mathrm{d}t = 2\left(\dfrac{t^3}{3}-t+\arctan t\right)+C$$

$$= 2\left(\dfrac{x^{\frac{3}{2}}}{3}-\sqrt{x}+\arctan\sqrt{x}\right)+C.$$

(3)留给读者练习.

类型 2 当被积函数中含有 $\sqrt[n]{ax+b}$,$\sqrt[m]{ax+b}$($a\neq 0$)因子时,令 $t=\sqrt[l]{ax+b}$,有 $x=\dfrac{t^l-b}{a}$,$\mathrm{d}x=\dfrac{l}{a}t^{l-1}$,代入被积表达式中进行运算.其中 l 为 m 和 n 的最小公倍数.

例 5.2.3 计算下列函数的不定积分:

(1) $I=\displaystyle\int \dfrac{1}{\sqrt{x}(1+\sqrt[3]{x})}\mathrm{d}x$; (2) $I=\displaystyle\int \dfrac{1}{\sqrt{x}+\sqrt[3]{x}}\mathrm{d}x$.

解:(1)首先,易知 $l=6$ 是 2 和 3 的最小公倍数,令 $t=\sqrt[6]{x}$,有 $x=t^6$.其次,计算

$$I = \int \frac{1}{\sqrt{x}(1+\sqrt[3]{x})} dx = \int \frac{d(t^6)}{t^3(1+t^2)} = 6\int \frac{t^2}{1+t^2} dt$$

$$= 6\int \frac{(t^2+1)-1}{1+t^2} dt = 6(t - \arctan t) + C$$

$$= 6(\sqrt[6]{x} - \arctan \sqrt[6]{x}) + C.$$

(2)留给读者练习.

类型 3 当被积函数中含有 $\sqrt[n]{\dfrac{a_1 x + b_1}{a_2 x + b_2}}$ 因子时,令 $t = \sqrt[n]{\dfrac{a_1 x + b_1}{a_2 x + b_2}}$,有

$$x = \frac{b_2 t^n - b_1}{a_1 - a_2 t^n}, \quad dx = \frac{nb_2 t^{n-1}(a_1 - a_2 t^n) + na_2 t^{n-1}(b_2 t^n - b_1)}{(a_1 - a_2 t^n)^2},$$

代入被积表达式中进行运算.

例 5.2.4 计算 $I = \displaystyle\int \frac{1}{x}\sqrt{\frac{1+x}{x}} dx$.

解:首先,令 $t = \sqrt{\dfrac{1+x}{x}}$,有 $x = \dfrac{1}{t^2 - 1}$.

其次

$$I = \int \frac{1}{x}\sqrt{\frac{1+x}{x}} dx = \int (t^2-1) t \, d\left(\frac{1}{t^2-1}\right)$$

$$= \int (t^2-1) t \frac{-2t}{(t^2-1)^2} dt = -2\int \frac{t^2}{t^2-1} dt$$

$$= -2\int \frac{(t^2-1)+1}{t^2-1} dt = -2\left(t + \frac{1}{2}\ln\left|\frac{t-1}{t+1}\right|\right) + C$$

$$= -2\sqrt{\frac{1+x}{x}} - \ln\left|\frac{\sqrt{\frac{1+x}{x}} - 1}{\sqrt{\frac{1+x}{x}} + 1}\right| + C.$$

类型 4 被积函数中含有 $\sqrt{a_1 x^2 + b_1 x + c_1}\ (a_1 \neq 0)$ 因子的情形.

(ⅰ) 标准形式 $I = \displaystyle\int \sqrt{a^2 - x^2}\, dx\ (a > 0)$

令 $x = \varphi(t) = a\sin t, t \in \left(-\dfrac{\pi}{2}, \dfrac{\pi}{2}\right)$,于是有 $t = \arcsin \dfrac{x}{a}$,

$dx = a\cos t\, dt$,所以有

$$I = \int \sqrt{a^2 - x^2}\,dx = \int \sqrt{a^2 - a^2 \sin^2 t}\,d(a\sin t)$$
$$= a^2 \int |\cos t| \cos t\,dt = a^2 \int \cos^2 t\,dt.$$

类似有 $I = \int \dfrac{1}{\sqrt{a^2 - x^2}}\,dx = \int dt = t + C = \arcsin \dfrac{x}{a} + C\ (a > 0)$

推广 5.2.1 设 $\Delta = b_1^2 + 4c_1 > 0$，有

$$\int \sqrt{-x^2 + b_1 x + c_1}\,dx = \int \sqrt{-\left(x - \dfrac{b_1}{2}\right)^2 + \dfrac{b_1^2 + 4c_1}{4}}\,dx$$
$$= \int \sqrt{a^2 - u^2}\,du,$$

和

$$\int \dfrac{1}{\sqrt{-x^2 + b_1 x + c_1}}\,dx = \int \dfrac{1}{\sqrt{-\left(x - \dfrac{b_1}{2}\right)^2 + \dfrac{b_1^2 + 4c_1}{4}}}\,dx$$
$$= \int \dfrac{1}{\sqrt{a^2 - u^2}}\,du.$$

推广 5.2.2 有

$$\int \sqrt{(x - \alpha)(\beta - x)}\,dx = \int \sqrt{-x^2 + (\alpha + \beta)x - \alpha\beta}\,dx$$
$$= \int \sqrt{-\left(x - \dfrac{\alpha + \beta}{2}\right)^2 + \dfrac{(\alpha - \beta)^2}{4}}\,dx = \int \sqrt{a^2 - u^2}\,du.$$

（ⅱ）标准形式 $I = \int \sqrt{x^2 - a^2}\,dx\ (a > 0)$

当 $x \geqslant a$ 时，令 $x = \varphi(t) = a\sec t, t \in \left[0, \dfrac{\pi}{2}\right)$，于是有 $t = \arccos \dfrac{a}{x}$，$dx = a\sec t \tan t\,dt$.

所以有

$$I = \int \sqrt{x^2 - a^2}\,dx = \int \sqrt{a^2 \sec^2 t - a^2}\,d(a\sec t)$$
$$= a^2 \int |\tan t| \sec t \tan t\,dt = a^2 \int \sec t \tan^2 t\,dt.$$

计算

$$\int \sec t \tan^2 t\,dt = \int \tan t\,d(\sec t) = \sec t \tan t - \int \sec^3 t\,dt$$
$$= \sec t \tan t - \int (\tan^2 t + 1)\sec t\,dt,$$

有 $\int \sec t \tan^2 t \mathrm{d}t = \dfrac{\sec t \tan t - \int \sec t \mathrm{d}t}{2}$.

同理可处理 $x<-a$ 的情形.

类似, 当 $x>a$ 时, 有
$$I = \int \dfrac{1}{\sqrt{x^2-a^2}} \mathrm{d}x = \int \sec t \mathrm{d}t = \ln(x+\sqrt{x^2-a^2}) + C (a>0).$$

推广 5.2.3 设 $\Delta = b_1^2 - 4c_1 > 0$, 有
$$\int \sqrt{x^2+b_1 x+c_1} \mathrm{d}x = \int \sqrt{\left(x+\dfrac{b_1}{2}\right)^2 - \dfrac{b_1^2-4c_1}{4}} \mathrm{d}x$$
$$= \int \sqrt{u^2-a^2} \mathrm{d}u,$$
$$\int \dfrac{1}{\sqrt{x^2+b_1 x+c_1}} \mathrm{d}x = \int \dfrac{1}{\sqrt{\left(x-\dfrac{b_1}{2}\right)^2 - \dfrac{b_1^2-4c_1}{4}}} \mathrm{d}x$$
$$= \int \dfrac{1}{\sqrt{u^2-a^2}} \mathrm{d}u$$

推广 5.2.4 有
$$\int \sqrt{(x-\alpha)(x-\beta)} \mathrm{d}x = \int \sqrt{x^2-(\alpha+\beta)x+\alpha\beta} \mathrm{d}x$$
$$= \int \sqrt{\left(x-\dfrac{\alpha+\beta}{2}\right)^2 - \dfrac{(\alpha-\beta)^2}{4}} \mathrm{d}x$$
$$= \int \sqrt{u^2-a^2} \mathrm{d}u.$$

(ⅲ) 标准形式 $I = \int \sqrt{x^2+a^2} \mathrm{d}x \ (a>0)$

令 $x = a\tan t, t \in \left(-\dfrac{\pi}{2}, \dfrac{\pi}{2}\right)$, 有 $t = \arctan \dfrac{x}{a}, \mathrm{d}x = a\sec^2 t \mathrm{d}t$, 于是有
$$I = \int \sqrt{x^2+a^2} \mathrm{d}x = \int \sqrt{a^2\tan^2 t + a^2} \mathrm{d}(a\tan t)$$
$$= a^2 \int |\sec t| \sec^2 t \mathrm{d}t = a^2 \int \sec^3 t \mathrm{d}t.$$

计算
$$\int \sec^3 t \mathrm{d}t = \int \sec t \mathrm{d}(\tan t) = \sec t \tan t - \int \tan^2 t \sec t \mathrm{d}t$$
$$= \sec t \tan t - \int \sec t^3 \mathrm{d}t + \int \sec t \mathrm{d}t,$$

有
$$\int \sec^3 t dt = \frac{\sec t \tan t + \int \sec t dt}{2}.$$

类似有
$$I = \int \frac{1}{\sqrt{a^2 + x^2}} dx = \int \frac{d(\sin t)}{1 - \sin^2 t} = \ln|\sec t + \tan t| + C$$
$$= \ln(\sqrt{x^2 + a^2} + x) + C$$

推广 5.2.5 设 $\Delta = b_1^2 - 4c_1 < 0$,有
$$\int \sqrt{x^2 + b_1 x + c_1} dx = \int \sqrt{\left(x + \frac{b_1}{2}\right)^2 - \frac{b_1^2 - 4c_1}{4}} dx$$
$$= \int \sqrt{u^2 + a^2} du,$$

和
$$\int \frac{1}{\sqrt{x^2 + b_1 x + c_1}} dx = \int \frac{1}{\sqrt{\left(x + \frac{b_1}{2}\right)^2 - \frac{b_1^2 - 4c_1}{4}}} dx$$
$$= \int \frac{1}{\sqrt{u^2 + a^2}} du.$$

例 5.2.5 计算下列函数的不定积分：

(1) $I = \int \frac{dx}{\sqrt{-x^2 + 2x + 3}}$;

(2) $I = \int \frac{1}{\sqrt{(x-\alpha)(\beta-x)}} dx, (\alpha < x < \beta)$;

(3) $I = \int \frac{dx}{x^2 \sqrt{a^2 + x^2}}, (a > 0)$;

(4) $\int \frac{x^3}{\sqrt{1+x^2}} dx$;

(5) $I = \int \frac{dx}{x\sqrt{x^2 - 1}}$.

解:(1) $I = \int \frac{dx}{\sqrt{-x^2 + 2x + 3}} = \int \frac{dx}{\sqrt{4 - (x-1)^2}}$
$$= \int \frac{d\left(\frac{x-1}{2}\right)}{\sqrt{1 - \left(\frac{x-1}{2}\right)^2}} = \arcsin \frac{x-1}{2} + C.$$

(2)方法一,

$$I = \int \frac{1}{\sqrt{(x-\alpha)(\beta-x)}} dx = \int \frac{1}{\sqrt{x-\alpha} \cdot \sqrt{\beta-x}} dx$$

$$= 2\int \frac{1}{\sqrt{\beta-x}} d(\sqrt{x-\alpha})$$

$$= 2\int \frac{1}{\sqrt{(\sqrt{\beta-\alpha})^2 - (\sqrt{x-\alpha})^2}} d(\sqrt{x-\alpha})$$

$$= 2\arcsin \frac{\sqrt{x-\alpha}}{\sqrt{\beta-\alpha}} + C.$$

方法二,首先,整理有

$$I = \int \frac{1}{\sqrt{(x-\alpha)(\beta-x)}} dx = \int \frac{1}{x-\alpha} \sqrt{\frac{x-\alpha}{\beta-x}} dx.$$

其次,令 $t = \sqrt{\frac{x-\alpha}{\beta-x}} \geq 0$ 去根号,留给读者练习.

方法三,整理有

$$I = \int \frac{1}{\sqrt{(x-\alpha)(\beta-x)}} dx$$

$$= \int \frac{1}{\sqrt{\left(\frac{\beta-\alpha}{2}\right)^2 - \left(x - \frac{\alpha+\beta}{2}\right)^2}} d\left(x - \frac{\alpha+\beta}{2}\right)$$

$$= \arcsin \frac{x - \frac{\alpha+\beta}{2}}{\frac{\beta-\alpha}{2}} + C.$$

(3)方法一,当分母中 x 的次数明显高于分子中时,可以采用倒变换. 仅讨论 $x > 0$ 情形,其余类似(留给读者练习).

$$I = \int \frac{dx}{x^2 \sqrt{a^2 + x^2}} \xrightarrow{x = \frac{1}{t}} \int \frac{d\left(\frac{1}{t}\right)}{\left(\frac{1}{t}\right)^2 \sqrt{a^2 + \left(\frac{1}{t}\right)^2}}$$

$$= -\int \frac{t}{\sqrt{a^2 t^2 + 1}} dt = -\frac{1}{2a^2} \int \frac{d(a^2 t^2 + 1)}{\sqrt{a^2 t^2 + 1}}$$

$$= -\frac{\sqrt{a^2 t^2 + 1}}{a^2} + C = -\frac{\sqrt{a^2 + x^2}}{a^2 x} + C.$$

方法二,令 $x=a\tan t, t\in\left(-\dfrac{\pi}{2},\dfrac{\pi}{2}\right)$,当 $t\in\left(0,\dfrac{\pi}{2}\right)$时,有
$\sin t=\dfrac{x}{\sqrt{x^2+a^2}}$,如图 5.2 所示,其余情形类似.

目的是去根号.

$$I=\int\dfrac{\mathrm{d}x}{x^2\sqrt{a^2+x^2}}=\int\dfrac{\mathrm{d}(a\tan t)}{(a\tan t)^2\sqrt{a^2+(a\tan t)^2}}$$

$$=\dfrac{1}{a^2}\int\dfrac{\sec^2 t}{\tan^2 t\sec t}\mathrm{d}t=\dfrac{1}{a^2}\int\dfrac{\mathrm{d}(\sin t)}{\sin^2 t}=-\dfrac{1}{a^2\sin t}+C$$

$$=-\dfrac{\sqrt{a^2+x^2}}{a^2 x}+C.$$

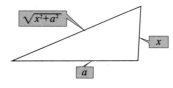

图 5.2

(4)方法一,

$$\int\dfrac{x^3}{\sqrt{1+x^2}}\mathrm{d}x=\int\dfrac{x^2\cdot x}{\sqrt{1+x^2}}\mathrm{d}x=\dfrac{1}{2}\int\dfrac{x^2}{\sqrt{1+x^2}}\mathrm{d}(x^2)$$

$$=\dfrac{1}{2}\int\dfrac{x^2+1-1}{\sqrt{1+x^2}}\mathrm{d}(x^2+1)$$

$$=\dfrac{1}{2}\int\dfrac{(x^2+1)-1}{\sqrt{1+x^2}}\mathrm{d}(x^2+1)$$

$$=\dfrac{1}{3}(1+x^2)^{\frac{3}{2}}-(1+x^2)^{\frac{1}{2}}+C.$$

方法二,令 $x=\tan t, t\in\left(\dfrac{-\pi}{2},\dfrac{\pi}{2}\right)$,目的是去分母的根号,留给读者练习.

(5)方法一,

$$I=\int\dfrac{\mathrm{d}x}{x\sqrt{x^2-1}}=\dfrac{1}{2}\int\dfrac{\mathrm{d}x^2}{x^2\sqrt{x^2-1}}\xlongequal{u=x^2-1}\dfrac{1}{2}\int\dfrac{\mathrm{d}u}{(u+1)\sqrt{u}}$$

$$=\int\dfrac{\mathrm{d}(\sqrt{u})}{(\sqrt{u})^2+1}=\arctan\sqrt{u}+C=\arctan\sqrt{x^2-1}+C.$$

方法二,仅讨论 $x>1$ 的情形,其余类似(留给读者练习).

$$I = \int \frac{\mathrm{d}x}{x\sqrt{x^2-1}} \xlongequal{x=\frac{1}{t}} \int \frac{\mathrm{d}\left(\frac{1}{t}\right)}{\left(\frac{1}{t}\right)\cdot\sqrt{\left(\frac{1}{t}\right)^2-1}} = -\int \frac{\mathrm{d}t}{\sqrt{1-t^2}}$$

$$= \arccos t + C = \arccos \frac{1}{x} + C.$$

方法三,仅讨论 $x>1$ 情形,其余类似(留给读者练习).设 $x=\sec t, t\in\left(0,\frac{\pi}{2}\right)$.

$$I = \int \frac{\mathrm{d}(\sec t)}{\sec t\sqrt{\sec^2 t-1}} = \int \frac{\sec t\tan t\mathrm{d}t}{\sec t \cdot \tan t} = \int \mathrm{d}t = t + C$$

$$= \arccos \frac{1}{x} + C.$$

§5.3 分部积分法

5.3.1 分部积分法

1. 定理

定理 5.3.1 设 $u=u(x), v=v(x)$ 都可微,若 $\int u\mathrm{d}v$ 与 $\int v\mathrm{d}u$ 中至少有一个可计算出,则有分部积分公式

$$\int u\mathrm{d}v = uv - \int v\mathrm{d}u,$$

或

$$\int v\mathrm{d}u = uv - \int u\mathrm{d}v.$$

证明:略.

注 5.3.1

(1)该定理是函数乘积求导的逆运算.

(2)利用微分运算把函数放置在微分号"d"后作为 $v(x)$ 的一般优先顺序为:

指数函数,三角函数,幂函数,$\begin{cases}对数函数,\\反三角函数.\end{cases}$ 注意若幂函数(幂 $\alpha<0$)作为 u 计算不出不定积分时,一般互换 u,v 采用抵消法[见抵消法类似题(1)]计算不定积分.

2. 应用举例

例 5.3.1 求下列函数的不定积分:

(1) $I = \int x\sin x\,\mathrm{d}x$,

加强版 1: $I = \int x\sin^2 x\,\mathrm{d}x, I = \int \sin\sqrt{x}\,\mathrm{d}x$.

推广 5.3.1 $I = \int P_n(x)\sin x\,\mathrm{d}x, I = \int P_n(x)\cos x\,\mathrm{d}x$.

(2) $I = \int x\mathrm{e}^{2x}\,\mathrm{d}x$,

加强版 2: $I = \int x^3 \mathrm{e}^{x^2}\,\mathrm{d}x$.

推广 5.3.2 $I = \int P_n(x)\mathrm{e}^x\,\mathrm{d}x$.

(3) $I = \int \ln x\,\mathrm{d}x, I = \int x\ln x\,\mathrm{d}x$,

加强版 3: $I = \int \dfrac{\ln(1+x)}{\sqrt{x}}\,\mathrm{d}x, I = \int \dfrac{\ln x}{(x+1)^2}\,\mathrm{d}x$.

推广 5.3.3 $I = \int P_n(x)\ln x\,\mathrm{d}x$.

(4) $I = \int \arctan x\,\mathrm{d}x, I = \int x\arctan x\,\mathrm{d}x$.

加强版 4: $I = \int \dfrac{\arctan(1+\sqrt{x})}{\sqrt{x}}\,\mathrm{d}x$.

(5) $I_1 = \int \mathrm{e}^{ax}\cos bx\,\mathrm{d}x, I_2 = \int \mathrm{e}^{ax}\sin bx\,\mathrm{d}x, (a^2+b^2 \neq 0)$.

(6) $I = \int \arccos x\,\mathrm{d}x$.

解:(1)计算

$$I = \int x\sin x\,\mathrm{d}x = -\int x\,\mathrm{d}\cos x = -\left(x\cos x - \int \cos x\,\mathrm{d}x\right)$$
$$= -x\cos x + \sin x + C.$$

计算(加强版 1)：

$$I = \int x\sin^2 x \,\mathrm{d}x = \int x\left(\frac{1-\cos 2x}{2}\right)\mathrm{d}x = \frac{x^2}{4} - \frac{1}{4}\int x\cos 2x \,\mathrm{d}(2x)$$

$$= \frac{x^2}{4} - \frac{1}{4}\int x\,\mathrm{d}(\sin 2x) = \frac{x^2}{4} - \frac{1}{4}\left(x\sin 2x - \int \sin 2x \,\mathrm{d}x\right)$$

$$= \frac{x^2}{4} - \frac{1}{4}\left(x\sin 2x + \frac{\cos 2x}{2}\right) + C.$$

$$I = \int \sin\sqrt{x}\,\mathrm{d}x \xlongequal{t=\sqrt{x}} \int \sin t\,\mathrm{d}(t^2) = 2\int t\sin t\,\mathrm{d}t = -2\int t\,\mathrm{d}\cos t$$

$$= -\left(t\cos t - \int \cos t\,\mathrm{d}t\right) = 2(t\cos t + \sin t) + C$$

$$= 2(\sqrt{x}\cos\sqrt{x} + \sin\sqrt{x}) + C.$$

(2) 计算

$$I = \int x\mathrm{e}^{2x}\,\mathrm{d}x = \frac{1}{2}\int x\mathrm{e}^{2x}\,\mathrm{d}(2x) = \frac{1}{2}\int x\,\mathrm{d}(\mathrm{e}^{2x})$$

$$= \frac{1}{2}\left(x\mathrm{e}^{2x} - \int \mathrm{e}^{2x}\,\mathrm{d}x\right) = \frac{1}{2}\left(x\mathrm{e}^{2x} - \frac{\mathrm{e}^{2x}}{2}\right) + C.$$

计算(加强版 2)：

$$I = \int x^3 \mathrm{e}^{x^2}\,\mathrm{d}x = \frac{1}{2}\int x^2 \mathrm{e}^{x^2}\,\mathrm{d}(x^2) \xlongequal{t=x^2} \frac{1}{2}\int t\mathrm{e}^t\,\mathrm{d}t = \frac{1}{2}\int t\,\mathrm{d}\mathrm{e}^t$$

$$= \frac{1}{2}\left(t\mathrm{e}^t - \int \mathrm{e}^t\,\mathrm{d}t\right) = \frac{1}{2}(t\mathrm{e}^t - \mathrm{e}^t) + C = \frac{1}{2}(x^2 \mathrm{e}^{x^2} - \mathrm{e}^{x^2}) + C.$$

(3) 计算

$$I = \int \ln x\,\mathrm{d}x = x\ln x - \int x\,\mathrm{d}(\ln x) = x\ln x - \int \mathrm{d}x = x\ln x - x + C;$$

$$I = \int x\ln x\,\mathrm{d}x = \frac{1}{2}\int \ln x\,\mathrm{d}(x^2) = \frac{1}{2}\left(x^2\ln x - \int x^2\,\mathrm{d}(\ln x)\right)$$

$$= \frac{1}{2}\left(x^2\ln x - \int x\,\mathrm{d}x\right) = \frac{1}{2}\left(x^2\ln x - \frac{x^2}{2}\right) + C.$$

计算(加强版 3)：

$$I = \int \frac{\ln(1+x)}{\sqrt{x}}\,\mathrm{d}x = 2\int \ln(1+x)\,\mathrm{d}(\sqrt{x})$$

$$= 2\left(\sqrt{x}\ln(1+x) - \int \sqrt{x}\,\mathrm{d}(\ln(1+x))\right)$$

$$= 2\left(\sqrt{x}\ln(1+x) - \int \frac{\sqrt{x}}{1+x}\,\mathrm{d}x\right),$$

下面计算

$$\int \frac{\sqrt{x}}{1+x}dx \xlongequal{t=\sqrt{x}} \int \frac{t}{1+t^2}d(t^2) = 2\int \frac{t^2}{1+t^2}dt = 2\int \frac{(t^2+1)-1}{1+t^2}dt$$

$$= 2(t-\arctan t)+C$$

$$= 2(\sqrt{x}-\arctan \sqrt{x})+C,$$

故有

$$I = \int \frac{\ln(1+x)}{\sqrt{x}}dx = 2\sqrt{x}\ln(1+x) - 4\sqrt{x} + 4\arctan\sqrt{x} + C;$$

$$I = \int \frac{\ln x}{(x+1)^2}dx$$

$$= -\int \ln x \, d\left(\frac{1}{x+1}\right) = -\left(\frac{\ln x}{x+1} - \int \frac{1}{x+1}d(\ln x)\right)$$

$$= -\left(\frac{\ln x}{x+1} - \int \frac{1}{x(x+1)}dx\right)$$

$$= -\frac{\ln x}{x+1} + \ln\left|\frac{x}{x+1}\right| + C.$$

(4) 计算

$$I = \int \arctan x \, dx = x\arctan x - \int x \, d(\arctan x)$$

$$= x\arctan x - \int \frac{x}{1+x^2}dx = x\arctan x - \frac{1}{2}\int \frac{d(x^2+1)}{1+x^2}$$

$$= x\arctan x - \frac{1}{2}\ln(1+x^2)+C;$$

$$I = \int x\arctan x \, dx = \frac{1}{2}\int \arctan x \, d(x^2)$$

$$= \frac{1}{2}\left(x^2\arctan x - \int \frac{x^2}{1+x^2}dx\right)$$

$$= \frac{1}{2}(x^2\arctan x - x + \arctan x) + C.$$

计算(加强版 4)

$$I = \int \frac{\arctan(1+\sqrt{x})}{\sqrt{x}}dx = 2\int \arctan(1+\sqrt{x})d(\sqrt{x}+1)$$

$$\xlongequal{t=\sqrt{x}+1} 2\int \arctan t \, dt. \text{(后续读者自行完成)}$$

(5) 计算
$$I_1 = \int e^{ax} \cos bx \, dx = \frac{1}{a} \int \cos bx \, d(e^{ax})$$
$$= \frac{1}{a} \left(e^{ax} \cos bx - \int e^{ax} d(\cos bx) \right)$$
$$= \frac{1}{a} \left(e^{ax} \cos bx + b \int e^{ax} \sin bx \, dx \right) = \frac{1}{a} e^{ax} \cos bx + \frac{b}{a} I_2,$$
$$I_2 = \int e^{ax} \sin bx \, dx = \frac{1}{a} \int \sin bx \, d(e^{ax})$$
$$= \frac{1}{a} \left(e^{ax} \sin bx - \int e^{ax} d(\sin bx) \right)$$
$$= \frac{1}{a} \left(e^{ax} \sin bx - b \int e^{ax} \cos bx \, dx \right) = \frac{e^{ax} \sin bx}{a} - \frac{b}{a} I_1,$$

用消元法解得
$$I_1 = \frac{b \sin bx + a \cos bx}{a^2 + b^2} e^{ax} + C, \quad I_2 = \frac{a \sin bx - b \cos bx}{a^2 + b^2} e^{ax} + C.$$

(6) 这里介绍一种解法. 称之为拨乱反正. 基于反函数的性质读者不太熟悉, 所以令 $t = \arccos x$.
$$\int \arccos x \, dx = \int t \, d\cos t = t \cos t - \int \cos t \, dt = t \cos t - \sin t + C$$
$$= x \arccos x - \sqrt{1 - x^2} + C.$$

例 5.3.2 (1) 设 $\arcsin x$ 是 $f(x)$ 的一个原函数, 求 $\int x f'(x) dx$;

(2) 设 $\ln^2 x$ 是 $f(x)$ 的一个原函数, 求 $\int x f'(x) dx$;

(3) 设 $F(x)$ 为 $f(x)$ 的一个原函数, 当 $x \geq 0$ 时, 满足 $f(x^2) F(x^2) = \frac{e^x}{4(1+x)}$ 且 $F(0) = 1, f(x) > 0$, 求 $f(x)$.

解: (1) 首先, 依题意知
$$f(x) = (\arcsin x)' = \frac{1}{\sqrt{1-x^2}}, \int f(x) dx = \arcsin x + C;$$

其次,
$$\int x f'(x) dx = \int x \, df(x) = x f(x) - \int f(x) dx$$
$$= \frac{x}{\sqrt{1-x^2}} - \arcsin x + C.$$

(2)首先，依题意知
$$f(x)=(\ln^2 x)'=\frac{2\ln x}{x}, \int f(x)\mathrm{d}x=\ln^2 x+C;$$

其次，
$$\int xf'(x)\mathrm{d}x = \int x\mathrm{d}f(x) = xf(x)-\int f(x)\mathrm{d}x = 2\ln x-\ln^2 x+C.$$

(3)首先，依题意知 $F'(x)=f(x)$.

其次，一方面，有
$$\int f(t)F(t)\mathrm{d}t = \int F(t)\mathrm{d}F(t) = \frac{f^2(t)}{2}+C.$$

另一方面，有
$$\int f(t)F(t)\mathrm{d}t \xlongequal{t=x^2} \int f(x^2)F(x^2)\mathrm{d}(x^2) = \int \frac{x\mathrm{e}^x}{2(1+x)^2}\mathrm{d}x$$
$$=\frac{-1}{2}\int x\mathrm{e}^x\mathrm{d}\left(\frac{1}{1+x}\right) = \frac{-1}{2}\left(\frac{x\mathrm{e}^x}{1+x}-\int \mathrm{e}^x\mathrm{d}x\right)$$
$$=\frac{1}{2}\frac{\mathrm{e}^x}{1+x}+C = \frac{1}{2}\frac{\mathrm{e}^{\sqrt{t}}}{1+\sqrt{t}}+C.$$

剩余的留给读者练习.

类似题：

(1)设 $\dfrac{\sin x}{1+x\sin x}$ 是 $f(x)$ 的一个原函数，求 $\int f(x)f'(x)\mathrm{d}x$.

解：首先，依题意知
$$f(x)=\left(\frac{\sin x}{1+x\sin x}\right)'=\frac{\cos x-\sin^2 x}{(1+x\sin x)^2};$$

其次
$$\int f(x)f'(x)\mathrm{d}x = \int f(x)\mathrm{d}f(x) = \frac{f^2(x)}{2}+C$$
$$=\frac{1}{2}\left(\frac{\cos x-\sin^2 x}{(1+x\sin x)^2}\right)^2+C.$$

(2)设 $\dfrac{\sin x}{x}$ 是 $f(x)$ 的一个原函数，求 $\int x^3 f'(x)\mathrm{d}x$.

解：首先，依题意知
$$f(x)=\left(\frac{\sin x}{x}\right)'=\frac{x\cos x-\sin x}{x^2};$$

其次
$$\int x^3 f'(x)\mathrm{d}x = \int x^3 \mathrm{d}f(x) = x^3 f(x) - 3\int x^2 f(x)\mathrm{d}x$$
$$= x(x\cos x - \sin x) - 3\int x\cos x\mathrm{d}x + 3\int \sin x\mathrm{d}x$$
$$= x^2 \cos x - 4x\sin x - 6\cos x + C$$

例 5.3.3 计算下列函数的不定积分（抵消法）：

(1) $I = \int \dfrac{\ln x - 1}{(\ln x)^2}\mathrm{d}x$; (2) $I = \int e^{\sin x} \dfrac{x\cos^3 x - \sin x}{\cos^2 x}\mathrm{d}x$.

解：(1) $I = \int \dfrac{\ln x - 1}{(\ln x)^2}\mathrm{d}x = \int \dfrac{1}{\ln x}\mathrm{d}x - \int \dfrac{1}{(\ln x)^2}\mathrm{d}x$

$$= \dfrac{x}{\ln x} - \int x\cdot\left(\dfrac{1}{\ln x}\right)'\mathrm{d}x - \int \dfrac{1}{(\ln x)^2}\mathrm{d}x = \dfrac{x}{\ln x} + C;$$

(2) $I = \int e^{\sin x} \dfrac{x\cos^3 x - \sin x}{\cos^2 x}\mathrm{d}x = \int e^{\sin x} x\cos x\mathrm{d}x - \int e^{\sin x}\dfrac{\sin x}{\cos^2 x}\mathrm{d}x,$

进一步利用分部积分有
$$\int e^{\sin x} x\cos x\mathrm{d}x = \int x\mathrm{d}e^{\sin x} = x e^{\sin x} - \int e^{\sin x}\mathrm{d}x$$
和
$$\int e^{\sin x}\dfrac{\sin x}{\cos^2 x}\mathrm{d}x = \int e^{\sin x}\mathrm{d}\left(\dfrac{1}{\cos x}\right) = \dfrac{e^{\sin x}}{\cos x} - \int e^{\sin x}\mathrm{d}x.$$

剩余的留给读者练习.

类似题：

(1)计算 $I = \int \dfrac{x e^x}{(1+x)^2}\mathrm{d}x.$

解：$I = \int \dfrac{x e^x}{(1+x)^2}\mathrm{d}x \xlongequal{u=1+x} \int \dfrac{(u-1)e^{u-1}}{u^2}\mathrm{d}u$

$$= \dfrac{1}{e}\int \dfrac{e^u}{u}\mathrm{d}u - \dfrac{1}{e}\int \dfrac{e^u}{u^2}\mathrm{d}u = \dfrac{1}{e}\int \dfrac{e^u}{u}\mathrm{d}u + \dfrac{1}{e}\int e^u\mathrm{d}\left(\dfrac{1}{u}\right)$$

$$= \dfrac{1}{e}\int \dfrac{e^u}{u}\mathrm{d}u + \dfrac{1}{e}\left(\dfrac{e^u}{u} - \int \dfrac{1}{u}\mathrm{d}(e^u)\right)$$

$$= \dfrac{1}{e}\int \dfrac{e^u}{u}\mathrm{d}u + \dfrac{1}{e}\left(\dfrac{e^u}{u} - \int \dfrac{e^u}{u}\mathrm{d}u\right) = \dfrac{e^{u-1}}{u} + C$$

$$= \dfrac{e^x}{1+x} + C.$$

(2)计算 $I = \int \dfrac{1+\sin x}{1+\cos x} e^x dx$.

解：$I = \int \dfrac{1+\sin x}{1+\cos x} \cdot e^x dx = \int \dfrac{\left(\sin \dfrac{x}{2} + \cos \dfrac{x}{2}\right)^2}{2\cos^2 \dfrac{x}{2}} \cdot e^x dx$

$= \dfrac{1}{2} \int \left(\tan \dfrac{x}{2} + 1\right)^2 \cdot e^x dx$

$= \dfrac{1}{2} \left(\int \left(\tan^2 \dfrac{x}{2} + 1\right) \cdot e^x dx + 2\int \tan \dfrac{x}{2} \cdot e^x dx\right)$

$= \dfrac{1}{2} \left(\int \sec^2 \dfrac{x}{2} \cdot e^x dx + 2\int \tan \dfrac{x}{2} \cdot e^x dx\right)$

$= \dfrac{1}{2} \left(2\int e^x d\tan \dfrac{x}{2} + 2\int \tan \dfrac{x}{2} \cdot e^x dx\right) = e^x \tan \dfrac{x}{2} + C.$

(3)设 $f(x)$ 可导，且 $\int x^3 f'(x) dx = x^2 \cos x - 4x\sin x - 6\cos x + C$，求 $f(x)$.

解：两边求导数，有

$x^3 f'(x) = 2x\cos x - x^2 \sin x - 4\sin x - 4x\cos x + 6\sin x,$

解得

$$f'(x) = -\dfrac{\sin x}{x} - \dfrac{2\cos x}{x^2} + \dfrac{2\sin x}{x^3};$$

进一步，有

$f(x) = \int f'(x) dx + C = -\int \dfrac{\sin x}{x} dx - \int \dfrac{2\cos x}{x^2} dx + \int \dfrac{2\sin x}{x^3} dx$

$= \int \dfrac{1}{x} d\cos x - \int \dfrac{2\cos x}{x^2} dx - \int \sin x \, d\left(\dfrac{1}{x}\right)^2$

$= \dfrac{\cos x}{x} - \dfrac{\sin x}{x^2} + C.$

§5.4 几类特殊函数的不定积分

5.4.1 有理函数的积分

1. 定义与分类

定义 5.4.1 设 $P_n(x)$ 和 $Q_m(x)$ 分别为 n 次和 m 次多项式，

则 $\dfrac{P_n(x)}{Q_m(x)}$ 称为有理函数.

当 $n>m$ 时,称为有理假分式;当 $n<m$ 时,称为有理真分式.同时,若是有理假分式,则可以通过多项式的除法,可以化为一个多项式与一个有理真分式之和.

例如: $\dfrac{2x^3+x^2+7x+1}{x^2+x+1}=2x-1+\dfrac{6x+2}{x^2+x+1}.$

2. 有理真分式分解成简单分式之和

定理 5.4.1 任何一个实系数多项式

$$Q_m(x)=b_0 x^m+b_1 x^{m-1}+\cdots+b_{m-1}x+b_m(b_0\neq 0)$$

都可以分解为一次实因式与二次实质因式的乘积,即

$$\begin{aligned}Q_m(x)&=b_0(x-a_1)^{k_1}(x-a_2)^{k_2}\cdots(x-a_r)^{k_r}(x^2+p_1x+q_1)^{l_1}\\&\quad(x^2+p_2x+q_2)^{l_2}\cdots(x^2+p_sx+q_s)^{l_s}\\&=b_0\prod_{i=1}^{r}(x-a_i)^{k_i}\prod_{j=1}^{s}(x^2+p_jx+q_j)^{l_j}\end{aligned}$$

其中 $k_i,l_j\in\mathbf{N},a_i\in\mathbf{R},p_j,q_j\in\mathbf{R}(i=1,2,\cdots,r;j=1,2,\cdots,s)$,

$\displaystyle\sum_{i=1}^{r}k_i+2\sum_{j=1}^{s}l_j=m$ 且 $\Delta_j=p_j^2-4q_j<0,j=1,2,\cdots,s.$

定理 5.4.2 设 $Q_m(x)$ 按定理 5.4.1 分解为

$$\begin{aligned}Q_m(x)&=b_0(x-a_1)^{k_1}(x-a_2)^{k_2}\cdots(x-a_r)^{k_r}(x^2+p_1x+q_1)^{l_1}\\&\quad(x^2+p_2x+q_2)^{l_2}\cdots(x^2+p_sx+q_s)^{l_s}\end{aligned}$$

则真分式 $\dfrac{P_n(x)}{Q_m(x)}$ 可以唯一分解为下列简单分式之和

$$\dfrac{P_n(x)}{Q_m(x)}=\sum_{i=1}^{r}\Bigg(\sum_{u=1}^{k_i}\dfrac{A_u^{(i)}}{(x-a_i)^u}\Bigg)+\sum_{j=1}^{s}\Bigg(\sum_{v=1}^{l_j}\dfrac{M_v^{(j)}x+N_v^{(j)}}{(x^2+p_jx+q_j)^v}\Bigg)$$

其中 $A_u^{(i)},M_v^{(j)},N_v^{(j)}$ 都是实常数.

注意对于 $Q_m(x)$ 中因式 $(x-a_i)^{k_i}$,则相应分解为如下 k_i 个简单分式之和 $\displaystyle\sum_{u=1}^{k_i}\dfrac{A_u^{(i)}}{(x-a_i)^u}$;

对于 $Q_m(x)$ 中因式 $(x^2+p_jx+q_j)^{l_j}$,则相应分解为如下 l_j 个简单分式之和 $\displaystyle\sum_{v=1}^{l_j}\dfrac{M_v^{(j)}x+N_v^{(j)}}{(x^2+p_jx+q_j)^v}.$

3. 应用举例

例 5.4.1　将下列真分式分解为简单分式之和：

(1) $\dfrac{1}{x^3+1}$；(2) $\dfrac{1}{(x+1)^2(x^2+1)}$；(3) $\dfrac{1}{x(x^2+1)^2}$.

解：(1)首先,对分母进行因式分解,有 $x^3+1=(x+1)(x^2-x+1)$,依据定理 5.4.2,有

$$\dfrac{1}{x^3+1}=\dfrac{1}{(x+1)(x^2-x+1)}=\dfrac{A}{x+1}+\dfrac{Mx+N}{x^2-x+1}$$

$$=\dfrac{A(x^2-x+1)+(Mx+N)(x+1)}{(x+1)(x^2-x+1)}.$$

其次,有 $1=A(x^2-x+1)+(Mx+N)(x+1)$,比较两边同类项系数,解得

$$A=\dfrac{1}{3}, M=\dfrac{-1}{3}, N=\dfrac{2}{3}.$$

(2)首先,分母已因式分解为 $(x+1)^2(x^2+1)$,依据定理5.4.2,有

$$\dfrac{1}{(x+1)^2(x^2+1)}=\dfrac{A_1}{x+1}+\dfrac{A_2}{(x+1)^2}+\dfrac{Mx+N}{x^2+1}$$

$$=\dfrac{A_1(x+1)(x^2+1)+A_2(x^2+1)+(Mx+N)(x+1)^2}{(x+1)^2(x^2+1)}.$$

其次,有

$$1=A_1(x+1)(x^2+1)+A_2(x^2+1)+(Mx+N)(x+1)^2,$$

比较两边同类项系数,解得

$$A_1=\dfrac{1}{2}, A_2=\dfrac{1}{2}, M=\dfrac{-1}{2}, N=0.$$

(3)首先,分母已因式分解为 $x(x^2+1)^2$,依据定理5.4.2,有

$$\dfrac{1}{x(x^2+1)^2}=\dfrac{A}{x}+\dfrac{M_1x+N_1}{x^2+1}+\dfrac{M_2x+N_2}{(x^2+1)^2}$$

$$=\dfrac{A(x^2+1)^2+(M_1x+N_1)x(x^2+1)+(M_2x+N_2)x}{x(x^2+1)^2}.$$

其次,有

$$1=A_1(x+1)(x^2+1)+A_2(x^2+1)+(Mx+N)(x+1)^2,$$

比较两边同类项系数.剩余的留给读者练习.

注意分解成简单分式计算有理函数的不定积分是一种保守的方法,比较繁琐.通常用其他方法计算(见例 5.4.2 和例 5.4.4 等).

例 5.4.2 求下列有理函数的不定积分:

(1) $\int \dfrac{\mathrm{d}x}{x^3+1}$; (2) $\int \dfrac{\mathrm{d}x}{x^2(x^2+1)}$; (3) $\int \dfrac{\mathrm{d}x}{x(x^2+1)^2}$;

(4) $\int \dfrac{(2x+N)}{x^2+px+q}\mathrm{d}x \,(p,q,N \in \mathbf{R})$.

解:(1) $\int \dfrac{\mathrm{d}x}{x^3+1} = \int \dfrac{1-x^2+x^2}{x^3+1}\mathrm{d}x$

$= \int \dfrac{1-x}{x^2-x+1}\mathrm{d}x + \dfrac{1}{3}\int \dfrac{\mathrm{d}(x^3+1)}{x^3+1}$

$= \dfrac{-1}{2}\int \dfrac{(2x-1)-1}{x^2-x+1}\mathrm{d}x + \dfrac{1}{3}\ln|1+x^3|$

$= \dfrac{-1}{2}\int \dfrac{\mathrm{d}(x^2-x+1)}{x^2-x+1} + \dfrac{1}{2}\int \dfrac{\mathrm{d}x}{\left(x-\dfrac{1}{2}\right)^2+\dfrac{3}{4}} + \dfrac{1}{3}\ln|1+x^3|$

$= \dfrac{-1}{2}\ln|x^2-x+1| + \dfrac{1}{\sqrt{3}}\arctan\dfrac{2x-1}{\sqrt{3}} + \dfrac{1}{3}\ln|1+x^3| + C.$

(2) $\int \dfrac{\mathrm{d}x}{x^2(x^2+1)} = \int \left(\dfrac{1}{x^2} - \dfrac{1}{x^2+1}\right)\mathrm{d}x = -\dfrac{1}{x} - \arctan x + C.$

(3) $\int \dfrac{\mathrm{d}x}{x(x^2+1)^2} = \int \dfrac{x\mathrm{d}x}{x^2(x^2+1)^2} = \dfrac{1}{2}\int \dfrac{\mathrm{d}(x^2)}{x^2(x^2+1)^2}$

$\xlongequal{t=x^2} \dfrac{1}{2}\int \dfrac{\mathrm{d}t}{t(t+1)^2} = \dfrac{1}{2}\int \dfrac{(t+1)-t}{t(t+1)^2}\mathrm{d}t$

$= \dfrac{1}{2}\left(\int \dfrac{\mathrm{d}t}{t(t+1)} - \int \dfrac{\mathrm{d}t}{(t+1)^2}\right)$

$= \dfrac{1}{2}\left(\ln\dfrac{x^2}{x^2+1} + \dfrac{1}{x^2+1}\right) + C.$

(4) $\int \dfrac{(2x+N)}{x^2+px+q}\mathrm{d}x = \int \dfrac{(2x+p)+(N-p)}{x^2+px+q}\mathrm{d}x$

$= \int \dfrac{\mathrm{d}(x^2+px+q)}{x^2+px+q} + (N-p)\int \dfrac{1}{x^2+px+q}\mathrm{d}x$

$= \ln|x^2+px+q| + (N-p)\int \dfrac{1}{x^2+px+q}\mathrm{d}x$

下面计算 $\int \dfrac{\mathrm{d}x}{x^2+px+q}$.

① 当 $\Delta=p^2-4q>0$ 时，计算

$$\int \frac{\mathrm{d}x}{x^2+px+q} \xlongequal{\alpha\neq\beta} \int \frac{\mathrm{d}x}{(x-\alpha)(x-\beta)} = \frac{1}{\beta-\alpha}\int\left(\frac{1}{x-\beta}-\frac{1}{x-\alpha}\right)\mathrm{d}x$$

$$= \frac{1}{\beta-\alpha}\ln\left|\frac{x-\beta}{x-\alpha}\right|+C.$$

② 当 $\Delta=p^2-4q=0$ 时，计算

$$\int \frac{\mathrm{d}x}{x^2+px+q} \xlongequal{\alpha=\beta} \int \frac{\mathrm{d}x}{(x-\alpha)^2} = -\frac{1}{x-\alpha}+C.$$

③ 当 $\Delta=p^2-4q<0$ 时，计算

$$\int \frac{\mathrm{d}x}{x^2+px+q} = \int \frac{\mathrm{d}x}{\left(x+\dfrac{p}{2}\right)^2+q-\dfrac{p^2}{4}} \xlongequal[a=\sqrt{q-\frac{p^2}{4}}]{t=x+\frac{p}{2}} \int \frac{1}{t^2+a^2}\mathrm{d}t$$

$$= \frac{1}{a}\arctan\frac{x+\dfrac{p}{2}}{a}+C.$$

5.4.2　三角函数有理式的不定积分

1. 定义与万能公式

定义 5.4.2　由三角函数和常数经过有限次四则运算所构成的函数，称为三角函数的有理式.

万能公式：设 $u=\tan\dfrac{x}{2}$，$-\pi<x<\pi$，有

$$\sin x = 2\sin\frac{x}{2}\cos\frac{x}{2} = \frac{2\tan\dfrac{x}{2}}{\sec^2\dfrac{x}{2}} = \frac{2\tan\dfrac{x}{2}}{1+\tan^2\dfrac{x}{2}} = \frac{2u}{1+u^2};$$

$$\cos x = \cos^2\frac{x}{2}-\sin^2\frac{x}{2} = \frac{1-\tan^2\dfrac{x}{2}}{1+\tan^2\dfrac{x}{2}} = \frac{1-u^2}{1+u^2}.$$

同时，有 $x=2\arctan u$，$\mathrm{d}x=\dfrac{2}{1+u^2}\mathrm{d}u$.

注意这样可以把三角函数有理式化为有理函数.

2. 应用举例

例 5.4.3 计算不定积分 $I = \int \dfrac{\mathrm{d}x}{1-\varepsilon\sin x}\ (0<\varepsilon<1)$.

解：这是三角函数有理式的不定积分. 设 $u=\tan\dfrac{x}{2}$，$-\pi<x<\pi$，计算

$$I = \int \dfrac{\mathrm{d}x}{1-\varepsilon\sin x} = \int \dfrac{1}{1-\varepsilon\dfrac{2u}{1+u^2}} \cdot \dfrac{2}{1+u^2}\mathrm{d}u$$

$$= \int \dfrac{2\mathrm{d}u}{u^2-2u\varepsilon+1} = \int \dfrac{2\mathrm{d}u}{(u-\varepsilon)^2+1-\varepsilon^2}$$

$$= \dfrac{2}{\sqrt{1-\varepsilon^2}}\arctan\dfrac{u}{\sqrt{1-\varepsilon^2}}+C$$

$$= \dfrac{2}{\sqrt{1-\varepsilon^2}}\arctan\dfrac{\tan\dfrac{x}{2}-\varepsilon}{\sqrt{1-\varepsilon^2}}+C.$$

5.4.3 经典例题与考研真题

1. 几类有理函数不定积分

例 5.4.4 求下列有理函数的不定积分：

(1) $I_1 = \int \dfrac{\mathrm{d}x}{1+x^4}$, $I_2 = \int \dfrac{x^2}{1+x^4}\mathrm{d}x$;

(2) $I = \int \dfrac{1+x^4}{1+x^2}\mathrm{d}x$;

(3) $I = \int \dfrac{1+x^4}{1+x^6}\mathrm{d}x.$

解：(1) $I_1 + I_2 = \int \dfrac{1+x^2}{1+x^4}\mathrm{d}x = \int \dfrac{\dfrac{1}{x^2}+1}{\dfrac{1}{x^2}+x^2}\mathrm{d}x$

$$= \int \dfrac{1}{\left(x-\dfrac{1}{x}\right)^2+2}\mathrm{d}\left(x-\dfrac{1}{x}\right)$$

$$= \dfrac{1}{\sqrt{2}}\arctan\dfrac{x-\dfrac{1}{x}}{\sqrt{2}}+C,$$

和

$$I_2 - I_1 = \int \frac{x^2-1}{1+x^4}dx = \int \frac{1-\frac{1}{x^2}}{\frac{1}{x^2}+x^2}dx$$

$$= \int \frac{1}{\left(x+\frac{1}{x}\right)^2-2}d\left(x+\frac{1}{x}\right)$$

$$= \frac{1}{2\sqrt{2}}\ln\left|\frac{x+\frac{1}{x}-\sqrt{2}}{x+\frac{1}{x}+\sqrt{2}}\right|+C.$$

从中可以解得 I_1, I_2.

(2) $I = \int \frac{1+x^4}{1+x^2}dx = \int \frac{2+(x^4-1)}{1+x^2}dx$

$$= 2\arctan x + \frac{x^3}{3} - x + C.$$

(3) $I = \int \frac{1+x^4}{1+x^6}dx = \int \frac{(1-x^2+x^4)+x^2}{1+x^6}dx$

$$= \int \frac{dx}{1+x^2} + \int \frac{x^2}{1+x^6}dx = \arctan x + \frac{1}{3}\arctan x^3 + C.$$

2. 三角函数不定积分中的特殊类型

例 5.4.5 计算下列不定积分：

(1) $I = \int \cos^2 x \, dx$；　　(2) $I = \int \sin^3 x$；

(3) $I = \int \sec x \, dx$；　　(4) $I = \int \csc x \, dx$；

(5) $I = \int \sec^3 x \, dx$；　　(6) $I = \int \csc^3 x \, dx$；

(7) $I = \int \sec^4 x \, dx$；　　(8) $I = \int \sin mx \cos nx \, dx, (m \neq \pm n)$；

(9) $I = \int \frac{a_1 \sin x + b_1 \cos x}{a_2 \sin x + b_2 \cos x}dx, (a_2^2 + b_2^2 \neq 0)$.

解：(1) 注意这里是 $\cos x$ 的偶数次，

$$I = \int \cos^2 x \, dx = \int \frac{\cos 2x + 1}{2}dx = \frac{\sin 2x}{4} + \frac{x}{2} + C.$$

(2) 注意这里是 $\sin x$ 的奇数次,

$$I = \int \sin^3 x \mathrm{d}x = -\int \sin^2 x \mathrm{d}(\cos x) = -\cos x + \frac{\cos^3 x}{3} + C.$$

(3) 注意 $\cos x$ 在分母上,计算一般有两种方法.

方法一,令 $u = \dfrac{x}{2}$,有

$$I = \int \sec x \mathrm{d}x = 2\int \frac{\mathrm{d}u}{\cos^2 u - \sin^2 u} = 2\int \frac{1}{1 - \tan^2 u} \mathrm{d}(\tan u);$$

方法二,有

$$I = \int \sec x \mathrm{d}x = \int \frac{\cos x}{1 - \sin^2 x} \mathrm{d}x = \int \frac{1}{1 - \sin^2 x} \mathrm{d}(\sin x).$$

(4) 注意 $\sin x$ 在分母上,计算一般有三种方法.

方法一,令 $u = \dfrac{x}{2}$,有

$$I = \int \csc x \mathrm{d}x = \int \frac{\mathrm{d}u}{\sin u \cos u} = \int \frac{1}{\tan u} \mathrm{d}(\tan u);$$

方法二,令 $u = \dfrac{x}{2}$,有

$$I = \int \csc x \mathrm{d}x = \int \frac{\mathrm{d}u}{\sin u \cos u} = \int \frac{\sin^2 u + \cos^2 u}{\sin u \cos u} \mathrm{d}x$$

$$= \int \frac{\sin u}{\cos u} \mathrm{d}u + \int \frac{\cos u}{\sin u} \mathrm{d}u.$$

方法三,有 $I = \int \csc x \mathrm{d}x = \int \dfrac{\sin x \mathrm{d}u}{\sin^2 x} = \int \dfrac{\mathrm{d}(\cos x)}{\cos^2 - 1}.$

(5) 注意 $\cos^3 x$ 在分母上,计算一般有两种方法.

方法一,有

$$I = \int \sec^3 x \mathrm{d}x = \int \sec x \mathrm{d}(\tan x) = \sec x \tan x - \int \tan^2 x \sec x \mathrm{d}x$$

$$= \sec x \tan x - \int \sec^3 x \mathrm{d}x + \int \sec x \mathrm{d}x;$$

方法二,令 $u = \sin x$,有

$$I = \int \sec^3 x \mathrm{d}x = \int \frac{1}{(1-u^2)^2} \mathrm{d}u = \frac{1}{4}\int \left(\frac{1}{1+u} + \frac{1}{1-u}\right)^2 \mathrm{d}u.$$

(6) 注意 $\sin^3 x$ 在分母上,计算一般有三种方法.

方法一:
$$I = \int \csc^3 x \, dx = -\int \csc x \, d\cot x = -\csc x \cot x - \int \cot^2 x \csc x \, dx;$$

方法二: 令 $u = \cos x$, 有
$$I = \int \csc^3 x \, dx = -\int \frac{1}{(1-u^2)^2} du = \frac{-1}{4} \int \left(\frac{1}{1+u} + \frac{1}{1-u}\right)^2 du;$$

方法三: 令 $u = \frac{x}{2}$, $v = \tan u$, 有
$$I = \frac{1}{4} \int \frac{du}{\sin^3 u \cos^3 u} = \frac{1}{4} \int \frac{(\tan^2 u + 1)^2}{\tan^3 u} d(\tan u)$$
$$= \frac{1}{4} \int \left(v + \frac{2}{v} + \frac{1}{v^3}\right) dv.$$

(7) 注意 $\cos x$ 的偶数次在分母上
$$I = \int \sec^4 x \, dx = \int (\tan^2 x + 1) \, d\tan x.$$

(8) 注意这里是 $\sin mx$ 与 $\cos nx$ 的乘积 ($m \neq n$),计算
$$I = \int \sin mx \cos nx \, dx \xlongequal{m \neq \pm n} \int \frac{\sin(mx+nx) + \sin(mx-nx)}{2} dx$$
$$= -\frac{\cos(m+n)x}{2(m+n)} - \frac{\cos(m-n)x}{2(m-n)}.$$

(9) 计算一般有三种方法

方法一: 记
$$I_1 = \int \frac{\sin x}{a_2 \sin x + b_2 \cos x} dx, \quad I_2 = \int \frac{\cos x}{a_2 \sin x + b_2 \cos x} dx,$$

有
$$\begin{cases} a_2 I_1 + b_2 I_2 = x + C_1, \\ -b_2 I_1 + a_2 I_2 = \ln|a_2 \sin x + b_2 \cos x| + C_2. \end{cases}$$

方法二: 令 $\tan \varphi = \frac{b_2}{a_2}$, 有 $a_2 \sin x + b_2 \cos x = \sqrt{a_2^2 + b_2^2} \sin(x + \varphi)$.

令 $u = x + \varphi$, 于是有
$$I = \int \frac{a_1 \sin x + b_1 \cos x}{a_2 \sin x + b_2 \cos x} dx$$
$$= \int \frac{a_1 \sin(u-\varphi) + b_1 \cos(u-\varphi)}{\sin u} d(u - \varphi).$$

方法三：

$$\frac{a_1\sin x+b_1\cos x}{a_2\sin x+b_2\cos x}=\frac{A(a_2\sin x+b_2\cos x)+B(a_2\sin x+b_2\cos x)'}{a_2\sin x+b_2\cos x},$$

有 $\begin{cases}a_2A-b_2B=a_1,\\b_2B+a_2A=b_1,\end{cases}$ 计算 A,B,

于是有 $I=Ax+B\ln|a_2\sin x+b_2\cos x|+C.$

请读者完成下面计算.

类似题：

(1) 计算下列函数的不定积分：

(i) $I=\displaystyle\int \sin^2 x\mathrm{d}x$;

(ii) $I=\displaystyle\int \sin^2 x\cos^2 x\mathrm{d}x$;

(iii) $I=\displaystyle\int \sin^4 x\mathrm{d}x.$

解：(i) $I=\displaystyle\int \sin^2 x\mathrm{d}x=\int\frac{1-\cos 2x}{2}\mathrm{d}x=\frac{x}{2}-\frac{\sin 2x}{4}+C.$

(ii) $I=\displaystyle\int \sin^2 x\cos^2 x\mathrm{d}x=\frac{1}{4}\int \sin^2 2x=\frac{x}{8}-\frac{\sin 4x}{16}+C.$

(iii) $I=\displaystyle\int \sin^4 x\mathrm{d}x=\int\left(\frac{1-\cos 2x}{2}\right)^2\mathrm{d}x$

$=\displaystyle\int\frac{1-2\cos 2x+\cos^2 2x}{4}\mathrm{d}x.$

(2) 计算下列函数的不定积分：

(i) $I=\displaystyle\int \sin^2 x\cos^3 x\mathrm{d}x,$ (ii) $I=\displaystyle\int\frac{\sin^3 x}{\cos^3 x}\mathrm{d}x.$

解：(i) $I=\displaystyle\int \sin^2 x\cos^3 x\mathrm{d}x=\int \sin^2 x(1-\sin^2 x)\mathrm{d}\sin x.$

(ii) $I=\displaystyle\int\frac{\sin^3 x}{\cos^3 x}\mathrm{d}x=-\int\frac{1-\cos^2 x}{\cos^3 x}\mathrm{d}(\cos x).$

(3) 计算下列函数的不定积分：

(i) $I=\displaystyle\int \csc^4 x\mathrm{d}x$;

(ii) $I=\displaystyle\int \sec^2 x\csc^4 x\mathrm{d}x$;

(ⅲ) $I = \int \dfrac{\mathrm{d}x}{a^2 \sin^2 x + b^2 \cos^2 x}$;

(ⅳ) $I = \int \dfrac{\mathrm{d}x}{\sin^4 x + \cos^4 x}$;

(ⅴ) $I = \int \tan^4 x \mathrm{d}x$.

解：(ⅰ) $I = \int \csc^4 x \mathrm{d}x = \int \csc^2 x \mathrm{d}\cot x = -\int (\cot^2 x + 1) \mathrm{d}\cot x.$

(ⅱ) $I = \int \sec^2 x \csc^4 x \mathrm{d}x = \int \left(\dfrac{1}{\tan^2 x} + 1 \right)^2 \mathrm{d}\tan x.$

(ⅲ) $I = \int \dfrac{\mathrm{d}x}{a^2 \sin^2 x + b^2 \cos^2 x} = \int \dfrac{1}{\cos^2 x} \cdot \dfrac{\mathrm{d}x}{a^2 \tan^2 x + b^2}$

$= \int \dfrac{\mathrm{d}(\tan x)}{a^2 \tan^2 x + b^2}.$

(ⅳ) **方法一**：$I = \int \dfrac{1}{\cos^4 x} \dfrac{\mathrm{d}x}{\tan^4 x + 1} = \int \dfrac{\tan^2 x + 1}{\tan^4 x + 1} \mathrm{d}(\tan x).$

方法二：

$I = \int \dfrac{\mathrm{d}x}{\sin^4 x + \cos^4 x} = \int \dfrac{\mathrm{d}x}{(\sin^2 x + \cos^2 x)^2 - 2\sin^2 x \cos^2 x}$

$= \int \dfrac{\mathrm{d}x}{1 - \dfrac{1}{2}\sin^2 2x} = \int \dfrac{1}{\sin^2 2x} \dfrac{\mathrm{d}(2x)}{2\csc^2 2x - 1}$

$= -\int \dfrac{\mathrm{d}(\cot 2x)}{2(\cot^2 2x + 1) - 1},$

(ⅴ) $I = \int \tan^4 x \mathrm{d}x = \int (\tan^4 x - 1) \mathrm{d}x + \int \mathrm{d}x$

$= \int (\tan^2 x + 1)(\tan^2 x - 1) \mathrm{d}x + x$

$= \int \sec^2 x (\tan^2 x - 1) \mathrm{d}x + x = \int (\tan^2 x - 1) \mathrm{d}\tan x + x$

$= \dfrac{\tan^3 x}{3} - \tan x + x + C.$

(4) 计算下列不定积分

$I = \int \sin mx \sin nx \mathrm{d}x; \quad I = \int \cos mx \cos nx \mathrm{d}x, m \neq \pm n.$

解：留给读者练习.

3. 其他

例 5.4.6 计算不定积分 $I = \int \dfrac{x}{1+\sin x}\mathrm{d}x$.

解:方法一:

$$I = \int \dfrac{x}{1+\sin x}\mathrm{d}x = \int \dfrac{x(1-\sin x)}{\cos^2 x}\mathrm{d}x = \int \dfrac{x}{\cos^2 x}\mathrm{d}x - \int \dfrac{x\sin x}{\cos^2 x}\mathrm{d}x$$

$$= \int x\mathrm{d}\tan x - \int x\mathrm{d}\dfrac{1}{\cos x}$$

$$= x\tan x - \int \tan x\mathrm{d}x - \dfrac{x}{\cos x} + \int \dfrac{1}{\cos x}\mathrm{d}x.$$

方法二:

$$I = \int \dfrac{x}{1+\sin x}\mathrm{d}x = \int \dfrac{x}{\left(\sin \dfrac{x}{2}+\cos \dfrac{x}{2}\right)^2}\mathrm{d}x$$

$$= 4\int \dfrac{\dfrac{x}{2}}{\left(\sin \dfrac{x}{2}+\cos \dfrac{x}{2}\right)^2}\mathrm{d}\dfrac{x}{2} \xlongequal{u=\frac{x}{2}} 4\int \dfrac{u}{(\sin u+\cos u)^2}\mathrm{d}u$$

$$= 4\int \dfrac{u}{2\sin^2\left(u+\dfrac{\pi}{2}\right)}\mathrm{d}u \xlongequal{v=u+\frac{\pi}{4}} 2\int \dfrac{v-\dfrac{\pi}{4}}{\sin^2 v}\mathrm{d}v.$$

请读者自己完成后面的计算.

4. 考研真题

例 5.4.7 计算下列不定积分:

(1) $I = \int \dfrac{x\cos^4 \dfrac{x}{2}}{\sin^3 x}\mathrm{d}x$ (1990 年), $I = \int \dfrac{\mathrm{d}x}{\sin 2x + 2\sin x}$ (1994 年);

(2) $I = \int \dfrac{x^2}{x^2+1}\arctan x\mathrm{d}x$ (1991 年),

$I = \int \dfrac{1}{x^2(x^2+1)}\arctan x\mathrm{d}x$ (1996 年);

(3) $I = \int \dfrac{x+\ln(1-x)}{x^2}\mathrm{d}x$ (1989 年), $I = \int \dfrac{\ln x}{(1-x)^2}\mathrm{d}x$ (1990 年),

$I = \int \dfrac{\ln x - 1}{x^2}\mathrm{d}x$ (1998 年);

(4) $I = \int \dfrac{x^3}{\sqrt{1+x^2}} \mathrm{d}x$（1992 年），$I = \int \dfrac{x\mathrm{e}^x}{\sqrt{\mathrm{e}^x - 1}} \mathrm{d}x$（1993 年）；

(5) $I = \int \dfrac{\arctan \mathrm{e}^x}{\mathrm{e}^x} \mathrm{d}x$（1992 年），$I = \int \dfrac{\arcsin \mathrm{e}^x}{\mathrm{e}^x} \mathrm{d}x$（2006 年），

$I = \int \dfrac{\arcsin \sqrt{x}}{\sqrt{x}} \mathrm{d}x$（2000 年）；

(6) $I = \int \mathrm{e}^{2x} (\tan x + 1)^2 \mathrm{d}x$（1997 年）；

(7) $I = \int \dfrac{\mathrm{d}x}{(2x^2 + 1)\sqrt{x^2 + 1}}$（2001 年）；

(8) $I = \int \dfrac{x\mathrm{e}^{\arctan x}}{(1+x^2)^{\frac{3}{2}}} \mathrm{d}x$（2003）.

解：(1) 注意这里有变量 x 和 $\dfrac{x}{2}$，目标统一变量为 $\dfrac{x}{2}$.

$$I = \int \dfrac{x \cos^4 \dfrac{x}{2}}{\sin^3 x} \mathrm{d}x = \dfrac{1}{2} \int \dfrac{\dfrac{x}{2} \cos^4 \dfrac{x}{2}}{\sin^3 \dfrac{x}{2} \cos^3 \dfrac{x}{2}} \mathrm{d}\left(\dfrac{x}{2}\right)$$

$$\xlongequal{t=\frac{x}{2}} \dfrac{1}{2} \int t \cdot \dfrac{\mathrm{d}\sin t}{\sin^3 t} = \dfrac{-1}{4} \int t \mathrm{d}(\sin t)^{-2}.$$

$$I = \int \dfrac{\mathrm{d}x}{\sin 2x + 2\sin x} = \int \dfrac{\mathrm{d}x}{2\sin x \cos x + 2\sin x}$$

$$= \int \dfrac{\sin x \mathrm{d}x}{2\sin^2 x (\cos x + 1)} = -\int \dfrac{\mathrm{d}\cos x}{2(1-\cos^2 x)(\cos x + 1)}.$$

（提示：注意第 2 题这里有变量 $2x$ 和 x，目标统一变量为 x）.

(2) $I = \int \dfrac{x^2}{x^2+1} \arctan x \mathrm{d}x = \int \arctan x \mathrm{d}x - \int \dfrac{1}{x^2+1} \arctan x \mathrm{d}x$

$= x \arctan x - \int \dfrac{x}{1+x^2} \mathrm{d}x - \dfrac{1}{2}(\arctan x)^2.$

剩余部分给读者练习.

(3) $I = \int \dfrac{x + \ln(1-x)}{x^2} \mathrm{d}x = \ln|x| - \int \ln(1-x) \mathrm{d}\left(\dfrac{1}{x}\right)$

$= \ln|x| - \int \ln(1-x) \mathrm{d}\left(\dfrac{1}{x}\right)$

$= \ln|x| - \dfrac{\ln(1-x)}{x} - \int \dfrac{1}{x(1-x)} \mathrm{d}x.$

剩余部分给读者练习.

(4) $I = \int \dfrac{x^3}{\sqrt{1+x^2}} dx = \dfrac{1}{2} \int \dfrac{x^2}{\sqrt{1+x^2}} d(x^2) \xlongequal{u=x^2} \dfrac{1}{2} \int \dfrac{u}{\sqrt{1+u}} du$

$\xlongequal{t=\sqrt{1+u}} \dfrac{1}{2} \int \dfrac{t^2-1}{t} d(t^2-1).$

$I = \int \dfrac{x e^x}{\sqrt{e^x-1}} dx = \int \dfrac{x}{\sqrt{e^x-1}} d(e^x-1) = 2\int x\, d\sqrt{e^x-1}$

$\xlongequal{t=\sqrt{e^x-1}} 2\int \ln(t^2+1) dt = 2\left(t\ln(t^2+1) - \int \dfrac{2t^2}{t^2+1} dt\right).$

剩余部分读者自行完成.

(5) $I = \int \dfrac{\arctan e^x}{e^x} dx = \int \dfrac{\arctan e^x}{(e^x)^2} d(e^x) \xlongequal{u=e^x} -\int \arctan u\, d\left(\dfrac{1}{u}\right)$

$= \dfrac{-\arctan u}{u} + \int \dfrac{1}{u(1+u^2)} du.$

剩余部分读者自行完成.

$I = \int \dfrac{\arcsin e^x}{e^x} dx = \int \dfrac{\arcsin e^x}{(e^x)^2} d(e^x) \xlongequal{u=e^x} -\int \arcsin u\, d\left(\dfrac{1}{u}\right)$

$= \dfrac{-\arcsin u}{u} + \int \dfrac{1}{u\sqrt{1-u^2}} du$

$= \dfrac{-\arcsin u}{u} + \dfrac{1}{2}\int \dfrac{d(u^2)}{u^2 \sqrt{1-u^2}} du.$

剩余部分读者自行完成.

$I = \int \dfrac{\arcsin \sqrt{x}}{\sqrt{x}} dx = 2\int \arcsin \sqrt{x}\, d(\sqrt{x}) \xlongequal{t=\sqrt{x}} 2\int \arcsin t\, dt.$

(6) $I = \int e^{2x}(\tan^2 x + 2\tan x + 1) dx = \int e^{2x} \sec^2 x\, dx + 2\int e^{2x} \tan x\, dx$

$= \int e^{2x} \sec^2 x\, dx + \int \tan x\, d(e^{2x})$

$= \int e^{2x} \sec^2 x\, dx + e^{2x} \cdot \tan x - \int e^{2x} d(\tan x)$

$= e^{2x} \cdot \tan x + C.$

(7)（仅讨论当 $x>0$ 时,其余类似,留给读者练习）

方法一：

$I = \int \dfrac{dx}{(2x^2+1)\sqrt{x^2+1}} \xlongequal[t\in(0,\frac{\pi}{2})]{x=\tan t} \int \dfrac{\sec^2 t\, dt}{(2\tan^2 t+1)\sec t} = \int \dfrac{\cos t\, dt}{1+\sin^2 t};$

剩余部分读者自行完成.

方法二：
$$I = \int \frac{\mathrm{d}x}{(2x^2+1)\sqrt{x^2+1}} = \int \frac{1}{x^3} \cdot \frac{\mathrm{d}x}{(2+x^{-2})\sqrt{1+x^{-2}}}$$
$$= \frac{-1}{2}\int \frac{\mathrm{d}(x^{-2})}{(2+x^{-2})\sqrt{1+x^{-2}}}.$$

剩余部分读者自行完成.

(8)"拨乱反正"和去根号同时进行，设 $x = \tan t, t \in \left(-\frac{\pi}{2}, \frac{\pi}{2}\right)$，计算

$$I = \int \frac{x\mathrm{e}^{\arctan x}}{(1+x^2)^{\frac{3}{2}}}\mathrm{d}x = \int \frac{\mathrm{e}^t \cdot \tan t}{\sec^3 t}\mathrm{d}(\tan t) = \int \mathrm{e}^t \sin t \mathrm{d}t.$$

剩余部分读者自行完成.

最后以给出选择题技巧结束本章.

例 5.4.8 选择题

(1)若 $f(x)$ 的导函数是 $\sin x$，则有一个原函数是（　　）.

A. $1+\sin x$　　B. $1-\sin x$　　C. $1+\cos x$　　D. $1-\cos x$

解：这里要弄清楚导函数与原函数的定义.

方法一，首先计算

$$f(x) = \int f'(x)\mathrm{d}x + C_1 = \int \sin x \mathrm{d}x + C_1 = -\cos x + C_1,$$

其次计算

$$F(x) = \int f(x)\mathrm{d}x + C_2 = \int (-\cos x + C_1)\mathrm{d}x + C_2$$
$$= -\sin x + C_1 x + C_2.$$

易知答案 B 正确.

方法二(排除法)，设 $F(x)$ 为一个原函数，依据条件有 $f''(x) = \sin x$，立即排除 C 和 D，进一步可排除 A. 所以答案 B 正确.

(2)设函数 $f(x)$ 可导，则在下列等式中正确的结果是（　　）.

A. $\left(\int f(x)\mathrm{d}x\right)' = f(x)$　　　　B. $\int f'(x)\mathrm{d}x = f(x)$

C. $\left(\int \mathrm{d}f(x)\right)' = f(x)$　　　　D. $\mathrm{d}\left(\int f(x)\mathrm{d}x\right) = f(x)$

解：这里要弄清楚原函数与微分表达式以及求导与积分运算关系. 易知答案 A 正确.

(3) 设函数 $f(x)$ 在 **R** 上连续，则 $d\left(\int f(x)dx\right)$ 等于( ).

A. $f(x)$ B. $f(x)dx$ C. $f(x)+C$ D. $df(x)$

解：分析，这里要弄清楚微分表达式以及微分与积分运算关系性质. 易知答案 B 正确.

问题与思考

1. 问：反函数在不定积分中有应用吗？

答：有. 事实上，设 $f(x)$ 是单调可导函数，记 $f^{-1}(x)$ 为其反函数，$F(x)$ 为 $f(x)G'(x)$ 的一个原函数，其中 $G(x)$ 为连续可导函数，则计算 $G[f^{-1}(x)]$ 的原函数如下：

令 $x=f(t)$，有 $t=f^{-1}(x)$. 有

$$\int G[f^{-1}(x)]dx = \int G(t)df(t) = G(t)f(t) - \int f(t)G'(t)dt$$
$$= G(f^{-1}(x))x + F(f^{-1}(x)) + C.$$

例1 设 $f(x)$ 是单调可导函数，记 $f^{-1}(x)$ 为其反函数，$F(x)$ 为 $f(x)$ 的一个原函数，则 $f^{-1}(x)$ 的原函数是何？

解：令 $x=f(t)$，有 $t=f^{-1}(x)$.

计算

$$\int f^{-1}(x)dx = \int f^{-1}(f(t))df(t) = tf(t) - \int f(t)dt$$
$$= xf^{-1}(x) + F(f^{-1}(x)) + C.$$

其中取 $G(x)=x$.

例2 设 $f(x)$ 是单调可导函数，记 $f^{-1}(x)$ 为其反函数，$F(x)$ 为 $f(x)$ 的一个原函数，计算

$$\int [x(f^{-1}(x))^2 - F(f^{-1}(x))f^{-1}(x)]dx.$$

解：取 $G(x)=f(x)x^2-F(x)x$，易得

$$\int [x(f^{-1}(x))^2 - F(f^{-1}(x))f^{-1}(x)]dx$$
$$= \frac{1}{2}(xf^{-1}(x) - F(f^{-1}(x)))^2.$$

2. 问：隐函数在不定积分中如何应用？（等学完偏导数后再阅读）

答：其应用一般比较复杂. 以下就一类情形加以应用说明.

设 $G(x,y)$，$F(x,y)$ 分别具有一阶和二阶连续可微函数，设 $y=f(x)$ 是由函数方程 $F(x,y)=0$ 确定的隐函数，且 $F'_x \neq 0, F'_y \neq 0$.

(1) 当 $\dfrac{\dfrac{\partial}{\partial x}\left(G\dfrac{F'_y}{F'_x}\right)}{\dfrac{\partial}{\partial x}\left(\dfrac{F'_y}{F'_x}\right)}$ 为常数时，则存在 $h_1 = \dfrac{\dfrac{\partial}{\partial x}\left(G\dfrac{F'_y}{F'_x}\right)}{\dfrac{\partial}{\partial x}\left(\dfrac{F'_y}{F'_x}\right)}$，

$h_2(y) = (h_1 - G)\dfrac{F'_y}{F'_x}$ 为 y 的函数（包括常数），则有

$$\int G(x,y)\mathrm{d}x = \int h_1(x)\mathrm{d}x + \int h_2(y)\mathrm{d}y.$$

(2) 当 $\dfrac{\dfrac{\partial G}{\partial y}}{\dfrac{\partial}{\partial y}\left(\dfrac{F'_x}{F'_y}\right)}$ 为常数时，则存在 $h_1(x) = G + h_2\dfrac{F'_x}{F'_y}$ 为 x 的函数

（包括常数），$h_2 = \dfrac{-\dfrac{\partial G}{\partial y}}{\dfrac{\partial}{\partial y}\left(\dfrac{F'_x}{F'_y}\right)}$，则有

$$\int G(x,y)\mathrm{d}x = \int h_1(x)\mathrm{d}x + \int h_2(y)\mathrm{d}y.$$

例1 已知 $y=f(x)$ 是由函数方程 $\ln\sqrt{x^2+y^2} = \arctan\dfrac{y}{x}$ 确定的隐函数，计算 $\int \dfrac{x}{x-y}\mathrm{d}x$.

解：令 $F(x,y) = \ln\sqrt{x^2+y^2} - \arctan\dfrac{y}{x}$，$G(x,y) = \dfrac{x}{x-y}$，

易知

$$F'_x = \dfrac{x+y}{x^2+y^2}, \quad F'_y = \dfrac{y-x}{x^2+y^2},$$

进一步，有

$$h_1 = \dfrac{\dfrac{\partial}{\partial x}\left(G\dfrac{F'_y}{F'_x}\right)}{\dfrac{\partial}{\partial x}\left(\dfrac{F'_y}{F'_x}\right)} = \dfrac{1}{2}, \quad h_2 = (G-h_1)\left(\dfrac{-F'_y}{F'_x}\right) = \dfrac{1}{2}.$$

所以有

$$\int \dfrac{x}{x-y}\mathrm{d}x = \int h_1 \mathrm{d}x + \int h_2 \mathrm{d}y = \dfrac{x+y}{2} + C.$$

例 2 已知 $y=f(x)$ 是函数方程 $x^3+y^3=3xy$ 确定的隐函数,计算 $\int \dfrac{y(1-xy)}{y^2-x}dx$.

解:令 $F(x,y)=x^3+y^3-3xy, G(x,y)=\dfrac{y(1-xy)}{y^2-x}$,易知 $F_x'=3x^2-3y, F_y'=3y^2-3x$,

进一步,有

$$h_2=\dfrac{-\dfrac{\partial G}{\partial y}}{\dfrac{\partial}{\partial y}\left(\dfrac{F_x'}{F_y'}\right)}=1, h_1=G(x,y)+h_2\dfrac{F_x'}{F_y'}=-x.$$

所以有

$$\int \dfrac{y(1-xy)}{y^2-x}dx=\int -x\,dx+\int dy=-\dfrac{1}{2}x^2+y+C.$$

3. 设函数 $f(x)$ 在区间 $[a,b]$ 上连续,问:原函数一定存在吗?

答:存在. 事实上,令变上限函数 $F(x)=\int_a^x f(x)dx, x\in[a,b]$,易知 $F'(x)=f(x)$.

4. 设函数 $f(x)$ 在区间 $[a,b]$ 上有定义,若有且仅有限个第一类间断点. 问:原函数是否存在?

答:不存在. 事实上(反证),不妨设原函数 $F(x)$ 存在,即有 $F'(x)=f(x)$,

$\forall x\in[a,b]$ 不失一般性,假设 $c\in(a,b)$ 唯一的间断点,

则 $f_+'(c)=\lim\limits_{x\to c+}\dfrac{F(x)-F(c)}{x-c}=\lim\limits_{x\to c+}f(\xi)=f_+(c)$. 同时,有

$$f_-'(c)=\lim\limits_{x\to c-}\dfrac{F(x)-F(c)}{x-c}=\lim\limits_{x\to c-}f(\xi)=f_-(c).$$

而 $F'(c)=f(c)$,这与导数定义矛盾.

注意此时,定积分和变上限函数均存在.

5. 设函数 $f(x)=\begin{cases} g(x), & -1\leqslant x<0, \\ a, & x=0, \\ h(x), & 0<x\leqslant 1 \end{cases}$ 为分段函数且 $x_0=0$ 为第

一类间断点,其中 $g(x)$ 和 $h(x)$ 为 $\mathbf{R}-\{0\}$ 上连续函数,记 $F(x)=\int_{-1}^{x}f(t)\mathrm{d}t$,问:导数 $F'(x)$ 是什么?

答:计算有

$$F(x)=\int_{-1}^{x}f(t)\mathrm{d}t=\begin{cases}\int_{-1}^{x}g(t)\mathrm{d}t, & -1\leqslant x<0,\\ \int_{-1}^{0}g(t)\mathrm{d}t, & x=0,\\ \int_{-1}^{0}g(t)\mathrm{d}t+\int_{0}^{x}h(t)\mathrm{d}t, & 0<x\leqslant 1.\end{cases}$$

(1) 当点 $x_0=0$ 为函数 $f(x)$ 的可去间断点时,则有

$$F'(x)=\begin{cases}g(x), & -1\leqslant x\leqslant 0,\\ h(x), & 0<x\leqslant 1,\end{cases}$$

且 $F(x)$ 在 $x_0=0$ 点处可导. 此时 $F(x)$ 不是 $f(x)$ 的原函数.

(2) 当点 $x_0=0$ 为函数 $f(x)$ 的第一类但非可去间断点时,则有

$$F'(x)=\begin{cases}g(x), & -1\leqslant x<0,\\ h(x), & 0<x\leqslant 1,\end{cases}$$

且 $F(x)$ 在 $x_0=0$ 点处不可导. 此时 $F(x)$ 不是 $f(x)$ 的原函数.

例1 设函数 $f(x)=\begin{cases}\cos x, & -1\leqslant x<0,\\ 0, & x=0,\\ 1, & 0<x\leqslant 1,\end{cases}$ 计算 $F(x)=\int_{-1}^{x}f(t)\mathrm{d}t$ 和 $F'(x)$.

解:易知点 $x_0=0$ 为函数 $f(x)$ 的可去间断点. 同时,计算有

$$F(x)=\int_{-1}^{x}f(t)\mathrm{d}t=\begin{cases}\sin x+\sin 1, & -1\leqslant x<0,\\ \sin 1, & x=0,\\ x+\sin 1, & 0<x\leqslant 1,\end{cases}$$

进一步有 $F'(x)=\begin{cases}\cos x, & -1\leqslant x\leqslant 0,\\ 1, & 0<x\leqslant 1,\end{cases}$ 且有 $F'(0)=1$. 此时显然表明 $F(x)$ 不是 $f(x)$ 的原函数.

例2 设函数 $f(x)=\begin{cases}x, & -1\leqslant x<0,\\ 0, & x=0,\\ 1, & 0<x\leqslant 1,\end{cases}$ 计算 $F(x)=\int_{-1}^{x}f(t)\mathrm{d}t$ 和 $F'(x)$.

解:易知点 $x_0=0$ 为函数 $f(x)$ 的第一类间断点但非可去间断点. 同时,计算有

$$F(x) = \int_{-1}^{x} f(t)dt = \begin{cases} \dfrac{x^2}{2} - \dfrac{1}{2}, & -1 \leqslant x < 0, \\ -\dfrac{1}{2}, & x = 0, \\ x - \dfrac{1}{2}, & 0 < x \leqslant 1. \end{cases}$$

进一步有 $F'(x) = \begin{cases} x, & -1 \leqslant x < 0, \\ 1, & 0 < x \leqslant 1. \end{cases}$ 此时显然表明 $F(x)$ 不是 $f(x)$ 的原函数.

6. 设函数 $f(x) = \begin{cases} g(x), & -1 \leqslant x < 0, \\ a, & x = 0, \\ h(x), & 0 < x \leqslant 1 \end{cases}$ 为有界分段函数且 $x_0 = 0$ 为第二类间断点,其中 $g(x)$ 和 $h(x)$ 为 $\mathbf{R} - \{0\}$ 上连续函数,记 $F(x) = \int_0^x f(t)dt$,问:导数 $F'(x)$ 是什么?

答:计算有

$$F(x) = \int_0^x f(t)dt = \begin{cases} \int_0^x g(t)dt, & -1 \leqslant x < 0, \\ 0, & x = 0, \\ \int_0^x h(t)dt, & 0 < x \leqslant 1. \end{cases}$$

(1) 设 $\lim\limits_{x \to 0^+} h(x), \lim\limits_{x \to 0^-} g(x)$ 中仅有一个存在时,不妨设 $\lim\limits_{x \to 0^-} g(x)$ 存在.

当 $\lim\limits_{x \to 0^-} g(x) = \lim\limits_{x \to 0^+} \dfrac{\int_0^x h(t)dt}{x} = a$ 时,则有

$$F'(x) = \begin{cases} g(x), & -1 \leqslant x < 0, \\ a, & x = 0, \\ h(x), & 0 < x \leqslant 1. \end{cases}$$

此时 $F(x)$ 是 $f(x)$ 的原函数.

当 $\lim\limits_{x \to 0^-} g(x), \lim\limits_{x \to 0^+} \dfrac{\int_0^x h(t)dt}{x}$ 均存在,但其中至少有一个极限不等

于 a 时,则有
$$F'(x)=\begin{cases}g(x), & -1\leqslant x<0,\\ h(x), & 0<x\leqslant 1,\end{cases}$$

且 $F(x)$ 在 $x_0=0$ 点处不可导. 此时 $F(x)$ 不是 $f(x)$ 的原函数.

当 $\lim\limits_{x\to 0^+}\dfrac{\int_0^x h(t)\mathrm{d}t}{x}$ 不存在时,则有
$$F'(x)=\begin{cases}g(x), & -1\leqslant x<0,\\ h(x), & 0<x\leqslant 1,\end{cases}$$

且 $F(x)$ 在 $x_0=0$ 点处不可导. 此时 $F(x)$ 不是 $f(x)$ 的原函数.

(2) 设 $\lim\limits_{x\to 0^-}h(x)$, $\lim\limits_{x\to 0^-}g(x)$ 均不存在时.

当 $\lim\limits_{x\to 0^-}\dfrac{\int_0^x g(t)\mathrm{d}t}{x}=\lim\limits_{x\to 0^+}\dfrac{\int_0^x h(t)\mathrm{d}t}{x}=a$ 时,则有
$$F'(x)=\begin{cases}g(x), & -1\leqslant x<0,\\ a, & x=0,\\ h(x), & 0<x\leqslant 1.\end{cases}$$

此时 $F(x)$ 是 $f(x)$ 的原函数.

若 $\lim\limits_{x\to 0^-}\dfrac{\int_0^x g(t)\mathrm{d}t}{x}$, $\lim\limits_{x\to 0^+}\dfrac{\int_0^x h(t)\mathrm{d}t}{x}$ 均存在,但其中至少有一个极限不等于 a 时,则有 $F'(x)=\begin{cases}g(x), & -1\leqslant x<0,\\ h(x), & 0<x\leqslant 1,\end{cases}$ 且 $F(x)$ 在 $x_0=0$ 点处不可导. 此时 $F(x)$ 不是 $f(x)$ 的原函数,

若 $\lim\limits_{x\to 0^-}\dfrac{\int_0^x g(t)\mathrm{d}t}{x}$, $\lim\limits_{x\to 0^+}\dfrac{\int_0^x h(t)\mathrm{d}t}{x}$ 中至少有一个极限不存在,则有
$$F'(x)=\begin{cases}g(x), & -1\leqslant x<0,\\ h(x), & 0<x\leqslant 1,\end{cases}$$

且 $F(x)$ 在 $x_0=0$ 点处不可导. 此时 $F(x)$ 不是 $f(x)$ 的原函数.

例 1 设 $f(x)=\begin{cases}2x\sin\dfrac{1}{x}-\cos\dfrac{1}{x}, & x>0,\\ 0, & x=0,\\ x, & x<0.\end{cases}$

计算 $F(x)=\int_0^x f(t)\mathrm{d}t$ 和 $F'(x)$.

解：一方面，易知函数 $f(x)$ 是有界分段函数且点 $x_0=0$ 是第二类间断点. 计算有

$$F(x)=\begin{cases} x^2\sin\dfrac{1}{x}, & x>0, \\ 0, & x=0, \\ \dfrac{x^2}{2}, & x<0. \end{cases}$$

另一方面，易知 $\lim\limits_{x\to 0^+}h(x)=\lim\limits_{x\to 0^+}\left(2x\sin\dfrac{1}{x}-\cos\dfrac{1}{x}\right)$ 不存在，$\lim\limits_{x\to 0^-}g(x)=\lim\limits_{x\to 0^-}x=0$ 存在. 而有

$$\lim_{x\to 0^+}g(x)=\lim_{x\to 0^+}\dfrac{\int_0^x h(t)\mathrm{d}t}{x}=\lim_{x\to 0^+}\dfrac{x^2\sin\dfrac{1}{x}}{x}=0.$$

再者，则有 $F'(x)=\begin{cases} 2x\sin\dfrac{1}{x}-\cos\dfrac{1}{x}, & x>0, \\ 0, & x=0, \\ x, & x<0. \end{cases}$ 此时 $F(x)$ 是 $f(x)$ 的原函数.

例 2 设 $f(x)=\begin{cases} 2x\sin\dfrac{1}{x}-\cos\dfrac{1}{x}, & x\neq 0, \\ 0, & x=0, \end{cases}$ 计算 $F(x)=\int_0^x f(t)\mathrm{d}t$ 和 $F'(x)$.

解：一方面，易知函数 $f(x)$ 是有界分段函数且点 $x_0=0$ 是第二类间断点. 计算有

$$F(x)=\begin{cases} x^2\sin\dfrac{1}{x}, & x\neq 0, \\ 0, & x=0. \end{cases}$$

另一方面，易知

$$\lim_{x\to 0^+}h(x)=\lim_{x\to 0^+}\left(2x\sin\dfrac{1}{x}-\cos\dfrac{1}{x}\right),$$

$$\lim_{x\to 0^-}g(x)=\lim_{x\to 0^-}\left(2x\sin\dfrac{1}{x}-\cos\dfrac{1}{x}\right),$$

均不存在,而有

$$\lim_{x \to 0^-} \frac{\int_0^x g(t)\mathrm{d}t}{x} = \lim_{x \to 0^+} \frac{\int_0^x h(t)\mathrm{d}t}{x} = \lim_{x \to 0^+} \frac{x^2 \sin \frac{1}{x}}{x} = 0.$$

再者,则有

$$F'(x) = \begin{cases} 2x\sin\frac{1}{x} - \cos\frac{1}{x}, & x > 0, \\ 0, & x = 0. \end{cases}$$

此时 $F(x)$ 是 $f(x)$ 的原函数.

7. 设函数 $f(x) = \begin{cases} g(x), & -1 \leqslant x < 0, \\ a, & x = 0, \\ h(x), & 0 < x \leqslant 1. \end{cases}$ 为有界分段函数且 $x_0 = 0$ 为第二类间断点,其中 $g(x)$ 和 $h(x)$ 为 $\mathbf{R} - \{0\}$ 上连续函数,设 $x_0 = 0$ 为函数 $f(x)$ 的奇点且广义积分 $\int_{-1}^{1} f(x)\mathrm{d}x$ 存在. 记 $F(x) = \int_0^x f(t)\mathrm{d}t$,问:导数 $F'(x)$ 是什么?

答:计算有

$$F(x) = \int_0^x f(t)\mathrm{d}t = \begin{cases} \int_0^x g(t)\mathrm{d}t, & -1 \leqslant x < 0, \\ 0, & x = 0, \\ \int_0^x h(t)\mathrm{d}t, & 0 < x \leqslant 1. \end{cases}$$

(1) 设 $x_0 = 0$ 是 $f(x)$ 无穷间断点时,

易知 $F'(x) = \begin{cases} g(x), & -1 \leqslant x < 0, \\ h(x), & 0 < x \leqslant 1, \end{cases}$ 且 $x_0 = 0$ 是 $F'(x)$ 无穷间断点.

此时 $F(x)$ 不是 $f(x)$ 的原函数.

(2) 设 $x_0 = 0$ 不是函数 $f(x)$ 的无穷间断点.

① 设 $\lim\limits_{x \to 0^+} h(x)$,$\lim\limits_{x \to 0^-} g(x)$ 中有一个存在时,不妨设 $\lim\limits_{x \to 0} g(x)$ 存在.

当 $\lim\limits_{x \to 0} g(x) = \lim\limits_{x \to 0^+} \frac{\int_0^x h(t)\mathrm{d}t}{x} = a$ 时,则有

$$F'(x) = \begin{cases} g(x), & -1 \leqslant x < 0, \\ a, & x = 0, \\ h(x), & 0 < x \leqslant 1. \end{cases}$$

此时 $F(x)$ 是 $f(x)$ 的原函数.

当 $\lim\limits_{x\to 0^-}g(x)$, $\lim\limits_{x\to 0^+}\dfrac{\int_0^x h(t)\mathrm{d}t}{x}$ 均存在但其中至少有一个极限不等于 a 时,则有

$$F'(x)=\begin{cases}g(x), & -1\leqslant x<0\\ h(x), & 0<x\leqslant 1,\end{cases}$$

且 $F(x)$ 在 $x_0=0$ 点处不可导. 此时 $F(x)$ 不是 $f(x)$ 的原函数.

当 $\lim\limits_{x\to 0^+}\dfrac{\int_0^x h(t)\mathrm{d}t}{x}$ 不存在时,则有

$$F'(x)=\begin{cases}g(x), & -1\leqslant x<0,\\ h(x), & 0<x\leqslant 1,\end{cases}$$

且 $F(x)$ 在 $x_0=0$ 点处不可导. 此时 $F(x)$ 不是 $f(x)$ 的原函数.

② 设 $\lim\limits_{x\to 0^+}h(x)$, $\lim\limits_{x\to 0}g(x)$ 均不存在时.

当 $\lim\limits_{x\to 0^-}\dfrac{\int_0^x g(t)\mathrm{d}t}{x}=\lim\limits_{x\to 0^+}\dfrac{\int_0^x h(t)\mathrm{d}t}{x}=a$ 时,则有

$$F'(x)=\begin{cases}g(x), & -1\leqslant x<0,\\ a, & x=0,\\ h(x), & 0<x\leqslant 1.\end{cases}$$

此时 $F(x)$ 是 $f(x)$ 的原函数.

若 $\lim\limits_{x\to 0^-}\dfrac{\int_0^x g(t)\mathrm{d}t}{x}$, $\lim\limits_{x\to 0^+}\dfrac{\int_0^x h(t)\mathrm{d}t}{x}$ 均存在,但其中至少有一个极限不等于 a 时,则有

$$F'(x)=\begin{cases}g(x), & -1\leqslant x<0,\\ h(x), & 0<x\leqslant 1,\end{cases}$$

且 $F(x)$ 在 $x_0=0$ 点处不可导. 此时 $F(x)$ 不是 $f(x)$ 的原函数,

若 $\lim\limits_{x\to 0^-}\dfrac{\int_0^x g(t)\mathrm{d}t}{x}$, $\lim\limits_{x\to 0^+}\dfrac{\int_0^x h(t)\mathrm{d}t}{x}$ 中至少有一个极限不存在,则有

$$F'(x)=\begin{cases}g(x), & -1\leqslant x<0,\\ h(x), & 0<x\leqslant 1,\end{cases}$$

且 $F(x)$ 在 $x_0=0$ 点处不可导. 此时 $F(x)$ 不是 $f(x)$ 的原函数.

例 设 $f(x)=\begin{cases}2x\sin\dfrac{1}{x^2}-2\dfrac{1}{x}\cos\dfrac{1}{x^2},&x\neq 0,\\0,&x=0,\end{cases}$

计算 $F(x)=\int_0^x f(t)\mathrm{d}t$ 和 $F'(x)$.

解: 一方面,易知函数 $f(x)$ 是分段函数且点 $x_0=0$ 是奇点. 计算有

$$F(x)=\begin{cases}x^2\sin\dfrac{1}{x^2},&x\neq 0,\\0,&x=0.\end{cases}$$

另一方面

$$\int_{-1}^{1}f(x)\mathrm{d}x=\int_{-1}^{0}f(x)\mathrm{d}x+\int_{0}^{1}f(x)\mathrm{d}x=x^2\sin\dfrac{1}{x^2}\bigg|_{-1}^{0}+x^2\sin\dfrac{1}{x^2}\bigg|_{0}^{1}$$
$$=2\sin 1,$$

知广义积分 $\int_{-1}^{1}f(x)\mathrm{d}x$ 收敛. 同时,易知

$$\lim_{x\to 0^+}h(x)=\lim_{x\to 0^+}\left(2x\sin\dfrac{1}{x^2}-2\dfrac{1}{x}\cos\dfrac{1}{x}\right),$$
$$\lim_{x\to 0^-}g(x)=\lim_{x\to 0^-}\left(2x\sin\dfrac{1}{x}-2\dfrac{1}{x}\cos\dfrac{1}{x}\right),$$

均不存在且不为无穷大,而有

$$\lim_{x\to 0^-}\dfrac{\int_0^x g(t)\mathrm{d}t}{x}=\lim_{x\to 0^+}\dfrac{\int_0^x h(t)\mathrm{d}t}{x}=\lim_{x\to 0}\dfrac{x^2\sin\dfrac{1}{x^2}}{x}=0.$$

再者,则有

$$F'(x)=\begin{cases}2x\sin\dfrac{1}{x^2}-2\dfrac{1}{x}\cos\dfrac{1}{x^2},&x\neq 0,\\0,&x=0.\end{cases}$$

此时 $F(x)$ 是 $f(x)$ 的原函数.

函数 $f(x)$ 在区间 $[-1,1]$ 上无界,其中点 $x_0=0$ 是奇点,因此 $f(x)$ 在这区间上定积分不存在.

8. 问: 对于一些特殊的简单无理函数不定积分,除了用教材方法计算之外是否能给出有规律的简单计算方法?

答:可以. 例如:

(1)
$$I = \int \frac{\mathrm{d}x}{a_1 x + b_1 + \sqrt[n]{a_2 x + b_2}}$$

$$= \frac{1}{a_1} \int \frac{\mathrm{d}\left[(a_1 x + b_1 + \sqrt[n]{a_2 x + b_2}) - \sqrt[n]{a_2 x + b_2}\right]}{a_1 x + b_1 + \sqrt[n]{a_2 x + b_2}}$$

$$= \frac{1}{a_1} \ln|a_1 x + b_1 + \sqrt[n]{a_2 x + b_2}| - \frac{1}{a_1} \int \frac{\mathrm{d}\sqrt[n]{a_2 x + b_2}}{a_1 x + b_1 + \sqrt[n]{a_2 x + b_2}}$$

$$\xlongequal{t=\sqrt[n]{a_2 x + b_2}} \frac{1}{a_1} \ln|a_1 x + b_1 + \sqrt[n]{a_2 x + b_2}| - \frac{1}{a_1} \int \frac{\mathrm{d}t}{a_1 \left(\frac{t^n - b_2}{a_2}\right) + b_1 + t}$$

(这里 $a_1 \cdot a_2 \neq 0, n \in \mathbf{N}$)

(2) $I = \int \dfrac{\mathrm{d}x}{(x + b_2) \pm \sqrt{x^2 + a_1 x + b_1}}$

方法一:计算有

$$I = \int \frac{\mathrm{d}x}{(x + b_2) \pm \sqrt{x^2 + a_1 x + b_1}}$$

$$= \int \frac{\mathrm{d}\left(x + \dfrac{a_1}{2}\right)}{(x + b_2) \pm \sqrt{\left(x + \dfrac{a_1}{2}\right)^2 + b_1 - \dfrac{a_1^2}{4}}}$$

$$\xlongequal{u = x + \frac{a_1}{2}} \int \frac{\mathrm{d}u}{\left(u + b_2 - \dfrac{a_1}{2}\right) \pm \sqrt{u^2 + b_1 - \dfrac{a_1^2}{4}}},$$

然后利用三角函数去根号计算.

方法二:首先,计算有

$$I = \int \frac{\mathrm{d}x}{(x + b_2) \pm \sqrt{x^2 + a_1 x + b_1}}$$

$$= \int \frac{\mathrm{d}(x + b_2)}{(x + b_2) \pm \sqrt{x^2 + a_1 x + b_1}}$$

$$\xlongequal{u = x + b_2} \int \frac{\mathrm{d}u}{u \pm \sqrt{u^2 + pu + q}}.$$

其次,下面仅讨论 $I = \int \dfrac{\mathrm{d}u}{u+\sqrt{u^2+pu+q}}$ 情形,其余类似.

当 $p \neq 0$ 时,设 $t = u + \sqrt{u^2+pu+q}$,有 $u = \dfrac{t^2+q}{2t+p}$,即有

$$I = \int \dfrac{\mathrm{d}\left(\dfrac{t^2+q}{2t+p}\right)}{t} = 2\int \dfrac{t^2+pt-q}{t(2t+p)^2}\mathrm{d}t$$

$$= \int \dfrac{\mathrm{d}t}{2t+p} + p\int \dfrac{\mathrm{d}t}{(2t+p)^2} - 2q\int \dfrac{\mathrm{d}t}{t(2t+p)^2}$$

$$= \dfrac{1}{2}\ln|2t+p| - \dfrac{p}{2(2t+p)} + 2q\int \dfrac{\mathrm{d}t}{t(2t+p)^2},$$

下面计算有

$$\int \dfrac{\mathrm{d}t}{t(2t+p)^2} = \dfrac{1}{p}\int \dfrac{(2t+p)-2t}{t(2t+p)^2}\mathrm{d}t$$

$$= \dfrac{1}{p}\left(\int \dfrac{\mathrm{d}t}{t(2t+p)} - \int \dfrac{\mathrm{d}(2t+p)}{(2t+p)^2}\right).$$

当 $p = 0$ 时,仅讨论 $I = \int \dfrac{\mathrm{d}u}{u+\sqrt{u^2-a^2}}$,这里为 $a > 0$ 的情形,其余类似.

令 $t = u + \sqrt{u^2-a^2}$,有 $u = \dfrac{t^2+a^2}{2t}$. 计算

$$I = \int \dfrac{\mathrm{d}u}{u+\sqrt{u^2-a^2}} = \int \dfrac{\mathrm{d}\left(\dfrac{t^2+a^2}{2t}\right)}{t} = \dfrac{1}{2}\int \dfrac{t^2-a^2}{t^3}\mathrm{d}t.$$

(3) $I = \int \dfrac{\mathrm{d}x}{x \pm \sqrt{a^2-x^2}}$,这里 $a > 0$.

仅以 $I = \int \dfrac{\mathrm{d}x}{x+\sqrt{a^2-x^2}}$ 为例,其余类似.

计算

$$I = \int \dfrac{\mathrm{d}x}{x+\sqrt{a^2-x^2}} = \int \dfrac{\mathrm{d}\dfrac{x}{a}}{\dfrac{x}{a}+\sqrt{1-\left(\dfrac{x}{a}\right)^2}} \xlongequal[-\frac{\pi}{2}<t<\frac{\pi}{2}]{x=a\sin t} \int \dfrac{\cos t}{\sin t + \cos t}\mathrm{d}t$$

$$= \int \dfrac{\cos t}{\sqrt{2}\sin\left(t+\dfrac{\pi}{4}\right)}\mathrm{d}t \xlongequal{u=t+\frac{\pi}{4}} \dfrac{1}{\sqrt{2}}\int \dfrac{\cos\left(u-\dfrac{\pi}{4}\right)}{\sin u}\mathrm{d}u.$$

(4) $I_n = \int \dfrac{\mathrm{d}x}{x^n \sqrt{a^2 \pm x^2}}, n=1,2.$

仅以 $I_n = \int \dfrac{\mathrm{d}x}{x^n \sqrt{a^2 \pm x^2}}, n=1,2$ 为例,其余类似. 计算

$$I_1 = \int \dfrac{\mathrm{d}x}{x \sqrt{a^2 + x^2}} = \int \dfrac{x \mathrm{d}x}{x^2 \sqrt{a^2+x^2}} = \dfrac{1}{2} \int \dfrac{\mathrm{d}x^2}{x^2 \sqrt{a^2+x^2}}$$

$$\xlongequal{t=\sqrt{x^2+a^2}} \int \dfrac{\mathrm{d}t}{(t^2-a^2)} = \dfrac{1}{2a} \int \dfrac{(t+a)-(t-a)}{(t^2-a^2)} \mathrm{d}t,$$

和

$$I_2 = \int \dfrac{\mathrm{d}x}{x^2 \sqrt{a^2+x^2}} = \int \dfrac{\mathrm{d}x}{x^2 |x| \sqrt{1+\left(\dfrac{a}{x}\right)^2}}$$

$$= \int \dfrac{\mathrm{d}x}{x^3 \mathrm{sgn}\, x \sqrt{1+\left(\dfrac{a}{x}\right)^2}} = \dfrac{-\mathrm{sgn}\, x}{2a^2} \int \dfrac{\mathrm{d}\left(\dfrac{a}{x}\right)^2}{\sqrt{1+\left(\dfrac{a}{x}\right)^2}}$$

$$\xlongequal{t=\left(\frac{a}{x}\right)^2} \dfrac{-\mathrm{sgn}\, x}{2a^2} \int \dfrac{\mathrm{d}t}{\sqrt{1+t}}.$$

(5) $I_n = \int \dfrac{\mathrm{d}x}{x^n \sqrt{x^2 - a^2}}, n=1,2.$

除了用上面的方法类似计算以外,当 $n=1$ 时,还可以用下面方法计算.

$$I_1 = \int \dfrac{\mathrm{d}x}{x \sqrt{x^2-a^2}} = \int \dfrac{\mathrm{d}x}{x |x| \sqrt{1-\left(\dfrac{a}{x}\right)^2}}$$

$$= \int \dfrac{\mathrm{d}x}{x^2 \mathrm{sgn}\, x \sqrt{1-\left(\dfrac{a}{x}\right)^2}} = \dfrac{-\mathrm{sgn}\, x}{a} \int \dfrac{\mathrm{d}\left(\dfrac{a}{x}\right)}{\sqrt{1-\left(\dfrac{a}{x}\right)^2}}$$

$$= \dfrac{\mathrm{sgn}\, x}{a} \arccos \dfrac{a}{x} + C.$$

第 6 章

定积分

本章的重点是定积分的概念及性质、定积分的换元法与分部积分法、Newton-Leibniz 公式. 难点是变上限函数概念与求导、两种广义积分的计算、几种求定积分方法的综合应用.

本章要求学生掌握牛顿－莱布尼茨公式；会求积分上限的函数的导数；会计算广义积分.

§6.1　定积分的概念

6.1.1　定积分概念

1. 背景

(1) 实例 1：数学上求曲边梯形的面积.

A. 矩形面积

设矩形 A 是以 $x=a, x=b, y=0, y=h\ (h>0)$ 所围成的，其面积为 $S=h(b-a)$.

B. 曲边梯形面积

设函数 $y=f(x)$ 在 $[a,b]$ 上非负且连续，称以 $x=a, x=b, y=0, y=f(x)$ 所围成的图形为曲边梯形 A，如图 6.1 所示. 下面采用分割、近似、求和、取极限的方法求 A 的面积 S.

分割 T：对区间 $[a,b]$ 插入分点 $x_1,\cdots,x_{n-1}$，令 $x_0=a,x_n=b$ 满足

$$a=x_0<x_1<x_2<\cdots<x_n=b.$$

这样曲边梯形 A 分解成 n 个小曲边梯形 $A_1,A_2,\cdots,A_n$. 同时，记 $\Delta x_i=x_i-x_{i-1},i=1,2,\cdots,n;\lambda(t)=\max\limits_{0\leqslant i\leqslant n}\{\Delta x_i\},\Delta S_i$ 为 A_i 的面积.

近似：当 $\lambda(t)\to 0$ 时，对于小曲边梯形 A_i，基于 $f(x)$ 连续，所以在每个小区间 $[x_{i-1},x_i]$ 上，则 A_i 可以看成矩形，类似矩形面积可知 $\Delta S_i\approx f(\xi_i)\Delta x_i$，其中 $\forall \xi_i\in[x_{i-1},x_i]$.

求和：易知曲边梯形 A 的面积 S 为 $S=\sum\limits_{i=1}^{n}\Delta S_i\approx\sum\limits_{i=1}^{n}f(\xi_i)\Delta x_i$.

取极限：直观上，可知分割越细，则上面计算越精确. 同时，可知若极限存在，则极限唯一.

于是必然有 $S=\lim\limits_{\lambda(t)\to 0}\sum\limits_{i=1}^{n}f(\xi_i)\Delta x_i$. 这样，记 $S=\int_a^b f(x)\mathrm{d}x$.

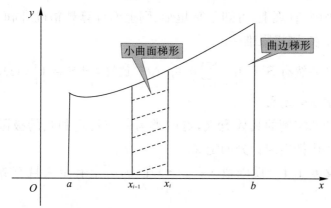

图 6.1

(2)实例 2：物理上求变速直线运动的路程.

A. 匀速直线运动

设一物体 A 在时间段 $[T_0,T_1]$ 内以速度 v 做匀速直线运动，则其在时间段 $[T_0,T_1]$ 内所走过的路程为 $S=v\cdot(T_1-T_0)$.

B. 变速直线运动的路程

设一物体 A 在时间段 $[T_0,T_1]$ 内以速度 $v=v(t)$ 做变速直线运

动,其中 $v(t)$ 连续,求其在时间段 $[T_0,T_1]$ 内所走过的路程 S.

下面采用分割、近似、求和、取极限的方法求物体在时间段 $[T_0,T_1]$ 内所走过的路程 S.

分割 T:对区间 $[T_0,T_1]$ 插入分点 $t_1,\cdots,t_{n-1}$,令 $t_0=T_0,t_n=T_1$ 满足
$$T_0=t_0<t_1<t_2<\cdots<t_n=T_1.$$

这样时间段 $[T_0,T_1]$ 分解成 n 个小时间段 $[t_{i-1},t_i]$,$i=1,2,\cdots,n$. 同时,记 $\Delta t_i=t_i-t_{i-1}$,$i=1,2,\cdots,n$;$\lambda(t)=\max\limits_{0\leqslant i\leqslant n}\{\Delta t_i\}$,$\Delta S_i$ 为物体在时间段 $[T_0,T_1]$ 所走过的路程.

近似:当 $\lambda(t)\to 0$ 时,基于 $v(t)$ 连续,所以在每个小时间段 $[t_{i-1},t_i]$ 上,物体可以看成是匀速直线运动,类似匀速直线运动可知 $\Delta S_i\approx v(\xi_i)\Delta x_i$,其中 $\forall\xi_i\in[t_{i-1},t_i]$.

求和:物体 A 在时间段 $[T_0,T_1]$ 上所走过的路程为
$$S=\sum_{i=1}^{n}\Delta S_i\approx\sum_{i=1}^{n}v(\xi_i)\Delta t_i.$$

取极限:直观上,可知分割越细,则上面计算越精确. 同时,可知若极限存在,则极限唯一.

于是必然有 $S=\lim\limits_{\lambda(t)\to 0}\sum\limits_{i=1}^{n}v(\xi_i)\Delta t_i$. 这样,记 $S=\int_{T_0}^{T_1}v(t)\mathrm{d}t$.

2. 定积分定义

抛开两实例的具体意义,可归类为一类特定和式的极限,这样抽象本质概括出定积分的定义.

定义 6.1.1 设函数 $y=f(x)$ 在 $[a,b]$ 上有定义且有界,作分割 T:
$$a=x_0<x_1<x_2<\cdots<x_n=b.$$

把区间 $[a,b]$ 分成 n 个小区间 $[x_0,x_1],[x_1,x_2],\cdots,[x_{n-1},x_n]$,记每个小区间段的长度为 $\Delta x_i=x_i-x_{i-1}$,$i=1,2,\cdots,n$;$\lambda(t)=\max\limits_{0\leqslant i\leqslant n}\{\Delta x_i\}$. $\forall\xi_i\in[x_{i-1},x_i]$,作和式 $\sum\limits_{i=1}^{n}f(\xi_i)\Delta x_i$.

若 $I=\lim\limits_{\lambda(t)\to 0}\sum\limits_{i=1}^{n}f(\xi_i)\Delta x_i$ 存在,且极限值 I 不依赖于分割,不依赖于 $\xi_i\in[x_{i-1},x_i]$ 的选取,则称 I 为定积分,记为 $I=\int_{a}^{b}f(x)\mathrm{d}x$. 也

称函数 $f(x)$ 在区间 $[a,b]$ 上可积或定积分存在. 其中 $f(x)$ 为被积函数，x 为积分变量，a 为积分下限，b 为积分上限，$[a,b]$ 为积分区间.

注 6.1.1

(1) 若函数 $f(x)$ 在 $[a,b]$ 上可积，且 $a,b,f(x)$ 给定，则 $I = \int_a^b f(x)\mathrm{d}x$ 为一确定的常数，且积分变量 x 在区间 $[a,b]$ 上变化；

(2) 若函数 $f(x)$ 在 $[a,b]$ 上可积，则定积分与积分变量字母符号无关，即

$$\int_a^b f(x)\mathrm{d}x = \int_a^b f(t)\mathrm{d}t = \int_a^b f(u)\mathrm{d}u;$$

(3) 定积分的几何意义.

例如：$\int_a^b \mathrm{d}x = b - a$ 和 $\int_0^R \sqrt{R^2 - x^2}\mathrm{d}x = \dfrac{\pi R^2}{4}$.

3. 定积分存在性问题

不加证明，给出如下定理.

(1) 定积分存在的必要条件.

定理 6.1.1 若函数 $f(x)$ 在 $[a,b]$ 上可积，则 $f(x)$ 在区间 $[a,b]$ 上有界.

注 6.1.2 有界函数不一定可积. 例如 $f(x) = \begin{cases} 1, x \text{ 为有理数} \\ 0, x \text{ 为无理数} \end{cases}$ 在区间 $[0,1]$ 上有界，而不可积（提示 ξ 在小区间上可以任意选取，不妨分别取有理数和无理数）.

(2) 定积分存在的充分性.

定理 6.1.2 若函数 $f(x)$ 在区间 $[a,b]$ 上连续，则 $f(x)$ 在 $[a,b]$ 上可积.

定理 6.1.3 设函数 $f(x)$ 在区间 $[a,b]$ 上有界，且 $f(x)$ 只有有限个第一类间断点，则 $f(x)$ 在 $[a,b]$ 上可积.

定理 6.1.4 设函数 $f(x)$ 在区间 $[a,b]$ 上有界，且 $f(x)$ 单调，则 $f(x)$ 在 $[a,b]$ 上可积.

(3) 定积分与一类特定和式数列的关系.

下面仅以区间$[0,1]$为例,具体如下:

原理:设函数$f(x)$在闭区间$[0,1]$上连续,则定积分$\int_0^1 f(x)\mathrm{d}x$存在.同时,对区间进行等分割,记$x_i=\dfrac{i}{n}$,$\Delta x_i=\dfrac{1}{n}$,$\xi_i=\dfrac{i}{n}$,$(i=1,2,\cdots,n)$,依据定积分定义知,有$\lim\limits_{n\to\infty}\dfrac{1}{n}\sum\limits_{i=1}^{n}f\left(\dfrac{i}{n}\right)=\int_0^1 f(x)\mathrm{d}x$.

注意和式中$\dfrac{i}{n}$位置为函数x的位置,这样可以构造函数$f(x)$的表达式.

(提示:有$\lim\limits_{n\to\infty}\dfrac{1}{n}\sum\limits_{i=1}^{n}f\left(\dfrac{i-1}{n}\right)=\int_0^1 f(x)\mathrm{d}x$,

$$\lim_{n\to\infty}\frac{b-a}{n}\sum_{i=1}^{n}f\left(a+\frac{(b-a)i}{n}\right)=\int_a^b f(x)\mathrm{d}x)$$

例 6.1.1 用定积分定义计算定积分$I=\int_0^1 x\mathrm{d}x$.

解:函数$f(x)=x$在闭区间$[0,1]$上连续,则定积分$\int_0^1 x\mathrm{d}x$存在.同时,对区间进行等分割,记

$$x_i=\frac{i}{n},\Delta x_i=\frac{1}{n},\xi_i=\frac{i}{n},\ (i=1,2,\cdots,n),$$

依据定积分定义知,有

$$\int_0^1 f(x)\mathrm{d}x=\lim_{n\to\infty}\frac{1}{n}\sum_{i=1}^{n}\left(\frac{i}{n}\right)=\lim_{n\to\infty}\frac{1+2+\cdots+n}{n^2}$$
$$=\lim_{n\to\infty}\frac{(1+n)n}{2n^2}=\frac{1}{2}.$$

例 6.1.2 求极限$I=\lim\limits_{n\to\infty}\left(\dfrac{1}{n^2+1}+\dfrac{2}{n^2+2^2}+\cdots+\dfrac{n}{n^2+n^2}\right)$.

解:分两步计算,第一步,将数列改写成

$$\frac{1}{n^2+1}+\frac{2}{n^2+2^2}+\cdots+\frac{n}{n^2+n^2}$$
$$=\frac{1}{n}\left[\frac{\dfrac{1}{n}}{1+\left(\dfrac{1}{n}\right)^2}+\frac{\dfrac{2}{n}}{1+\left(\dfrac{2}{n}\right)^2}+\cdots+\frac{\dfrac{n}{n}}{1+\left(\dfrac{n}{n}\right)^2}\right]$$
$$=\frac{1}{n}\sum_{i=1}^{n}\frac{\dfrac{i}{n}}{1+\left(\dfrac{i}{n}\right)^2}.$$

第二步,可知有

$$I = \lim_{n\to\infty} \frac{1}{n} \sum_{i=1}^{n} \frac{\dfrac{i}{n}}{1+\left(\dfrac{i}{n}\right)^2} = \int_0^1 \frac{x}{1+x^2}\mathrm{d}x = \frac{\ln 2}{2}.$$

例 6.1.3(学完换元法阅读) 设函数 $f(x)$ 在区间 $[0,\pi]$ 上连续,则有

$$\lim_{n\to\infty}\int_0^\pi f(x)|\sin nx|\mathrm{d}x = \frac{2}{\pi}\int_0^\pi f(x)\mathrm{d}x.$$

解: 证明分两步,第一步,先证明对于任何整数 k,有

$$\int_{\frac{(k-1)\pi}{n}}^{\frac{k\pi}{n}} |\sin nx|\mathrm{d}x = \frac{2}{n}.$$

令 $x = \dfrac{t}{n}$,这里 x 是原积分变量,t 是新积分变量,同时又知 $|\sin x|$ 以 π 为周期且为偶函数,即有

$$\int_{\frac{(k-1)\pi}{n}}^{\frac{k\pi}{n}} |\sin nx|\mathrm{d}x = \int_{(k-1)\pi}^{k\pi} |\sin t|\mathrm{d}\left(\frac{t}{n}\right) = \frac{1}{n}\int_0^\pi |\sin t|\mathrm{d}t$$

$$= \frac{2}{n}\int_0^{\frac{\pi}{2}} |\sin t|\mathrm{d}t = \frac{2}{n}\int_0^{\frac{\pi}{2}} \sin t\mathrm{d}t = \frac{2}{n}.$$

第二步,由于 $f(x)$ 在区间 $[0,\pi]$ 上连续且 $|\sin nx|$ 不变号,依据积分(第一)中值定理,有

$$\int_0^\pi f(x)|\sin nx|\mathrm{d}x = \sum_{i=1}^n \int_{\frac{(i-1)\pi}{n}}^{\frac{i\pi}{n}} f(x)|\sin nx|\mathrm{d}x$$

$$= \sum_{i=1}^n f(\xi_i)\int_{\frac{(i-1)\pi}{n}}^{\frac{i\pi}{n}} |\sin nx|\mathrm{d}x$$

$$= \sum_{i=1}^n f(\xi_i)\frac{2}{n} = \frac{2}{\pi}\left(\frac{\pi}{n}\sum_{i=1}^n f(\xi_i)\right),$$

这里 $\xi_i \in \left[\dfrac{(i-1)\pi}{n}, \dfrac{i\pi}{n}\right]$

由定积分定义,知

$$\int_0^\pi f(x)|\sin nx|\mathrm{d}x = \lim_{n\to\infty}\sum_{i=1}^n \int_{\frac{(i-1)\pi}{n}}^{\frac{i\pi}{n}} f(x)|\sin nx|\mathrm{d}x$$

$$= \frac{2}{\pi}\int_0^\pi f(x)\mathrm{d}x.$$

类似题：

下列极限化成定积分.

（ⅰ）$\lim\limits_{n\to\infty}\sum\limits_{i=1}^{n}\dfrac{n}{n^2+i^2}$；

（ⅱ）$\lim\limits_{n\to\infty}\sum\limits_{i=1}^{n}\dfrac{i^p}{n^{p+1}}\ (p>0)$；

（ⅲ）$\lim\limits_{n\to\infty}\sum\limits_{i=1}^{n}\dfrac{\sin\left(\dfrac{i-1}{n}\right)\pi}{n+10}$.

解： 计算

（ⅰ）$\lim\limits_{n\to\infty}\sum\limits_{i=1}^{n}\dfrac{n}{n^2+i^2}=\lim\limits_{n\to\infty}\dfrac{1}{n}\sum\limits_{i=1}^{n}\dfrac{1}{1+\left(\dfrac{i}{n}\right)^2}=\int_0^1\dfrac{\mathrm{d}x}{1+x^2}$；

（ⅱ）$\lim\limits_{n\to\infty}\sum\limits_{i=1}^{n}\dfrac{i^p}{n^{p+1}}=\lim\limits_{n\to\infty}\dfrac{1}{n}\sum\limits_{i=1}^{n}\left(\dfrac{i}{n}\right)^p=\int_0^1 x^p\mathrm{d}x$；

（ⅲ）$\lim\limits_{n\to\infty}\sum\limits_{i=1}^{n}\dfrac{\sin\left(\dfrac{i-1}{n}\right)\pi}{n+10}=\lim\limits_{n\to\infty}\sum\limits_{i=1}^{n}\left[\dfrac{\sin\left(\dfrac{i-1}{n}\right)\pi}{n}\right]\left(\dfrac{n}{n+10}\right)$

$=\lim\limits_{n\to\infty}\dfrac{1}{n}\sum\limits_{i=1}^{n}\sin\left(\dfrac{i-1}{n}\right)\pi=\int_0^1\sin\pi x\mathrm{d}x$.

§6.2 定积分的性质与中值定理

6.2.1 性质

性质 6.2.1（线性性） 若函数 $f(x),g(x)$ 在 $[a,b]$ 上可积，则 $k_1 f(x)+k_2 g(x)$ 在区间 $[a,b]$ 上可积且有

$$\int_a^b(k_1 f(x)+k_2 g(x))\mathrm{d}x=k_1\int_a^b f(x)\mathrm{d}x+k_2\int_a^b g(x)\mathrm{d}x.$$

其中 k_1,k_2 为任意两个常数.

性质 6.2.2（可加性） 设函数 $f(x)$ 在 $[\alpha,\beta]$ 上可积，若 $\forall\, a,b,c\in[\alpha,\beta]$，则有 $\int_a^b f(x)\mathrm{d}x=\int_a^c f(x)\mathrm{d}x+\int_c^b f(x)\mathrm{d}x$.

注 6.2.1

(1) 与 a,b 和 c 大小无关,仅要求头尾相连;

(2) 推广:若 $\forall a,b,c_1,c_2 \in [\alpha,\beta]$,有
$$\int_a^b f(x)\mathrm{d}x = \int_a^{c_1} f(x)\mathrm{d}x + \int_{c_1}^{c_2} f(x)\mathrm{d}x + \int_{c_2}^b f(x)\mathrm{d}x.$$

性质 6.2.3 (保序不等式)

(1) 设函数 $f(x)$ 在 $[a,b]$ 上可积,若 $f(x) \geqslant 0, \forall x \in [a,b]$,则有 $\int_a^b f(x)\mathrm{d}x \geqslant 0$;

(2) 设函数 $f(x)$ 在 $[a,b]$ 上连续,且 $f(x) \geqslant 0, \forall x \in [a,b]$,若 $\exists x_0 \in [a,b]$ 有 $f(x_0) > 0$,则有 $\int_a^b f(x)\mathrm{d}x > 0$.

等价性质

设函数 $f(x)$ 在 $[a,b]$ 上连续,且 $f(x) \geqslant 0, \forall x \in [a,b]$,若 $\int_a^b f(x)\mathrm{d}x = 0$.则有 $f(x) = 0, \forall x \in [a,b]$.

(3) 推广

① 设函数 $f(x), g(x)$ 在 $[a,b]$ 上可积,若 $f(x) \geqslant g(x)$,则有 $\int_a^b f(x)\mathrm{d}x \geqslant \int_a^b g(x)\mathrm{d}x$;

② 设函数 $f(x), g(x)$ 在 $[a,b]$ 上连续,且 $f(x) \geqslant g(x)$,若 $\exists x_0 \in [a,b]$ 有 $f(x_0) > g(x_0)$,则有 $\int_a^b f(x)\mathrm{d}x > \int_a^b g(x)\mathrm{d}x$;

③ 设函数 $f(x), g(x)$ 在 $[a,b]$ 上连续,且 $f(x) \geqslant g(x)$,若 $\int_a^b f(x)\mathrm{d}x = \int_a^b g(x)\mathrm{d}x$,则有 $f(x) = g(x)$;

④ 若函数 $f(x)$ 在 $[a,b]$ 上连续,则有 $\left| \int_a^b f(x)\mathrm{d}x \right| \leqslant \int_a^b |f(x)|\mathrm{d}x$;

⑤ 若函数 $f(x)$ 在 $[a,b]$ 上连续,且记 $m = \min\limits_{x \in [a,b]}\{f(x)\}$, $M = \max\limits_{x \in [a,b]}\{f(x)\}$,则有 $m(b-a) \leqslant \int_a^b f(x)\mathrm{d}x \leqslant M(b-a)$.

(提示:注意此式为定积分的估值不等式)

(4) 中值定理:设函数 $f(x), g(x)$ 在 $[a,b]$ 上连续,若 $g(x)$ 在 $[a,b]$ 上不变号,则 $\exists \xi \in [a,b]$,有
$$\int_a^b f(x)g(x)\mathrm{d}x = f(\xi)\int_a^b g(x)\mathrm{d}x.$$

推论 6.2.1 若函数 $f(x)$ 在 $[a,b]$ 上连续,则 $\exists \xi \in [a,b]$,有
$$\int_a^b f(x)\mathrm{d}x = f(\xi)(b-a).$$

(提示:注意 $\dfrac{\int_a^b f(x)\mathrm{d}x}{b-a}$ 称为函数 $f(x)$ 在区间 $[a,b]$ 上的平均高)

进一步(学完变上限函数),利用变上限函数和拉格朗日中值定理可证(见后),则 $\exists \xi \in (a,b)$,有 $\int_a^b f(x)\mathrm{d}x = f(\xi)(b-a)$.

6.2.2 应用举例

例 6.2.1 比较下列定积分大小:

(1) $I_1 = \int_0^1 \mathrm{e}^x \mathrm{d}x, I_2 = \int_0^1 \mathrm{e}^{x^2} \mathrm{d}x$;

(2) $I_1 = \int_0^1 \ln(x+1)\mathrm{d}x, I_2 = \int_0^1 x \mathrm{d}x.$

解:(1)因为 $f(x) = \mathrm{e}^x, g(x) = \mathrm{e}^{x^2}$ 在区间 $[0,1]$ 上连续,而且 $f(x) \geqslant g(x)$,$f(x)$、$g(x)$ 为两个不相同的函数,所以 $I_1 > I_2$.

(2)记 $f(x) = \ln(1+x), g(x) = x, f(x) = x - \ln(1+x)$. 计算
$$F'(x) = 1 - \frac{1}{1+x} > 0, x \in (0,1],$$

所以 $f(x)$ 在 $[0,1]$ 上严格单调增,即
$$f(x) > F(0) = 0, x \in (0,1].$$

故有 $I_1 < I_2$.

例 6.2.2 估计定积分 $I = \int_{-1}^2 \dfrac{1}{x^2+2x+3} \mathrm{d}x$ 的值.

解:由于 $f(x) = \dfrac{1}{x^2+2x+3} = \dfrac{1}{(x+1)^2+2}$ 在区间 $[-1,2]$ 上连续且 $\dfrac{1}{11} \leqslant f(x) = \dfrac{1}{(x+1)^2+2} \leqslant \dfrac{1}{2}$,故有
$$\frac{3}{11} = \int_{-1}^2 \frac{1}{11}\mathrm{d}x \leqslant I \leqslant \int_{-1}^2 \frac{1}{2}\mathrm{d}x = \frac{3}{2}.$$

(提示：$I = \int_{-1}^{2} \frac{1}{x^2 + 2x + 3} \mathrm{d}x$

$= \int_{-1}^{\frac{1}{2}} \frac{1}{x^2 + 2x + 3} \mathrm{d}x + \int_{\frac{1}{2}}^{2} \frac{1}{x^2 + 2x + 3} \mathrm{d}x$

$= I_1 + I_2$,

对 I_1 和 I_2 分别利用估值不等式可以提高估值精确度）

例 6.2.3 设 $f(x)$ 为 $[0, +\infty)$ 上连续函数，证明：

(1)若 $f(x) \geqslant 0$ 且 $\lim\limits_{x \to +\infty} f(x) = a > 0$，则有 $\lim\limits_{n \to \infty} \sqrt[n]{\int_0^n f(x) \mathrm{d}x} = 1$.

(2)若 $f(x)$ 单调减，则有

$$\int_1^{n+1} f(x) \mathrm{d}x \leqslant \sum_{k=1}^{n} f(k) \leqslant f(1) + \int_1^n f(x) \mathrm{d}x.$$

解：(1)首先，由于 $\lim\limits_{x \to +\infty} f(x) = a > 0$，则 $\exists X > 0$，当 $\forall x \in (X, +\infty)$ 时，有 $\frac{a}{2} < f(x) < \frac{3a}{2}$. 其次，由于 $f(x)$ 为 $[0, X]$ 上的非负连续函数，于是存在最小值 $m_1 \geqslant 0$ 和最大值 M_1，取 $M = \max\left\{M_2, \frac{3a}{2}\right\}$，所以当 $n \in (X, +\infty)$ 时，有

$$\frac{a}{2}(n - X) = \int_X^n \frac{a}{2} \mathrm{d}x \leqslant \int_0^n f(x) \mathrm{d}x \leqslant \int_0^n M \mathrm{d}x = Mn.$$

故依据两边夹定理易知结论成立.

(2)一方面

$$\int_1^{n+1} f(x) \mathrm{d}x = \sum_{k=1}^{n} \int_k^{k+1} f(x) \mathrm{d}x \leqslant \sum_{k=1}^{n} \int_k^{k+1} f(k) \mathrm{d}x \leqslant \sum_{k=1}^{n} f(k).$$

另一方面

$$f(1) + \int_1^n f(x) \mathrm{d}x = f(1) + \sum_{k=1}^{n-1} \int_k^{k+1} f(x) \mathrm{d}x$$

$$\geqslant f(1) + \sum_{k=1}^{n-1} \int_k^{k+1} f(k+1) \mathrm{d}x \geqslant \sum_{k=1}^{n} f(k).$$

综上，知结论正确.

例 6.2.4 设 $f(x)$ 在区间 $[0,1]$ 上连续，且在 $(0,1)$ 上可导，若满足 $\mathrm{e}f(1) = \int_0^1 \mathrm{e}^x f(x) \mathrm{d}x$，则存在 $\xi \in (0,1)$，有 $f'(\xi) + f(\xi) = 0$.

解：与前面微分中值定理同样构造辅助函数 $F(x) = \mathrm{e}^x f(x)$，由

积分中值定理知,存在 $\xi_1 \in (0,1)$,有
$$\int_0^1 e^x f(x) dx = e^{\xi_1} f(\xi_1),$$

依据题意知 $F(\xi_1) = F(1)$,因此满足罗尔定理条件,知存在 $\xi \in (\xi_1, 1) \subset (0,1)$,有 $F'(\xi) = 0$,而 $F'(x) = e^x f(x) + e^x f'(x)$. 故有 $f'(\xi) + f(\xi) = 0$.

§6.3 微积分基本公式

6.3.1 变限函数

1. 变上限函数定义

定义 6.3.1 设函数 $f(x)$ 在 $[a,b]$ 上可积,则诱导一新函数如下:
$$[a,b] \to \mathbf{R},$$
$$F: x \mapsto \int_a^x f(t) dt,$$

这样记 $f(x) = \int_a^x f(t) dt$,称为 $f(x)$ 的变上限函数(或变上限积分).

2. 变限函数的性质

定理 6.3.1 若函数 $f(x)$ 在 $[a,b]$ 上可积,则函数 $f(x)$ 在 $[a,b]$ 上连续.

定理 6.3.2 若函数 $f(x)$ 在 $[a,b]$ 上连续,则函数 $f(x)$ 在 $[a,b]$ 上可导且 $\dfrac{df(x)}{dx} = f(x)$.

注 6.3.1 这说明只要 $f(x)$ 在 $[a,b]$ 上连续,则 $f(x)$ 为 $f(x)$ 在 $[a,b]$ 上的一个原函数.

3. 应用举例

例 6.3.1 设 $f(x)$ 连续,$\alpha(x), \beta(x)$ 可导,求下列函数的导数.

(1) $\dfrac{d}{dx}\left(\int_a^{\beta(x)} f(t) dt\right)$; (2) $\dfrac{d}{dx}\left(\int_{\alpha(x)}^{\beta(x)} f(t) dt\right)$.

解:(1)利用复合函数求导法则计算

$$\frac{\mathrm{d}}{\mathrm{d}x}\left(\int_a^{\beta(x)} f(t)\mathrm{d}t\right) \stackrel{u=\beta(x)}{=} \frac{\mathrm{d}}{\mathrm{d}u}\left(\int_a^u f(t)\mathrm{d}t\right) \cdot \frac{\mathrm{d}u}{\mathrm{d}x} = f(\beta(x)) \cdot \beta'(x);$$

(2)利用可加性与复合函数求导法则计算

$$\frac{\mathrm{d}}{\mathrm{d}x}\left(\int_{\alpha(x)}^{\beta(x)} f(t)\mathrm{d}t\right) = \frac{\mathrm{d}}{\mathrm{d}x}\left(\int_a^{\beta(x)} f(t)\mathrm{d}t - \int_a^{\alpha(x)} f(t)\mathrm{d}t\right)$$
$$= f(\beta(x))\beta'(x) - f(\alpha(x))\alpha'(x).$$

例 6.3.2 几方面常见的应用:

(1)求函数极限 $\lim\limits_{x\to 0} \dfrac{\int_0^x \frac{t^2}{1+t^2}\mathrm{d}t}{\sin x^3}$.

解:这是一道利用洛必达法则和变上限求导的典型例题.

首先,$\dfrac{t^2}{1+t^2}$ 在 $[0,1]$ 上连续,所以 $\lim\limits_{x\to 0} \dfrac{\int_0^x \frac{t^2}{1+t^2}\mathrm{d}t}{\sin x^3}$ 为 $\dfrac{0}{0}$ 型.

其次

$$\lim_{x\to 0} \frac{\int_0^x \frac{t^2}{1+t^2}\mathrm{d}t}{\sin x^3} = \lim_{x\to 0} \frac{\int_0^x \frac{t^2}{1+t^2}\mathrm{d}t}{x^3} \stackrel{\frac{0}{0}}{=} \lim_{x\to 0} \frac{\frac{x^2}{1+x^2}}{3x^2} = \frac{1}{3}.$$

(2)证明许瓦兹不等式.

解:记 $f(x) = \int_a^x f^2(t)\mathrm{d}t \cdot \int_a^x g^2(t)\mathrm{d}t - \left(\int_a^x f(t)g(t)\mathrm{d}t\right)^2$,知其在区间 $[a,b]$ 上可导. 计算

$$F'(x) = f^2(x) \cdot \int_a^x g^2(t)\mathrm{d}t + g^2(x) \cdot \int_a^x f^2(t)\mathrm{d}t$$
$$- 2\left(\int_a^x f(t)g(t)\mathrm{d}t\right) \cdot f(x)g(x)$$
$$= \left(\int_a^x f^2(x)g^2(t) + f^2(t)g^2(x) - 2f(t)f(x)g(t)g(x)\right)\mathrm{d}t$$
$$= \int_a^x (f(x)g(t) - f(t)g(x))^2 \mathrm{d}t \geqslant 0.$$

所以 $f(x)$ 在区间 $[a,b]$ 上单调增,故有 $F(b) \geqslant F(a) = 0$.

(3)设函数 $f(x)$ 在 $[a,b]$ 上连续,若 $\int_a^b f(x)\mathrm{d}x = 0$. 则一定存在 $\xi \in (a,b)$,有 $\int_a^\xi f(t)\mathrm{d}t = \xi f(\xi)$,其中 $a > 0$.

解:要证方程 $\int_a^x f(t)dt = xf(x)$ 有根 $x = \xi$,研究 $f(x)$ 的特征.

有
$$(\ln x)' = \frac{1}{x} = \frac{f(x)}{\int_a^x f(t)dt} = \left(\ln\left(\int_a^x f(t)dt\right)\right)',$$

即
$$\left(\ln\left(\int_a^x f(t)dt\right) - \ln x\right)' = 0,$$

所以有
$$\left(\ln \frac{\int_a^x f(t)dt}{x}\right)' = 0.$$

记 $F(x) = \dfrac{\int_a^x f(t)dt}{x}$,满足 $F(a) = F(b) = 0$,知其在区间 $[a,b]$ 上满足罗尔定理,所以一定存在 $\xi \in (a,b)$,有 $F'(\xi) = 0$,而

$$F'(x) = \frac{f(x)x - \int_a^x f(t)dt}{x^2}, \text{故有} \int_a^\xi f(t)dt = \xi f(\xi).$$

6.3.2 牛顿－莱布尼兹公式

1. 微积分基本定理

定理 6.3.3 设 $f(x)$ 在 $[a,b]$ 上连续,若 $\Phi(x)$ 是 $f(x)$ 在 $[a,b]$ 上的一个原函数,则有

$$\int_a^b f(x)dx = \Phi(b) - \Phi(a) = \Phi(x)\Big|_a^b.$$

2. 应用举例

例 6.3.3 计算下列初等函数的定积分:

(1) $I = \int_0^1 \dfrac{1}{1+x^2}dx$;

(2) $I = \int_{-1}^2 |x-1|dx, I(a) = \int_{-1}^2 |x-a|dx$,其中 a 为常数且 $-1 \leqslant a \leqslant 2$.

解:(1) 计算 $I = \int_0^1 \dfrac{1}{1+x^2}dx = \arctan x\Big|_0^1 = \dfrac{\pi}{4}$.

(2)这里涉及绝对值,所以利用可加性计算,关键找到分界点,即令 $|x-1|=0$,解得 $x_0=1$.

计算
$$I = \int_{-1}^{2}|x-1|\mathrm{d}x = \int_{-1}^{1}(1-x)\mathrm{d}x + \int_{1}^{2}(x-1)\mathrm{d}x$$
$$= -\frac{(1-x)^2}{2}\bigg|_{-1}^{1} + \frac{(x-1)^2}{2}\bigg|_{1}^{2} = \frac{5}{2}.$$

进一步,计算
$$I(a) = \int_{-1}^{2}|x-a|\mathrm{d}x = \int_{-1}^{a}(a-x)\mathrm{d}x + \int_{a}^{2}(x-a)\mathrm{d}x$$
$$= -\frac{(a-x)^2}{2}\bigg|_{-1}^{a} + \frac{(x-a)^2}{2}\bigg|_{a}^{2} = \frac{(a+1)^2}{2} + \frac{(2-a)^2}{2}.$$

类似题:

设 $I(y) = \int_{-1}^{2}|x-y|\mathrm{d}x$,其中 $-1 \leqslant y \leqslant 2$. 计算 $\dfrac{\mathrm{d}I(y)}{\mathrm{d}y}$.

解: 注意 x 是积分变量,y 是自变量.此处 x,y 互相独立(即 y 的取值与 x 无关).

同例 6.3.3(2),有 $I(y) = \dfrac{(y+1)^2}{2} + \dfrac{(2-y)^2}{2}$,计算
$$I'(y) = y+1-2+y = 2y-1.$$

(提示:等学完换元法后,也可以设 $t=x-y$,有
$I(y) = \int_{-1}^{2}|x-y|\mathrm{d}x = \int_{-1-y}^{2-y}|t|\mathrm{d}t$,继后用变上函数求导即可)

例 6.3.4 计算下列非初等函数的积分:

(1) $I = \int_{-2}^{2}\min\{x,x^2\}\mathrm{d}x$;

(2) 已知 $f(x) = \begin{cases} 1, & 0 < x \leqslant 1, \\ 0, & x = 0, \\ -1, & -1 \leqslant x < 0, \end{cases}$ 计算 $f(x) = \int_{-1}^{x}f(t)\mathrm{d}t$

和 $\dfrac{\mathrm{d}f(x)}{\mathrm{d}x}$.

解: (1)被积函数是分段函数,写出其表达式,利用可加性计算,关键是分段函数的分段点.

令 $x = x^2$,解得 $x_1 = 0, x_2 = 1$,所以有
$$f(x) = \begin{cases} x, & x \in [-2, 0], \\ x^2, & x \in (0, 1), \\ x, & x \in [1, 2]. \end{cases}$$

于是,有 $I = \int_{-2}^{2} \min\{x, x^2\} \mathrm{d}x = \int_{-2}^{0} x \mathrm{d}x + \int_{0}^{1} x^2 \mathrm{d}x + \int_{1}^{2} x \mathrm{d}x.$

(2)被积函数是分段函数,写出其表达式,利用可加性计算.

一方面,当 $-1 \leqslant x < 0$ 时,有
$$f(x) = \int_{-1}^{x} f(t) \mathrm{d}t = \int_{-1}^{x} (-1) \mathrm{d}t = -(x + 1);$$

当 $x = 0$ 时,有
$$F(0) = \int_{-1}^{0} f(t) \mathrm{d}t = \int_{-1}^{0} (-1) \mathrm{d}t = -1;$$

当 $0 < x \leqslant 1$ 时,有
$$f(x) = \int_{-1}^{x} f(t) \mathrm{d}t = \int_{-1}^{0} (-1) \mathrm{d}t + \int_{0}^{x} 1 \cdot \mathrm{d}t = -1 + x.$$

综上,有
$$f(x) = \begin{cases} x - 1, & 0 < x \leqslant 1, \\ -1, & x = 0, \\ -x - 1, & -1 \leqslant x < 0. \end{cases}$$

另一方面,有
$$\frac{\mathrm{d}f(x)}{\mathrm{d}x} = \begin{cases} 1, & 0 < x \leqslant 1, \\ -1, & -1 \leqslant x < 0. \end{cases}$$

且 $f(x)$ 在点 $x = 0$ 处不可导.此时可看到 $\frac{\mathrm{d}f(x)}{\mathrm{d}x} \neq f(x)$,这表明若函数 $f(x)$ 在 $[a, b]$ 上有界但不连续,则变上限函数 $f(x)$ 有可能不再是 $f(x)$ 的一个原函数.

§6.4 定积分的换元法与分部积分法

6.4.1 定积分的换元法

1.定理

定理 6.4.1 设 $f(x)$ 在 $[a, b]$ 上连续,若函数 $x = \varphi(t)$ 满足

如下两条件:

(1) $\varphi(\alpha)=a, \varphi(\beta)=b$ 且 $a \leqslant \varphi(t) \leqslant b$;

(2) $x=\varphi(t)$ 在区间 $[\alpha,\beta]$ (或 $[\beta,\alpha]$) 上有连续的导数. 则有

$$\int_a^b f(x)dx = \int_\alpha^\beta f(\varphi(t))d\varphi(t).$$

注 6.4.1

(1)定积分的换元法中,只关心上、下限一一对应,而不关心 α 与 β 的大小;

(2)一定是对积分变量做换元, x 为原积分变量, t 为新积分变量.

2. 应用举例

例 6.4.1 求下列定积分:

(1) $I = \int_0^1 x e^{x^2} dx$;

(2) $I = \int_0^1 (x-1)^n (x+x^2) dx, n \in \mathbf{N}$;

(3) $I = \int_0^a \sqrt{a^2-x^2} dx (a>0)$.

解: (1) x 是原积分变量,做变换 $t=x^2$, t 为新积分变量且有

$$x=0 \overset{t=x^2}{\leftrightarrow} t=0, x=1 \overset{t=x^2}{\leftrightarrow} t=1,$$

所以有

$$I = \int_0^1 x e^{x^2} dx = \frac{1}{2}\int_0^1 e^{x^2} d(x^2) = \frac{1}{2}\int_0^1 e^t dt = \frac{1}{2} e^t \Big|_0^1 = \frac{1}{2}(e-1).$$

(2) $(x-1)^n$ 牛顿二项式展开式有 $n+1$ 项,利用线性性计算有点复杂. 做变换 $t=x-1$,目的把 $(x-1)^n$ 看成一项处理.

设 $t=x-1$,这里 x 是原积分变量, t 为新积分变量且有

$$x=0 \overset{t=x-1}{\leftrightarrow} t=-1, x=1 \overset{t=x-1}{\leftrightarrow} t=0.$$

计算

$$I = \int_0^1 (x-1)^n(x+x^2)dx = \int_{-1}^0 t^n((t+1)+(t+1)^2)d(t+1)$$

$$= \int_{-1}^0 t^n((t+1)+(t+1)^2)d(t+1)$$

$$= \int_{-1}^0 (t^{n+2}+3t^{n+1}+2t^n)dt.$$

(3) 方法一,几何意义知其为圆(半径为 a)面积的四分之一.

方法二,去根号.

设 $x = a\sin t, t \in \left[0, \dfrac{\pi}{2}\right]$,这里 x 是原积分变量,t 为新积分变量,且有

$$x = 0 \overset{x=a\sin t}{\leftrightarrow} t = 0, x = a \overset{x=a\sin t}{\leftrightarrow} t = \dfrac{\pi}{2}.$$

则

$$I = \int_0^a \sqrt{a^2 - x^2}\,\mathrm{d}x = \int_0^{\frac{\pi}{2}} \sqrt{a^2 - a^2\sin^2 t}\,\mathrm{d}(a\sin t)$$

$$= a^2 \int_0^{\frac{\pi}{2}} \cos^2 t\,\mathrm{d}t = \dfrac{\pi a^2}{4}.$$

例 6.4.2 设函数 $f(x)$ 在 **R** 上连续,求下列导数.

(1) $\dfrac{\mathrm{d}}{\mathrm{d}x}\left(\int_0^x f(x-t)\,\mathrm{d}t\right)$; (2) $\dfrac{\mathrm{d}}{\mathrm{d}x}\left(\int_1^x f(xt)\,\mathrm{d}t\right)(x>0)$.

解:(1) 这里 x 是自变量,t 为积分变量.设 $u = x - t$,u 为新积分变量,且有

$$t = 0 \overset{u=x-t}{\leftrightarrow} u = x, t = x \overset{u=x-t}{\leftrightarrow} u = 0,$$

即

$$\int_0^x f(x-t)\,\mathrm{d}t = \int_x^0 f(u)\,\mathrm{d}(x-u) = -\int_x^0 f(u)\,\mathrm{d}u = \int_0^x f(u)\,\mathrm{d}u.$$

(提示:x 是自变量,u 为积分变量,所以相对 u 而言,x 可看成常数.注意这里 $\mathrm{d}(x-u)$ 是关于 u 微分)

于是有

$$\dfrac{\mathrm{d}}{\mathrm{d}x}\left(\int_0^x f(x-t)\,\mathrm{d}t\right) = \dfrac{\mathrm{d}}{\mathrm{d}x}\left(\int_0^x f(u)\,\mathrm{d}u\right) = f(x).$$

(2) 这里 x 是自变量,t 为积分变量.设 $u = xt$,u 为新积分变量,且有

$$t = 1 \overset{u=xt}{\leftrightarrow} u = x, t = x \overset{u=xt}{\leftrightarrow} u = x^2,$$

即

$$\int_1^x f(xt)\,\mathrm{d}t = \int_x^{x^2} f(u)\,\mathrm{d}\left(\dfrac{u}{x}\right) = \dfrac{1}{x}\int_x^{x^2} f(u)\,\mathrm{d}u.$$

（提示：x 是自变量，u 为积分变量，所以相对 u 而言，x 可看成常数．注意这里 $\mathrm{d}\left(\dfrac{u}{x}\right)$ 是关于 u 微分）

于是有
$$\frac{\mathrm{d}}{\mathrm{d}x}\left(\int_1^x f(xt)\,\mathrm{d}t\right) = \frac{\mathrm{d}}{\mathrm{d}x}\left(\frac{1}{x}\int_x^{x^2} f(u)\,\mathrm{d}u\right)$$
$$= \frac{-\int_x^{x^2} f(u)\,\mathrm{d}u}{x^2} + \frac{2xf(x^2)-f(x)}{x}.$$

类似题：计算极限 $\lim\limits_{x\to 0}\dfrac{\int_0^x \sin(x-t)^2\,\mathrm{d}t}{\tan x - x}$．

解：这里 x 是自变量，t 为积分变量．设 $u = x-t$，u 为新积分变量，且有
$$t = 0 \xleftrightarrow{u=x-t} u = x, \quad t = x \xleftrightarrow{u=x-t} u = 0,$$
即
$$\int_0^x \sin(x-t)^2\,\mathrm{d}t = \int_x^0 \sin u^2\,\mathrm{d}(x-u) = -\int_x^0 \sin u^2\,\mathrm{d}u$$
$$= \int_0^x \sin u^2\,\mathrm{d}u;$$

于是有
$$\lim_{x\to 0}\frac{\int_0^x \sin(x-t)^2\,\mathrm{d}t}{\tan x - x} = \lim_{x\to 0}\frac{\int_0^x \sin u^2\,\mathrm{d}u}{\tan x - x} \xlongequal{\frac{0}{0}} \lim_{x\to 0}\frac{\sin x^2}{\sec^2 x - 1}$$
$$= \lim_{x\to 0}\frac{\sin x^2}{\tan^2 x} = \lim_{x\to 0}\frac{x^2}{x^2} = 1.$$

例 6.4.3 若函数 $f(x)$ 于 $[0,1]$ 上连续，则有

(1) $\displaystyle\int_0^{\frac{\pi}{2}} f(\sin x)\,\mathrm{d}x = \int_0^{\frac{\pi}{2}} f(\cos x)\,\mathrm{d}x$；

(2) $\displaystyle\int_0^{\pi} xf(\sin x)\,\mathrm{d}x = \frac{\pi}{2}\int_0^{\pi} f(\sin x)\,\mathrm{d}x$．

解：(1) 上下限不变，而函数 f 里面 $\sin x$ 变为 $\cos x$，所以一般可设 $x = \dfrac{\pi}{2} - t$．

设 $x = \dfrac{\pi}{2} - t$,这里 x 是原积分变量,t 为新积分变量,且有

$$x = 0 \overset{x=\frac{\pi}{2}-t}{\leftrightarrow} t = \frac{\pi}{2}, x = \frac{\pi}{2} \overset{x=\frac{\pi}{2}-t}{\leftrightarrow} t = 0.$$

于是,有

$$\int_0^{\frac{\pi}{2}} f(\sin x) \mathrm{d}x = \int_{\frac{\pi}{2}}^0 f\left(\sin\left(\frac{\pi}{2} - t\right)\right) \mathrm{d}\left(\frac{\pi}{2} - t\right) = \int_0^{\frac{\pi}{2}} f(\cot t) \mathrm{d}t.$$

(2)上下限不变,而函数 f 里面 $\sin x$ 仍为 $\sin x$,所以一般可设 $x = \pi - t$.

设 $x = \pi - t$ 这里 x 是原积分变量,t 为新积分变量且有

$$x = 0 \overset{x=\pi-t}{\leftrightarrow} t = \pi, x = \pi \overset{x=\pi-t}{\leftrightarrow} t = 0.$$

于是,有

$$\int_0^{\pi} x f(\sin x) \mathrm{d}x = \int_{\pi}^0 (\pi - t) f(\sin(\pi - t)) \mathrm{d}(\pi - t)$$

$$= \int_0^{\pi} (\pi - t) f(\sin t) \mathrm{d}t$$

$$= \int_0^{\pi} (\pi - x) f(\sin x) \mathrm{d}x;$$

故有

$$\int_0^{\pi} x f(\sin x) \mathrm{d}x = \frac{\pi}{2} \int_0^{\pi} f(\sin x) \mathrm{d}x.$$

类似题:

(1)证明 $\int_0^{\frac{\pi}{2}} \sin^n x \mathrm{d}x = \int_0^{\frac{\pi}{2}} \cos^n x \mathrm{d}x \ (n \in \mathbf{N})$;

(2)计算 $\int_0^{\pi} \dfrac{x \sin x}{1 + \cos^2 x} \mathrm{d}x$.

解: 类似于例 6.4.3,留给读者练习.

3. 关于奇偶函数与周期函数问题

(1)设函数 $f(x)$ 在 $[-l, l]$ 上连续.

当 $f(x)$ 在 $[-l, l]$ 上为偶函数时,则有 $\int_{-l}^{l} f(x) \mathrm{d}x = 2\int_0^l f(x) \mathrm{d}x$.

当 $f(x)$ 在 $[-l, l]$ 上为奇函数时,则有 $\int_{-l}^{l} f(x) \mathrm{d}x = 0$;

(2) 设函数 $f(x)$ 在 **R** 上连续, 若 $f(x)$ 是以 T 为周期的周期函数, 则有 $\int_a^{a+T} f(x)\mathrm{d}x = \int_0^T f(x)\mathrm{d}x$, 其中 a 为任意给定的实常数. 特别, 有 $\int_a^{a+nT} f(x)\mathrm{d}x = n\int_0^T f(x)\mathrm{d}x, n \in \mathbf{N}$;

(3) 设函数 $f(x)$ 在 **R** 上连续, 记 $f(x) = \int_0^x f(t)\mathrm{d}t$.

若 $f(x)$ 为偶函数, 则有 $f(x)$ 为奇函数;

若 $f(x)$ 为奇函数, 则有 $f(x)$ 为偶函数;

若 $f(x)$ 是以 T 为周期的周期函数, 则当 $\int_0^T f(x)\mathrm{d}x = 0$ 时, 有 $f(x)$ 是以 T 为周期的周期函数.

解: (1) 设 $x = -t$, 易知有
$$\int_{-l}^{l} f(x)\mathrm{d}x = \int_0^l (f(x) + f(-x))\mathrm{d}x,$$
即可得结论;

(2) 由可加性知
$$\int_0^{a+T} f(x)\mathrm{d}x = \int_a^0 f(x)\mathrm{d}x + \int_0^T f(x)\mathrm{d}x + \int_T^{a+T} f(x)\mathrm{d}x;$$
设 $x = T + t$, 易知有
$$\int_T^{a+T} f(x)\mathrm{d}x \xlongequal{x=T+t} \int_0^a f(T+t)\mathrm{d}(T+t) = \int_0^a f(t)\mathrm{d}t$$
$$= \int_0^a f(x)\mathrm{d}x.$$

于是结论正确;

(3) 仅考虑 $f(x)$ 为偶函数情形, 其余类似, 留给读者练习.
$$F(-x) = \int_0^{-x} f(t)\mathrm{d}t \xlongequal{t=-u} \int_0^x f(-u)\mathrm{d}(-u) = -\int_0^x f(u)\mathrm{d}u,$$
即有 $F(-x) = -f(x)$.

例 6.4.4 计算下列定积分:

(1) $I = \int_{-1}^{1} (1+x)\mathrm{e}^{-|x|}\mathrm{d}x$;

(2) $I = \int_0^{2\pi} |\cos x| \sqrt{1+|\sin x|}\,\mathrm{d}x$.

解:(1)易知为对称区间,$e^{-|x|}$为偶函数和$xe^{-|x|}$为奇函数. 所以有

$$I = \int_{-1}^{1}(1+x)e^{-|x|}dx = \int_{-1}^{1}e^{-|x|}dx = 2\int_{0}^{1}e^{-|x|}dx$$

$$= 2\int_{0}^{1}e^{-x}dx = 2(1-e^{-1}).$$

(2)易知被积函数以π为周期且在对称区间上为偶函数,则有

$$I = \int_{0}^{2\pi}|\cos x|\sqrt{1+|\sin x|}dx = 2\int_{-\frac{\pi}{2}}^{\frac{\pi}{2}}|\cos x|\sqrt{1+|\sin x|}dx$$

$$= 4\int_{0}^{\frac{\pi}{2}}|\cos x|\sqrt{1+|\sin x|}dx = 4\int_{0}^{\frac{\pi}{2}}\cos x\sqrt{1+\sin x}dx$$

$$= 4\int_{0}^{\frac{\pi}{2}}\sqrt{1+\sin x}d(\sin x).$$

例 6.4.5 设函数$f(x)$在$[0,1]$上连续,则有

(1) $\int_{0}^{2\pi}\cos^n x dx = \int_{0}^{2\pi}\sin^n x dx = \begin{cases} 0, & n\text{为奇数}, \\ 4\int_{0}^{\frac{\pi}{2}}\sin^n x dx, & n\text{为偶数}, \end{cases}$ $n \in \mathbf{N}$;

(2)记$A = \int_{0}^{\frac{\pi}{2}}f(|\cos x|)dx$,则有$I = \int_{0}^{2\pi}f(|\cos x|)dx = 4A$.

解:(1)对于第一个等式,上下限不变,而函数f里面$\sin x$变为$\cos x$,所以一般可设$x = \frac{\pi}{2}-t$. 对于第二个等式,上下限改变,而函数f里面$\sin x$仍为$\sin x$,且前面有2的倍数,所以一般用奇偶函数定积分的性质.

首先,设$x = \frac{\pi}{2}-t$,这里x是原积分变量,t为新积分变量且有

$$x = 0 \xleftrightarrow{x=\frac{\pi}{2}-t} t = \frac{\pi}{2}, x = 2\pi \xleftrightarrow{x=\frac{\pi}{2}-t} t = -\frac{3\pi}{2}.$$

于是,有

$$\int_{0}^{2\pi}\cos^n x dx = \int_{\frac{\pi}{2}}^{-\frac{3\pi}{2}}\cos^n\left(\frac{\pi}{2}-t\right)d\left(\frac{\pi}{2}-t\right) = \int_{-\frac{3\pi}{2}}^{\frac{\pi}{2}}\sin^n t dt$$

$$= \int_{0}^{2\pi}\sin^n t dt.$$

其次，当 n 为奇数时，被积函数以 2π 为周期且在对称区间上为奇函数，于是，有

$$\int_0^{2\pi} \sin^n x \, \mathrm{d}x = \int_{-\pi}^{\pi} \sin^n x \, \mathrm{d}x = 0.$$

当 n 为偶数时，被积函数以 π 为周期且在对称区间上为偶函数，于是，有

$$\int_0^{2\pi} \sin^n x \, \mathrm{d}x = 2\int_{-\frac{\pi}{2}}^{\frac{\pi}{2}} \sin^n x \, \mathrm{d}x = 4\int_0^{\frac{\pi}{2}} \sin^n x \, \mathrm{d}x.$$

(2)留给读者练习.

6.4.2 定积分的分部积分法

(1)定理

定理 6.4.2 若函数 $u(x), v(x)$ 在区间 $[a,b]$ 上有连续的导数，则有

$$\int_a^b u(x) \mathrm{d}v(x) = [u(x)v(x)]\Big|_a^b - \int_a^b v(x) \mathrm{d}u(x)$$

(2) 应用举例

例 6.4.6 计算下列定积分：

(1) $I = \int_0^{\frac{\pi}{2}} x\cos x \, \mathrm{d}x$ ；

(2) $I = \int_0^{\frac{\pi}{2}} (f(x) + f''(x))\sin x \, \mathrm{d}x$，其中 $f(x)$ 在区间 $\left[0, \dfrac{\pi}{2}\right]$ 上具有二阶连续导数；

(3) $I = \int_0^3 \arcsin\sqrt{\dfrac{x}{x+1}} \, \mathrm{d}x$ ；

(4) $I = \int_0^{\frac{\pi}{2}} \sin^m x \, \mathrm{d}x, m \in \mathbf{N}.$

解：(1)计算

$$I = \int_0^{\frac{\pi}{2}} x\cos x \, \mathrm{d}x = \int_0^{\frac{\pi}{2}} x \mathrm{d}\sin x = x\sin x \Big|_0^{\frac{\pi}{2}} - \int_0^{\frac{\pi}{2}} \sin x \, \mathrm{d}x$$

$$= \dfrac{\pi}{2} - 1;$$

(2) 计算

$$I = \int_0^{\frac{\pi}{2}} (f(x) + f''(x))\sin x \,dx$$

$$= \int_0^{\frac{\pi}{2}} f(x)d(-\cos x) + \int_0^{\frac{\pi}{2}} \sin x \,d(f'(x))$$

$$= (-f(x)\cos x)\Big|_0^{\frac{\pi}{2}} + \int_0^{\frac{\pi}{2}} f'(x)\cos x \,dx + (f'(x)\sin x)\Big|_0^{\frac{\pi}{2}}$$

$$- \int_0^{\frac{\pi}{2}} f'(x)\cos x \,dx$$

$$= f(0) + f'\left(\frac{\pi}{2}\right);$$

(3) 设 $t = \sqrt{\dfrac{x}{x+1}}$,解得 $x = \dfrac{t^2}{1-t^2}$ 且去根号,继后利用分部积分计算,有

$$I = \int_0^3 \arcsin\sqrt{\frac{x}{x+1}} \,dx = \int_0^{\frac{\sqrt{3}}{2}} \arcsin t \,d\left(\frac{t^2}{1-t^2}\right)$$

$$\xlongequal{t=\sin u} \int_0^{\frac{\pi}{3}} u \,d\left(\frac{\sin^2 u}{1-\sin^2 u}\right) = (u\tan^2 u)\Big|_0^{\frac{\pi}{3}} - \int_0^{\frac{\pi}{3}} \tan^2 t \,dt$$

$$= \frac{\sqrt{3}}{3}\pi - \int_0^{\frac{\pi}{3}} (\sec^2 t - 1)\,dt.$$

(4) 这是经典题(几乎每本教材都有),留给读者练习.

例 6.4.7 设函数 $f(x)$ 在区间 $[a,b]$ 上具有一阶连续导数,若 $f(b) = 0$ 且 $|f'(x)| \leqslant M$,则有

$$\left|\int_a^b f(x)\,dx\right| \leqslant \frac{(b-a)^2}{2}M, \text{ 其中 } M = \max_{x \in [a,b]}\{|f'(x)|\}.$$

解: 方法一,目的是用上 $f(b) = 0$ 且涉及 $|f'(x)| \leqslant M$. 这样在分部积分中改写

$$\int_a^b f(x)\,dx = \int_a^b f(x)\,d(x-a)$$

$$= (f(x)(x-a))\Big|_a^b - \int_a^b (x-a)f'(x)\,dx$$

$$= \int_a^b (a-x)f'(x)\,dx$$

即证.

方法二,目的是用上 $f(b)=0$ 且涉及 $|f'(x)|\leqslant M$,这样使用拉格朗日中值定理有
$$f(x)=f(b)+f'(\xi)(x-b), \exists \xi\in(x,b),$$
即有 $\left|\int_a^b f(x)\mathrm{d}x\right|\leqslant \dfrac{(b-a)^2}{2}M.$

§6.5 定积分的主题练习

6.5.1 求等式中的函数

例 6.5.1 求下列等式中的函数 $f(x)$:

(1)设 $f(x)$ 在 $[0,1]$ 上为连续函数,若满足
$$f(x)=x+2\int_0^1 f(t)\mathrm{d}t,$$
求 $f(x)$.

(2)设 $f(x)$ 在 $[0,1]$ 上为连续函数,若满足
$$f(x)=\dfrac{1}{1+x^2}+\sqrt{1-x^2}\int_0^1 f(x)\mathrm{d}x,$$
求 $f(x)$.

解:(1)由于 $f(x)$ 在 $[0,1]$ 上为连续函数,所以定积分 $\int_0^1 f(x)\mathrm{d}x$ 存在且为一常数,记为 $\int_0^1 f(x)\mathrm{d}x=A.$

于是对上式 $f(x)=x+2\int_0^1 f(t)\mathrm{d}t$ 两边从 0 到 1 进行积分,有
$A=\int_0^1 x\mathrm{d}x+2A\int_0^1 \mathrm{d}x,$ 解得 $A=-\dfrac{1}{2}.$

故有 $f(x)=x-1.$

(2)由于 $f(x)$ 在 $[0,1]$ 上为连续函数,所以定积分 $\int_0^1 f(x)\mathrm{d}x$ 存在且为一常数,记为 $\int_0^1 f(x)\mathrm{d}x=A.$

于是对上式 $f(x)=\dfrac{1}{1+x^2}+\sqrt{1-x^2}\int_0^1 f(t)\mathrm{d}t$ 两边从 0 到 1 进

行积分,有 $A = \int_0^1 \dfrac{1}{1+x^2} dx + A \int_0^1 \sqrt{1-x^2} dx$,解得 $A = \dfrac{\pi}{4-\pi}$.

故有 $f(x) = \dfrac{1}{1+x^2} + \dfrac{\pi}{4-\pi} \sqrt{1-x^2}$.

6.5.2 求极限

例 6.5.2

(1) 证明:若函数 $f(x)$ 在 $[0,1]$ 上连续,则有 $\lim\limits_{n\to\infty} \int_0^1 x^n f(x) dx = 0$.

(2) 证明 $\lim\limits_{n\to\infty} \int_0^1 x^n \sqrt{1+x} dx = 0$.

(3) 证明 $\lim\limits_{n\to\infty} \int_0^1 e^{x^2} \cos nx\, dx = 0$.

解: (1) 首先,由于函数 $f(x)$ 在 $[0,1]$ 上连续,则存在最小值 m 和最大值 M,即 $\forall x \in [0,1]$,有 $m \leqslant f(x) \leqslant M$,其次有 $mx^n \leqslant x^n f(x) \leqslant Mx^n$,于是依据两边夹定理易知.

(2) 方法一:同上(1),留给读者练习.

方法二:

$$\lim_{n\to\infty} \int_0^1 x^n \sqrt{1+x} dx = \lim_{n\to\infty} \frac{1}{n+1} \int_0^1 \sqrt{1+x} d(x^{n+1})$$

$$= \lim_{n\to\infty} \frac{1}{n+1} \left[(x^{n+1} \sqrt{1+x}) \Big|_0^1 - \int_0^1 x^{n+1} d(\sqrt{1+x}) \right] = 0.$$

(提示:最后一式中括号里面为有界)

(3) $\lim\limits_{n\to\infty} \int_0^1 e^{x^2} \cos nx\, dx = \lim\limits_{n\to\infty} \dfrac{1}{n} \int_0^1 e^{x^2} d(\sin nx)$

$$= \lim_{n\to\infty} \frac{1}{n} \left[(e^{x^2} \sin nx) \Big|_0^1 - \int_0^1 \sin nx\, d(e^{x^2}) \right] = 0.$$

(提示:最后一式中括号里面为有界)

6.5.3 关于奇偶函数的定积分

例 6.5.3 (1) 设函数 $f(x)$ 在 **R** 上连续,$g(x)$ 在 **R** 上可导,且满足

$f(-x) = -f(x), g(-x) = g(x)$,计算 $\int_{-l}^{l} f(g'(x)) dx, (l > 0)$.

(2)设函数 $f(x)$ 和 $g(x)$ 在 **R** 上连续,且满足 $f(x)+f(-x)=A$, $g(-x)=g(x)$.

（ⅰ）证明 $\int_{-l}^{l} f(x)g(x)\mathrm{d}x = A\int_{0}^{l} g(x)\mathrm{d}x, (l>0)$;

（ⅱ）计算 $\int_{-\frac{\pi}{2}}^{\frac{\pi}{2}} |\sin x| \arctan \mathrm{e}^{x} \mathrm{d}x$.

解：(1)由于 $g(x)$ 为偶函数,知 $g'(x)$ 为奇函数,则有
$$f(g'(-x)) = f(-g'(x)) = -f(g'(x)),$$
所以 $f(g'(x))$ 为奇函数. 于是有
$$\int_{-l}^{l} f(g'(x))\mathrm{d}x = 0.$$

(2)（ⅰ）由可加性知
$$\int_{-l}^{l} f(x)g(x)\mathrm{d}x = \int_{-l}^{0} f(x)g(x)\mathrm{d}x + \int_{0}^{l} f(x)g(x)\mathrm{d}x,$$
又
$$\int_{-l}^{0} f(x)g(x)\mathrm{d}x \xrightarrow{x=-t} \int_{l}^{0} f(-t)g(-t)\mathrm{d}(-t) = \int_{0}^{l} f(-t)g(t)\mathrm{d}t,$$
于是
$$\int_{-l}^{l} f(x)g(x)\mathrm{d}x = \int_{0}^{l} (f(x)+f(-x))g(x)\mathrm{d}x = A\int_{0}^{l} g(x)\mathrm{d}x.$$

（ⅱ）取 $f(x)=\arctan \mathrm{e}^{x}, g(x)=|\sin x|$.

易知 $f(x)$ 满足
$$(f(x)+f(-x))' = (\arctan \mathrm{e}^{x} + \arctan \mathrm{e}^{-x})'$$
$$= \frac{\mathrm{e}^{x}}{1+\mathrm{e}^{2x}} + \frac{-\mathrm{e}^{-x}}{1+\mathrm{e}^{-2x}} = 0,$$
所以有
$$f(x)+f(-x) = f(0)+f(-0) = \frac{\pi}{2};$$
同时 $g(x)$ 为偶函数. 于是,有
$$\int_{-\frac{\pi}{2}}^{\frac{\pi}{2}} |\sin x| \arctan \mathrm{e}^{x} \mathrm{d}x = \frac{\pi}{2}\int_{0}^{\frac{\pi}{2}} |\sin x| \mathrm{d}x = \frac{\pi}{2}\int_{0}^{\frac{\pi}{2}} \sin x \mathrm{d}x = \frac{\pi}{2}.$$

6.5.4 关于变上限函数

例 6.5.4 设函数 $f(x)$ 在 **R** 上连续，且 $f(x) = \int_0^x (x-2t)f(t)\mathrm{d}t$.

证明：

(1) 若 $f(x)$ 为偶函数，则 $F(x)$ 也是偶函数；

(2) 若 $f(x)$ 为单调减，则 $F(x)$ 为单调增.

证：(1) 计算（搞清楚谁是自变量，谁是积分变量）

$$F(-x) = \int_0^{-x}(-x-2t)f(t)\mathrm{d}t = -\int_0^{-x}(x+2t)f(t)\mathrm{d}t$$

$$\xlongequal{t=-u} -\int_0^{x}(x-2u)f(-u)\mathrm{d}(-u) = \int_0^{x}(x-2u)f(u)\mathrm{d}u$$

$$= \int_0^x (x-2t)f(t)\mathrm{d}t = F(x);$$

(2) 对 x 求导数，有

$$F'(x) = \left(x\int_0^x f(t)\mathrm{d}t - 2\int_0^x tf(t)\mathrm{d}t\right)'$$

$$= \int_0^x f(t)\mathrm{d}t + xf(x) - 2xf(x) = \int_0^x f(t)\mathrm{d}t - xf(x)$$

$$\xlongequal{\exists \xi \in (0,x)} xf(\xi) - xf(x) = x(f(\xi) - f(x)).$$

于是，当 $f(x)$ 为单调减时，则有 $F(x)$ 为单调增.

例 6.5.5 设函数 $f(x)$ 在 **R** 上连续.

(1) 满足 $\int_0^{x^3+1} f(t)\mathrm{d}t = 2x+1$，计算 $f(9)$；

(2) 满足 $\int_0^1 f(tx)\mathrm{d}t = f(x) + x\sin x$，计算 $f(x)$；

(3) 满足 $\int_0^x f(x-t)\mathrm{d}t = x + \sin x$，计算 $\int_0^{\frac{\pi}{2}} f(x)\mathrm{d}x$.

解：(1) 两边对 x 求导数，有 $f(x^3+1) \cdot (3x^2) = 2$，$f(9) = \dfrac{1}{6}$；

(2) 首先搞清楚谁是自变量，谁是积分变量. 其次计算

$$\int_0^1 f(tx)\mathrm{d}t \xlongequal{u=tx} \int_0^x f(u)\mathrm{d}\left(\frac{u}{x}\right) = \frac{\int_0^x f(u)\mathrm{d}u}{x},$$

于是有
$$\int_0^x f(u)\mathrm{d}u = xf(x) + x^2\sin x.$$

两边对 x 求导数,有
$$f(x) = f(x) + xf'(x) + 2x\sin x + x^2\cos x,$$

解得
$$f'(x) = -(2\sin x + x\cos x),$$

于是
$$f(x) = \int f'(x)\mathrm{d}x + C = \cos x - x\sin x + C;$$

(3) 首先搞清楚谁是自变量,谁是积分变量. 其次计算
$$\int_0^x f(x-t)\mathrm{d}t \xlongequal{u=x-t} \int_x^0 f(u)\mathrm{d}(x-u) = \int_0^x f(u)\mathrm{d}u.$$

再者,计算 $\int_0^{\frac{\pi}{2}} f(x)\mathrm{d}x = \frac{\pi}{2} + \sin\frac{\pi}{2} = \frac{\pi}{2} + 1.$

例 6.5.6 设 $f(x) = \int_0^x \dfrac{\sin t}{\pi - t}\mathrm{d}t$,计算 $I = \int_0^\pi f(x)\mathrm{d}x$.

解:函数表达式写不出来,继后计算不能进行. 目的利用分部积分和变上限求导计算.

计算
$$I = \int_0^\pi f(x)\mathrm{d}x = (xf(x))\Big|_0^\pi - \int_0^\pi x\mathrm{d}f(x)$$
$$= \pi f(\pi) - \int_0^\pi \frac{x\sin x}{\pi - x}\mathrm{d}x = \pi f(\pi) - \int_0^\pi \frac{x\sin x}{\pi - x}\mathrm{d}x$$
$$= \pi \int_0^\pi \frac{\sin x}{\pi - x}\mathrm{d}x - \int_0^\pi \frac{x\sin x}{\pi - x}\mathrm{d}x$$
$$= \int_0^\pi \frac{\pi\sin x}{\pi - x}\mathrm{d}x - \int_0^\pi \frac{x\sin x}{\pi - x}\mathrm{d}x = \int_0^\pi \sin x\mathrm{d}x = 2.$$

6.5.5 关于 ξ 的存在性问题

例 6.5.7 设函数 $f(x)$ 在 $[0,1]$ 上连续,且 $f(x) < 1$. 证明方程 $2x - \int_0^x f(t)\mathrm{d}t = 1$ 在区间 $(0,1)$ 内有且仅有一个根.

解:记 $F(x) = 2x - \int_0^x f(t)\mathrm{d}t - 1$,显然函数 $F(x)$ 在 $[0,1]$ 上可

导,且有 $F'(x)=2-f(x)>0$,所以函数 $f(x)$ 在 $[0,1]$ 上严格单调增,于是根要存在必唯一.

下证存在性.

易知 $F(0)=-1<0, F(1)=1-\int_0^1 f(t)\mathrm{d}x>0$,由零点定理知 $\xi\in(0,1)$,有 $F(\xi)=0$.

例 6.5.8 设函数 $f(x)$ 在 $[0,1]$ 上可导,且 $f(0)>0, f'(x)>0$. $\forall t\in(0,1)$,记曲线 $x=0, x=t, y=f(x), y=f(t)$ 所围成的面积为 $A(t)$,记曲线 $x=t, x=1, y=f(x), y=f(t)$ 所围成的面积为 $B(t)$. 证明存在唯一的 $\xi\in(0,1)$,使得 $A(\xi)=2020 B(\xi)$.

解:依据定积分的几何意义,如图 6.2 所示.

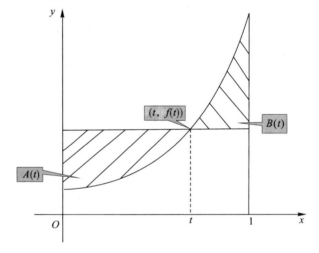

图 6.2

有
$$A(t)=f(t)t-\int_0^t f(x)\mathrm{d}x, B(t)=\int_t^1 f(x)\mathrm{d}x-f(t)(1-t).$$

记 $F(t)=A(t)-2020\cdot B(t)$.

首先,证明存在性.

$$F(0)=-2020\cdot\left(\int_0^1 f(x)\mathrm{d}x-f(0)\right)<2020\cdot\left(\int_0^1 f(1)\mathrm{d}x-f(1)\right)$$
$$=0,$$

(提示:因为 $f'(x)>0$,所以 $f(x)$ 在 $[0,1]$ 上严格单调增,即有 $f(0)<f(1)$)

和
$$F(1) = f(1) - \int_0^1 f(x)dx > f(1) - \int_0^1 f(1)dx = 0.$$

（提示：因为 $f'(x) > 0$，所以 $f(x)$ 在 $[0,1]$ 上严格单调增，即有 $\int_0^1 f(x)dx < \int_0^1 f(1)dx$ ）

由零点定理知存在 $\xi \in (0,1)$，使得 $A(\xi) = 2020B(\xi)$.

其次，证明唯一性.

$$\begin{aligned}F'(t) &= f'(t)t + f(t) - f(t) - 2020[-f(t) - f'(t)(1-t) + f(t)] \\ &= f'(t)t + 2020f'(t)(1-t) = f'(t)(2020 - 2019t) > 0\end{aligned}$$

所以函数 $F(x)$ 在 $[0,1]$ 上严格单调增. 于是唯一性得证.

例 6.5.9 设函数 $f(x)$ 在 $[0,1]$ 上连续，在 $(0,1)$ 上可导，若

$$f(1) = k\int_0^{\frac{1}{k}} xe^{1-x}f(x)dx, (k > 1),$$

则至少存在一点 $\xi \in (0,1)$，有 $f'(\xi) = (1-\xi^{-1})f(\xi)$.

解：类似前面微分中值定理中的构造，令辅助函数为

$$F(x) = xe^{1-x}f(x),$$

由积分中值定理知

$$F(1) = f(1) \stackrel{\exists \xi_1 \in [0,1]}{=} F(\xi_1),$$

所以函数 $F(x)$ 满足罗尔定理条件，于是存在 $\xi \in (\xi_1, 1)$，有 $F'(\xi) = 0$，而 $F'(x) = e^{1-x}f(x) - xe^{1-x}f(x) + xe^{1-x}f'(x)$. 故有 $f'(\xi) = (1-\xi^{-1})f(\xi)$.

6.5.6 关于 ξ 存在问题

例 6.5.10 设函数 $f(x)$ 在 $[a,b]$ 上连续，且不恒为 0. 若 $\int_a^b f(x)dx = \int_a^b xf(x)dx = 0$，则至少存在两点 $\xi_1, \xi_2 \in (a,b)$，$\xi_1 \neq \xi_2$，有 $f(\xi_1) = f(\xi_2)$.

解：由于 $f(x)$ 在 $[a,b]$ 上连续，故利用积分中值定理可得，存在 $\xi_1 \in (a,b)$，使得 $f(\xi_1) = \frac{1}{b-a}\int_a^b f(x) = 0$.

下证 $f(x)$ 在 $[a,b]$ 上必有第二个零点.

假若 $f(x)$ 在 (a,b) 内只有一个零点 ξ_1，则 $f(x)$ 在 (a,ξ_1) 内不能变号，$f(x)$ 在 (ξ_1,b) 内不能变号，且 $f(x)$ 在 ξ_1 两侧只能异号；这时设 $g(x)=(x-\xi_1)f(x)$，则 $g(x)\leqslant 0, x\in(a,b)$，且 $g(\xi_1)=0$. 故
$$0 > \int_a^b g(x)\mathrm{d}x = \int_a^b(x-\xi_1)f(x)\mathrm{d}x = \int_a^b xf(x)\mathrm{d}x - \xi_1\int_a^b f(x)\mathrm{d}x = 0,$$
矛盾，所以 $f(x)$ 在 (a,b) 内至少存在两个不同的零点 ξ_1,ξ_2，使得 $f(\xi_1)=f(\xi_2)$.

例 6.5.11 设函数 $f(x)$ 在 $[0,\pi]$ 上连续，且不恒为 0. 若 $\int_0^\pi f(x)\mathrm{d}x = \int_0^\pi f(x)\cos x\mathrm{d}x = 0$，则至少存在两点 $\xi_1,\xi_2\in(0,\pi)$，$\xi_1\neq\xi_2$，有 $f(\xi_1)=f(\xi_2)$.

解：这是原函数使用技巧之一.

记 $F(x) = \int_a^x f(x)\mathrm{d}x$，知有 $F(0)=F(\pi)=0$，又因为
$$0 = \int_0^\pi f(x)\cos x\mathrm{d}x = \int_0^\pi \cos x\mathrm{d}F(x)$$
$$= F(x)\cos x\Big|_0^\pi + \int_0^\pi F(x)\sin x\mathrm{d}x = \int_0^\pi F(x)\sin x\mathrm{d}x.$$

所以存在 $\xi\in(0,\pi)$，使 $F(\xi)\sin\xi=0$，因为若不然，则在 $(0,\pi)$ 内 $F(x)\sin x$ 恒为正或负，这与积分 $\int_0^\pi F(x)\sin x\mathrm{d}x=0$ 相矛盾，但当 $\xi\in(0,\pi)$ 时，$\sin\xi\neq 0$，故 $F(\xi)=0$，由以上证得 $F(0)=F(\xi)=F(\pi)=0$ $(0<\xi<\pi)$.

再对 $F(x)$ 在区间 $[0,\xi]$，$[\xi,\pi]$ 上分别用罗尔定理，即至少存在两点 $\xi_1\neq\xi_2\in(0,\pi)$，使得 $F'(\xi_1)=F'(\xi_2)=0$，即 $f(\xi_1)=f(\xi_2)$.

6.5.7 利用导数符号证明不等式

例 6.5.12 设函数 $f(x),g(x)$ 在区间 $[0,1]$ 上导数连续. 若
$$f(0)=0, f'(x)\geqslant 0, g'(x)\geqslant 0,$$
则 $\forall \alpha\in[0,1]$ 有 $\int_0^\alpha g(x)f'(x)\mathrm{d}x + \int_0^1 f(x)g'(x)\mathrm{d}x \geqslant f(\alpha)g(1)$.

解：即证明 $\forall t\in[0,1]$ 有
$$\int_0^t g(x)f'(x)\mathrm{d}x + \int_0^1 f(x)g'(x)\mathrm{d}x - f(t)g(1) \geqslant 0.$$

与前面类似，利用导数符号证明不等式.

记
$$F(t) = \int_0^t g(x)f'(x)\mathrm{d}x + \int_0^1 f(x)g'(x)\mathrm{d}x - f(t)g(1) \geqslant 0,$$
则
$$F'(t) = g(t)f'(t) - f'(t)g(1) = f'(t)(g(t) - g(1)) \leqslant 0,$$
所以函数 $F(t)$ 在 $[0,1]$ 上单调减,于是有
$$F(t) \geqslant F(1) = \int_0^1 g(x)f'(x)\mathrm{d}x + \int_0^1 f(x)g'(x)\mathrm{d}x - f(1)g(1)$$
$$= \int_0^1 g(x)\mathrm{d}f(x) + \int_0^1 f(x)g'(x)\mathrm{d}x - f(1)g(1) = 0.$$

例 6.5.13 设函数 $f(x)$ 在区间 $[0,1]$ 上连续. 若 $f(x)$ 在区间 $[0,1]$ 上单调减,则 $\forall \alpha \in (0,1)$ 有 $\int_0^\alpha f(x)\mathrm{d}x \geqslant \alpha \int_0^1 f(x)\mathrm{d}x$.

解:方法一:即证明 $\forall t \in [0,1]$ 有
$$\int_0^t f(x)\mathrm{d}x - t\int_0^1 f(x)\mathrm{d}x \geqslant 0.$$
与前面类似,利用导数符号证明不等式.

记 $F(t) = \int_0^t f(x)\mathrm{d}x - t\int_0^1 f(x)\mathrm{d}x \geqslant 0$,计算
$$F'(t) = f(t) - \int_0^1 f(x)\mathrm{d}x \stackrel{\exists \xi \in (0,1)}{=} f(t) - f(\xi).$$

进一步,由于 $f(x)$ 在区间 $[0,1]$ 上单调减,易知 $F(\xi)$ 为 $[0,1]$ 上的最大值,而 $F(0) = F(1) = 0$,因此有 $F(t) \geqslant 0$.
$$F(t) \geqslant F(1) = \int_0^1 g(x)f'(x)\mathrm{d}x + \int_0^1 f(x)g'(x)\mathrm{d}x - f(1)g(1)$$
$$= \int_0^1 g(x)\mathrm{d}f(x) + \int_0^1 f(x)g'(x)\mathrm{d}x - f(1)g(1) = 0.$$

方法二:目的是想通过积分变化,在同一个区间上利用比较定理讨论积分大小.

计算
$$\int_0^\alpha f(x)\mathrm{d}x \stackrel{\alpha u = x}{=} \int_0^1 f(\alpha u)\mathrm{d}(\alpha u) = \alpha \int_0^1 f(\alpha u)\mathrm{d}u,$$
比较有
$$\int_0^\alpha f(x)\mathrm{d}x - \alpha \int_0^1 f(x)\mathrm{d}x = \alpha \int_0^1 (f(\alpha x) - f(x))\mathrm{d}x \geqslant 0.$$

例 6.5.14 设函数 $f(x)$ 在区间 $[a,b]$ 上连续. 若 $f(x)$ 在区间 $[a,b]$ 上严格单调增,则有

$$(a+b)\int_a^b f(x)\mathrm{d}x < 2\int_a^b xf(x)\mathrm{d}x.$$

解: 方法一:由于这里 b 可以看成是变量,目的是利用导数符号证明不等式.

记 $F(t) = 2\int_a^t xf(x)\mathrm{d}x - (a+t)\int_a^t f(x)\mathrm{d}x, (t>a)$,计算

$$F'(t) = 2tf(t) - \int_a^t f(x)\mathrm{d}x - (a+t)f(t)$$

$$= f(t)(t-a) - \int_a^t f(x)\mathrm{d}x$$

$$\stackrel{\exists \xi(t)\in(a,t)}{=} f(t)(t-a) - f(\xi)(t-a)$$

$$= (f(t) - f(\xi))(t-a) > 0,$$

所以函数 $F(t)$ 在区间 $[a,+\infty)$ 上严格单调增,于是有

$F(t) > F(a), (t>a)$. 方法二:要证

$$\int_a^b xf(x)\mathrm{d}x - \frac{a+b}{2}\int_a^b f(x)\mathrm{d}x = \int_a^b \left(x - \frac{a+b}{2}\right)f(x)\mathrm{d}x > 0.$$

$$\int_a^b \left(x - \frac{a+b}{2}\right)f(x)\mathrm{d}x$$

$$= \int_a^{\frac{a+b}{2}} \left(x - \frac{a+b}{2}\right)f(x)\mathrm{d}x + \int_{\frac{a+b}{2}}^b \left(x - \frac{a+b}{2}\right)f(x)\mathrm{d}x$$

$$> \int_a^{\frac{a+b}{2}} \left(x - \frac{a+b}{2}\right)f\left(\frac{a+b}{2}\right)\mathrm{d}x + \int_{\frac{a+b}{2}}^b \left(x - \frac{a+b}{2}\right)f\left(\frac{a+b}{2}\right)\mathrm{d}x$$

$$= f\left(\frac{a+b}{2}\right)\int_a^b \left(x - \frac{a+b}{2}\right)\mathrm{d}x = 0.$$

6.5.8 利用许瓦兹不等式证明不等式

例 6.5.15 设函数 $f(x)$ 在区间 $[a,b]$ 上连续,若 $f(x) > 0$,$\forall x \in (a,b)$,则有

$$\int_a^b f(x)\mathrm{d}x \cdot \int_a^b \frac{1}{f(x)}\mathrm{d}x \geqslant (b-a)^2.$$

解：方法一：计算

$$\left(\int_a^b f(x)\mathrm{d}x\right)^2 \cdot \left(\int_a^b \frac{1}{f(x)}\mathrm{d}x\right)^2 \geqslant \left(\int_a^b \sqrt{f(x)}\cdot\frac{1}{\sqrt{f(x)}}\mathrm{d}x\right)^2$$
$$= (b-a)^2.$$

方法二：也可用导数符号证明不等式，留给读者练习.

例 6.5.16 设函数 $f(x)$ 在区间 $[a,b]$ 上有连续导数，若 $f(a)=0$，则有

$$\int_a^b f^2(x)\mathrm{d}x \leqslant \frac{(b-a)^2}{2}\int_a^b (f'(x))^2\mathrm{d}x.$$

解：定积分中常用 $f(x)=f(a)+\int_a^x f'(t)\mathrm{d}t$ 来联系 f,f'，即有

$$f^2(x)=\left(\int_a^x f'(t)\mathrm{d}t\right)^2 = \int_a^x f'(t)\cdot 1\mathrm{d}t \leqslant \int_a^x (f'(t))^2\mathrm{d}t \cdot \int_a^x 1^2\mathrm{d}t$$
$$\leqslant (x-a)\cdot\int_a^b (f'(t))^2\mathrm{d}t.$$

进一步有

$$\int_a^b f^2(x)\mathrm{d}x \leqslant \left(\int_a^b (f'(x))^2\mathrm{d}x\right)\cdot\int_a^b (x-a)\mathrm{d}x$$
$$= \frac{(b-a)^2}{2}\int_a^b (f'(x))^2\mathrm{d}x.$$

（提示：这里 $\int_a^b (f'(t))^2\mathrm{d}t$ 是一个常数，可以从积分中提取）

§6.6 广义积分

众所周知，若定积分存在，则区间必须是有限区间且被积函数在此区间上有界. 问：当区间无穷时如何？当被积函数在 $[a,b]$ 上为无界时又如何？

6.6.1 无穷区间上的广义积分

1. 无穷区间上的广义积分概念

定义 6.6.1 设函数 $f(x)$ 在区间 $[a,+\infty)$ 上有定义，若对任意给定的 $A>a$，有极限 $\lim\limits_{A\to+\infty}\int_a^A f(x)\mathrm{d}x$ 存在，则称函数 $f(x)$ 在无穷区

间 $[a,+\infty)$ 上的广义积分 $\int_a^{+\infty} f(x)\mathrm{d}x$ 存在（或有意义），也称为无穷区间上的广义积分 $\int_a^{+\infty} f(x)\mathrm{d}x$ 收敛，记 $\lim\limits_{A\to+\infty}\int_a^A f(x)\mathrm{d}x = \int_a^{+\infty} f(x)\mathrm{d}x$. 否则，称无穷区间上的广义积分 $\int_a^{+\infty} f(x)\mathrm{d}x$ 发散，此时 $\int_a^{+\infty} f(x)\mathrm{d}x$ 只是一个符号，无任何意义.

定义 6.6.2 设函数 $f(x)$ 在区间 $(-\infty,a]$ 上有定义，若对任意给定的 $B<a$，有极限 $\lim\limits_{B\to-\infty}\int_B^a f(x)\mathrm{d}x$ 存在，则称函数 $f(x)$ 在无穷区间 $(-\infty,a]$ 上的广义积分 $\int_{-\infty}^a f(x)\mathrm{d}x$ 存在（或有意义），也称为无穷区间上的广义积分 $\int_{-\infty}^a f(x)\mathrm{d}x$ 收敛，记 $\lim\limits_{B\to-\infty}\int_B^a f(x)\mathrm{d}x = \int_{-\infty}^a f(x)\mathrm{d}x$. 否则，称无穷区间上的广义积分 $\int_{-\infty}^a f(x)\mathrm{d}x$ 发散，此时 $\int_{-\infty}^a f(x)\mathrm{d}x$ 只是一个符号，无任何意义.

定义 6.6.3 设函数 $f(x)$ 在区间 $(-\infty,+\infty)$ 上有定义，设 $a\in(-\infty,+\infty)$，若两个无穷区间上的 $\int_a^{+\infty} f(x)\mathrm{d}x$ 和 $\int_{-\infty}^a f(x)\mathrm{d}x$ 均存在，则称函数 $f(x)$ 在无穷区间 $(-\infty,+\infty)$ 上的广义积分 $\int_{-\infty}^{+\infty} f(x)\mathrm{d}x$ 存在（或有意义），也称为无穷区间上的广义积分 $\int_{-\infty}^{+\infty} f(x)\mathrm{d}x$ 收敛，并有 $\int_{-\infty}^{+\infty} f(x)\mathrm{d}x = \int_{-\infty}^a f(x)\mathrm{d}x + \int_a^{+\infty} f(x)\mathrm{d}x$. 否则，称无穷区间上的广义积分 $\int_{-\infty}^{+\infty} f(x)\mathrm{d}x$ 发散，此时 $\int_{-\infty}^{+\infty} f(x)\mathrm{d}x$ 只是一个符号，无任何意义.

注 6.6.1 在定义 6.6.3 中，

(1) 广义积分 $\int_{-\infty}^{+\infty} f(x)\mathrm{d}x$ 的敛散性与 a 的选取无关. 若广义积分收敛，则积分值也与 a 的选取无关；

(2) 只要广义积分 $\int_a^{+\infty} f(x)\mathrm{d}x$ 和 $\int_{-\infty}^a f(x)\mathrm{d}x$ 中至少有一个发散，则广义积分 $\int_{-\infty}^{+\infty} f(x)\mathrm{d}x$ 发散. 例如，$I = \int_0^{+\infty} \sin x\,\mathrm{d}x = \lim\limits_{A\to+\infty}\int_0^A \sin x\,\mathrm{d}x =$

$\lim\limits_{A \to +\infty} \left(-\cos x \Big|_0^A \right)$ 不存在，所以广义积分 $\int_0^{+\infty} \sin x \mathrm{d}x$ 发散，因此 $\int_{-\infty}^{+\infty} \sin x \mathrm{d}x$ 也是发散的. 当然 $\int_{-\infty}^{+\infty} \sin x \mathrm{d}x = 0$ 是错的；

(3)设广义积分 $\int_{-\infty}^{+\infty} f(x) \mathrm{d}x$ 收敛，若函数 $f(x)$ 为奇函数（或偶函数），则有 $\int_{-\infty}^{+\infty} f(x) \mathrm{d}x = 0$ （或 $\int_{-\infty}^{+\infty} f(x) \mathrm{d}x = 2 \int_0^{+\infty} f(x) \mathrm{d}x$ ）.

2. 运算性质

(1)定理（类似牛顿－莱布尼兹公式）

定理 6.6.1 (A)设函数 $f(x)$ 在区间 $[a, +\infty)$ 上连续，若 $F(x)$ 为 $f(x)$ 一个原函数，则有

$$\int_a^{+\infty} f(x) \mathrm{d}x = \lim_{A \to +\infty} F(x) \Big|_a^A = F(x) \Big|_a^{+\infty} = F(+\infty) - F(a),$$

其中 $F(+\infty) = \lim\limits_{A \to +\infty} F(A)$.

(B)设函数 $f(x)$ 在区间 $(-\infty, a]$ 上连续，若 $F(x)$ 为 $f(x)$ 一个原函数，则有

$$\int_{-\infty}^a f(x) \mathrm{d}x = \lim_{B \to -\infty} F(x) \Big|_B^a = F(x) \Big|_{-\infty}^a = F(a) - F(-\infty),$$

其中 $F(-\infty) = \lim\limits_{B \to -\infty} F(B)$.

(C)设函数 $f(x)$ 在区间 $(-\infty, +\infty)$ 上连续，若 $F(x)$ 为 $f(x)$ 一个原函数，则有

$$\int_{-\infty}^{+\infty} f(x) \mathrm{d}x = \lim_{\substack{A \to +\infty \\ B \to -\infty}} F(x) \Big|_B^A = F(x) \Big|_{-\infty}^{+\infty} = F(+\infty) - F(-\infty).$$

(2)运算法则

类似于定积分也有线性性、换元法和分部积分等运算.

(3)应用

例 6.6.1 计算下列无穷区间上的广义积分：

(1) $I = \int_{-\infty}^{+\infty} \dfrac{1}{1+x^2} \mathrm{d}x$;

(2) $I = \int_0^{+\infty} x \mathrm{e}^{-px} \mathrm{d}x \ (p > 0)$;

(3) $I = \int_1^{+\infty} \dfrac{1}{x(1+x^2)} \mathrm{d}x$.

解：(1) $I = \int_{-\infty}^{+\infty} \dfrac{1}{1+x^2}\mathrm{d}x = \lim\limits_{\substack{A\to+\infty\\B\to-\infty}} \int_B^A \dfrac{1}{1+x^2}\mathrm{d}x$

$= \lim\limits_{\substack{A\to+\infty\\B\to-\infty}} (\arctan A - \arctan B) = \pi.$

(2) $I = \int_0^{+\infty} x\mathrm{e}^{-px}\mathrm{d}x = \dfrac{1}{-p}\lim\limits_{A\to+\infty}\int_0^A x\mathrm{d}\mathrm{e}^{-px}$

$= \dfrac{1}{-p}\lim\limits_{A\to+\infty}\left[(x\mathrm{e}^{-px})\Big|_0^A - \int_0^A \mathrm{e}^{-px}\mathrm{d}x\right]$

$= \dfrac{1}{-p}\lim\limits_{A\to+\infty}\left[(x\mathrm{e}^{-px})\Big|_0^A + \dfrac{1}{p}\mathrm{e}^{-px}\Big|_0^A\right] = -\dfrac{1}{p^2}.$

（提示：这里 $\lim\limits_{A\to+\infty}\dfrac{A}{\mathrm{e}^{pA}} \stackrel{\frac{\infty}{\infty}}{=} \lim\limits_{A\to+\infty}\dfrac{1}{p\mathrm{e}^{pA}} = 0$）

(3) $I = \int_1^{+\infty}\dfrac{1}{x(1+x^2)}\mathrm{d}x = \lim\limits_{A\to+\infty}\int_1^A \dfrac{1}{x(1+x^2)}\mathrm{d}x$

$= \dfrac{1}{2}\lim\limits_{A\to+\infty}\int_1^A \dfrac{1}{x^2(1+x^2)}\mathrm{d}x^2 \stackrel{x^2=t}{=} \dfrac{1}{2}\lim\limits_{A\to+\infty}\int_1^{A^2}\dfrac{1}{t(1+t)}\mathrm{d}t$

$= \dfrac{1}{2}\lim\limits_{A\to+\infty}\ln\dfrac{A^2}{1+A^2} + \dfrac{1}{2}\ln 2 = \dfrac{1}{2}\ln 2.$

例 6.6.2 讨论 $I = \int_a^{+\infty}\dfrac{1}{x^p}\mathrm{d}x\ (a>0)$ 的敛散性，其中 p 为实数.

解：易知 $I = \int_a^{+\infty}\dfrac{1}{x^p}\mathrm{d}x = \begin{cases}+\infty, & p\leqslant 1,\\ \dfrac{1}{p-1}a^{1-p}, & p>1.\end{cases}$

例 6.6.3 已知 $\int_0^{+\infty}\mathrm{e}^{-x^2}\mathrm{d}x = \dfrac{\sqrt{\pi}}{2}$，对任何实数 x，计算 $\lim\limits_{n\to\infty}\int_0^x \sqrt{n}\mathrm{e}^{-nt^2}\mathrm{d}t.$

解：$\lim\limits_{n\to\infty}\int_0^x \sqrt{n}\mathrm{e}^{-nt^2}\mathrm{d}t = \lim\limits_{n\to\infty}\int_0^x \mathrm{e}^{-(\sqrt{n}t)^2}\mathrm{d}(\sqrt{n}t) \stackrel{u=\sqrt{n}t}{=} \lim\limits_{n\to\infty}\int_0^{\sqrt{n}x}\mathrm{e}^{-u^2}\mathrm{d}u$

$= \begin{cases}\dfrac{\sqrt{\pi}}{2}, & x>0,\\ 0, & x=0,\\ -\dfrac{\sqrt{\pi}}{2}, & x<0.\end{cases}$

例 6.6.4 已知 $\int_0^{+\infty} \frac{\sin x}{x} dx = \frac{\pi}{2}$,计算 $\int_0^{+\infty} \frac{\sin^2 x}{x^2} dx$.

解:虽然函数 $f(x) = \frac{\sin x}{x}, g(x) = \frac{\sin^2 x}{x^2}$ 在点 $x = 0$ 处无定义,但

$$\lim_{x \to 0^+} \frac{\sin x}{x} = 1, \lim_{x \to 0^+} \frac{\sin^2 x}{x^2} = 1, \text{所以 } x = 0 \text{ 不是瑕点}.$$

$$\int_0^{+\infty} \frac{\sin^2 x}{x^2} dx = -\int_0^{+\infty} \sin^2 x \, d\left(\frac{1}{x}\right)$$

$$= -\frac{\sin^2 x}{x} \Big|_0^{+\infty} + \int_0^{+\infty} \frac{2\sin x \cos x}{x} dx$$

$$= \int_0^{+\infty} \frac{\sin 2x}{2x} d(2x) \xlongequal{u=2x} \int_0^{+\infty} \frac{\sin u}{u} du = \frac{\pi}{2}.$$

3. 判别广义积分敛散性定理

仅以 $\int_a^{+\infty} f(x) dx$ 为例,其余情形类似.

(1) 设函数 $f(x), g(x)$ 在区间 $[a, +\infty)$ 上为非负连续函数.

定理 6.6.2(比较判别法) 若 $g(x) \leqslant f(x) \ \forall x \in [a, +\infty)$,则

当 $\int_a^{+\infty} f(x) dx$ 收敛时,有 $\int_a^{+\infty} g(x) dx$ 收敛;

当 $\int_a^{+\infty} g(x) dx$ 发散时,有 $\int_a^{+\infty} f(x) dx$ 发散.

定理 6.6.3(比较判别法的极限形式) 设 $\lim\limits_{x \to +\infty} \frac{f(x)}{g(x)}$ 存在(或不存在但为 $+\infty$),记 $\lim\limits_{x \to +\infty} \frac{f(x)}{g(x)} = l$.

若 $0 < l < +\infty$,则 $\int_a^{+\infty} f(x) dx$ 与 $\int_a^{+\infty} g(x) dx$ 具有相同的敛散性;

若 $l = 0$,则当 $\int_a^{+\infty} g(x) dx$ 收敛时,有 $\int_a^{+\infty} f(x) dx$ 收敛;

若 $l = +\infty$,则当 $\int_a^{+\infty} g(x) dx$ 发散时,有 $\int_a^{+\infty} f(x) dx$ 发散;

(2) 设函数 $f(x)$ 在区间 $[a, +\infty)$ 上连续.

定理 6.6.4 若 $\int_a^{+\infty} |f(x)| dx$ 收敛,则有 $\int_a^{+\infty} f(x) dx$ 收敛.

注 6.6.2 对于变号函数 $f(x)$,可以首先利用定理 6.6.2 或定理 6.6.3 判别 $\int_a^{+\infty} |f(x)| \mathrm{d}x$ 收敛,然后再依据定理 6.6.4 可得 $\int_a^{+\infty} f(x) \mathrm{d}x$ 收敛.

4. 其他定义

定义 6.6.4 若 $\int_a^{+\infty} |f(x)| \mathrm{d}x$ 收敛,则称 $\int_a^{+\infty} f(x) \mathrm{d}x$ 绝对收敛.

定义 6.6.5 若 $\int_a^{+\infty} f(x) \mathrm{d}x$ 收敛,而 $\int_a^{+\infty} |f(x)| \mathrm{d}x$ 发散,则称 $\int_a^{+\infty} f(x) \mathrm{d}x$ 条件收敛.

例 6.6.5 判别 $\int_1^{+\infty} \dfrac{\sin x}{x\sqrt{1+x^2}} \mathrm{d}x$ 的敛散性.

解:对于变号函数 $f(x) = \dfrac{\sin x}{x\sqrt{1+x^2}}$,首先研究

$$\int_1^{+\infty} |f(x)| \mathrm{d}x = \int_1^{+\infty} \left| \frac{\sin x}{x\sqrt{1+x^2}} \right| \mathrm{d}x$$

敛散性,由于

$$\left| \frac{\sin x}{x\sqrt{1+x^2}} \right| \leqslant \frac{1}{x\sqrt{1+x^2}} < \frac{1}{x^2},$$

而广义积分 $\int_1^{+\infty} \dfrac{1}{x^2} \mathrm{d}x$ 收敛,因此 $\int_1^{+\infty} \left| \dfrac{\sin x}{x\sqrt{1+x^2}} \right| \mathrm{d}x$.

于是依据定理 6.6.4 可得 $\int_1^{+\infty} \dfrac{\sin x}{x\sqrt{1+x^2}} \mathrm{d}x$ 收敛.

6.6.2 有限区间上无界函数的广义积分

1. 无界函数的广义积分概念

定义 6.6.6 设函数 $f(x)$ 在区间 $(a,b]$ 上连续,且在点 a 的右邻域内无界,若极限 $\lim\limits_{\varepsilon \to 0^+} \int_{a+\varepsilon}^b f(x) \mathrm{d}x$ 存在,则称函数 $f(x)$ 在区间 $(a,b]$ 上无界函数的广义积分 $\int_a^b f(x) \mathrm{d}x$ 存在(或有意义),也称为无

界函数的广义积分 $\int_a^b f(x)\mathrm{d}x$ 收敛,记 $\lim\limits_{\varepsilon \to 0^+}\int_{a+\varepsilon}^b f(x)\mathrm{d}x = \int_a^b f(x)\mathrm{d}x$. 否则,称无界函数的广义积分 $\int_a^b f(x)\mathrm{d}x$ 发散,此时 $\int_a^b f(x)\mathrm{d}x$ 只是一个符号,无任何意义.

注 6.6.3 此时称 a 点为奇点或瑕点,也称无界函数的广义积分 $\int_a^b f(x)\mathrm{d}x$ 为瑕积分.

定义 6.6.7 设函数 $f(x)$ 在区间 $[a,b)$ 上连续,且在点 b 的左邻域内无界,若极限 $\lim\limits_{\varepsilon \to 0^+}\int_a^{b-\varepsilon} f(x)\mathrm{d}x$ 存在,则称函数 $f(x)$ 在区间 $[a,b)$ 上无界函数的广义积分 $\int_a^b f(x)\mathrm{d}x$ 存在(或有意义),也称为无界函数的广义积分 $\int_a^b f(x)\mathrm{d}x$ 收敛,记 $\lim\limits_{\varepsilon \to 0^+}\int_a^{b-\varepsilon} f(x)\mathrm{d}x = \int_a^b f(x)\mathrm{d}x$. 否则,称无界函数的广义积分 $\int_a^b f(x)\mathrm{d}x$ 发散,此时 $\int_a^b f(x)\mathrm{d}x$ 只是一个符号,无任何意义.

注 6.6.4 此时称 b 点为奇点或瑕点,也称无界函数的广义积分 $\int_a^b f(x)\mathrm{d}x$ 为瑕积分.

定义 6.6.8 设函数 $f(x)$ 在区间 (a,b) 上连续,且 a,b 两点均为奇点,若 $\forall c \in (a,b)$,有无界函数的广义积分 $\int_a^c f(x)\mathrm{d}x$ 与 $\int_c^b f(x)\mathrm{d}x$ 均存在,则称函数 $f(x)$ 在区间 (a,b) 上无界函数的广义积分 $\int_a^b f(x)\mathrm{d}x$ 存在(或有意义),也称为无界函数的广义积分 $\int_a^b f(x)\mathrm{d}x$ 收敛,记 $\int_a^b f(x)\mathrm{d}x = \int_a^c f(x)\mathrm{d}x + \int_c^b f(x)\mathrm{d}x$. 否则,称无界函数的广义积分 $\int_a^b f(x)\mathrm{d}x$ 发散,此时 $\int_a^b f(x)\mathrm{d}x$ 只是一个符号,无任何意义.

注 6.6.5

(1)无界函数的广义积分 $\int_a^b f(x)\mathrm{d}x$ 的敛散性与点 c 选取无关;

(2) 只要广义积分 $\int_a^c f(x)dx$ 和 $\int_c^b f(x)dx$ 中至少有一个发散，则广义积分 $\int_a^b f(x)dx$ 发散.

定义 6.6.9 设函数 $f(x)$ 在区间 $[a,c) \cup (c,b]$ 上连续，且 c 点为奇点，若无界函数的广义积分 $\int_a^c f(x)dx$ 与 $\int_c^b f(x)dx$ 均存在，则称函数 $f(x)$ 在区间 (a,b) 上无界函数的广义积分 $\int_a^b f(x)dx$ 存在（或有意义），也称为无界函数的广义积分 $\int_a^b f(x)dx$ 收敛，记 $\int_a^b f(x)dx = \int_a^c f(x)dx + \int_c^b f(x)dx$. 否则，称无界函数的广义积分 $\int_a^b f(x)dx$ 发散，此时 $\int_a^b f(x)dx$ 只是一个符号，无任何意义.

注 6.6.6 只要广义积分 $\int_a^c f(x)dx$ 和 $\int_c^b f(x)dx$ 中至少有一个发散，则广义积分 $\int_a^b f(x)dx$ 发散. 例如，$\int_0^1 \frac{1}{x}dx = \lim_{\varepsilon \to 0^+} \int_\varepsilon^1 \frac{1}{x}dx = \lim_{\varepsilon \to 0^+} \ln x \Big|_\varepsilon^1$ 不存在，所以 $\int_{-1}^1 \frac{1}{x}dx$ 也发散. 当然 $\int_{-1}^1 \frac{1}{x}dx = 0$ 是错的.

2. 运算性质

(1) 定理（类似牛顿－莱布尼兹公式）

定理 6.6.5 (A) 设函数 $f(x)$ 在区间 $(a,b]$ 上连续，且点 a 为一奇点. 若 $F(x)$ 为 $f(x)$ 的一个原函数，则有
$$\int_a^b f(x)dx = \lim_{\varepsilon \to 0^+} f(x)\Big|_{a+\varepsilon}^b = F(b) - F(a+).$$

(B) 设函数 $f(x)$ 在区间 $[a,b)$ 上连续，且点 b 为一个奇点. 若 $f(x)$ 为 $f(x)$ 的一个原函数，则有
$$\int_a^b f(x)dx = \lim_{\varepsilon \to 0^+} f(x)\Big|_a^{b-\varepsilon} = F(b-) - F(a),$$

(C) 设函数 $f(x)$ 在区间 (a,b) 上连续且两点 a,b 均为奇点，若 $F(x)$ 为 $f(x)$ 一个原函数，则有
$$\int_a^b f(x)dx = F(b-) - F(a+)$$

其中 $F(a+) = \lim_{\varepsilon_1 \to 0^+} F(a+\varepsilon_1)$，$F(b-) = \lim_{\varepsilon_2 \to 0^+} F(b-\varepsilon_2)$.

(D)设函数 $f(x)$ 在区间 $[a,c)\cup(c,b]$ 上连续,且 c 点为奇点,若 $F(x)$ 为 $f(x)$ 一个原函数,则有

$$\int_a^b f(x)\mathrm{d}x = (F(b)-F(c+))+(F(c-)-F(a))$$

其中 $F(c+) = \lim\limits_{\varepsilon_1 \to 0^+} F(c+\varepsilon_1)$,$F(c-) = \lim\limits_{\varepsilon_2 \to 0^+} F(c-\varepsilon_2)$.

(2)运算法则

类似于定积分其也有线性性、换元法和分部积分等运算.

(3)应用举例

例 6.6.6 计算下列无界函数的广义积分:

(1) $I = \int_0^1 \dfrac{1}{\sqrt{1-x^2}}\mathrm{d}x$; (2) $I = \int_0^1 \dfrac{x}{\sqrt{1-x^2}}\mathrm{d}x$.

解:(1)易知 $x=1$ 是瑕点,计算

$$I = \int_0^1 \frac{1}{\sqrt{1-x^2}}\mathrm{d}x = \lim_{\varepsilon \to 0^+}\int_0^{1-\varepsilon}\frac{1}{\sqrt{1-x^2}}\mathrm{d}x$$

$$= \lim_{\varepsilon \to 0^+} \arcsin x \Big|_0^{1-\varepsilon} = \frac{\pi}{2}.$$

(2)易知 $x=1$ 是瑕点,计算

$$I = \int_0^1 \frac{x}{\sqrt{1-x^2}}\mathrm{d}x = -\frac{1}{2}\lim_{\varepsilon \to 0^+}\int_0^{1-\varepsilon}\frac{1}{\sqrt{1-x^2}}\mathrm{d}(1-x^2)$$

$$= -\lim_{\varepsilon \to 0^+} \sqrt{1-x^2}\Big|_0^{1-\varepsilon} = 1.$$

例 6.6.7 讨论 $I = \int_a^b \dfrac{1}{(x-a)^p}\mathrm{d}x (b>a, p>0)$ 的敛散性.

解:易知 $x=a$ 是瑕点,计算

$$I = \int_a^b \frac{1}{(x-a)^p}\mathrm{d}x = \begin{cases} +\infty, & p \geqslant 1, \\ \dfrac{1}{1-p}(b-a)^{1-p}, & p < 1. \end{cases}$$

3. 判别广义积分敛散性定理

仅以点 a 是奇点为例,其余情形类似.

(1)设函数 $f(x)$,$g(x)$ 在区间 $(a,b]$ 上为非负连续函数.

定理 6.6.6(比较判别法) 若在 a 点的右邻域上有 $g(x) \leqslant f(x)$,则

当 $\int_a^b f(x)\mathrm{d}x$ 收敛时,有 $\int_a^b g(x)\mathrm{d}x$ 收敛;

当 $\int_a^b g(x)\mathrm{d}x$ 发散时,有 $\int_a^b f(x)\mathrm{d}x$ 发散.

定理 6.6.7(比较判别法的极限形式)　设 $\lim\limits_{x \to a^+} \dfrac{f(x)}{g(x)}$ 存在(或不存在但为 $+\infty$),记 $l = \lim\limits_{x \to a^+} \dfrac{f(x)}{g(x)}$.

若 $0 < l < +\infty$,则 $\int_a^b f(x)\mathrm{d}x$ 与 $\int_a^b g(x)\mathrm{d}x$ 具有相同的敛散性;

若 $l = 0$,则当 $\int_a^b g(x)\mathrm{d}x$ 收敛时,有 $\int_a^b f(x)\mathrm{d}x$ 收敛;

若 $l = +\infty$,则当 $\int_a^b g(x)\mathrm{d}x$ 发散时,有 $\int_a^b f(x)\mathrm{d}x$ 发散.

(2)设函数 $f(x)$ 在区间 $(a,b]$ 上连续.

定理 6.6.8　若 $\int_a^b |f(x)|\mathrm{d}x$ 收敛,则有 $\int_a^b f(x)\mathrm{d}x$ 收敛.

注 6.6.7　对于变号函数 $f(x)$,可以首先利用定理 6.6.7 或定理 6.6.6 判别 $\int_a^b |f(x)|\mathrm{d}x$ 收敛,然后再依据定理 6.6.8 可得 $\int_a^b f(x)\mathrm{d}x$ 收敛.

4. 其他定义

定义 6.6.10　若 $\int_a^b |f(x)|\mathrm{d}x$ 收敛,则称 $\int_a^b f(x)\mathrm{d}x$ 绝对收敛.

定义 6.6.11　若 $\int_a^b f(x)\mathrm{d}x$ 收敛,而 $\int_a^b |f(x)|\mathrm{d}x$ 发散,则称 $\int_a^b f(x)\mathrm{d}x$ 条件收敛.

例 6.6.8　判别下列无界函数广义积分的敛散性:

(1) $I = \int_0^1 \dfrac{\ln x}{\sqrt{x}}\mathrm{d}x$;

(2) $I = \int_0^{+\infty} \dfrac{1}{x(x^2+1)}\mathrm{d}x$;

(3) $\Gamma(x) = \int_0^{+\infty} t^{x-1}\mathrm{e}^{-t}\mathrm{d}t$.

解:(1)易知 $I = \int_0^1 \dfrac{\ln x}{\sqrt{x}} dx$ 是瑕积分且 $x = 0$ 是瑕点.

$$I = \int_0^1 \dfrac{\ln x}{\sqrt{x}} dx = 2\int_0^1 \ln x \, d\sqrt{x} = 2\left((\sqrt{x}\ln x)\Big|_0^1 - \int_0^1 \dfrac{1}{\sqrt{x}} dx \right),$$

而

$$\lim_{x \to 0^+} \sqrt{x} \ln x = \lim_{x \to 0^+} \dfrac{\ln x}{x^{-\frac{1}{2}}} \stackrel{\frac{\infty}{\infty}}{=} \lim_{x \to 0^+} \dfrac{\frac{1}{x}}{-\frac{1}{2}x^{-\frac{3}{2}}} = 0$$

且 $\int_0^1 \dfrac{1}{\sqrt{x}} dx \left(p = \dfrac{1}{2} \right)$ 收敛. 故 $I = \int_0^1 \dfrac{\ln x}{\sqrt{x}} dx$ 收敛.

(2) 首先,依据可加性有

$$I = \int_0^{+\infty} \dfrac{1}{x(x^2+1)} dx$$
$$= \int_0^1 \dfrac{1}{x(x^2+1)} dx + \int_1^{+\infty} \dfrac{1}{x(x^2+1)} dx$$
$$= I_1 + I_2.$$

这里 $I_1 = \int_0^1 \dfrac{1}{x(x^2+1)} dx$ 仅为瑕积分且 $x = 0$ 是瑕点, $I_2 = \int_1^{+\infty} \dfrac{1}{x(x^2+1)} dx$ 仅为无穷区间上的广义积分.

其次,计算

$$I_1 = \int_0^1 \dfrac{1}{x(1+x^2)} dx = \lim_{\varepsilon \to 0^+} \int_\varepsilon^1 \dfrac{1}{x(1+x^2)} dx$$
$$= \dfrac{1}{2} \lim_{\varepsilon \to 0^+} \int_\varepsilon^1 \dfrac{1}{x^2(1+x^2)} dx^2 \stackrel{x^2=t}{=} \dfrac{1}{2} \lim_{\varepsilon \to 0^+} \int_{\varepsilon^2}^1 \dfrac{1}{t(1+t)} dt$$
$$= \dfrac{1}{2} \lim_{\varepsilon \to 0^+} \ln \dfrac{1+\varepsilon^2}{\varepsilon^2} - \dfrac{1}{2}\ln 2 = +\infty$$

故广义积分 $I = \int_0^{+\infty} \dfrac{1}{x(x^2+1)} dx$ 发散.

(3) 这是经典的 Γ 函数,留给读者练习.

例 6.6.9 选择题

(1) 设 $f(x)$ 与 $g(x)$ 在 **R** 上可导,且 $f(x) < g(x)$,则必有(　　).

A. $\int f(x) dx < \int g(x) dx$

B. $f'(x) < g'(x)$

C. $\int_a^b f(x)dx < \int_a^b g(x)dx, (a < b)$

D. $\int_0^x f(x)dx < \int_0^x g(x)dx$

解：方法一：由于 $f(x)$ 与 $g(x)$ 在 **R** 上可导，且 $f(x) < g(x)$，依据保序性知答案 C 正确.

方法二(排除法)：取 $f(x) = 1, g(x) = 2$，立即排除 A，B 和 D. 于是知答案 C 正确.

(2) 设 $I_1 = \int_{-\frac{\pi}{2}}^{\frac{\pi}{2}} \frac{\sin x}{1+x^2} \cos^4 x dx, I_2 = \int_{-\frac{\pi}{2}}^{\frac{\pi}{2}} (\sin^3 x + \cos^4 x) dx$,

$I_3 = \int_{-\frac{\pi}{2}}^{\frac{\pi}{2}} (x^2 \sin^3 x + \cos^2 x) dx$，则必有( ).

A. $I_1 < I_2 < I_3$ \qquad B. $I_2 < I_1 < I_3$

C. $I_3 < I_2 < I_1$ \qquad D. $I_1 < I_3 < I_2$

解：函数 $\frac{\sin x}{1+x^2} \cos^4 x, \sin^3 x, x^2 \sin^3 x$ 在对称区间上是奇函数，$\cos^4 x, \cos^2 x$ 是偶函数. 有

$I_1 = \int_{-\frac{\pi}{2}}^{\frac{\pi}{2}} \frac{\sin x}{1+x^2} \cos^4 x dx = 0$,

$I_2 = \int_{-\frac{\pi}{2}}^{\frac{\pi}{2}} \cos^4 x dx = 2\int_0^{\frac{\pi}{2}} \cos^4 x dx$,

$I_3 = \int_{-\frac{\pi}{2}}^{\frac{\pi}{2}} \cos^2 x dx = 2\int_0^{\frac{\pi}{2}} \cos^2 x dx$,

进一步由于 $\cos^4 x < \cos^2 x, x \in \left(0, \frac{\pi}{2}\right)$，易知 $I_1 < I_2 < I_3$. 所以答案 A 正确.

(3) 设函数 $f(x)$ 在区间 $[a,b]$ 上具有二阶导数且 $f(x) > 0$，$f'(x) < 0, f''(x) > 0$，

记 $I_1 = \int_a^b f(x)dx, I_2 = f(b)(b-a), I_3 = \frac{f(a)+f(b)}{2}(b-a)$，

则必有( ).

A. $I_1 < I_2 < I_3$ \qquad B. $I_2 < I_1 < I_3$

C. $I_3 < I_2 < I_1$ \qquad D. $I_1 < I_3 < I_2$

解:方法一:由于 $f(x)>0, f'(x)<0, f''(x)>0$,知曲线在上半平面,且为严格单调减和下凸,画出曲线,如图 6.3 所示.

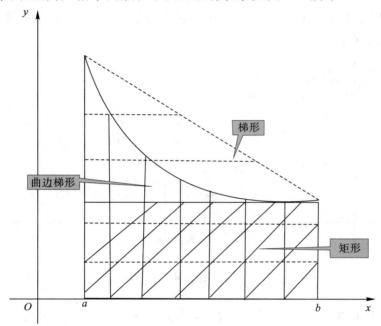

图 6.3

依据定积分几何意义,

$$I_1 = \int_a^b f(x)\mathrm{d}x, I_2 = f(b)(b-a), I_3 = \frac{f(a)+f(b)}{2}(b-a)$$

分别为曲边梯形、矩形和梯形的面积,易知答案 B.

方法二(排除法):取 $a=1, b=2, f(x)=\frac{1}{x}$,即排除 A,C 和 D 所以答案 B.

(4) 设函数 $f(x), g(x)$ 在区间 $[0,2]$ 上具有二阶导数且 $f(x)>0, f''(x)>0, g''(x)<0$,若满足 $f(0)=g(0)=0, f(2)=g(2)=1$,记

$$I_1 = \int_0^2 f(x)\mathrm{d}x, I_2 = \int_0^2 g(x)\mathrm{d}x, I_3 = \frac{f(0)+f(2)}{2}(2-0)=1,$$

则必有( ).

A. $I_1 < I_2 < I_3$ B. $I_2 < I_1 < I_3$
C. $I_1 < I_3 < I_2$ D. $I_3 < I_1 < I_2$

解: 方法一:由于 $f(x) \geqslant 0, f''(x) > 0, g''(x) < 0$ 且 $f(0) = g(0) = 0, f(2) = g(2) = 1$,知曲线 $y = f(x), y = g(x)$ 在上半平面过两点 $A(0,0), B(2,1)$,且分别为下凸和上凸,画出曲线,如图 6.4 所示.

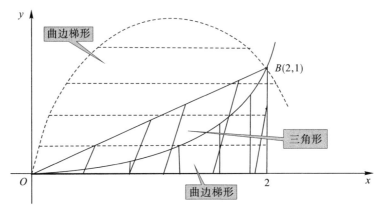

图 6.4

依据定积分几何意义,$I_1 = \int_0^2 f(x)dx, I_2 = \int_0^2 g(x)dx, I_3 = \frac{f(0)+f(2)}{2}(2-0) = 1$ 分别为曲边梯形和梯形(三角形)的面积,易知答案 C.

方法二(排除法):取 $f(x) = \frac{1}{4}x^2, g(x) = \frac{1}{2}x(3-x)$,即排除 A,B 和 D. 所以答案 C.

(5) 设函数 $f(x)$ 在区间 $[a,b]$ 上连续,且 $f(x) > 0$,则方程 $\int_a^x f(x)dx + \int_b^x \frac{dx}{f(x)} = 0$ 在开区间 (a,b) 上的根有( ).

A. 0 B. 1 C. 2 D. 3

解: 方法一:记 $F(x) = \int_a^x f(x)dx + \int_b^x \frac{dx}{f(x)}$,有

$F(a) = \int_b^a \frac{dx}{f(x)} < 0, F(b) = \int_a^b f(x)dx > 0$,

由零点定理知方程至少有根.

同时,有 $F'(x) = f(x) + \frac{1}{f(x)} \geqslant 2 > 0$. 故答案 B 正确.

方法二(排除法):取 $a=0, b=1, f(x)=1$,立即排除 A,C 和 D. 所以答案 B.

(6)设函数 $f(x)$ 在 **R** 上连续,$F(x)$ 是 $f(x)$ 的一个原函数,则必有( ).

A. 当 $f(x)$ 是奇函数时,$F(x)$ 必为偶函数

B. 当 $f(x)$ 是偶函数时,$F(x)$ 必为奇函数

C. 当 $f(x)$ 是周期函数时,$F(x)$ 必为周期函数

D. 当 $f(x)$ 是单调函数时,$F(x)$ 必为单调函数

解:方法一:知 $F(x) = \int_a^x f(t) \mathrm{d}t$,其中 a 是已知常数,所以有答案 A 正确.

方法二(排除法):分别取
$f(x)=1, F(x)=x+1; f(x)=\cos x+1, F(x)=\sin x+x, f(x)=x, F(x)=\frac{1}{2}x^2$,立即排除 B,C 和 D. 所以答案为 A.

(7)设函数 $f(x)$ 在 **R** 上连续,则下列变上限函数为偶函数的是( ).

A. $\int_0^x t(f(t)+f(-t)) \mathrm{d}t$　　　　B. $\int_0^x t(f(t)-f(-t)) \mathrm{d}t$

C. $\int_0^x f(t^2) \mathrm{d}t$　　　　　　　D. $\int_0^x tf(t) \mathrm{d}t$

解:方法一:易知 $t(f(t)+f(-t))$ 是奇函数,所以依据选择题(5)结果知答案 A 正确.

方法二(排除法):取 $f(x)=x$,立即排除 B,C 和 D. 所以答案为 A.

(8)设函数 $f(x)$ 为符号函数,则 $F(x) = \int_0^x f(t) \mathrm{d}t$ 必有( ).

A. $F(x)$ 在 $x=0$ 点处不连续

B. $F(x)$ 在 $x=0$ 点处连续,但在此点不可导

C. $F(x)$ 在 **R** 上可导,且 $F'(x)=f(x)$

D. $F(x)$ 在 **R** 上可导,但 $F'(x) \neq f(x)$

解:当 $x<0$ 时,计算 $F(x) = \int_0^x f(t) \mathrm{d}t = \int_0^x -1 \mathrm{d}t = -x$;

当 $x=0$ 时,计算 $F(0)=\int_0^0 f(t)\mathrm{d}t=0$;

当 $x>0$ 时,计算 $F(x)=\int_0^x f(t)\mathrm{d}t=\int_0^x 1\mathrm{d}t=x$.

综上,知 $F(x)=\begin{cases} x, & x>0, \\ 0, & x=0, \\ -x, & x<0, \end{cases}$ 且 $F'(x)=\begin{cases} 1, & x>0, \\ -1, & x<0, \end{cases}$ 但 $F(x)$ 在点 $x=0$ 处不可导. 所以易知答案 B 正确.

(9) 设函数 $f(x)=\begin{cases} 0, & 0 \leqslant x<1, \\ x, & 1 \leqslant x \leqslant 2, \end{cases}$ 则 $F(x)=\int_0^x f(t)\mathrm{d}t$ 在 $(0,2)$ 上必有( ).

A. 无界 B. 严格单调减 C. 连续 D. 不连续.

解:利用可加性,

当 $0 \leqslant x<1$ 时,计算 $F(x)=\int_0^x f(t)\mathrm{d}t=\int_0^x 0\mathrm{d}t=0$;

当 $x=1$ 时,计算 $F(1)=\int_0^1 0\mathrm{d}x=\int_0^1 0\mathrm{d}x=0$;

当 $1 \leqslant x<2$ 时,计算 $f(x)=\int_0^x f(t)\mathrm{d}t=\int_0^1 0\mathrm{d}t+\int_1^x t\mathrm{d}t=\frac{1}{2}x^2-\frac{1}{2}$.

综上,知 $F(x)=\begin{cases} 0, & 0 \leqslant x<1, \\ \dfrac{x^2}{2}-\dfrac{1}{2}, & 1 \leqslant x<2. \end{cases}$

所以易知答案 C 正确.

问题与思考

1. 设 $f(x)$ 是 **R** 上的连续函数,问:

(1) 当 $f(x)$ 是以 T 为周期的周期函数时,$\forall a \in \mathbf{R}$,有 $\int_a^{a+T} f(t)\mathrm{d}t=\int_0^T f(t)\mathrm{d}t$ 吗?

(2) 当 $f(x)$ 为奇函数时,有 $\int_{-a}^a f(t)\mathrm{d}t=0$,$\forall a \in \mathbf{R}, a \neq 0$ 吗?

(3) 当 $f(x)$ 为偶函数时,有 $\int_{-a}^a f(t)\mathrm{d}t=2\int_0^a f(t)\mathrm{d}t$,$\forall a \in \mathbf{R}, a \neq 0$ 吗?

答:有. 仅考虑(1)情形,其余类似.

事实上, (1) 计算
$$\int_a^{a+T} f(t)dt = \int_a^0 f(t)dt + \int_0^T f(t)dt + \int_T^{a+T} f(t)dt,$$

令 $t = x + T$,有
$$\int_T^{a+T} f(t)dt = \int_0^a f(x+T)dx = \int_0^a f(x)dx,$$

于是,有
$$\int_a^{a+T} f(t)dt = \int_0^T f(t)dt, \forall a \in \mathbf{R}.$$

2. 设 $f(x)$ 是 **R** 上的连续函数,记 $F(x) = \int_a^x f(t)dt$,问:

(1)当 $f(x)$ 是以 T 为周期的周期函数时,有 $\int_a^x f(t)dt$ 是周期为 T 的周期函数吗?

(2)当 $f(x)$ 为奇函数时,有 $\int_a^x f(t)dt$ 为偶函数吗?

(3)当 $f(x)$ 为偶函数时,有 $\int_a^x f(t)dt$ 为奇函数吗?

答:(1) 不一定. 事实上,知 $F(x)$ 以 T 为周期的周期函数充分必要条件为 $\int_0^T f(t)dt = 0$.

这是因为
$$F(x+T) - F(x) = \int_a^{x+T} f(t)dt - \int_a^x f(t)dt = \int_x^{x+T} f(t)dt$$
$$= \int_0^T f(t)dt.$$

(2)一定. 事实上,由于
$$F(-x) = \int_a^{-x} f(t)dt = \int_{-a}^x f(u)du = \int_a^x f(t)dt + \int_{-a}^a f(t)dt$$
$$= \int_a^x f(t)dt = F(x).$$

(3)不一定. 由于
$$F(-x) = \int_a^{-x} f(t)dt = -\int_{-a}^x f(u)du = -\int_a^x f(t)dt - \int_{-a}^a f(t)dt$$
$$= -F(x) - 2\int_0^a f(t)dt,$$

于是,知 $F(x)$ 为奇函数的充分必要条件是 $\int_0^a f(t)dt = 0$.

注意实例,例如 $F(x) = \sin x + x$ 不是周期函数,而 $F'(x) = \cos x + 1$. 例如 $F(x) = \cos x + x$ 非奇非偶,而 $F'(x) = -\sin x + 1$ 为奇函数.

3. 设函数 $f(x)$ 在 $[a,b]$ 上连续,问:是否一定有 $\int_a^b f(x)dx = \int_a^b f(a+b-x)dx$ 吗?

答:一定有. 事实上,令 $t = a+b-x$ 即可,其应用有:

例 1 设函数 $f(x)$ 在 $[0,1]$ 上连续,则有
$$\int_0^{\frac{\pi}{2}} f(\sin x)dx = \int_0^{\frac{\pi}{2}} f(\cos x)dx.$$

例 2 设函数 $f(x)$ 在 $[0,1]$ 上连续,则有
$$\int_0^\pi xf(\sin x)dx = \frac{1}{2}\int_0^\pi f(\sin x)dx.$$

例 3 设函数 $f(x)$ 在 $[0,1]$ 上连续,则有
$$\int_0^1 f(x^n(1-x)^m)dx = \int_0^1 f(x^m(1-x)^n)dx.$$

4. 设函数 $f(x)$ 在闭区间 $[a,b]$ 上连续,问:一定存在 $\xi \in (a,b)$ 有 $f(\xi) = \frac{1}{b-a}\int_a^b f(x)dx$ 吗?

答:一定有. 事实上,

令 $F(x) = \int_a^x f(t)dt, \forall x \in [a,b]$,易知其满足了拉格朗日中值定理,$\exists \xi \in (a,b)$ 有 $\frac{F(b)-F(a)}{b-a} = F'(\xi)$.

注意积分中值定理一般是用连续函数的介值定理证明之,定理如下:设函数 $f(x)$ 在闭区间 $[a,b]$ 上连续,则一定存在 $\xi \in [a,b]$,有 $f(\xi) = \frac{1}{b-a}\int_a^b f(x)dx$.

5. 设函数 $f(x)$ 在 $[a,b]$ 上可导,问:$\int_a^b f(x)dx, f(x)$ 和 $f'(x)$ 之间有何常见的关联?

答:除了以上中值定理外,还有常见如下关联:

例 1 设函数 $f(x)$ 在区间 $[a,b]$ 上有一阶连续导函数,且存在 $c \in [a,b]$ 满足 $f(c) = 0$,则有

$$\left| \int_a^b f(x) \mathrm{d}x \right| \leqslant \frac{M[(c-a)^2 + (b-c)^2]}{2},$$

其中 $M = \max\limits_{a \leqslant x \leqslant b} |f(x)|$;

解:仅以 $c \in (a,b)$ 情形为例加以说明,其余类似.

方法一:由于

$$\int_a^b f(x) \mathrm{d}x = \int_a^c f(x) \mathrm{d}(x-a) + \int_c^b f(x) \mathrm{d}(x-b)$$

$$= -\int_a^c f'(x)(x-a) \mathrm{d}x + \int_c^b f'(x)(b-x) \mathrm{d}x.$$

于是,有

$$\left| \int_a^b f(x) \mathrm{d}x \right| \leqslant M \int_a^c (x-c) \mathrm{d}x + M \int_c^b (b-x) \mathrm{d}x$$

$$= \frac{M[(c-a)^2 + (b-c)^2]}{2}.$$

方法二:利用泰勒公式,在 $x = c$ 点展开有

$f(x) = f'(\xi)(x-c)$,其中 ξ 介于和之间,

两边积分,有 $\int_a^b f(x) \mathrm{d}x = \int_a^b f'(\xi)(x-c) \mathrm{d}x$,

于是,有

$$\left| \int_a^b f(x) \mathrm{d}x \right| \leqslant M \int_a^b |x-c| \mathrm{d}x$$

$$= M \left[\int_a^c (c-x) \mathrm{d}x + \int_c^b (x-c) \mathrm{d}x \right]$$

$$= \frac{M[(c-a)^2 + (b-c)^2]}{2}.$$

例 2 设函数 $f(x)$ 在区间 $[0,a], a > 0$ 上有一阶连续导函数,证明 $\forall x \in [0,a]$ 有

$$|f(x)| \leqslant \frac{1}{a} \int_0^a |f(x)| \mathrm{d}x + \int_0^a |f'(x)| \mathrm{d}x.$$

解:由于函数 $f(x)$ 在区间 $[0,a], a > 0$ 上有一阶连续导函

数,所以函数 $|f(x)|$ 在区间 $[0,a]$ 连续,依积分中值定理知 $\exists \xi \in (0,a)$,有

$$a|f(\xi)| = \int_0^a |f(x)|\,dx.$$

同时知 $f(x) = f(\xi) + \int_\xi^a f'(x)\,dx$,于是,有

$$|f(x)| \leqslant |f(\xi)| + \int_\xi^a |f'(x)|\,dx$$

$$\leqslant \frac{1}{a}\int_0^a |f(x)|\,dx + \int_0^a |f'(x)|\,dx.$$

6. 利用积分中值定理证明 ξ 的存在性中,问:构造辅助函数有一定规律吗?

答: 有. 仅以两例说明之.

例1 设函数 $f(x)$ 在区间 $[0,1]$ 上连续且 $(0,1)$ 可导,满足 $f(0) = \int_0^1 e^x f(x)\,dx$,证明: $\exists \xi \in (0,1)$,有 $f'(\xi) + f(\xi) = 0$.

解: 研究函数 $f(x)$ 的特征,易知 $f'(x) + f(x) = 0$ 有解 $\xi \in (0,1)$. 计算有 $(e^x f(x))' = 0$. 于是作辅助函数 $F(x) = e^x f(x)$,由积分中值定理知,$\exists \xi_1 \in (0,1)$,有 $e^{\xi_1} f(\xi_1) = \int_0^1 e^x f(x)\,dx$. 于是函数 $F(x) = e^x f(x)$ 于 $[0, \xi_1]$ 上满足罗尔定理条件,因此 $\exists \xi \in (0, \xi_1)$,有 $F'(\xi) = 0$,即 $f'(\xi) + f(\xi) = 0$.

例2 设函数 $f(x)$ 在区间 $[-1,1]$ 上具有一阶连续导函数,且 $f(-1) = \int_{-1}^1 x f'(x)\,dx$. 若 $f(-1) = -f(1)$,则 $\exists \xi \in (-1,1)$,有 $f'(\xi) = \frac{1}{2} f(1)$.

解: 研究函数 $f(x)$ 的特征,易知 $f'(x) - \frac{1}{2} f(1) = 0$ 有解 $\xi \in (-1,1)$. 计算有 $\left[f(x) - \frac{1}{2} f(1) x \right]' = 0$. 于是作辅助函数 $F(x) = \frac{1}{2} f(1) x - f(x)$. 由于 $f(-1) = \int_{-1}^1 x f'(x)\,dx = \int_{-1}^1 x\,df(x)$ $= f(1) + f(-1) - \int_{-1}^1 f(x)\,dx = \int_{-1}^1 F(x)\,dx$,所以 $\exists \xi_1 \in (-1,1)$,

有 $f(1) = 2F(\xi_1)$,同时有,$F(1) = \frac{1}{2}f(1) = F(\xi_1)$,因此在区间 $[\xi_1, 1]$ 满足罗尔定理条件. 故 $\exists \xi \in (\xi_1, 1)$,有 $F'(\xi) = 0$,即 $f'(\xi) = \frac{1}{2}f(1)$.

7. 对于被积函数为两项之和且分子中有其一项,问:这样的定积分计算是否有规律可循?

答:满足一定条件,有规律. 下面仅以例子加以说明.

例1 求下列定积分:

(1) $I = \int_0^{\frac{\pi}{2}} \frac{\cos x}{\cos x + \sin x} dx$;

(2) $I = \int_0^{\frac{\pi}{2}} \frac{f(\cos x)}{f(\cos x) + f(\sin x)} dx$,其中函数 $f(x)$ 在区间 $[0,1]$ 上连续.

解:(1) $I = \int_0^{\frac{\pi}{2}} \frac{(\cos x + \sin x) - \sin x}{\cos x + \sin x} dx$

$= \frac{\pi}{2} - \int_0^{\frac{\pi}{2}} \frac{\sin x}{\cos x + \sin x} dx$

$\stackrel{x = \frac{\pi}{2} - t}{=} \frac{\pi}{2} + \int_{\frac{\pi}{2}}^0 \frac{\cos t}{\sin t + \cos t} dt$,

所以 $I = \frac{\pi}{4}$.

(2) $I = \int_0^{\frac{\pi}{2}} \frac{(f(\cos x) + f(\sin x)) - f(\sin x)}{f(\cos x) + f(\sin x)} dx$

$= \frac{\pi}{2} - \int_0^{\frac{\pi}{2}} \frac{f(\sin x)}{f(\cos x) + f(\sin x)} dx$

$\stackrel{x = \frac{\pi}{2} - t}{=} \frac{\pi}{2} + \int_{\frac{\pi}{2}}^0 \frac{f(\cos t)}{f(\sin t) + f(\cos t)} dt$,

所以 $I = \frac{\pi}{4}$.

例2 求下列定积分:

(1) $I = \int_2^4 \frac{\sqrt{\ln(9-x)}}{\sqrt{\ln(9-x)} + \sqrt{\ln(3+x)}} dx$;

(2) $I = \int_a^b \dfrac{f(x)}{f(x)+f(a+b-x)}\mathrm{d}x$，其中函数 $f(x)$ 在区间 $[a,b]$ 上连续.

解: (1) $I = \int_2^4 \dfrac{(\sqrt{\ln(9-x)}+\sqrt{\ln(3+x)})-\sqrt{\ln(3+x)}}{\sqrt{\ln(9-x)}+\sqrt{\ln(3+x)}}\mathrm{d}x$

$= 2 - \int_2^4 \dfrac{\sqrt{\ln(x+3)}}{\sqrt{\ln(9-x)}+\sqrt{\ln(x+3)}}\mathrm{d}x$

$\xlongequal{t=6-x} 2 + \int_4^2 \dfrac{\sqrt{\ln(9-t)}}{\sqrt{\ln(t+3)}+\sqrt{\ln(9-t)}}\mathrm{d}t,$

所以 $I = 1$.

(2) $I = \int_a^b \dfrac{(f(x)+f(a+b-x))-f(a+b-x)}{f(x)+f(a+b-x)}\mathrm{d}x$

$= (b-a) - \int_a^b \dfrac{f(a+b-x)}{f(x)+f(a+b-x)}\mathrm{d}x$

$\xlongequal{t=a+b-x} (b-a) + \int_b^a \dfrac{f(t)}{f(a+b-t)+f(t)}\mathrm{d}x,$

所以 $I = \dfrac{b-a}{2}$.

例 3 计算 $I = \int_0^{\frac{\pi}{2}} \dfrac{1}{1+\tan^\alpha x}\mathrm{d}x, (\alpha > 0)$.

解: $I = \int_0^{\frac{\pi}{2}} \dfrac{(1+\tan^\alpha x)-\tan^\alpha x}{1+\tan^\alpha x}\mathrm{d}x = \dfrac{\pi}{2} - \int_0^{\frac{\pi}{2}} \dfrac{\tan^\alpha x}{1+\tan^\alpha x}\mathrm{d}x$

$\xlongequal{x=\frac{\pi}{2}-t} \dfrac{\pi}{2} + \int_{\frac{\pi}{2}}^0 \dfrac{\cot^\alpha t}{1+\cot^\alpha x}\mathrm{d}t = \dfrac{\pi}{2} + \int_{\frac{\pi}{2}}^0 \dfrac{1}{\tan^\alpha t+1}\mathrm{d}t,$

所以 $I = \dfrac{\pi}{4}$.

第 7 章

定积分的应用

本章的重点是微元法、定积分在几何上的应用、求平面图形的面积、平面曲线的弧长、空间几何体的体积. 难点是微元法的基本思想.

本章要求学生掌握用定积分表达和计算一些几何量与物理量(平面图形的面积、平面曲线的弧长、旋转体的体积及侧面积、平行截面面积为已知的立体体积、功、引力、压力、质心、形心等)及函数的平均值.

§7.1 微元法的基本思想

7.1.1 微元法

上章引入定积分概念时,给出两实例.

实例 7.1.1 数学上,设函数 $y=f(x)$ 在 $[a,b]$ 上非负且连续,称以 $x=a, x=b, y=0, y=f(x)$ 所围成的图形为曲边梯形 A,一般采用分割,近似,求和,取极限的方法求 A 的面积 S.

分割 T:对区间 $[a,b]$ 插入分点 $x_1,\cdots,x_{n-1}$,令 $x_0=a, x_n=b$ 满足

$$a=x_0<x_1<x_2<\cdots<x_n=b.$$

这样曲边梯形 A 分解成 n 个小曲边梯形 $A_1, A_2, \cdots, A_n$. 同时，记 $\Delta x_i = x_i - x_{i-1}, i = 1, 2, \cdots, n; \lambda(t) = \max\limits_{0 \leqslant i \leqslant n}\{\Delta x_i\}, \Delta S_i$ 为 A_i 的面积.

近似：当 $\lambda(t) \to 0$ 时，对于小曲边梯形 A_i，基于 $f(x)$ 连续，所以在每个小区间 $[x_{i-1}, x_i]$ 上，则 A_i 可以看成矩形，可知 $\Delta S_i \approx f(\xi_i)\Delta x_i$，其中 $\forall \xi_i \in [x_{i-1}, x_i]$.

求和：易知曲边梯形 A 的面积 S 为：$S = \sum\limits_{i=1}^{n} \Delta S_i \approx \sum\limits_{i=1}^{n} f(\xi_i)\Delta x_i$.

取极限：直观上，可知分割越细，则上面计算越精确. 同时，可知若极限存在，则极限唯一.

于是必然有 $S = \lim\limits_{\lambda(t) \to 0} \sum\limits_{i=1}^{n} f(\xi_i)\Delta x_i$. 这样，记 $S = \int_a^b f(x)\mathrm{d}x$.

其实这里涉及微元法的基本思想是：首先把要求的目标作为整体量，即曲边梯形面积 S 为整体量，可知它在区间 $[a,b]$ 上分布（S 与区间 $[a,b]$ 上的一些量有关）且具有可加性；其次形式上对区间 $[a,b]$ 进行分割，取小区间代表为 $[x, x+\mathrm{d}x]$. 由于 $f(x)$ 连续，所以区间 $[x, x+\mathrm{d}x]$ 上的小曲边梯形可以看成矩形（称为以直代曲），于是整体量 S 的微元为 $\mathrm{d}S = f(x)\mathrm{d}x$. 这样，有整体量 $S = \int_a^b \mathrm{d}S = \int_a^b f(x)\mathrm{d}x$.

实例 7.1.2 物理上，设一物体 A 在时间段 $[T_0, T_1]$ 内以速度 $v = v(t)$ 做变速直线运动，其中 $v(t)$ 连续，采用分割，近似，求和，取极限的方法求物体在时间段 $[T_0, T_1]$ 内所走过的路程 S.

分割 T：对区间 $[T_0, T_1]$ 插入分点 $t_1, \cdots, t_{n-1}$，令 $t_0 = T_0, t_n = T_1$ 满足

$$T_0 = t_0 < t_1 < t_2 < \cdots < t_n = T_1.$$

这样时间段 $[T_0, T_1]$ 分解成 n 个小时间段 $[t_{i-1}, t_i], i = 1, 2, \cdots, n$. 同时，记 $\Delta t_i = t_i - t_{i-1}, i = 1, 2, \cdots, n; \lambda(t) = \max\limits_{0 \leqslant i \leqslant n}\{\Delta t_i\}, \Delta S_i$ 为物体在时间段 $[T_0, T_1]$ 所走过的路程.

近似：当 $\lambda(t) \to 0$ 时，基于 $v(t)$ 连续，所以在每个小时间段 $[t_{i-1}, t_i]$ 上，则物体可以看成是匀速直线运动，类似可知 $\Delta S_i \approx v(\xi_i)\Delta x_i$，其中 $\forall \xi_i \in [t_{i-1}, t_i]$.

求和：物体 A 在时间段 $[T_0,T_1]$ 所走过的路程为 $S=\sum_{i=1}^{n}\Delta S_i \approx \sum_{i=1}^{n} v(\xi_i)\Delta t_i$.

取极限：直观上，可知分割越细，则上面计算越精确．同时，可知若极限存在，则极限唯一．

于是必然有 $S=\lim_{\lambda(t)\to 0}\sum_{i=1}^{n} v(\xi_i)\Delta t_i$. 这样，记 $S=\int_{T_0}^{T_1} v(t)\mathrm{d}t$.

其实这里涉及微元法的基本思想是：首先把要求的目标作为整体量，即物体在时间段 $[T_0,T_1]$ 内所走过的路程 S 为整体量，可知它在区间 $[T_0,T_1]$ 上分布（S 与区间 $[T_0,T_1]$ 上的一些量有关）且具有可加性；其次形式上对区间 $[T_0,T_1]$ 进行分割，取 $[t,t+\mathrm{d}t]$ 作为小时间段的代表．由于 $v(t)$ 连续，所以物体 A 可以看成在小时间段 $[t,t+\mathrm{d}t]$ 上做匀速直线运动（称为以匀代非匀），于是整体量 S 的微元为 $\mathrm{d}S=v(t)\mathrm{d}t$. 这样，有 $S=\int_a^b \mathrm{d}S=\int_a^b v(t)\mathrm{d}t$.

§7.2 定积分在几何上的应用

7.2.1 平面图形的面积

按坐标系可以分为两类．

1. 平面直角坐标系

(1) 显示方程所表示的平面图形的面积公式．

设有两条连续曲线 $y=y_1(x)$ 和 $y=y_2(x)$，$x\in[a,b]$. 若 $\forall x\in[a,b]$，满足 $y_1(x)\leqslant y_2(x)$，则由 $x=a,x=b,y=y_1(x),y=y_2(x)$ 所围成的平面图形（如图 7.1 所示情形 1）的面积为 $S=\int_a^b (y_2(x)-y_1(x))\mathrm{d}x$.

具体操作如下：平面图形的面积 S 为整体量，对区间 $[a,b]$ 进行分割，取 $[x,x+\mathrm{d}x]$ 为小区间的代表，在小区间 $[x,x+\mathrm{d}x]$ 上小平面图形可以看成矩形，所以其面积 $\mathrm{d}S=(y_2(x)-y_1(x))\mathrm{d}x$，于是有

$$S=\int_a^b (y_2(x)-y_1(x))\mathrm{d}x,$$

其中 x 为积分变量．

类似的,设有两条连续曲线 $x=x_1(y)$ 和 $x=x_2(y),y\in[c,d]$. 若 $\forall y\in[c,d]$,满足 $x_1(y)\leqslant x_2(y)$,则由 $y=c,y=d,x=x_1(y)$, $x=x_2(y)$ 所围成平面图形(如图 7.2 所示情形 2)的面积为

$$S=\int_c^d (x_2(y)-x_1(y))\,dy.$$

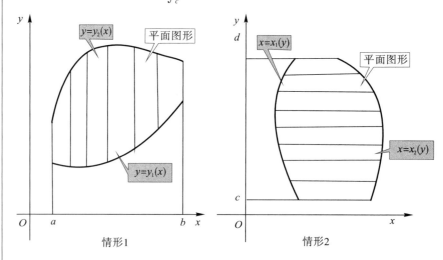

图 7.1

特别,设有一条连续曲线 $y=f(x),x\in[a,b]$. 则由 $x=a,x=b$, $y=f(x),y=0$ 所围成平面图形的面积为 $S=\int_a^b |f(x)|\,dx$.

例 7.2.1 求曲线 $y=\dfrac{1}{x}$ $(x>0)$ 及直线 $y=x,y=2$ 所围成的平面图形的面积.

解: 首先,画出曲线 $y=\dfrac{1}{x}$ $(x>0)$ 及直线 $y=x,y=2$ 所围成的平面图形 D,如图 7.2 所示,记其面积为 $S(D)$.

其次,依据定积分几何意义有

$$S(D)=\int_{\frac{1}{2}}^1 \left(2-\frac{1}{x}\right)dx+\int_1^2 (2-x)\,dx=\frac{3}{2}-\ln 2$$

或

$$S(D)=\int_1^2 \left(y-\frac{1}{y}\right)dy=\frac{3}{2}-\ln 2.$$

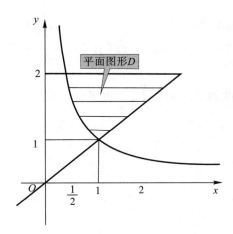

图 7.2

例 7.2.2 求曲线 $y=x(x-1)(2-x)$ 与 x 轴所围成的平面图形的面积.

解:首先,画出曲线 $y=x(x-1)(2-x)$ 与 x 轴所围成的平面图形 D,如图 7.3 所示,记其面积为 $S(D)$.

其次,依据定积分几何意义有

$$S(D)=\int_0^2 |x(x-1)(2-x)|\,\mathrm{d}x$$
$$=-\int_0^1 x(x-1)(2-x)+\int_1^2 x(x-1)(2-x)\,\mathrm{d}x.$$

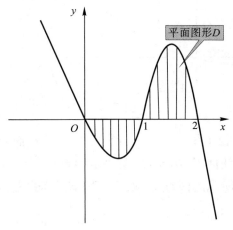

图 7.3

例 7.2.3 设曲线 $L_1: y=1-x^2,(0\leqslant x\leqslant 1)$,$x$ 轴和 y 轴所围成平面图形 D 被曲线 $L_2: y=ax^2$ 分为面积相等的两部分,求 $a(a>0)$.

解：首先，画出曲线 $L_1: y = 1 - x^2, (0 \leqslant x \leqslant 1)$，$x$ 轴和 y 轴所围成平面图形 D，被 $L_2: y = ax^2$ 分成的两部分分别记为 D_1 和 D_2，如图 7.4 所示.

其次，计算曲线 L_1 与曲线 L_2 的交点，令

$$\begin{cases} y = 1 - x^2, \\ y = ax^2, \end{cases} \text{解得} \begin{cases} x = \dfrac{1}{\sqrt{1+a}}, \\ y = \dfrac{a}{1+a}. \end{cases}$$

再者，计算

$$S(D_1) = \int_0^{\frac{1}{\sqrt{1+a}}} ((1-x^2) - ax^2) \mathrm{d}x = \dfrac{2}{3\sqrt{1+a}},$$

同时，$S(D_1) = \dfrac{1}{2} S(D) = \dfrac{1}{2} \int_0^1 (1-x^2) \mathrm{d}x = \dfrac{1}{3}$. 故知 $a = 3$.

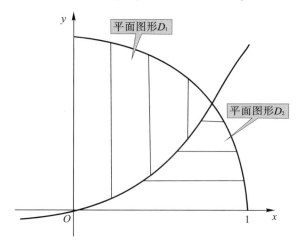

图 7.4

例 7.2.4 设 $F(x) = \mathrm{e}^{-2|x|}$，$S$ 表示夹在 x 轴与曲线 $y = F(x)$ 之间的面积，对任何 $t > 0$，$S_1(t)$ 表示矩形 $-t \leqslant x \leqslant t, 0 \leqslant y \leqslant F(t)$ 的面积，如图 7.5 所示.计算 (1) $S(t) = S - S_1(t)$ 的表达式；(2) $S(t)$ 的最小值.

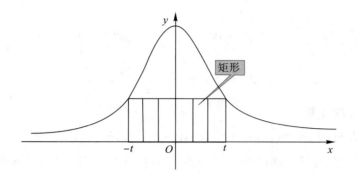

图 7.5

解:(1)首先,知函数 $F(x)=e^{-2|x|}$ 是 **R** 上的偶函数,所以
$$S = 2\int_0^{+\infty} e^{-2x}dx = -e^{-2x}\Big|_0^{+\infty} = 1;$$

其次,知 $S_1(t)=2tF(t)$,所以有
$$S(t)=S-S_1(t)=1-2te^{-2t}, (0<t<+\infty).$$

(2)计算 $S'(t)=-2e^{-2t}(1-2t)$,令 $S'(t)=0$,解得 $t=\frac{1}{2}$. 进一步,当 $0<t<\frac{1}{2}$ 时,有 $S'(t)<0$;当 $t>\frac{1}{2}$ 时,有 $S'(t)>0$,故 $S\left(\frac{1}{2}\right)=1-\frac{1}{e}$ 为最小.

(2)参数方程所表示的平面图形的面积公式.

设曲线 $y=f(x)$ 是用参数形式表示 $\begin{cases} x=x(t), \\ y=y(t), \end{cases} t\in[\alpha,\beta].$

若函数 $x=x(t)$ 在 $[\alpha,\beta]$ 中连续可微,且其反函数存在. 则由曲线 $y=f(x)$ 与直线 $x=a, x=b$ 及 $y=0$ 所围平面图形的面积有如下公式:
$$S = \int_\alpha^\beta |y(t)x'(t)|dt.$$

例 7.2.5 求椭圆 $\frac{x^2}{a^2}+\frac{y^2}{b^2}=1$ 所围成的面积,其中 $a>0, b>0$.

解:易知椭圆 $\frac{x^2}{a^2}+\frac{y^2}{b^2}=1$ 的参数方程为 $\begin{cases} x=a\cos t, \\ y=b\sin t, \end{cases} t\in[0,2\pi).$

由对称性知

$$S = 4\int_0^{\frac{\pi}{2}} |(b\sin t) \cdot (a\cos t)'| \, dt = 4ab\int_0^{\frac{\pi}{2}} |\sin^2 t| \, dt$$

$$= 4ab\int_0^{\frac{\pi}{2}} \sin^2 t \, dt = 4ab\int_0^{\frac{\pi}{2}} \frac{1-\cos 2t}{2} \, dt = ab\pi.$$

2. 极坐标系

设有两条连续曲线 $r = r_1(\theta), r = r_2(\theta), \theta \in [\alpha, \beta]$. 若 $\forall \theta \in [\alpha, \beta]$, 有 $r_1(\theta) \leqslant r_2(\theta)$, 则由 $\theta = \alpha, \theta = \beta, r = r_1(\theta), r = r_2(\theta)$ 所围成的曲边扇形面积

$$S = \int_\alpha^\beta \frac{1}{2}\left([r_2(\theta)]^2 - [r_1(\theta)]^2\right) d\theta.$$

具体操作如下:曲边扇形的面积 S 为整体量,按逆时针方向对极角区区间 $[\alpha, \beta]$ 进行分割,取 $[\theta, \theta + d\theta]$ 为小区间的代表,在小区间 $[\theta, \theta + d\theta]$ 上小曲边扇形可以看成圆扇形,所以其面积

$$dS = \frac{1}{2}([r_2(\theta)]^2 - [r_1(\theta)]^2) d\theta,$$

于是有

$$S = \int_\alpha^\beta \frac{1}{2}([r_2(\theta)]^2 - [r_1(\theta)]^2) d\theta,$$

其中 θ 为积分变量,如图 7.6 所示.

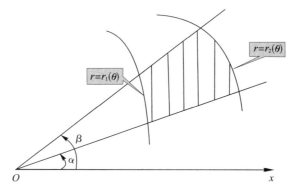

图 7.6

特别,设有一条连续曲线 $r = r(\theta), \theta \in [\alpha, \beta]$, 则由 $\theta = \alpha, \theta = \beta$, $r = r(\theta)$ 所围成的曲边扇形面积 $S = \int_\alpha^\beta \frac{1}{2}[r(\theta)]^2 d\theta$.

例 7.2.6 设有心脏线 $r_1 = 1 + \cos\theta$,(1)求心脏线围成图形的

面积;(2)求位于圆 $r_2(\theta)=3\cos\theta$ 之内,心脏线 $r_1(\theta)=1+\cos\theta$ 之外的那部分图形的面积.

解:画出心脏线和圆,如图 7.8 所示.

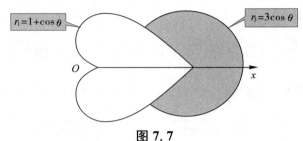

图 7.7

(1)由对称性知 $S=2\int_0^\pi \dfrac{1}{2}(1+\cos\theta)^2 \mathrm{d}\theta = \dfrac{3}{2}\pi$.

(2)首先,求两曲线的交点,令 $3\cos\theta=1+\cos\theta$,解得 $\theta=\dfrac{\pi}{3}$.

其次由对称性知 $S=2\int_0^{\frac{\pi}{3}}\dfrac{1}{2}\Big((3\cos\theta)^2-(1+\cos\theta)^2\Big)\mathrm{d}\theta=\pi$.

7.2.2 平面曲线的弧长

1. 基本公式

$$\mathrm{d}s=|\mathrm{d}\vec{r}|=\sqrt{(\mathrm{d}x)^2+(\mathrm{d}y)^2}.$$

2. 直角坐标系

(1)参数方程情形

设曲线弧 $y=f(x)$ 是用参数形式 $\begin{cases} x=x(t), \\ y=y(t), \end{cases} t\in[\alpha,\beta]$ 表示.

若函数 $x=x(t)$ 在 $[\alpha,\beta]$ 中连续可微,则有弧长计算公式

$$l=\int_\alpha^\beta \sqrt{(x'(t))^2+(y'(t))^2}\mathrm{d}t.$$

(2)显示方程情形

设曲线段由显示方程 $y=f(x), x\in[a,b]$ 给出,则可以改用参数形式表示 $\begin{cases} x=x, \\ y=f(x), \end{cases} x\in[a,b]$,这样有弧长计算公式

$$l=\int_a^b \sqrt{1+(f'(x))^2}\mathrm{d}x.$$

例 7.2.7 求半径为 R 的圆的周长.

解：易知圆 $x^2+y^2=R^2$ 的参数方程为 $\begin{cases} x=R\cos t, \\ y=R\sin t, \end{cases} t\in[0,2\pi)$.
由对称性知
$$l=4\int_0^{\frac{\pi}{2}}\sqrt{((R\cos t)')^2+((R\sin t)')^2}\,dt=4R\int_0^{\frac{\pi}{2}}dt=2\pi R.$$

例 7.2.8 求曲线 $y=f(x)=\int_0^x\sqrt{\sin t}\,dt\,(x\in[0,\pi])$ 的长.

解：$l=\int_0^\pi\sqrt{1+(f'(x))^2}\,dx=\int_0^\pi\sqrt{1+\sin x}\,dx$
$$=\int_0^\pi\sqrt{\left(\cos\frac{x}{2}+\sin\frac{x}{2}\right)^2}\,dx=\int_0^\pi\cos\frac{x}{2}\,dx+\int_0^\pi\sin\frac{x}{2}\,dx$$
$$=4.$$

3. 极坐标系

设曲线弧由极坐标方程 $r=r(\theta),\theta\in[\alpha,\beta]$ 表示.

利用直角坐标系与极坐标系的关系 $\begin{cases} x=r\cos\theta, \\ y=r\sin\theta, \end{cases}$ 则有曲线弧的参数形式 $\begin{cases} x=r(\theta)\cos\theta, \\ y=r(\theta)\sin\theta, \end{cases} \theta\in[\alpha,\beta]$ 为参数表示. 则
$$x'(\theta)=r'(\theta)\cos\theta-r(\theta)\sin\theta,\,y'(\theta)=r'(\theta)\sin\theta+r(\theta)\cos\theta.$$
这样有弧长计算公式
$$l=\int_\alpha^\beta\sqrt{r^2(\theta)+(r'(\theta))^2}\,d\theta.$$

7.2.3 空间图形的体积

1. 原理：已知平行截面面积的立体体积

若空间一立体 Ω 由曲面和垂直于 x 轴的两平面 $x=a,x=b$ 所围成，如图 7.8 所示. 用一族垂直于 x 轴的平行平面去截它，得到其每个截面面积 $A(x),x\in[a,b]$，其中假设 $A(x)$ 为连续函数. 设空间立体 Ω 的体积 V 为整体量，这样依据微元法有 $dV=A(x)dx$，于是已知平行截面面积 $A(x)$ 的立体体积公式
$$V=\int_a^b dV=\int_a^b A(x)\,dx.$$

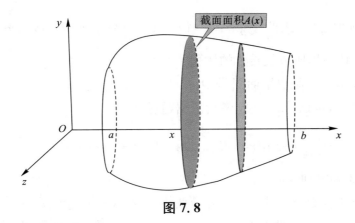

图 7.8

2. 旋转体的体积

(1) 旋转轴为 x 轴

设坐标面 xOy 上一条连续曲线 L 表示为 $y=f(x), x\in[a,b]$，记平面图形 D 由曲线 L 与两直线 $x=a, x=b$ 及 x 轴所围成. 让平面图形 D 绕 x 轴旋转一周，产生旋转体 Ω，如图 7.9 所示. 易知旋转体的平行截面为一个以 $|f(x)|$ 为半径的圆，得到面积 $A(x)=\pi f^2(x)$. 于是旋转体的体积为

$$V = \pi \int_a^b f^2(x)\,\mathrm{d}x.$$

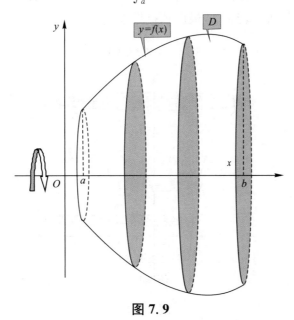

图 7.9

例 7.2.9 求曲线 $y=\cos x\left(|x|\leqslant\dfrac{\pi}{2}\right)$ 与 x 轴所围成图形 D 绕 x 轴旋转一周所成旋转体的体积.

解:首先,画出平面图形 D;

其次,确认旋转轴 x,最后依据题意有

$$V=\pi\int_{-\frac{\pi}{2}}^{\frac{\pi}{2}}\cos^2 x\mathrm{d}x=2\pi\int_0^{\frac{\pi}{2}}\cos^2 x\mathrm{d}x=\pi\int_0^{\frac{\pi}{2}}(1+\cos 2x)\mathrm{d}x=\frac{\pi^2}{2}.$$

(2)旋转轴为 y 轴

设坐标面 xOy 上有一条连续曲线 L,表示为 $x=g(y),x\in[c,d]$,记平面图形 D 由曲线 L 与两直线 $y=c,y=d$ 及 y 轴所围成. 让平面图形 D 绕 y 轴旋转一周,产生旋转体 Ω,如图 7.10 所示. 易知旋转体的平行截面为一个以 $|g(y)|$ 为半径的圆,得到面积 $A(y)=\pi g^2(y)$. 于是旋转体的体积为

$$V=\pi\int_c^d g^2(y)\mathrm{d}y.$$

例 7.2.10 求曲线 $y=x^2(0\leqslant x\leqslant 1)$ 与 y 轴所围成图形绕 y 轴旋转一周所成旋转体的体积.

解:首先,由函数 $y=x^2(0\leqslant x\leqslant 1)$,反解 $x=\sqrt{y}$,画出平面图形 D;其次,确认旋转轴 y,最后依据题意有

$$V=\pi\int_0^1(\sqrt{y})^2\mathrm{d}y=\pi\int_0^1 y\mathrm{d}y=\frac{\pi}{2}$$

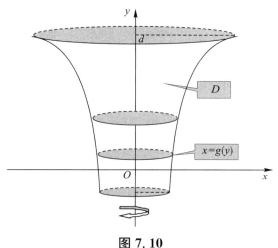

图 7.10

(3)推广

设坐标面 xOy 上有两条连续曲线 L_1,L_2 分别表示为
$$y=f(x),y=g(x),0\leqslant f(x)\leqslant g(x),x\in[a,b],$$
记平面图形 D 由曲线 L_1,L_2 与两直线 $x=a,x=b$ 所围成.

让平面图形 D 绕 x 轴旋转一周,产生旋转体 Ω,基于上面思路,于是旋转体的体积为
$$V=\pi\int_a^b(g^2(x)-f^2(x))\mathrm{d}x.$$

例 7.2.11 设曲线 $y=ax^2,(a>0,x\geqslant 0)$ 与 $y=1-x^2$ 交于点 A,过坐标原点和点 A 的直线与曲线 $y=ax^2,(a>0,x\geqslant 0)$ 围成一平面图形,如图 7.11 所示. 问 a 为何值时,该图形绕 x 轴一周而形成的旋转体的体积最大? 其最大值是多少?

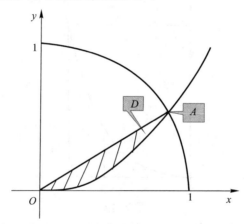

图 7.11

解:首先,画出平面图形,其中令 $\begin{cases}y=ax^2,\\y=1-x^2,\end{cases}$ 解得 $\begin{cases}x=\dfrac{1}{\sqrt{1+a}},\\y=\dfrac{a}{1+a}.\end{cases}$

所以过原点和点 A 的直线方程为 $y=\dfrac{a}{\sqrt{1+a}}x.$

于是有
$$V=\pi\left(\int_0^{\frac{1}{\sqrt{1+a}}}\left(\left(\dfrac{ax}{\sqrt{1+a}}\right)^2-(ax^2)^2\right)\mathrm{d}x\right)=\dfrac{2\pi}{15}\cdot\dfrac{a^2}{(1+a)^{\frac{5}{2}}}.$$

记 $F(a) = \dfrac{a^2}{(1+a)^{\frac{5}{2}}}$,令

$$F'(a) = \dfrac{a(1+a)^{\frac{3}{2}}\left(2(1+a)-\dfrac{5}{2}a\right)}{(1+a)^5} = 0.$$

解得唯一驻点 $a=4$. 同时易知当 $0<a<4$ 时,有 $F'(a)>0$;当 $a>4$ 时,有 $F'(a)<0$.

故当 $a=4$ 时,体积最大且为 $V = \dfrac{32\pi}{375\sqrt{5}}$.

例 7.2.12 设 D_1 是由抛物线 $y=2x^2$ 与直线 $x=a, x=2, y=0$ 所围成的平面图形;D_2 是由抛物线 $y=2x^2$ 与直线 $x=a, y=0$ 所围成的平面图形,如图 7.12 所示. $0<a<2$.

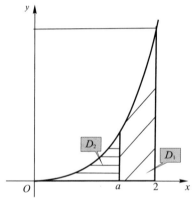

图 7.12

(1) 计算图形 D_1 绕 x 轴一周而形成的旋转体的体积 V_1;

(2) 计算图形 D_2 绕 y 轴一周而形成的旋转体的体积 V_2;

(3) 问 a 为何值时,V_1+V_2 取得最大值?其最大值是多少?

解:(1) 首先画出平面图形 D_1 和 D_2,于是有

$$V = \pi\left(\int_a^2 (2x^2)^2 \mathrm{d}x\right) = \dfrac{4\pi}{5}(32-a^5).$$

(2) 首先画出平面图形 D_1 和 D_2. 其次由函数 $y=2x^2$ 反解出反函数 $x=g(y)=\sqrt{\dfrac{y}{2}}$,$(0 \leqslant y \leqslant 2a^2)$,于是有

$$V_2 = \pi\int_0^{2a^2}\left(a^2 - \left(\sqrt{\dfrac{y}{2}}\right)^2\right)\mathrm{d}y = \pi a^4.$$

(3)计算有 $V_1+V_2=\dfrac{4\pi}{5}(32-a^5)+\pi a^4=F(a)$,令
$$F'(a)=-4\pi a^4+4\pi a^3=0.$$
解得唯一驻点 $a=1$.

同时易知当 $0<a<1$ 时,有 $F'(a)>0$;

当 $1<a<2$ 时,有 $F'(a)<0$.

故当 $a=1$ 时,V_1+V_2 取得最大值且为 $V_1+V_2=25\dfrac{4}{5}\pi$.

(4)旋转轴为 y 轴的另一种计算方法——套筒法

设坐标面 xOy 上一条连续曲线 L 表示为 $y=f(x),x\in[a,b]$,其中 $a\geqslant 0$,记平面图形 D 由曲线 L 与两直线 $x=a,x=b$ 所围成. 让平面图形 D 绕 y 轴旋转一周,产生旋转体 V,如图 7.13 所示.

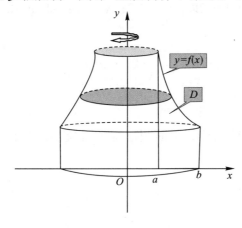

图 7.13

首先把旋转体的体积 V 作为整体量,其次将区间 $[a,b]$ 分割,取一个小区间 $[x,x+\mathrm{d}x]$ 作为分割后代表,易知小平面图形绕轴一周后构成的小立体可视为圆柱形薄壳,它的内外半径分别为 x 和 $x+\mathrm{d}x$,高近似为 $|f(x)|$,所以有整体量的微元 $\mathrm{d}V=2\pi x|f(x)|\mathrm{d}x$. 于是旋转体的体积为
$$V=\int_a^b \mathrm{d}V=2\pi\int_a^b x|f(x)|\mathrm{d}x.$$

例 7.2.13 求曲线 $y=x^2-2x,y=0,x=1,x=3$ 所围成的平面图形 D,如图 7.14 所示,并计算该平面图形绕 y 轴旋转一周

而成旋转体的体积 V.

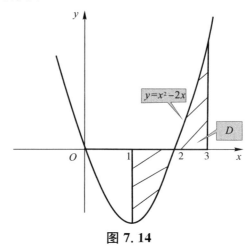

图 7.14

解：首先，画出曲线 $y=x^2-2x, y=0, x=1, x=3$ 所围成的平面图形 D，计算

$$S=\int_1^3|x^2-2x|\mathrm{d}x=\int_1^2(2x-x^2)\mathrm{d}x+\int_2^3(x^2-2x)\mathrm{d}x$$
$$=\frac{2}{3}+\frac{4}{3}=2.$$

其次，用套筒法计算平面图形绕 y 轴旋转一周而成旋转体的体积，有

$$V=2\pi\int_1^3 x|x^2-2x|\mathrm{d}x$$
$$=2\pi\left(\int_1^2 x(2x-x^2)\mathrm{d}x+\int_2^3 x(x^2-2x)\mathrm{d}x\right)=9\pi.$$

7.2.4 旋转体的侧面积

1. 直角坐标系

(1) 旋转轴为 x 轴

坐标面 xOy 上，设有一段光滑曲线 AB 表示为显示方程：$y=f(x), x\in[a,b]$. 让其绕 x 轴旋转一周而成的旋转体，如图 7.15 所示，求所产生的旋转体的侧面积 A.

首先，把侧面积作为整体量，其次，将区间 $[a,b]$ 分割，取一个小区间 $[x,x+\mathrm{d}x]$ 作为分割后代表，该区间上相应的弧段 $MN=\mathrm{d}s$ 绕

轴旋转一周所得到的侧面积微元 $dA = 2\pi|f(x)|ds$，这样旋转体的侧面积为

$$A = \int_a^b dA = 2\pi \int_a^b |f(x)|ds = 2\pi \int_a^b |f(x)|\sqrt{1+(f'(x))^2}dx.$$

类似的，若有一段光滑曲线 AB 表示为参数形式：$\begin{cases} x=x(t), \\ y=y(t), \end{cases} t \in [\alpha,\beta]$，则有相应的旋转体的侧面积

$$A = 2\pi \int_\alpha^\beta |y(t)|\sqrt{(x'(t))^2+(y'(t))^2}dt.$$

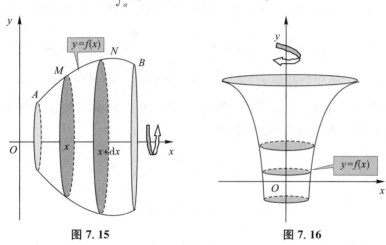

图 7.15　　　　　　　　图 7.16

(2) 旋转轴为 y 轴

设有一段光滑曲线 AB 表示为显示方程：$y=f(x), x \in [a,b]$. 其对应反函数为 $x=g(y), y \in [c,d]$，若让其绕 y 轴旋转一周而成的旋转体，如图 7.16 所示. 则有相应的侧面积为

$$A = 2\pi \int_c^d g(y)\sqrt{1+g'(y)^2}dy.$$

2. 极坐标系

设有一段光滑曲线 AB 表示为极坐标方程：$r=r(\theta), \theta \in [\alpha,\beta]$，其参数形式为：

$$\begin{cases} x=r(\theta)\cos\theta, \\ y=r(\theta)\sin\theta, \end{cases} \theta \in [\alpha,\beta].$$

这样得到绕 x 轴旋转一周而成的旋转体的侧面积

$$A = 2\pi \int_\alpha^\beta r(\theta)|\sin\theta|\sqrt{(r(\theta))^2+(r'(\theta))^2}d\theta.$$

§7.3 定积分在物理上的应用

7.3.1 平面曲线弧的质心

1. 离散型

假设平面上有 n 个质点,记为 $(P_i(x_i,y_i),m_i)$, $i=1,2,\cdots,n$. 质点 $(P_i(x_i,y_i),m_i)$ 关于 x 轴和 y 轴所产生的静力矩分别为 $M_x(i)=m_iy_i$ 和 $M_y(i)=m_ix_i$,则这 n 个质点关于 x 轴和 y 轴所产生的静力矩分别为 $M_x=\sum_{i=1}^{n}M_x(i)=\sum_{i=1}^{n}m_iy_i$ 和 $M_y=\sum_{i=1}^{n}M_y(i)=\sum_{i=1}^{n}m_ix_i$.

记 n 个质点的质量为 $m=\sum_{i=1}^{n}m_i$,把质量 m 放置在一点 $P(\bar{x},\bar{y})$,若它关于 x 轴和 y 轴产生的静力矩与上述 n 个质点关于 x 轴和 y 轴所产生的静力矩效果一样,即

$$\begin{cases} m\bar{y}=M_x=\sum_{i=1}^{n}m_iy_i, \\ m\bar{x}=M_y=\sum_{i=1}^{n}m_ix_i, \end{cases}$$

则称点 $P(\bar{x},\bar{y})$ 为由这 n 个质点构成的质心.

2. 连续型

考虑一条质量均匀分布的平面曲线段 $\overparen{AB}$,其参数表示为 $\begin{cases} x=x(t), \\ y=y(t), \end{cases} t\in[\alpha,\beta]$,设长度为 l,线密度为常数 ρ. 取点 A 作为起点,并取弧长 s 作为自变量,显然 $0\leqslant s\leqslant l$,对弧长区间 $[0,l]$ 分割,取区间 $[s,s+\mathrm{d}s]$ 作为小区间的代表,此段可看成一个质点 $(P(x,y),\mathrm{d}m)$,其中 $\mathrm{d}m=\rho\mathrm{d}s$. 类似于离散型,有质心坐标为

$$\bar{x}=\frac{M_y}{m}=\frac{\int_0^l x\mathrm{d}s}{l}=\frac{\int_\alpha^\beta x(t)\sqrt{(x'(t))^2+(y'(t))^2}\mathrm{d}t}{\int_\alpha^\beta \sqrt{(x'(t))^2+(y'(t))^2}\mathrm{d}t},$$

$$\bar{y}=\frac{M_x}{m}=\frac{\int_0^l y\mathrm{d}s}{l}=\frac{\int_\alpha^\beta y(t)\sqrt{(x'(t))^2+(y'(t))^2}\mathrm{d}t}{\int_\alpha^\beta \sqrt{(x'(t))^2+(y'(t))^2}\mathrm{d}t}.$$

例 7.3.1 求圆弧段 $\overset{\frown}{AB}\begin{cases}x=\cos t,\\y=\sin t,\end{cases} t\in[-\alpha,\alpha]\subset[-\pi,\pi]$ 的质心坐标.（读者自行计算）

7.3.2 变力做功

考虑一维空间中物体在变力作用下沿直线做功,为简便计,物体在变力 $\vec{F}$ 的作用下沿 x 轴运动,并且 $\vec{F}$ 与 x 轴平行. 取 x 轴作为参照系,这样力可写成 $F=F(x)$. 设物体在力 $F(x)$ 的作用下沿 x 轴从点 a 运动到点 b,其中设 $F(x)$ 是区间 $[a,b]$ 上的连续函数. 首先,把物体在力 $F(x)$ 的作用下沿 x 轴从点 a 运动到点 b 所做的功作为整体量 W. 其次,用微元法给出功的微元 $\mathrm{d}W$. 对区间 $[a,b]$ 分割,用区间 $[x,x+\mathrm{d}x]$ 作为小区间的代表,在此小区间上可看成物体在恒力 $F(x)$ 的作用下沿 x 轴做功,所以有 $\mathrm{d}W=F(x)\mathrm{d}x$,于是有

$$W=\int_a^b \mathrm{d}W=\int_a^b F(x)\mathrm{d}x.$$

例 7.3.2 设 1 N 的力能使弹簧伸长 0.01 m,若要使弹簧伸长 0.1 m,则需要做多少功？

解：依据胡克定律 $F=kx$,知弹性系数为 $k=\dfrac{F}{x}=\dfrac{1}{0.01}=100$. 这样弹力为 $F=100x$,所以弹簧伸长 0.1 m 所做的功为

$$W=\int_0^{0.1}F(x)\mathrm{d}x=\int_0^{0.1}100x\mathrm{d}x=0.5\,\mathrm{J}.$$

例 7.3.3 用铁锤将铁钉打入木板,设木板对铁钉的阻力与铁钉进入木板深度成正比. 在击打第一次时,将铁钉击入木板 0.01 m. 如果铁锤每次击打所做的功相等,问第二次击打铁钉后,铁钉又进入木板多深？第 n 次击打铁钉后,铁钉又进入木板多深？（假设铁钉和木板长度足够）.

解：依题意知阻力与深度成正比,有阻力为 $F=kx$,k 为阻力系数. 第一次所做的功为 $W_1=\int_0^{0.01}kx\mathrm{d}x=\dfrac{k}{2}(0.01)^2\,\mathrm{J}$. 第二次所做的功为 $W_2=\int_{0.01}^{h_2}kx\mathrm{d}x=\dfrac{k}{2}(h_2^2-(0.01)^2)\,\mathrm{J}$,依题意有 $W_1=W_2$,则有 $h_2=0.01\times\sqrt{2}$ m.

进一步,依题意知,一方面有 $W_n = nW_1 = n\dfrac{k}{2}(0.01)^2$,另一方面有 $W_n = \displaystyle\int_0^{h_n} kx\,\mathrm{d}x = \dfrac{k}{2}h_n^2$,所以有 $h_n = 0.01 \times \sqrt{n}$,故第 n 次击打铁钉后,铁钉又进入木板 $h_n - h_{n-1} = 0.01 \times (\sqrt{n} - \sqrt{n-1})$.

问题与思考

1. 问:一元函数积分学的几何应用要注意些什么?

答:在基于理解和熟记基本公式基础上,加强题目的训练,理工类学生还要注意参数方程下的面积、旋转体体积和弧长的计算.

2. 问:一元函数积分学的物理应用要注意些什么?

答:(1)仔细读题,认真将题目中的文字叙述翻译成数学表达式;(2)用好微元法;(3)以基本问题为主,做好数学建模问题.

3. 问:一元函数积分学在经济方面应用要注意些什么?

答:(1)仔细读题,认真将题目中的文字叙述翻译成数学表达式;(2)用好微元法;(3)以基本问题为主,做好数学建模问题.

第 8 章

微分方程

本章的重点是变量可分离方程及一阶线性方程的解法、二阶常系数齐次线性微分方程解的结构、二阶常系数齐次线性微分方程的解法.难点是二阶常系数非齐次线性微分方程的求解.通过代换法将一些特殊的微分方程化成可求解的微分方程(变量分离方程、一阶线性方程、二阶常系数线性方程).

本章要求学生掌握变量分离方程及一阶线性微分方程的解法、二阶常系数齐次线性微分方程的解法;并会解某些高于二阶的常系数齐次线性微分方程、会解齐次微分方程、伯努利方程和全微分方程;会用代换法解齐次方程;会用降阶法解几类微分方程;会解几类二阶常系数非齐次线性方程,会解欧拉方程(考试不做要求,但考研要求掌握).

在高等数学中所研究的函数,其自变量和因变量是互相对立又互相联系的,它既是事物发展变化过程的抽象,又是定量描述事物发展变化的工具.但在许多的实际问题中遇到稍微复杂的一些运动时,却很难找到因变量与自变量(可能不止一个)之间的直接联系,而只能建立这些变量和它们导数之间的关系.这种联系着自变量、未知函数及它的导数的关系式,称之为微分方程.本章主要介绍微分方程的基本概念及一些常见类型常微分方程的求解方法.

§8.1 微分方程的基本概念

8.1.1 数学模型与基本概念

1. 数学模型

实例 8.1.1 人口动力学模型

设某地区在 t 时刻人口数量为 $x(t)$，在没有人员迁入或迁出的情况下，人口增长率与 t 时刻人口数成正比，于是有微分方程

$$\frac{\mathrm{d}x}{\mathrm{d}t} = kx \tag{8.1.1}$$

其中 k 为常数. 式(8.1.1)称为著名的马尔萨斯(Malthus)人口发展方程.

假设该国家当 $t=0$ 时初始人口数为 $x(0)=x_0>0$，注意到人口数量 $x(t)>0$，可将式(8.1.1)中的变量 x 和 t 分离开来，改写成

$$\frac{\mathrm{d}x}{x} = k\mathrm{d}t \tag{8.1.2}$$

两边从 0 到 t 积分，并加以整理得到

$$x(t) = x_0 \mathrm{e}^{kt} \tag{8.1.3}$$

若一年作为单位取自然数变化，式(8.1.3)可改写成

$$\frac{x(n)}{x_0} = \frac{x_n}{x_0} = (\mathrm{e}^k)^n \tag{8.1.4}$$

式(8.1.4)表明：该国家人口数按几何级数增长.

实例 8.1.2 数学中的几何模型

求过点 $(1,3)$ 且切线斜率为 $2x$ 的曲线方程.

设所求的曲线方程是 $y=y(x)$，则根据题意应满足下面的关系

$$\begin{cases} \dfrac{\mathrm{d}y}{\mathrm{d}x} = 2x & (8.1.5) \\ y(1) = 3 & (8.1.6) \end{cases}$$

这里 x 和 y 分别表示自变量和未知函数，$y(1)$ 表示 $x=1$ 时 y 的值. 求出满足式(8.1.5)的函数，只需要首先把变量 x 和 y 分离，改写成式(8.1.7)

$$\mathrm{d}y = 2x\mathrm{d}x \tag{8.1.7}$$

其次,两边积分得
$$y = x^2 + C$$
这里 C 为任意常数. 这显然是此种函数的一般形式,它表示一簇曲线,簇中每一条曲线在点 x 处的切线斜率均为 $2x$,若将已知条件式(8.1.6)代入上式,可求 $C=2$,则
$$y = x^2 + 2$$
就是所求过点 $(1,3)$ 且切线斜率为 $2x$ 的曲线方程.

实例 8.1.3 经典力学模型

设一物体以初速 v_0 垂直上抛,假设此物体的运动只受重力的影响,试确定该物体运动的路程 s 与时间 t 的函数关系.(假设物体开始上抛时的路程为 s_0)

建立这类数学模型的主要依据是牛顿(Newton)第二定律,即
$$\vec{F} = m\vec{a}$$
这里 m 为直线运动物体的质量,$\vec{a}$ 为其加速度,$\vec{F}$ 为作用在该物体上的总外力.

依题意知该物体只受重力的作用,因而有
$$\begin{cases} ms''(t) = -mg & (8.1.8) \\ s(0) = s_0, s'(0) = v_0 & (8.1.9) \end{cases}$$

这里设该物体的质量为 m,重力加速度为 g,且垂直向上的方向为正方向. 记物体的运动速度 $v=s'$,所以式(8.1.8)可写为
$$\frac{\mathrm{d}v}{\mathrm{d}t} = -g \tag{8.1.10}$$

把变量 t 和 v 分离,可改写成
$$\mathrm{d}v = -g\mathrm{d}t$$
显然,对上式积分一次得
$$v = -gt + c_1 \text{ 或 } \frac{\mathrm{d}s}{\mathrm{d}t} = -gt + c_1$$
再把变量 t 和 s 分离,即
$$\mathrm{d}s = -gt\mathrm{d}t + c_1\mathrm{d}t$$
积分得
$$s = -\frac{1}{2}gt^2 + C_1 t + C_2$$

其中 C_1, C_2 为任意常数,代入式(8.1.9),得 $C_1 = v_0, C_2 = s_0$,于是
$$s = -\frac{1}{2}gt^2 + v_0 t + s_0$$
即为所求的函数关系.

以上只举出 3 个实例说明常微分方程的建立,其实在社会科学、自然科学和技术科学的其他领域中,例如经济学、化学、生物学等,都提出了大量的微分方程现象.

2. 基本概念

定义 8.1.1 在一个等式中,若存在一个或几个自变量、未知函数以及它的导数,则称等式为微分方程.

例如,在前面 3 个实例中建立的关系就是微分方程.

定义 8.1.2 在微分方程中,若未知函数的自变量只有一个,就称它为常微分方程;若未知函数的自变量有两个或两个以上,则称它为偏微分方程.

例如,在上面 3 个实例中的每个微分方程均含有一个自变量,于是它们都是常微分方程.

如方程
$$\frac{\mathrm{d}y}{\mathrm{d}x} = p(x)y + q(x) \text{(线性方程)}$$

$$\frac{\mathrm{d}y}{\mathrm{d}x} = p(x)y + q(x)y^n, n \neq 0, 1 \text{(伯努利(Bernoulli)方程)}$$

就是常微分方程的例子,这里 y 是未知函数,x 是自变量.

又如方程
$$\frac{\partial^2 u}{\partial x^2} + \frac{\partial^2 u}{\partial y^2} + \frac{\partial^2 u}{\partial z^2} = 0 \text{(拉普拉斯方程)}$$

$$\frac{\partial u}{\partial t} = a^2 \left(\frac{\partial^2 u}{\partial x^2} + \frac{\partial^2 u}{\partial y^2} + \frac{\partial^2 u}{\partial z^2} \right) \text{(热传导方程)}$$

就是偏微分方程的例子,这里 u 是未知函数,t, x, y, z 都是自变量.

本章仅研究常微分方程. 为了简单起见简称它为微分方程或方程.

定义 8.1.3 微分方程中出现的未知函数最高阶导数的阶数,称为方程的阶数.

例如,上面的线性方程,伯努利方程为一阶方程.

一般 n 阶常微分方程具有形式

$$F\left(x,y,\frac{\mathrm{d}y}{\mathrm{d}x},\cdots,\frac{\mathrm{d}^n y}{\mathrm{d}x^n}\right)=0 \qquad (8.1.11)$$

但在实际处理中,常将其写成显示形式(标准形式)

$$\frac{\mathrm{d}^n y}{\mathrm{d}x^n}=f(x,y,\frac{\mathrm{d}y}{\mathrm{d}x},\cdots,\frac{\mathrm{d}^{n-1} y}{\mathrm{d}x^{n-1}}) \qquad (8.1.12)$$

这里 $f\left(x,y,\frac{\mathrm{d}y}{\mathrm{d}x},\cdots,\frac{\mathrm{d}^{n-1}y}{\mathrm{d}x^{n-1}}\right)$ 是 $x,y,\frac{\mathrm{d}y}{\mathrm{d}x},\cdots,\frac{\mathrm{d}^{n-1}y}{\mathrm{d}x^{n-1}}$ 的已知函数,y 是未知函数,x 是自变量.

定义 8.1.4 若把函数 $y=\varphi(x)$ 代入方程(8.1.11)后,能使它成为恒等式,则称函数 $y=\varphi(x)$ 为方程(8.1.11)的解.

例如在 3 个实例中,函数 $x(t)=x_0 \mathrm{e}^{kt}$ 是方程(8.1.1)的解,函数 $y=x^2+C$ 是方程(8.1.5)的解,函数 $s=-\frac{1}{2}gt^2+C_1 t+C_2$ 是方程(8.1.8)的解.

例 8.1.1 设函数 $y=f(x)(x\in\mathbf{R})$ 具有二阶连续导数且是方程 $xy''+3x(y')^2=1-\mathrm{e}^{-x}$ 的解.若函数 $y=f(x)$ 在点 c 处取极值,证明 $f(c)$ 为极小值.

证: 首先,依题意知 $y=f(x)$ 在点 c 处可导且取极值,由费尔马定理知 $f'(c)=0$.

其次,依题意 $y=f(x)$ 是方程 $xy''+3x(y')^2=1-\mathrm{e}^{-x}$ 的解,所以有

$$xf''(x)+3x(f'(x))^2=1-\mathrm{e}^{-x}.$$

令 $x=c$,有 $cf''(c)+3c(f'(c))^2=1-\mathrm{e}^{-c}$.

当 $c\neq 0$ 时,有 $f''(c)=\dfrac{1-\mathrm{e}^{-c}}{c}>0$,所以 $f(c)$ 为极小值.

当 $c=0$ 时,有

$$f''(0)=\lim_{x\to 0}f''(x)=\lim_{x\to 0}\left(\frac{1-\mathrm{e}^{-x}}{x}-3(f'(x))^2\right)$$
$$=\lim_{x\to 0}\frac{1-\mathrm{e}^{-x}}{x}=1>0,$$

(提示:这里用到 $f'(x),f''(x)$ 的连续性)

所以 $f(0)$ 为极小值.

定义 8.1.5 对于 n 阶方程(8.1.11),其解的一般表达式称为方程的通解.

例如,在 3 个实例中,$y=x^2+c$ 就是方程(8.1.5)通解,函数 $s=-\frac{1}{2}gt^2+c_1t+c_2$ 是方程(8.1.8)的通解.

微分方程的通解总含有任意常数,为了确定微分方程一个特定的解,就必须给出该特定解所满足的一定条件以便确定这些常数.

定义 8.1.6 满足一定具体条件的一个特定的解,称为方程的特解.确定特解的具体条件称为定解条件.

常见的定解条件有两类:一是初始条件(初值条件),二是边界条件.本书仅考虑初始条件.一阶微分方程的初始条件是指 $y(x_0)=y_0$;二阶微分方程的初始条件是指

$$y(x_0)=y_0, y'(x_0)=y_1.$$

这里 x_0, y_0, y_1 是给定的 3 个已知常数.

定义 8.1.7 微分方程满足初始条件的求解问题,称为初值问题(或 Cauchy 问题). 即一阶微分方程的初值问题是求下列方程的解

$$\begin{cases} \dfrac{\mathrm{d}y}{\mathrm{d}x}=f(x,y), \\ y(x_0)=y_0; \end{cases}$$

二阶微分方程的初值问题是求下列方程的解

$$\begin{cases} \dfrac{\mathrm{d}^2 y}{\mathrm{d}x^2}=f(x,y,y'), \\ y(x_0)=y_0, y'(x_0)=y_1. \end{cases}$$

例如,在 3 个实例中所讨论的方程 $\begin{cases}\dfrac{\mathrm{d}y}{\mathrm{d}x}=2x,\\ y(1)=3\end{cases}$ 和 $\begin{cases}ms''=-mg,\\ s(0)=s_0, s'(0)=v_0\end{cases}$ 的解就分别是一阶和二阶方程的初值问题.

注 8.1.1 微分方程不一定有通解.例如方程 $(y')^2+y^2=0$ 仅有解 $y=0$.

注 8.1.2 通解不一定包含方程所有的解.例如,易验证 $y=Cx-C^2$ 为 Clairaut 方程 $(y')^2-xy'+y=0$ 的通解,其中 C 为任意常数,同时

可验证 $y=\dfrac{x^2}{4}$ 也是方程的解,但它不被包括在通解中.

注 8.1.3　特解的概念隐含着两方面意思,一方面表明它是解,另一方面表明它不含有任意常数.

§8.2　几类简单的微分方程

8.2.1　变量分离方程

1. 变量分离的方程

形如
$$\frac{dy}{dx} = f(x)g(y) \qquad (8.2.1)$$
的一阶方程,称为变量分离方程,其中 $f(x)$ 和 $g(y)$ 分别为 x,y 的连续函数.

例如 $\dfrac{dy}{dx}=-\dfrac{x}{y}$, $\dfrac{dy}{dx}=y^2\sin x$, $\dfrac{dy}{dx}=e^{x+y}$ 都是变量分离方程.对于此类方程求解有一般方法可循.下面给出方程(8.2.1)的一般解法.

为了求解,首先假设 $g(y)\neq 0$,于是方程(8.2.1)改写成
$$\frac{dy}{g(y)} = f(x)dx$$

这样把变量 x,y 分离开,就是所谓把变量"分离"了,将上式两边积分即得
$$\int \frac{dy}{g(y)} = \int f(x)dx + C \qquad (8.2.2)$$

约定:这里把 $\int\dfrac{dy}{g(y)}$ 和 $\int f(x)dx$ 分别理解为 $\dfrac{1}{g(y)}$, $f(x)$ 的某一个原函数,而把积分常数 C 明确写出来,突出常数的重要性,此处 C 是使式(8.2.2)有意义的任意常数.同时关于式(8.2.2),一般地可以作为确定 y 是 x 的隐函数的关系式,因此利用隐函数求导法,则可验证关系式(8.2.2)是方程(8.2.1)的通解.其次,若存在 y_0,使得 $g(y_0)=0$,则直接验证可知 $y=y_0$ 也是方程(8.2.1)的解.

注 8.2.1　若在通解(8.2.2)中补充常数 $C=C_0$ 使得它等于解

$y = y_0$,则通解(8.2.2)包含了(8.2.1)的一切解,否则(8.2.1)的解除了通解(8.2.2)外,还必须予以补上解 $y = y_0$.

例 8.2.1 求方程 $\dfrac{\mathrm{d}y}{\mathrm{d}x} = 2(x-1)(1+y^2)$ 的通解.

解:这是分离变量方程类型,首先变量分离,得

$$\frac{1}{1+y^2}\mathrm{d}y = 2(x-1)\mathrm{d}x$$

两边积分,得

$$\int \frac{1}{1+y^2}\mathrm{d}y = 2\int(x-1)\mathrm{d}x$$

即得通解

$$\arctan y = (x-1)^2 + C$$

这里 C 为任意常数.

例 8.2.2 求解方程 $\dfrac{\mathrm{d}y}{\mathrm{d}x} = y^2\cos x$,并求出满足初始条件 $y(0)=1$ 的解.

解:首先,这是分离变量方程类型,当 $y \neq 0$ 时,将变量分离,得

$$\frac{\mathrm{d}y}{y^2} = \cos x\,\mathrm{d}x$$

对两边积分,得

$$\int \frac{\mathrm{d}y}{y^2} = \int \cos x\,\mathrm{d}x$$

即得通解

$$\frac{-1}{y} = \sin x + C$$

即有

$$y = -\frac{1}{\sin x + C}$$

这里 C 为任意常数.同时不论 C 怎样取值,但这个通解不包含方程的特解 $y=0$,因而 $y=0$ 这个解必须补上.也就是说,原方程的一切解应由上述通解和解 $y=0$ 组成.

其次,为了求给定初值问题的特解,以 $x=0, y=1$ 代入通解中确定任意常数 C,得到 $C=-1$,因而,所求特解为 $y = \dfrac{1}{1-\sin x}$.

注 8.2.2 求上面特解还可以用以下方法计算：

先分离变量,得
$$\frac{dy}{y^2} = \cos x \, dx$$

从 $x_0 = 0$ 到 x 积分,得
$$\int_{y(x_0)}^{y} \frac{dy}{y^2} = \int_{x_0}^{x} \cos x \, dx$$

即
$$\int_{1}^{y} \frac{dy}{y^2} = \int_{0}^{x} \cos x \, dx$$

所以有 $-\frac{1}{y} + 1 = \sin x - \sin 0$,

于是满足 $y(0) = 1$ 的特解为 $y = \dfrac{1}{1 - \sin x}$.

例 8.2.3 求出方程
$$\frac{dy}{dx} = p(x) y \tag{8.2.3}$$

的通解,其中 $p(x)$ 为 x 连续函数.

解: 当 $y \neq 0$ 时,将变量分离,得到
$$\frac{dy}{y} = p(x) dx \tag{8.2.4}$$

两边积分,即得
$$\ln |y| = \int p(x) dx + C_1$$

其中 C_1 为任意常数,进一步有 $y = \pm e^{C_1} e^{\int p(x)dx}$,令 $C_2 = \pm e^{C_1}$,得到 $y = C_2 e^{\int p(x)dx}$,这里 C_2 是任意不为零的常数.

此外,$y = 0$ 也是解,这样通解可以统一写成
$$y = C e^{\int p(x)dx} \tag{8.2.5}$$

这里 C 为任意常数.

注 8.2.3 此方程满足初始条件 $y(x_0) = y_0$ 的特解为
$$y = y_0 e^{\int_{x_0}^{x} p(x)dx}.$$

2. 可化为变量分离方程

(1) 形如

$$\frac{dy}{dx} = g\left(\frac{y}{x}\right) \qquad (8.2.6)$$

的方程称为齐次方程,其中 $g(u)$ 是 u 的连续函数.

求解齐次方程的关键是对未知函数做适当变量替换,将方程化成变量分离方程. 利用适当变量替换来解微分方程是一种常用的技巧,对于方程(8.2.6),做适当变量替换

$$u = \frac{y}{x} \text{ 或 } y = ux \qquad (8.2.7)$$

其中 u 是新的未知函数 $u = u(x)$,于是有

$$\frac{dy}{dx} = u + x\frac{du}{dx} \qquad (8.2.8)$$

将式(8.2.7),(8.2.8)代入方程(8.2.6),即有

$$u + x\frac{du}{dx} = g(u)$$

整理得

$$\frac{du}{dx} = \frac{g(u) - u}{x}$$

这是一个变量分离方程,其通解为

$$\int \frac{du}{g(u) - u} = \ln|x| + C \qquad (8.2.9)$$

然后代回原来的变量,便得式(8.2.6)的通解. 同时要注意到若存在 u_0 使得 $g(u_0) - u_0 = 0$,则 $y = u_0 x$ 也是式(8.2.6)的解.

例 8.2.4 求解方程 $\dfrac{dy}{dx} = \dfrac{y}{x} + \tan\dfrac{y}{x}$.

解:这是齐次方程类型,令 $y = xu$,将其及 $\dfrac{dy}{dx} = x\dfrac{du}{dx} + u$ 代入原方程得

$$x\frac{du}{dx} + u = u + \tan u$$

即

$$\frac{du}{dx} = \frac{\tan u}{x} \qquad (8.2.10)$$

当 $\tan u \neq 0$ 时,分离变量和积分推出
$$\ln|\sin u| = \ln|x| + C_1$$
其中 C_1 为任意常数.整理后,得到
$$\sin u = \pm e^{C_1} x \tag{8.2.11}$$
令 $C_2 = \pm e^{C_1} \neq 0$,得到
$$\sin u = C_2 x$$

注意到方程(8.2.10)还有解 $\tan u = 0$,即 $\sin u = 0$.

因此若在式(8.2.11)中补上 $C_2 = 0$,则(8.2.11)表达式包括了 $\sin u = 0$,故原方程的通解为 $\sin \dfrac{y}{x} = Cx$.其中 C 为任意常数.并且此表达式包括一切解.

例 8.2.5 求解方程 $x^2 \dfrac{dy}{dx} + xy = y^2$,并求出满足初始条件 $y(1) = 1$ 的特解.

解:将方程改写成
$$\frac{dy}{dx} = \left(\frac{y}{x}\right)^2 - \frac{y}{x}$$

这是齐次方程,以 $u = \dfrac{y}{x}$ 及 $\dfrac{dy}{dx} = x \dfrac{du}{dx} + u$ 代入,则上方程可以变为
$$x \frac{du}{dx} = u^2 - 2u \tag{8.2.12}$$

当 $u(u-2) \neq 0$ 时,分离变量和积分推出
$$\frac{1}{2} \ln \left| \frac{u-2}{u} \right| = \ln|x| + C_1$$

其中 C_1 为任意常数.整理后,得到
$$\frac{u-2}{u} = C_2 x^2 \tag{8.2.13}$$

这里 $C_2 = \pm e^{2C_1} \neq 0$.

另外还有解 $u = 0$ 和 $u = 2$,若在式(8.2.13)中补上 $C_2 = 0$,则式(8.2.13)表达式中包括 $u = 2$,由此代回原变量 $u = \dfrac{y}{x}$,即得原方程的通解
$$y - 2x = Cx^2 y$$

及解 $y = 0$,这里 C 为任意常数.

在通解中,代入 $y(1)=1$,得 $C=-1$,故所求特解为 $y=\dfrac{2x}{1+x^2}$.

注 8.2.4 此题中通解不包括所有解.

类似题:

(1) 求解微分方程 $\begin{cases}\dfrac{\mathrm{d}y}{\mathrm{d}x}=\dfrac{y+\sqrt{x^2+y^2}}{x} & (x>0) \\ y(1)=0\end{cases}$ 的特解.

解: 注意 $x>0$,方程改写为

$$\frac{\mathrm{d}y}{\mathrm{d}x}=\frac{y}{x}+\sqrt{1+\left(\frac{y}{x}\right)^2},$$

这就是齐次方程. 设 $u=\dfrac{y}{x}$,有

$$\frac{\mathrm{d}y}{\mathrm{d}x}=x\frac{\mathrm{d}u}{\mathrm{d}x}+u=u+\sqrt{1+u^2},$$

即有 $x\dfrac{\mathrm{d}u}{\mathrm{d}x}=\sqrt{1+u^2}$,这是变量分离方程.

分离为 $\dfrac{\mathrm{d}u}{\sqrt{1+u^2}}=\dfrac{\mathrm{d}x}{x}$,两边积分有 $\ln(\sqrt{1+u^2}+u)=\ln x+C$.

故原方程的通解为

$$\sqrt{1+\left(\frac{y}{x}\right)^2}+\frac{y}{x}=C_1 x,(C_1>0).$$

由初始条件 $y(1)=0$ 知 $C_1=1$,整理得特解为 $y=\dfrac{1}{2}(x^2-1)$.

(2) 求解微分方程 $x\dfrac{\mathrm{d}y}{\mathrm{d}x}+2\sqrt{xy}=y(x<0)$ 的解.

解: 注意 $x<0$,这里隐含着 $y\leqslant 0$. 其次,方程改写为

$$\frac{\mathrm{d}y}{\mathrm{d}x}=-\frac{2\sqrt{xy}}{x}+\frac{y}{x}=2\sqrt{\frac{y}{x}}+\frac{y}{x},$$

这就是齐次方程. 设 $u=\dfrac{y}{x}$,有

$$\frac{\mathrm{d}y}{\mathrm{d}x}=x\frac{\mathrm{d}u}{\mathrm{d}x}+u=2\sqrt{u}+u,$$

即有 $x\dfrac{\mathrm{d}u}{\mathrm{d}x}=2\sqrt{u}$,这是变量分离方程.

当 $u=0$ 时,知 $u=\dfrac{y}{x}=0$ 是方程解,即 $y=0$ 是特解;当 $u\neq 0$ 时, 分离为 $\dfrac{\mathrm{d}u}{2\sqrt{u}}=\dfrac{\mathrm{d}x}{x}$,两边积分有 $\sqrt{u}=\ln(-x)+C$. 故原方程的通解为

$$y=x(\ln(-x)+C)^2 \ (\ln(-x)+C>0)$$

和特解 $y=0$.

(3) 求微分方程 $x^2\dfrac{\mathrm{d}y}{\mathrm{d}x}=3(x^2+y^2)\arctan\dfrac{y}{x}+xy$ 的解.

(提示:通解为 $y=x\tan Cx^3$)

形如

$$\dfrac{\mathrm{d}y}{\mathrm{d}x}=\dfrac{a_1 x+b_1 y+c_1}{a_2 x+b_2 y+c_2} \tag{8.2.14}$$

的线性分式方程可以利用变量替换化成变量分离方程,其中 a_i,b_i,c_i, $i=1,2$ 均为常数. 以下分三种情形对此类型方程进行研究.

① 当 $c_1=c_2=0$ 时,此时只要把右端分子、分母同除以 x,即得

$$\dfrac{\mathrm{d}y}{\mathrm{d}x}=\dfrac{a_1+b_1\dfrac{y}{x}}{a_2+b_2\dfrac{y}{x}}=g\left(\dfrac{y}{x}\right),$$

这是一个齐次方程.

② 当 $\begin{vmatrix} a_1 & b_1 \\ a_2 & b_2 \end{vmatrix}=0$ 时,即有 $\dfrac{a_1}{a_2}=\dfrac{b_1}{b_2}$,记 $k=\dfrac{a_1}{a_2}$,则方程(8.2.14)可改写成

$$\dfrac{\mathrm{d}y}{\mathrm{d}x}=\dfrac{k(a_2 x+b_2 y)+c_1}{a_2 x+b_2 y+c_2}=f(a_2 x+b_2 y),$$

令 $u=a_2 x+b_2 y$,则方程可化为

$$\dfrac{\mathrm{d}u}{\mathrm{d}x}=a_2+b_2 f(u),$$

这是变量分离方程.

③ 当 $\begin{vmatrix} a_1 & b_1 \\ a_2 & b_2 \end{vmatrix}\neq 0$ 且 c_1 和 c_2 不同时为零时,则线性方程组

$$\begin{cases} a_1 x+b_1 y+c_1=0, \\ a_2 x+b_2 y+c_2=0, \end{cases}$$

有唯一解 $x=\alpha, y=\beta$,于是令 $\xi=x-\alpha, \eta=y-\beta$,则方程(8.2.14)可化为

$$\frac{\mathrm{d}\eta}{\mathrm{d}\xi} = \frac{a_1\xi+b_1\eta}{a_2\xi+b_2\eta} = g\left(\frac{\eta}{\xi}\right),$$

这是齐次方程.

例 8.2.6 求解方程

$$\frac{\mathrm{d}y}{\mathrm{d}x} = \frac{x-y+1}{x+y-3}. \tag{8.2.15}$$

解:对于方程组

$$\begin{cases} x-y+1=0, \\ x+y-3=0, \end{cases}$$

解得 $x=1, y=2$,令

$$\begin{cases} \xi=x-1, \\ \eta=y-2, \end{cases}$$

代入方程(8.2.15),则有

$$\frac{\mathrm{d}\eta}{\mathrm{d}\xi} = \frac{\xi-\eta}{\xi+\eta}, \tag{8.2.16}$$

再令 $u=\dfrac{\eta}{\xi}$,则式(8.2.16)化为

$$\frac{\mathrm{d}\xi}{\xi} = \frac{1+u}{1-2u-u^2}\mathrm{d}u,$$

两边积分,得

$$\ln \xi^2 = -\ln|u^2+2u-1|+C_1,$$

因此

$$\xi^2(u^2+2u-1) = \pm \mathrm{e}^{C_1},$$

记 $C_2=\pm \mathrm{e}^{C_1}$,并代回原变量,就得

$$\eta^2+2\xi\eta-\xi^2 = C_2.$$

此外,容易验证 $\eta^2+2\xi\eta-\xi^2=0$ 也是方程(8.2.16)的解,因此方程(8.2.15)的通解为

$$y^2+2xy-x^2-6y-2x = C,$$

这里 C 为任意常数.

注 8.2.5 其他常见的可化为变量分离方程的情形：

若方程 $\dfrac{\mathrm{d}y}{\mathrm{d}x}=f(ax+by+c)$，则令 $u=ax+by+c$；

若方程 $yf(xy)\mathrm{d}x+xg(xy)\mathrm{d}y=0$，则令 $u=xy$；

若方程 $x^2\dfrac{\mathrm{d}y}{\mathrm{d}x}=f(xy)$，则令 $u=xy$.

§8.3 一阶线性微分方程

8.3.1 一阶线性微分方程

1. 一阶线性微分方程

形如

$$\frac{\mathrm{d}y}{\mathrm{d}x}=P(x)y+Q(x) \qquad (8.3.1)$$

称为一阶线性微分方程标准形式. 其中 $P(x),Q(x)$ 是关于 x 的连续函数.

若 $Q(x)=0$ 时，则式(8.3.1)变为

$$\frac{\mathrm{d}y}{\mathrm{d}x}=P(x)y \qquad (8.3.2)$$

称方程(8.3.2)为一阶齐次线性方程.

若 $Q(x)\neq 0$ 时，则称式(8.3.1)为一阶非齐次线性方程.

注 8.3.1 如对于形如一阶线性方程

$$a_0(x)\frac{\mathrm{d}y}{\mathrm{d}x}+a_1(x)y=f(x),$$

一般假设 $a_0(x)\neq 0$，对此类方程可写成标准形式

$$\frac{\mathrm{d}y}{\mathrm{d}x}=P(x)y+Q(x).$$

对于一阶齐次线性方程(8.3.2)，已在前面例 8.3.3 中讨论过，其通解为

$$y=C\mathrm{e}^{\int P(x)\mathrm{d}x} \qquad (8.3.3)$$

这里 C 为任意常数.

注意到式(8.3.2)是式(8.3.1)的特殊形式,两者之间既有联系又有区别,因此可以设想式(8.3.1)的通解是式(8.3.3)的某种推广,而这种推广的一个经验且简单有效的方法就是把式(8.3.3)中的常数变易为 x 的待定函数 $c(x)$,使它满足方程(8.3.1),从而求出 $c(x)$,也即求方程(8.3.1)如下形式的解

$$y = c(x)\mathrm{e}^{\int P(x)\mathrm{d}x}, \tag{8.3.4}$$

微分之,代入式(8.3.1)得到

$$\frac{\mathrm{d}c(x)}{\mathrm{d}x}\mathrm{e}^{\int P(x)\mathrm{d}x} + c(x)P(x)\mathrm{e}^{\int P(x)\mathrm{d}x} = P(x)c(x)\mathrm{e}^{\int P(x)\mathrm{d}x} + Q(x),$$
$$\tag{8.3.5}$$

即

$$\frac{\mathrm{d}c(x)}{\mathrm{d}x} = Q(x)\mathrm{e}^{-\int P(x)\mathrm{d}x},$$

两边对 x 积分,得到

$$c(x) = \int Q(x)\mathrm{e}^{-\int P(x)\mathrm{d}x}\mathrm{d}x + C,$$

为此,式(8.3.1)的通解为

$$y = \mathrm{e}^{\int P(x)\mathrm{d}x}\left[\int Q(x)\mathrm{e}^{-\int P(x)\mathrm{d}x}\mathrm{d}x + C\right], \tag{8.3.6}$$

这里 C 是任意常数.

这种将常数变易为待定函数的方法,通常称为常数变易法.

进一步,方程(8.3.1)满足初始条件 $y(x_0) = y_0$ 的解为

$$y = \mathrm{e}^{\int_{x_0}^{x} P(t)\mathrm{d}t}\left[y_0 + \int_{x_0}^{x} Q(t)\mathrm{e}^{-\int_{x_0}^{t} P(u)\mathrm{d}u}\mathrm{d}t\right].$$

例 8.3.1 求方程 $\dfrac{\mathrm{d}y}{\mathrm{d}x} = \dfrac{n}{x}y + \mathrm{e}^x x^n$ 的通解,这里 n 为常数.

解:首先,求相应的齐次方程 $\dfrac{\mathrm{d}y}{\mathrm{d}x} = \dfrac{n}{x}y$ 的通解,易知其通解为 $y = cx^n$.

其次,应用常数变易法求原方程的通解. 为此把上式中 c 看成待定函数 $c(x)$,即设 $y = c(x)x^n$ 为原方程的解,微分后并代入原方程,整理得

$$\frac{\mathrm{d}c(x)}{\mathrm{d}x} = \mathrm{e}^x$$

积分之,求得 $c(x) = e^x + C$;

因此原方程的通解为
$$y = (e^x + C)x^n.$$
这里 C 是任意常数.

例 8.3.2 求方程 $\dfrac{dy}{dx} = \dfrac{y}{2x + y^2}$ 的通解.

解:这方程不是关于未知函数 y 的线性方程,且不能进行变量分离,但可采用以下两种方法求解.

方法一:将它写成
$$\frac{dx}{dy} = \frac{2x + y^2}{y},$$
即
$$\frac{dx}{dy} = \frac{2}{y}x + y, \qquad (8.3.7)$$

把 x 看成未知函数,y 看作自变量,这变成关于 x 的一阶线性非齐次方程,同上先求齐次线性方程
$$\frac{dx}{dy} = \frac{2}{y}x$$
的通解为
$$x = cy^2,$$
利用常数变易法求非齐次线性方程(8.3.7)的通解,把 c 看成 $c(y)$,微分 $x = c(y)y^2$,代入式(8.3.7),整理得
$$\frac{dc(y)}{dy} = \frac{1}{y},$$
积分之,即得
$$c(y) = \ln|y| + C,$$
为此,原方程的通解为
$$x = (\ln|y| + C)y^2,$$
这里 C 是任意常数.

方法二:仍把 y 看成未知函数,x 看成自变量,易知 $y = 0$ 是方程的解,当 $y \neq 0$ 时,两边同乘 $2y$ 得到方程为
$$\frac{2y\,dy}{dx} = \frac{2y^2}{2x + y^2},$$

改写成
$$\frac{dy^2}{dx} = \frac{2y^2}{2x+y^2},$$

令 $u = y^2$，得
$$\frac{du}{dx} = \frac{2u}{2x+u},$$

这是式(8.3.14)所讲类型,同样可以相应求通解.留给读者作为练习.

类似题:

(1)求微分方程 $\begin{cases} xy' + y = xe^x, \\ y(1) = 1 \end{cases}$ 的特解;

解: 这是一阶线性微分方程求特解问题.

方程改写成标准形 $y' = -\dfrac{y}{x} + e^x$,

所以满足柯西初值的特解为
$$y = e^{\int_1^x -\frac{1}{t}dt}\left[1 + \int_1^x e^t e^{\int_1^t \frac{1}{u}du} dt\right] = \frac{xe^x - e^x + 1}{x}.$$

(2)求微分方程 $\begin{cases} (x^2-1)dy + (2xy - \cos x)dx = 0, \\ y(0) = 1 \end{cases}$ 的特解.

解: 这是一阶线性微分方程求特解问题.

方程改写成标准形 $y' = \dfrac{2xy}{1-x^2} + \dfrac{\cos x}{x^2-1}$,

所以满足柯西初值的特解为
$$y = e^{\int_0^x \frac{t}{1-t^2}dt}\left[1 + \int_0^x \frac{\cos t}{t^2-1} e^{\int_0^t \frac{u}{u^2-1}du} dt\right] = \frac{\sin x - 1}{x^2-1}.$$

(3)设函数 $f(x)$ 可导,且满足方程 $\int_0^x tf(t)dt = f(x) - x^2$,求函数 $f(x)$.

解: 首先,取 $x=0$,有 $f(0) = 0$. 进一步,对方程
$$\int_0^x tf(t)dt = f(x) - x^2$$

两边求导,有
$$\frac{df(x)}{dx} = xf(x) + 2x,$$

这是一阶线性微分方程. 其次, 转化为求微分方程 $\begin{cases} \dfrac{dy}{dx} = xy + 2x, \\ y(0) = 0 \end{cases}$ 的

特解, 其中 $y = f(x)$. 易解的特解为 $f(x) = 2(e^{\frac{x^2}{2}} - 1)$.

(4) 求微分方程 $x dy + (x - 2y) dx = 0$ 的一个解 $y = y(x)$, 使得由曲线 $y = y(x)$ 与直线 $x = 1, x = 2$ 以及 x 轴所围成的平面图形绕 x 轴旋转一周的旋转体积最小.

解: 首先, $x dy + (x - 2y) dx = 0$ 改写成 $\dfrac{dy}{dx} = \dfrac{2}{x} y - 1$, 这是一阶线性微分方程, 其通解为 $y = cx^2 + x$.

其次, 由 $x = 1, x = 2, y = 0, y = cx^2 + x$ 所围成的平面图形绕 x 轴而成的旋转体的体积为

$$V(c) = \int_1^2 \pi f^2(x) dx = \pi \int_1^2 (cx^2 + x)^2 dx$$

$$= \pi \left(\frac{31}{5} c^2 + \frac{15}{2} c + \frac{7}{3} \right),$$

令 $\dfrac{dV}{dc} = 0$, 解得唯一的驻点 $c = -\dfrac{75}{124}$.

最后, 这是一道实际应用题, 依题意最小值存在, 故 $c = -\dfrac{75}{124}$ 是 $V(c)$ 的最小值点, 于是 $y = -\dfrac{75}{124} x^2 + x$ 为所要求的.

2. 伯努利 (Bernoulli) 方程

这是一类可通过适当变量替换而化成线性方程进行求解的类型.

形如

$$\frac{dy}{dx} = P(x) y + Q(x) y^n \qquad (8.3.8)$$

的方程, 称为伯努利 (Bernoulli) 方程, 其中 $P(x), Q(x)$ 为 x 的连续函数, $n \neq 0, 1$ 是实常数.

对于 $y \neq 0$, 用 y^{-n} 乘以式 (8.3.8) 两边, 得到

$$y^{-n} \frac{dy}{dx} = y^{1-n} P(x) + Q(x)$$

引入新变量 $u=y^{1-n}$，于是有

$$\frac{\mathrm{d}u}{\mathrm{d}x}=(1-n)P(x)u+(1-n)Q(x) \qquad (8.3.9)$$

这是一个关于 u 的一阶线性方程，可以求其通解，然后代回原来变量得到式(8.3.8)的通解．注意当 $n>0$ 时，方程(8.3.8)还有解 $y=0$．

例 8.3.3 求方程 $\dfrac{\mathrm{d}y}{\mathrm{d}x}=\dfrac{y}{x}+\dfrac{y^2}{x^3}$ 的解．

解：这是 $n=2$ 的伯努利方程，引入新变量 $u=y^{1-n}=y^{-1}(y\neq 0)$，于是原方程可以化为

$$\frac{\mathrm{d}u}{\mathrm{d}x}=\frac{\mathrm{d}u}{\mathrm{d}y}\cdot\frac{\mathrm{d}y}{\mathrm{d}x}=-\frac{1}{y^2}\frac{\mathrm{d}y}{\mathrm{d}x}=-\frac{1}{x}u-\frac{1}{x^3} \qquad (8.3.10)$$

这是关于 u 的一阶线性方程，可求得它的通解为

$$u=\frac{1}{x^2}+\frac{C}{x}$$

代回原变量 y，得到原方程的通解为

$$\frac{1}{y}=\frac{1}{x^2}+\frac{C}{x}$$

这里 C 为任意常数．

另外 $n=2>0$，表明原方程还有解 $y=0$．

8.3.2 可降阶的二阶微分方程

二阶微分方程的一般形式为

$$F(x,y,y',y'')=0 \qquad (8.3.11)$$

下面仅讨论两类可降阶的二阶微分方程．

1. 二阶方程中不显含未知函数 y 的情形

方程形如

$$F(x,y',y'')=0 \qquad (8.3.12)$$

令 $y'=p$，p 作为新的未知函数，另 x 仍为自变量，则有 $y''=\dfrac{\mathrm{d}(y')}{\mathrm{d}x}=\dfrac{\mathrm{d}p}{\mathrm{d}x}$ 可以写成一阶方程

$$F\left(x,p,\frac{\mathrm{d}p}{\mathrm{d}x}\right)=0 \qquad (8.3.13)$$

此时,若能够解得方程(8.3.13)的通解 $p=\varphi(x,C_1)$,于是再经过一次积分即可求得方程(8.3.11)的通解

$$y = \int \varphi(x,C_1) \mathrm{d}x = y(x,C_1,C_2),$$

这里 C_1,C_2 为任意常数.

例 8.3.4 求方程 $\dfrac{\mathrm{d}^2 y}{\mathrm{d}x^2} - \dfrac{1}{x}\dfrac{\mathrm{d}y}{\mathrm{d}x} = 0$ 的解.

解:方程不显含未知函数 y,令 $p=\dfrac{\mathrm{d}y}{\mathrm{d}x}$,有 $\dfrac{\mathrm{d}^2 y}{\mathrm{d}x^2} = \dfrac{\mathrm{d}(y')}{\mathrm{d}x} = \dfrac{\mathrm{d}p}{\mathrm{d}x}$,则方程化为

$$\frac{\mathrm{d}p}{\mathrm{d}x} - \frac{1}{x}p = 0,$$

这是关于 p 的一阶齐次线性方程,此方程的通解为 $p = C_1 x = \varphi(x,C_1)$,即 $\dfrac{\mathrm{d}y}{\mathrm{d}x} = p = C_1 x$. 于是再次积分得原方程的通解

$$y = \frac{C_1}{2}x^2 + C_2,$$

这里 C_1,C_2 为任意常数.

(2)方程中不显含自变量 x 的情形

方程形如

$$F(y,y',y'') = 0 \tag{8.3.14}$$

把 y 作为新的自变量,令 $y' = p$,这样引入新的未知函数 p,则有

$$y'' = \frac{\mathrm{d}y'}{\mathrm{d}x} = \frac{\mathrm{d}(y')}{\mathrm{d}y} \cdot \frac{\mathrm{d}y}{\mathrm{d}x} = p\frac{\mathrm{d}p}{\mathrm{d}y},$$

将以上这些表达式代入方程(8.3.14)中可得

$$G\left(y,p,\frac{\mathrm{d}p}{\mathrm{d}y}\right) = F\left(y,p,p\frac{\mathrm{d}p}{\mathrm{d}y}\right) = 0 \tag{8.3.15}$$

显然它比方程(8.3.14)降低一阶. 若能够解得方程(8.3.15)的通解 $p=\psi(y,C_1)$,于是再经过一次积分即可求得方程(8.3.14)的通解

$$x = \int \frac{1}{\psi(y,C_1)} \mathrm{d}y = x(y,C_1,C_2),$$

这里 C_1,C_2 为任意常数.

例 8.3.5 求解方程 $yy'' + (y')^2 = 0$.

解：方程不显含自变量 x，分别作新的未知函数 $p = y'$ 和新的自变量 y，计算

$$y'' = \frac{dy'}{dx} = \frac{dy'}{dy} \cdot \frac{dy}{dx} = p\frac{dy'}{dx} = p\frac{dp}{dx},$$

代入原方程化为 $yp\dfrac{dp}{dy} + p^2 = 0$，这里 $p = 0$ 是解，即 $y = C$ 是原方程的解.

对于方程 $y\dfrac{dp}{dy} + p = 0$，这是一阶齐次线性方程，且有通解 $p = \psi(y, C_1) = \dfrac{C_1}{y}$，所以原方程的通解为 $y^2 = C_1 x + C_2$，这里 C_1, C_2 为任意常数.

§8.4 全微分方程与积分因子

（因为涉及偏导数，建议初学者跳过）

1. 背景与定义

对于一阶方程 $\dfrac{dy}{dx} = f(x, y)$ 可以采用微分形式 $f(x, y)dx - dy = 0$ 处理，此时把 x, y 的位置等同看待. 为此，将考虑如下更一般的方程

$$M(x, y)dx + N(x, y)dy = 0 \qquad (8.4.1)$$

其中 $M(x, y), N(x, y)$ 为 x, y 的连续可微函数. 众所周知在高等数学（下册）中关于第二类曲线积分时曾经讲到：当在单连通区域中存在某个二元函数 $u(x, y)$ 的全微分，使得

$$du = \frac{\partial u}{\partial x}dx + \frac{\partial u}{\partial y}dy = M(x, y)dx + N(x, y)dy \qquad (8.4.2)$$

则 $\displaystyle\int_{AB} Mdx + Ndy$ 与路径无关且仅与 $u(x, y)$ 在 A, B 两点值有关. 把此事实应用于微分方程理论.

定义 8.4.1 当方程 (8.4.1) 的左端恰好是某个二元函数 $u(x, y)$ 的全微分，即

$$M(x, y)dx + N(x, y)dy = du(x, y) = \frac{\partial u}{\partial x}dx + \frac{\partial u}{\partial y}dy,$$

则称方程 (8.4.1) 为全微分方程.

进一步易知,若方程(8.4.1)为全微分方程,则其通解为
$$u(x,y) = C \qquad (8.4.3)$$
其中 c 为任意常数.

现在,提出如下三个问题:

(1)如何判断方程(8.4.1)是全微分方程?

(2)若方程(8.4.1)为全微分方程时,如何求出函数 $u(x,y)$?

(3)若方程(8.4.1)不为全微分方程时,能否通过适当处理使之成为全微分方程.

2. 定理与应用

有关问题(1),有定理 8.4.1.

定理 8.4.1 方程(8.4.1)为全微分方程的充分必要条件是
$$\frac{\partial M(x,y)}{\partial y} = \frac{\partial N(x,y)}{\partial x} \qquad (8.4.4)$$

证明:考虑必要条件,假设方程(8.4.1)为全微分方程,由定义知存在一个二元函数 $u(x,y)$,满足
$$du = \frac{\partial u}{\partial x}dx + \frac{\partial u}{\partial y}dy = Mdx + Ndy,$$

因此有 $M = \frac{\partial u}{\partial x}$, $N = \frac{\partial u}{\partial y}$,进一步观察 $\frac{\partial M}{\partial y} = \frac{\partial^2 u}{\partial y \partial x}$, $\frac{\partial N}{\partial x} = \frac{\partial^2 u}{\partial x \partial y}$.
由于 $M(x,y), N(x,y)$ 为连续可微函数,所以由高等数学知识得到 $\frac{\partial M}{\partial y} = \frac{\partial N}{\partial x} = \frac{\partial^2 u}{\partial x \partial y}$,得证.

考虑充分条件,假设式(8.4.4)成立,观察上面,取
$$u(x,y) = \int M(x,y)dx + \varphi(y) \qquad (8.4.5)$$

其中在积分中把 y 看成参数,$\varphi(y)$ 为关于 y 的任意可微函数,下面选择 $\varphi(y)$ 使得式(8.4.4)中 $u(x,y)$ 满足全微分方程的定义. 首先,限制
$$\frac{\partial u}{\partial y} = \frac{\partial}{\partial y}\int M(x,y)dx + \frac{d\varphi(y)}{dy} = N(x,y)$$

即
$$\frac{d\varphi(y)}{dy} = N(x,y) - \frac{\partial}{\partial y}\int M(x,y)dx \qquad (8.4.6)$$

其次,由于 $M(x,y), N(x,y)$ 为已知的,所以只要能够验证式(8.4.6)的右端与 x 无关,则可以通过积分计算出 $\varphi(y)$. 因此目的是验证 $\frac{\partial}{\partial x}\left(N - \frac{\partial}{\partial y}\int M\mathrm{d}x\right) = 0$ 即可.

计算
$$\frac{\partial}{\partial x}\left(N - \frac{\partial}{\partial y}\int M\mathrm{d}x\right) = \frac{\partial N}{\partial x} - \frac{\partial}{\partial x}\left(\frac{\partial}{\partial y}\int M\mathrm{d}x\right)$$
$$= \frac{\partial N}{\partial x} - \frac{\partial}{\partial y}\left(\frac{\partial}{\partial x}\int M\mathrm{d}x\right) = \frac{\partial N}{\partial x} - \frac{\partial M}{\partial y} = 0$$

注意到 $M(x,y)$ 连续可微性,上式中交换求导的顺序是允许的,于是 $\varphi(y)$ 是可求的,即

$$\varphi(y) = \int\left(N(x,y) - \frac{\partial}{\partial y}\int M(x,y)\mathrm{d}x\right)\mathrm{d}y \qquad (8.4.7)$$

最后,可知选择由式(8.4.7)构造的函数 $\varphi(y)$ 代入式(8.4.5),即

$$u(x,y) = \int M(x,y)\mathrm{d}x + \int N(x,y)\mathrm{d}y - \int\frac{\partial}{\partial y}\left(\int M(x,y)\mathrm{d}x\right)\mathrm{d}y$$
$$(8.4.8)$$

是满足全微分方程定义的,因此证明了充分条件.

关于问题(2):在验证方程(8.4.1)为全微分方程后,一般可以用三种常见方法求函数 $u(x,y)$.

方法一:直接套用公式(8.4.8);

方法二:凑微分法. 即采用分项组合方法处理,先把那些本身已构成全微分的项分出来,再把剩余的项凑成全微分.

方法三:利用高等数学(下)中求第二类曲线积分计算 $u(x,y)$,此时我们知道积分与路径无关而仅与起点和终点有关. 选择适当点 $A(x_0, y_0)$ 作为起点,令 $B(x,y), C(x, y_0)$,有

$$u(x,y) = \int_{AB} M(x,y)\mathrm{d}x + N(x,y)\mathrm{d}y$$
$$= \int_{AC} M(x,y)\mathrm{d}x + N(x,y)\mathrm{d}y + \int_{CB} M(x,y)\mathrm{d}x + N(x,y)\mathrm{d}y$$
$$= \int_{x_0}^{x} M(x, y_0)\mathrm{d}x + \int_{y_0}^{y} N(x,y)\mathrm{d}y$$

例 8.4.1 求方程 $(y-3x^2)dx-(4y-x)dy=0$ 的通解.

解: 这里 $M=y-3x^2$, $N=x-4y$, 此时有 $\dfrac{\partial M}{\partial y}=\dfrac{\partial N}{\partial x}=1$, 由定理 8.4.1 知本方程为全微分方程. 为了求 $u(x,y)$, 把公式(8.4.8)分解以便于记忆和计算, 则由方法一讨论知 $u(x,y)$ 应满足两个方程

$$\begin{cases} \dfrac{\partial u}{\partial x}=M=y-3x^2 & (8.4.9) \\ \dfrac{\partial u}{\partial y}=N=x-4y & (8.4.10) \end{cases}$$

注意到偏导数的定义, 由式(8.4.9)对 x 积分得

$$u(x,y)=\int M(x,y)dx+\varphi(y)=\int(y-3x^2)dx+\varphi(y)$$
$$=xy-x^3+\varphi(y)$$

其次, 上式对 y 求偏导数, 并代入式(8.4.10)即有

$$\dfrac{\partial u}{\partial y}=x+\dfrac{d\varphi(y)}{dy}=x-4y,$$

整理得 $\dfrac{d\varphi(y)}{dy}=-4y$, 积分后得 $\varphi(y)=-2y^2$, 因而可得

$$u(x,y)=xy-x^3-2y^2,$$

故方程的通解为

$$xy-x^3-2y^2=C.$$

这里 C 为任意常数.

方法二: 在已判断方程是全微分方程后, 由定义知一定存在可微函数 $u(x,y)$, 有

$$du=(y-3x^2)dx-(4y-x)dy,$$

现在为了求 $u(x,y)$, 首先把方程重新分项组合, 得到

$$-3x^2dx-4ydy+ydx+xdy=0,$$

即 $d(-x^3-2y^2)+dxy=0$, 整理得 $d(-x^3-2y^2+xy)=0$, 于是方程通解为 $-x^3-2y^2+xy=C$, 这里 C 为任意常数.

方法三: 由于 $\dfrac{\partial M}{\partial y}=\dfrac{\partial N}{\partial x}=1$ 在整个 $\mathbf{R}^2$ 上成立. 不妨取点 $A(0,0)$,

则有
$$u(x,y) = \int_0^x M(x,0)\mathrm{d}x + \int_0^y N(x,y)\mathrm{d}y$$
$$= \int_0^x (0-3x^2)\mathrm{d}x + \int_0^y (x-4y)\mathrm{d}y = -x^3 + xy - 2y^2$$

则方程通解为
$$-x^3 + xy - 2y^2 = C$$

这里 C 为任意常数.

有关问题 3：当方程(8.4.1)不为全微分方程时,为了把方程(8.4.1)化为全微分方程,引入积分因子概念.

定义 8.4.2 若存在连续可微函数 $\mu(x,y) \neq 0$,使得
$$\mu(x,y)M(x,y)\mathrm{d}x + \mu(x,y)N(x,y)\mathrm{d}y = 0 \quad (8.4.11)$$

为全微分方程,即存在二元可微函数 $v=v(x,y)$,使得
$$\mathrm{d}v(x,y) = \frac{\partial v}{\partial x}\mathrm{d}x + \frac{\partial v}{\partial y}\mathrm{d}y$$
$$= \mu(x,y)M(x,y)\mathrm{d}x + \mu(x,y)N(x,y)\mathrm{d}y,$$

则称 $\mu(x,y)$ 为方程(8.4.1)的积分因子. 此时 $v(x,y)=C$ 为方程(8.4.1)的通解. 由式(8.4.4)知,函数 $\mu(x,y)$ 为方程(8.4.1)积分因子的充要条件是
$$\frac{\partial(\mu M)}{\partial y} = \frac{\partial(\mu N)}{\partial x}$$

即
$$N\frac{\partial \mu}{\partial x} - M\frac{\partial \mu}{\partial y} = \left(\frac{\partial M}{\partial y} - \frac{\partial N}{\partial x}\right)\mu \quad (8.4.12)$$

这是一个以 $\mu(x,y)$ 为未知函数的一阶线性偏微分方程. 在一般情况下,求 $\mu(x,y)$ 函数是不易的,但是在一些若干特殊情况下,从式(8.4.12)中求出一个特解 $\mu(x,y)$ 还是不难的. 下面仅考虑两个特殊类型.

(1)若方程(8.4.1)存在只与 x 有关的积分因子 $\mu=\mu(x)$,则这时式(8.4.12)成为
$$\frac{\mathrm{d}\mu}{\mathrm{d}x} = \frac{\left(\frac{\partial M}{\partial y} - \frac{\partial N}{\partial x}\right)}{N}\mu \quad (8.4.13)$$

因此，方程(8.4.1)存在只与 x 有关的积分因子 $\mu=\mu(x)$ 当且仅当

$$\frac{\frac{\partial M}{\partial y}-\frac{\partial N}{\partial x}}{N}=\varphi(x) \tag{8.4.14}$$

为只与 x 有关的函数，则此时有一个只与 x 有关的积分因子为

$$\mu(x)=\mathrm{e}^{\int \varphi(x)\mathrm{d}x} \tag{8.4.15}$$

(2) 同上(1)，方程(8.4.1)存在只与 y 有关的积分因子 $\mu(y)$ 当且仅当

$$\frac{\frac{\partial M}{\partial y}-\frac{\partial N}{\partial x}}{-M}=\psi(y) \tag{8.4.16}$$

为只与 y 有关的函数，则此时有一个只与 y 有关的积分因子为

$$\mu(y)=\mathrm{e}^{\int \psi(y)\mathrm{d}y}.$$

例 8.4.2 求解方程 $y\mathrm{d}x-x\mathrm{d}y=0$.

解：显然有 $M(x,y)=y, N(x,y)=-x$，由此算出

$$\frac{\partial M}{\partial y}-\frac{\partial N}{\partial x}=2, \quad \frac{\frac{\partial M}{\partial y}-\frac{\partial N}{\partial x}}{N}=-\frac{2}{x}, \quad \frac{\frac{\partial M}{\partial y}-\frac{\partial N}{\partial x}}{-M}=-\frac{2}{y},$$

由上可知有积分因子 $\mu(x)=\mathrm{e}^{\int -\frac{2}{x}\mathrm{d}x}=\frac{1}{x^2}$ 和 $\mu(y)=\mathrm{e}^{\int -\frac{2}{y}\mathrm{d}y}=\frac{1}{y^2}$，

利用 $\mu(x)=\frac{1}{x^2}$ 乘以方程两边，有 $\frac{y\mathrm{d}x-x\mathrm{d}y}{x^2}=0$，即 $\mathrm{d}\left(-\frac{y}{x}\right)=0$，所以通解为 $\frac{y}{x}=C$，这里 C 为任意常数.

类似用 $\mu(y)=\frac{1}{y^2}$ 乘以方程两边，有 $\frac{y\mathrm{d}x-x\mathrm{d}y}{y^2}=0$，即 $\mathrm{d}\left(\frac{x}{y}\right)=0$，所以通解为 $\frac{x}{y}=C$，这里 C 为任意常数.

例 8.4.3 解方程 $y\mathrm{d}x-(x+y^3)\mathrm{d}y=0$.

解：显然有 $M(x,y)=y, N(x,y)=-x-y^3$，由此算出

$$\frac{\partial M}{\partial y}-\frac{\partial N}{\partial x}=2, \quad \frac{\frac{\partial M}{\partial y}-\frac{\partial N}{\partial x}}{-M}=-\frac{2}{y},$$

即式(8.4.16)成立. 所以方程有积分因子 $\mu(y) = \mathrm{e}^{\int -\frac{2}{y}\mathrm{d}y} = \dfrac{1}{y^2}$, 以 $\mu(y) = \dfrac{1}{y^2}$ 乘方程两边, 即有

$$\frac{y\mathrm{d}x - (x+y^3)\mathrm{d}y}{y^2} = 0$$

为全微分方程. 由凑微分法易得, $\mathrm{d}\left(\dfrac{x}{y} - \dfrac{1}{2}y^2\right) = 0$, 于是方程通解为 $\dfrac{x}{y} - \dfrac{1}{2}y^2 = C$, 这里 C 为任意常数.

例 8.4.4 求解方程 $\dfrac{\mathrm{d}y}{\mathrm{d}x} = P(x)y + Q(x)$, 其中 $P(x), Q(x)$ 连续.

解: 将原方程改写成微分形式

$$(P(x)y + Q(x))\mathrm{d}x - \mathrm{d}y = 0$$

显然 $M(x,y) = P(x)y + Q(x), N(x,y) = -1$, 由此算出

$$\frac{\partial M}{\partial y} - \frac{\partial N}{\partial x} = P(x), \quad \frac{\dfrac{\partial M}{\partial y} - \dfrac{\partial N}{\partial x}}{N} = -P(x),$$

即式(8.4.14)成立, 故可知上面的方程有积分因子 $\mu(x) = \mathrm{e}^{\int -P(x)\mathrm{d}x}$, 以 $\mu(x) = \mathrm{e}^{\int -P(x)\mathrm{d}x}$ 乘上方程, 得到

$$\mathrm{e}^{\int -P(x)\mathrm{d}x}(P(x)y + Q(x))\mathrm{d}x - \mathrm{e}^{\int -P(x)\mathrm{d}x}\mathrm{d}y = 0$$

为全微分方程. 用凑微分法易得

$$\mathrm{d}\left(y\mathrm{e}^{-\int P(x)\mathrm{d}x} - \int Q(x)\mathrm{e}^{-\int P(x)\mathrm{d}x}\mathrm{d}x\right) = 0$$

所以原方程的通解为 $\left(y\mathrm{e}^{-\int P(x)\mathrm{d}x} - \int Q(x)\mathrm{e}^{-\int P(x)\mathrm{d}x}\mathrm{d}x\right) = C$.

即 $y = \mathrm{e}^{\int P(x)\mathrm{d}x}\left(\int Q(x)\mathrm{e}^{-\int P(x)\mathrm{d}x}\mathrm{d}x + C\right)$. 这里 C 为任意常数.

注 8.4.1 可证明只要方程有解, 则必有积分因子存在. 并且积分因子一般是不唯一的. 例如在例 8.4.2 中就有 $\mu(x) = \dfrac{1}{x^2}$ 和 $\mu(y) = \dfrac{1}{y^2}$ 两个积分因子, 进一步可知它还有积分因子 $\dfrac{1}{xy}, \dfrac{1}{x^2+y^2}$ 等.

§8.5 二阶常系数线性微分方程

8.5.1 解的结构

1. 定义

定义 8.5.1 形如
$$y'' + py' + qy = f(x) \tag{8.5.1}$$
其中 p,q 为实常数,$f(x)$ 为已知的连续函数. 则称方程(8.5.1)为二阶常系数线性微分方程.

进一步,细分类型:

当 $f(x)=0$ 时,形如
$$y'' + py' + qy = 0 \tag{8.5.2}$$
则称方程(8.5.2)为二阶常系数齐次线性微分方程.

当 $f(x)$ 不恒等于零时,形如
$$y'' + py' + qy = f(x)$$
则称方程(8.5.1)为二阶常系数非齐次线性微分方程.

定义 8.5.2 设函数组 $y_i(x)(i=1,2,\cdots,k)$ 在区间 I 上有定义,若存在 k 个不全为零的常数 $c_1,c_2,\cdots,c_k$,满足
$$\sum_{i=1}^{k} c_i y_i(x) = 0 \quad \forall x \in I,$$
则称这 k 个函数(函数组)在区间 I 中线性相关;否则称函数组在此区间上线性无关.

特别有定义 8.5.3.

定义 8.5.3 设函数组 $y_1(x), y_2(x)$ 在区间 I 上有定义,若满足
$$\forall x \in I, \text{有} \frac{y_2(x)}{y_1(x)} \text{ 或 } \frac{y_1(x)}{y_2(x)} \text{ 为常数},$$
则称这两个函数(函数组)在区间 I 中线性相关;否则称函数组在此区间上线性无关.

例如 $y_1 = \sin x, y_2 = \cos x$ 在 $\mathbf{R}$ 上线性无关,$y_1 = e^{\lambda_1 x}, y_2 = e^{\lambda_2 x}$ ($\lambda_1 \neq \lambda_2$)在 $\mathbf{R}$ 上线性无关.

2. 解的基本结构

为简便,记 $L_2(y) = y'' + py' + qy$,这样二阶常系数线性微分方程可写成

$$L_2(y) = f(x) \tag{8.5.3}$$

叠加原理 若 $y_1(x)$ 和 $y_2(x)$ 分别是方程 $L_2(y) = f_1(x)$ 和 $L_2(y) = f_2(x)$ 的解,则 $k_1 y_1 + k_2 y_2$ 是方程 $L_2(y) = k_1 f_1(x) + k_2 f_2(x)$ 的解.这里 k_1, k_2 为实常数.

证明:依据定理条件知 $y_1(x)$ 和 $y_2(x)$ 分别是方程 $L_2(y) = f_1(x)$ 和 $L_2(y) = f_2(x)$ 的解,所以根据解的定义有 $L_2(y_1) = f_1(x)$ 和 $L_2(y_2) = f_2(x)$,于是利用导数的线性运算有

$$L_2(k_1 y_1 + k_2 y_2) = k_1 L_2(y_1) + k_2 L_2(y_2) = k_1 f_1(x) + k_2 f_2(x),$$

故 $k_1 y_1 + k_2 y_2$ 是方程 $L_2(y) = k_1 f_1(x) + k_2 f_2(x)$ 的解.

在叠加原理中分别取 $f_1(x) = 0, f_2(x) = 0$;$f_1(x) = 0, f_2(x) = f(x)$ 和 $f_1(x) = f(x), f_2(x) = -f(x)$,则有如下一系列定理.

定理 8.5.1 若 $y_1(x)$ 和 $y_2(x)$ 是二阶常系数齐次线性微分方程

$$L_2(y) = 0 \tag{8.5.4}$$

的两个线性无关解,则方程(8.5.2)的通解为 $y = C_1 y_1 + C_2 y_2$,其中 C_1 和 C_2 为任意常数.同时通解包括了方程(8.5.2)的所有解.

定理 8.5.2 若 $y^*(x)$ 是二阶常系数非齐次线性微分方程

$$L_2(y) = f(x)$$

的一个特解.

$y_1(x)$ 和 $y_2(x)$ 是方程(8.5.3)相对应的二阶常系数齐次线性微分方程

$$L_2(y) = 0$$

的两个线性无关解,则方程(8.5.3)的通解为 $y = C_1 y_1 + C_2 y_2 + y^*(x)$,其中 C_1 和 C_2 为任意常数.同时通解包括了方程(8.5.3)所有解.

定理 8.5.3 若 $y_1(x)$ 和 $y_2(x)$ 是二阶常系数线性微分方程

$$L_2(y) = f(x)$$

的两个解,则 $y_1 - y_2$ 是方程 $L_2(y) = 0$ 的解.

在叠加原理中取 $k_1 = k_2 = 1$,则有定理 8.5.4.

定理 8.5.4 若 $y_1(x)$ 和 $y_2(x)$ 分别是方程 $L_2(y) = f_1(x)$ 和 $L_2(y) = f_2(x)$ 的解，则 $y_1 + y_2$ 是方程 $L_2(y) = f_1(x) + f_2(x)$ 的解．

8.5.2 二阶常系数齐次线性微分方程

1. 求解过程

回忆前面的一阶常系数线性方程 $\dfrac{\mathrm{d}x}{\mathrm{d}t} = ax$，可知此方程通解为 $x = c\mathrm{e}^{at}$ 形式．对于方程

$$L_2(y) = 0$$

试图观察其是否也有如此形式 $x = \mathrm{e}^{\lambda x}$ 的解，这里 λ 为待定参数．注意到

$$L_2(\mathrm{e}^{\lambda x}) = (\lambda^2 + p\lambda + q)\mathrm{e}^{\lambda x},$$

记

$$F(\lambda) = \lambda^2 + p\lambda + q.$$

对于方程

$$F(\lambda) = 0 \tag{8.5.5}$$

称方程(8.5.5)为方程(8.5.4)的特征方程，其根称为特征根(或特征值)．进一步，可知 $x = \mathrm{e}^{\lambda x}$ 为方程(8.5.4)解的充要条件是 λ 为方程(8.5.5)的根．则有如下结论：

(1) 当 $p^2 - 4q > 0$ 时，此时方程(8.5.5)有两个不相等的实特征根 λ_1 和 λ_2，相应地，方程(8.5.4)有两个线性无关解 $y_1 = \mathrm{e}^{\lambda_1 x}$ 和 $y_2 = \mathrm{e}^{\lambda_2 x}$，于是方程(8.5.4)通解为 $y = C_1 \mathrm{e}^{\lambda_1 x} + C_2 \mathrm{e}^{\lambda_2 x}$，其中 C_1 和 C_2 为任意常数．

(2) 当 $p^2 - 4q = 0$ 时，此时方程(8.5.5)有两个相等的实特征根 $\lambda_1 = \lambda_2 = \dfrac{-p}{2}$，相应地，方程(8.5.4)有两个线性无关解 $y_1 = \mathrm{e}^{\lambda_1 x}$ 和 $y_2 = x\mathrm{e}^{\lambda_1 x}$，于是方程(8.5.4)通解为 $y = C_1 \mathrm{e}^{\lambda_1 x} + C_2 x\mathrm{e}^{\lambda_1 x}$，其中 C_1 和 C_2 为任意常数．

(3) 当 $p^2 - 4q < 0$ 时，此时方程(8.5.5)有两个不相等的共轭复根特征根 $\lambda_1 = \alpha + i\beta$ 和 $\lambda_2 = \alpha - i\beta$，相应地，方程(8.5.4)有两个线性无关复解

$$y_1 = \mathrm{e}^{\lambda_1 x} = \mathrm{e}^{\alpha x}(\cos \beta x + i\sin \beta x)$$

$$y_2 = \mathrm{e}^{\lambda_2 x} = \mathrm{e}^{\alpha x}(\cos \beta x - i\sin \beta x).$$

于是方程(8.5.4)的复通解为 $y = C_1 e^{\lambda_1 x} + C_2 e^{\lambda_2 x}$,其中 C_1 和 C_2 为任意常数.(注意某些特殊专业常用)

但在实际工作中常需方程(8.5.4)的实通解,此时相应地,方程(8.5.4)有两个线性无关实解 $y_1 = e^{\alpha x} \cos \beta x$ 和 $y_2 = e^{\lambda_2 x} = e^{\alpha x} \sin \beta x$. 于是方程(8.5.4)的实通解为 $y = e^{\alpha x}(C_1 \cos \beta x + C_2 \sin \beta x)$,其中 C_1 和 C_2 为任意常数.

为了便于记忆,可归类如下表:

方程(8.5.4)x: $L_2(y) = y'' + py' + qy = 0$	特征方程(8.5.5): $F(\lambda) = \lambda^2 + p\lambda + q = 0$
$e^{\lambda x}$ 是方程(8.5.4)x 的解	λ 是特征方程(8.5.5)的特征根
$y = C_1 e^{\lambda_1 x} + C_2 e^{\lambda_2 x}$ 是方程(8.5.4)的通解;	λ_1, λ_2 是特征方程(8.5.5)的两个不同的实根;
$y = C_1 e^{\lambda_1 x} + C_2 x e^{\lambda_2 x}$ 是方程(8.5.4)的通解;	λ_1, λ_2 是特征方程(8.5.5)的两个相同的实根;
$y = e^{\alpha x}(C_1 \cos \beta x + C_2 \sin \beta x) = A e^{\alpha x} \sin(\beta x + \theta)$ 是方程(8.5.4)的通解	$\lambda = \alpha \pm \beta i$ 是特征方程(8.5.5)的共轭复根

注 8.5.1 二阶常系数齐次线性微分方程与特征方程的形式具有平行性,其中 y 的导数换成 λ 的次数,而其前面系数不改变.

2. 应用举例

例 8.5.1 求方程 $y'' - 7y' = 0$ 的通解.

解:对于二阶常系数齐次线性微分方程

$$y'' - 7y' = 0 \tag{8.5.6}$$

对应的,特征方程

$$\lambda^2 - 7\lambda = 0, \tag{8.5.7}$$

两个单实根 $\lambda_1 = 0, \lambda_2 = 7$,因此方程(8.5.6)的通解为

$$y = C_1 + C_2 e^{7x}.$$

这里 C_1, C_2 为任意常数.

例 8.5.2 设 $y = y(x)$ 满足条件方程 $\begin{cases} y'' + 4y' + 4y = 0, \\ y(0) = 2, y'(0) = -4, \end{cases}$ 求广义积分 $\int_0^{+\infty} y(x) dx$.

解:对于二阶常系数齐次线性微分方程

$$y'' + 4y' + 4y = 0 \tag{8.5.8}$$

对应的,特征方程
$$\lambda^2 + 4\lambda + 4 = 0 \qquad (8.5.9)$$
有两个相同的实根 $\lambda_1 = -2$,因此方程(8.5.8)的通解为
$$y = C_1 e^{-2x} + C_2 x e^{-2x}.$$
这里 C_1, C_2 为任意常数.

依据初始条件 $y(0)=2, y'(0)=-4$,易得 $C_1=2, C_2=0$,于是计算
$$\int_0^{+\infty} 2e^{-2x} dx = -e^{-2x} \Big|_0^{+\infty} = 1.$$

8.5.3 二阶常系数非齐次线性微分方程

1. 求解过程

考虑二阶常系数非齐次线性方程
$$L_2(y) = y'' + py' + qy = f(x) \qquad (8.5.10)$$
这里 $f(x)$ 为连续函数.

上面定理 8.5.2 表明,为了求出二阶非齐次线性方程的通解,只要知道方程(8.5.10)的一个特解 $y^*(x)$ 和其对应齐次线性微分方程的两个线性无关解 $y_1(x), y_2(x)$,即知方程(8.5.10)的通解为 $y = C_1 y_1 + C_2 y_2 + y^*(x)$,其中 C_1 和 C_2 为任意常数.同时通解包括了方程(8.5.10)所有解.

当 $f(x)$ 为两类特殊类型时,利用待定系数法可以求出方程(8.5.10)的一个特解,具体如下:

(1)当 $f(x) = P_m(x)e^{ax}$ 时,这里 $P_m(x)$ 是 m 次实多项式,a 是实数.则方程(8.5.10)有如下形式特解
$$y^*(x) = x^k Q_m(x) e^{ax} \qquad (8.5.11)$$
这里 $Q_m(x)$ 为与 $P_m(x)$ 同次待定多项式,当 a 不为特征方程 $F(\lambda)=0$ 的特征根时,取 $k=0$;当 a 为单根时,取 $k=1$;当 a 为二重特征根时,取 $k=2$.

(2)设 $f(x) = (A_n(x)\cos\beta x + B_n(x)\sin\beta x)e^{\alpha x}$,这里 α, β 为实常数,$A_n(x), B_n(x)$ 是 n 次实多项式,则方程(8.5.10)有如下形式特解
$$y^*(x) = x^k (M_n(x)\cos\beta x + N_n(x)\sin\beta x) e^{\alpha x} \qquad (8.5.12)$$

这里 $M_n(x)$ 和 $N_n(x)$ 均是 n 次待定多项式. 当 $\alpha+\beta i$ 不为特征方程 $F(\lambda)=0$ 的特征根时,取 $k=0$;当 $\alpha+\beta i$ 为特征根时,取 $k=1$.

2. 应用举例

例 8.5.3 求方程 $\dfrac{d^2 y}{dx^2}-2\dfrac{dy}{dx}-3y=3x+1$ 的通解.

解:方程为二阶常系数非齐次线性方程. 其对应的齐次线性方程为
$$\frac{d^2 y}{dx^2}-2\frac{dy}{dx}-3y=0,$$
其特征方程为 $F(\lambda)=\lambda^2-2\lambda-3=0$,有两个特征根 $\lambda_1=-1,\lambda_2=3$. 下面用系数比较法求非齐次线性方程的一个特解.

这里 $f(x)=3x+1=e^{0\cdot x}(3x+1)$. 易知 $\alpha=0$ 不是特征根,取 $k=0$,于是设原方程有形如 $y^*(x)=x^0(b_0 x+b_1)$ 的特解,这里 b_0,b_1 为待定常数. 将此式代入方程 $L_2(y)=f(x)$ 中,有 $-2b_0-3b_1-3b_0 x=3x+1$,比较系数得
$$\begin{cases} -3b_0=3, \\ -2b_0-3b_1=1, \end{cases}$$
由此得 $b_0=-1, b_1=\dfrac{1}{3}$,即 $y^*(x)=-x+\dfrac{1}{3}$,因此原方程的通解为
$$y=C_1 e^{-x}+C_2 e^{3x}-x+\frac{1}{3},$$
这里 C_1,C_2 为任意常数.

例 8.5.4 求解方程 $y''+4y'+4y=\cos 2x$ 的通解.

解:方程为二阶常系数非齐次线性方程,由于
$$f(x)=\cos 2x=e^{0x}(1\cdot\cos 2x+0\cdot\sin 2x),$$
所以这里有 $A_0=1, B_0=0, \alpha=0, \beta=2$. 其齐次线性方程为
$$x''+4x'+4x=0,$$
其特征方程为 $F(\lambda)=\lambda^2+4\lambda+4=0$,其特征根为 $\lambda_1=\lambda_2=-2$,故 $\alpha+\beta i=2i$ 不是特征根,取 $k=0$.

下面用比较系数法求原方程的一个特解,可知方程有形如 $y^*(x)=x^0(M_0\cos 2x+N_0\sin 2x)$ 的解,代入方程 $L_2(y)=f(x)$ 中得
$$8N_0\cos 2x-8M_0\sin 2x=\cos 2x,$$

比较同类项系数得 $M_0=0, N_0=\dfrac{1}{8}$，从而 $y^*(x)=\dfrac{1}{8}\sin 2x$，于是原方程的通解为 $y=(C_1+C_2x)\mathrm{e}^{-2x}+y^*$. 这里 C_1,C_2 为任意常数.

例 8.5.5 求方程 $y''+y=x+\cos x$ 的通解.

解：方程为二阶常系数非齐次线性方程，记 $L_2(y)=y''+y$，$f(x)=x+\cos x, f_1(x)=x, f_2(x)=\cos x$，显然方程 $L_2(y)=f(x)$ 不是上面讲的类型，不能直接用比较系数法.

其对应的齐次线性方程为 $L_2(y)=0$，其特征方程为 $\lambda^2+1=0$，有共轭复根 $\lambda_1=-\mathrm{i}, \lambda_2=\mathrm{i}$.

对于方程 $L_2(y)=f_1(x)=\mathrm{e}^{0\cdot x}x$，其为上面所讲的类型，此时 $a=0$ 不是特征方程的特征根，所以取 $k=0$，于是此方程有形如 $y_1^*=x^0(b_0x+b_1)\mathrm{e}^{0\cdot x}=b_0x+b_1$ 的解，代入方程 $L_2(y)=f_1(x)$ 中，整理得 $b_0=1, b_1=0$，即方程有解 $y_1^*=x$；

对于方程 $L_2(y)=f_2(x)=\mathrm{e}^{0\cdot x}(1\cdot\cos x+0\cdot\sin x)$，其为上面所讲的类型（类似例 8.5.4），此时 $\alpha+\beta\mathrm{i}=\mathrm{i}$ 是特征方程的特征根，所以取 $k=1$，于是此方程有形如 $y_2^*=x^1(M_0\cos x+N_0\sin x)\mathrm{e}^{0\cdot x}=x(M_0\cos x+N_0\sin x)$ 的解，代入方程 $L_2(y)=f_2(x)$ 中，整理得 $M_0=0, N_0=\dfrac{1}{2}$，即方程有解 $y_2^*=\dfrac{x}{2}\sin x$；

于是由叠加原理知 $y^*=y_1^*+y_2^*$ 是方程 $L_2(y)=f_1(x)+f_2(x)=f(x)$ 的一个特解，因此原方程的通解为
$$y=C_1\cos x+C_2\sin x+y^*.$$
这里 C_1,C_2 为任意常数.

例 8.5.6 已知 $y_1=\cos 2x-\dfrac{1}{4}x\cos 2x, y_2=\sin 2x-\dfrac{1}{4}x\cos 2x$ 是某二阶常系数非齐次线性微分方程的两个解，求此方程表达式以及方程的通解.

解：设要求的微分方程为 $L_2(y)=y''+py'+qy=f(x)$，其中 p,q 是实常数.

分两步计算：第一步，依据题意知 y_1, y_2 是方程的两个解，所以由定理 8.5.3 知 $y_1-y_2=\cos 2x-\sin 2x=\mathrm{e}^{0\cdot x}(\cos 2x-\sin 2x)$ 是对应的二阶常系数齐次线性微分方程 $L_2(y)=0$ 的解. 进一步，由通解的形式

和通解包括所有解,知只能是特征方程 $F(\lambda)=\lambda^2+p\lambda+q=0$ 的根为 $\lambda_1=0-2i,\lambda_2=0+2i$,于是 $F(\lambda)=(\lambda+2i)(\lambda-2i)=\lambda^2+4=0$,故由注 8.5.1 知二阶常系数齐次线性微分方程的形式为 $L_2(y)=y''+4y=0$.

第二步,由于 y_1 是 $L_2(y)=y''+4y=f(x)$ 的解,代入方程成为恒等式,即有 $f(x)=\sin 2x$.

同时,由解的结构易知 $L_2(y)=y''+4y=\sin 2x$ 的通解为
$$y=C_1\cos 2x+C_2\sin 2x-\frac{1}{4}x\cos 2x.$$

例 8.5.7 已知 $y_1=x e^x+e^{2x}, y_2=x e^x+e^{-x}$ 是某二阶常系数非齐次线性微分方程的两个解,求此微分方程.

解:设要求的微分方程为 $L_2(y)=y''+py'+qy=f(x)$,其中 p,q 是实常数.

分两步计算:第一步,依据题意知 y_1,y_2 是方程的两个解,所以由定理 8.5.3 知 $y_1-y_2=e^{2x}-e^{-x}$ 是对应的二阶常系数齐次线性微分方程 $L_2(y)=0$ 的解.进一步,由通解的形式和通解包括所有解,知只能是特征方程 $F(\lambda)=\lambda^2+p\lambda+q=0$ 的根为 $\lambda_1=-1,\lambda_2=2$,于是特征方程 $F(\lambda)=(\lambda+1)(\lambda-2)=\lambda^2-\lambda-2=0$,故由注 8.5.1 知二阶常系数齐次线性微分方程的形式为 $L_2(y)=y''-y'-2y=0$.

第二步,由于 y_1 是 $L_2(y)=y''-y'-2y=f(x)$ 的解,代入方程成为恒等式,即有 $f(x)=e^x-2x e^x$.

例 8.5.8 设 $f(x)=\sin x-\int_0^x(x-t)f(t)dt$,其中 $f(x)$ 为连续函数,求 $f(x)$.

解:首先,x 是自变量,t 是积分变量,因而 x 与 t 互相独立,即有 $f(x)=\sin x-\int_0^x(x-t)f(t)dt=\sin x-x\int_0^x f(t)dt+\int_0^x tf(t)dt$;其次,由于 $f(x)$ 为连续函数,所以变上限函数 $\int_0^x f(t)dt$ 可导.对上式两边关于 x 求一阶和二阶导数,有
$$f'(x)=\cos x-\int_0^x f(t)dt,$$
$$f''(x)+f(x)=-\sin x.$$

记 $y=f(x)$,则有 $L_2(y)=y''+y=-\sin x$,同时注意到 $f(0)=0$,

$f'(0)=1$. 转化为求解方程 $\begin{cases} L_2(y)=y''+y=-\sin x, \\ y(0)=0, y'(0)=1, \end{cases}$ 余下的留给读者作为练习(其解为 $f(x)=\sin x+\dfrac{x}{2}\cos x$).

例 8.5.9 设函数 $y=y(x)$ 在 **R** 上具有二阶导数且 $y'\neq 0$, $x=x(y)$ 是 $y=y(x)$ 的反函数.

(1) 试将 $x=x(y)$ 所满足的微分方程 $\dfrac{d^2 x}{d y^2}+(y+\sin x)\left(\dfrac{dx}{dy}\right)^3=0$ 变化成 $y=y(x)$ 满足的微分方程;

(2) 求变换后的微分方程满足初始条件 $y(0)=0$, $y'(0)=\dfrac{3}{2}$ 的解.

解: (1) 首先,由反函数的内容,可知

$$\frac{dx}{dy}=\frac{1}{y'(x)}, \frac{d^2 x}{d y^2}=\frac{-y''(x)}{(y'(x))^3}.$$

其次,将上面代入 $\dfrac{d^2 x}{dy^2}+(y+\sin x)\left(\dfrac{dx}{dy}\right)^3=0$ 中,则变换为 $y''-y=\sin x$.

(2) 类似例 8.5.8 中后半部分,可求微分方程 $\begin{cases} y''-y=\sin x, \\ y(0)=0, y'(0)=\dfrac{3}{2} \end{cases}$

的特解为 $y(x)=e^x-e^{-x}-\dfrac{1}{2}\sin x$,留给读者作为练习.

8.5.4 欧拉方程简介

下面介绍一类可以通过变量变换化为二阶常系数齐次线性方程的方程.

形如方程

$$x^2 \frac{d^2 y}{dx^2}+px\frac{dy}{dx}+qy=0 \tag{8.5.13}$$

这里 p, q 为常数,称方程(8.5.13)为欧拉方程.

当 $x<0$ 时,令 $x=-e^t$;当 $x>0$ 时,令 $x=e^t$,此时所得结果一样. 因此下面仅对 $x>0$ 情形进行讨论,只要在最后结果中以 $t=\ln|x|$ 代

回即可. 由 $x=\mathrm{e}^t, t=\ln x$, 计算得到
$$\frac{\mathrm{d}y}{\mathrm{d}x} = \frac{\mathrm{d}y}{\mathrm{d}t} \frac{\mathrm{d}t}{\mathrm{d}x} = \frac{1}{x} \frac{\mathrm{d}y}{\mathrm{d}t} = \mathrm{e}^{-t} \frac{\mathrm{d}y}{\mathrm{d}t},$$
$$\frac{\mathrm{d}^2 y}{\mathrm{d}x^2} = \frac{\mathrm{d}}{\mathrm{d}t}\left(\mathrm{e}^{-t} \frac{\mathrm{d}y}{\mathrm{d}t}\right)\frac{\mathrm{d}t}{\mathrm{d}x} = \frac{1}{x^2}\left(\frac{\mathrm{d}^2 y}{\mathrm{d}t^2} - \frac{\mathrm{d}y}{\mathrm{d}t}\right),$$
则欧拉方程
$$x^2 \frac{\mathrm{d}^2 y}{\mathrm{d}x^2} + px \frac{\mathrm{d}y}{\mathrm{d}x} + qy = 0$$
可以化成以下二阶常系数齐次线性微分方程
$$\frac{\mathrm{d}^2 y}{\mathrm{d}t^2} + (p-1)\frac{\mathrm{d}y}{\mathrm{d}t} + qy = 0.$$

知它有形式解 $y=\mathrm{e}^{\lambda t}=(\mathrm{e}^t)^\lambda=x^\lambda$, 即欧拉方程有形式解 $y=x^\lambda$. 由此启发方程 (8.5.13) 有形式解 $y=x^\lambda$, 于是直接用 $y=x^\lambda$ 代入方程 (8.5.13) 且约去因子 x^λ, 得到
$$\lambda(\lambda-1) + p\lambda + q = 0$$
$$\lambda^2 + (p-1)\lambda + q \qquad (8.5.14)$$

称方程 (8.5.14) 为方程 (8.5.13) 的特征方程, λ 称为方程 (8.5.14) 的特征根, 依据上述常系数齐次线性方程解的结构及与欧拉方程解的对应关系知: 当方程 (8.5.14) 有两个不相同的实根 λ_1, λ_2 时, 则相应于方程 (8.5.13) 的通解为 $y=C_1 x^{\lambda_1}+C_2 x^{\lambda_2}$; 当方程 (8.5.14) 有两个相同的实根 $\lambda_1=\lambda_2$ 时, 则相应于方程 (8.5.13) 的通解为 $y=C_1 x^{\lambda_1}+C_2 x^{\lambda_1}\ln|x|$; 当方程 (8.5.14) 有共轭复根 $\lambda_1=\alpha+\beta\mathrm{i}, \lambda_2=\alpha-\beta\mathrm{i}$ 时, 则相应于方程 (8.5.13) 的通解为
$$y = x^\alpha(C_1 \cos(\beta\ln|x|) + C_2 \sin(\beta\ln|x|)).$$
其中 C_1, C_2 为任意常数.

例 8.5.10 求解方程 $x^2 \dfrac{\mathrm{d}^2 y}{\mathrm{d}x^2} - x \dfrac{\mathrm{d}y}{\mathrm{d}x} + y = 0$.

解: 这是二阶欧拉方程, 具有形式解 $y=x^\lambda$, 代入方程得到特征方程如下
$$\lambda(\lambda-1) - \lambda + 1 = 0,$$
解得特征根 $\lambda_1=\lambda_2=1$, 因此方程的通解为
$$y = (C_1 + C_2 \ln|x|)x$$
这里 C_1, C_2 为任意常数.

例 8.5.11 求解方程 $x^2 \dfrac{d^2 y}{d x^2}+3 x \dfrac{d y}{d x}+5 y=0$.

解：这是二阶欧拉方程，具有形式解 $y=x^\lambda$，代入方程得到特征方程如下

$$\lambda(\lambda-1)+3\lambda+5=0,$$

解得特征根 $\lambda_1=-1-2\mathrm{i}, \lambda_2=-1+2\mathrm{i}$，因此方程通解为

$$y=x^{-1}\big(C_1\cos(2\ln|x|)+C_2\sin(2\ln|x|)\big),$$

这里 C_1, C_2 为任意常数.

问题与思考

1. 问：在常微分方程中，通解和特解有何不同？

答：通解的概念隐含着两个方面的意思，一方面表明它是解，另一方面表明它含有独立任意常数的个数应该与方程阶数一样. 特解的概念隐含着两个方面意思，一方面表明它是解，另一方面表明它不含有任何任意常数.

2. 问：在常微分方程中，除了特解和通解外还有其他解吗？

答：有. 例如易验证 $y^2=C_1 x+C_2$ 为方程 $yy''+(y')^2=0$ 的解，其中 C_1, C_2 为两个任意常数. 同时可验证 $y=C$ 也为此方程的解，但它既不是通解也不是特解，其中 C 为任意常数.

3. 对于 n 阶微分方程 $F(x, y, y', \cdots, y^{(n)})=0$，设 $y=\varphi(x, c_1, \cdots, c_n)$ 是其通解.

问：由通解是否能确定微分方程？

答：能（局部的）. 下面仅以 2 阶微分方程为例加以说明，其余情形类似.

依据通解定义知，通解 $y=\varphi(x, c_1, c_2)$ 应满足 $\begin{vmatrix} \dfrac{\partial \varphi}{\partial c_1} & \dfrac{\partial \varphi}{\partial c_2} \\ \dfrac{\partial \varphi'}{\partial c_1} & \dfrac{\partial \varphi'}{\partial c_2} \end{vmatrix} \neq 0,$

这里 φ' 表示 φ 关于 x 求导数. 构造向量函数组
$$\begin{cases} F(x,y,y',c_1,c_2) = y - \varphi(x,c_1,c_2) = 0, \\ G(x,y,y',c_1,c_2) = y' - \varphi'(x,c_1,c_2) = 0, \end{cases}$$
计算有
$$\begin{vmatrix} \dfrac{\partial F}{\partial c_1} & \dfrac{\partial F}{\partial c_2} \\ \dfrac{\partial G}{\partial c_1} & \dfrac{\partial G}{\partial c_2} \end{vmatrix} = \begin{vmatrix} \dfrac{\partial \varphi}{\partial c_1} & \dfrac{\partial \varphi}{\partial c_2} \\ \dfrac{\partial \varphi'}{\partial c_1} & \dfrac{\partial \varphi'}{\partial c_2} \end{vmatrix} \neq 0,$$

依据向量函数组的隐函数存在定理,知一定存在唯一一组函数 $c_1 = c_1(x,y,y')$,$c_2 = c_2(x,y,y')$,将其代入 $y'' = \varphi''(x,c_1,c_2)$,即为二阶微分方程 $y'' = \varphi''(x,c_1(x,y,y'),c_2(x,y,y'))$.

例1 设 C 是任意常数,求以 $y = Cx^3$ 为通解的一阶微分方程.

解:对 $y = Cx^3$ 两边关于 x 求导数,则有 $y' = 3Cx^2$,于是有一阶微分方程 $y' = 3\dfrac{y}{x}$.

例2 设 $y = C_1 e^x + C_2 e^{2x} + 1$ 为某二阶微分方程的通解,这里 C_1,C_2 为任意互相独立的常数,求方程.

解:对 $y = C_1 e^x + C_2 e^{2x} + 1$ 两边关于 x 求导数,则有
$$y' = C_1 e^x + 2C_2 e^{2x}, \quad y'' = C_1 e^x + 4C_2 e^{2x},$$
由方程组 $\begin{cases} y = C_1 e^x + C_2 e^{2x} + 1, \\ y' = C_1 e^x + 2C_2 e^{2x}, \end{cases}$ 解得 $\begin{cases} C_1 = e^{-x}(-y' + 2y - 2), \\ C_2 = e^{-2x}(y' - y + 1), \end{cases}$
将其代入 $y'' = C_1 e^x + 4C_2 e^{2x}$ 中,可得微分方程 $y'' - 3y' + 2y = 2$.

注:对于二阶常系数线性微分方程还可以通过解的结构求得方程.

4. 对于方程
$$\dfrac{\mathrm{d}x}{\mathrm{d}y} = P(y)x + Q(y) \tag{1}$$
其中 $P(y)$,$Q(y)$ 在 **R** 上为连续函数.

问:其通解和特解表达式如何?

答:众所周知,对于方程
$$\dfrac{\mathrm{d}y}{\mathrm{d}x} = P(x)y + Q(x) \tag{2}$$

其中 $P(x),Q(x)$ 在 **R** 上为连续函数. 称方程(2)为关于 y 的一阶线性微分方程,其通解为

$$y = e^{\int P(x)dx}\left(\int Q(x)e^{-\int P(x)dx}dx + C\right),$$

其中 C 为任意常数. 其满足初始条件 $y(x_0) = y_0$ 的特解为

$$y = e^{\int_{x_0}^{x} P(s)ds}\left(\int_{x_0}^{x} Q(s)e^{-\int_{x_0}^{s} P(u)du}ds + y_0\right).$$

于是,方程 $\dfrac{dx}{dy} = P(y)x + Q(y)$,其中 $P(y),Q(y)$ 在 **R** 上为连续函数. 称方程(1)为关于 x 的一阶线性微分方程. 其相应的有通解 $x = e^{\int P(y)dy}\left(\int Q(y)e^{-\int P(y)dy}dy + C\right)$,其中 C 为任意常数. 其满足初始条件 $x(y_0) = x_0$ 的特解为 $x = e^{\int_{y_0}^{y} P(s)ds}\left(\int_{y_0}^{y} Q(s)e^{-\int_{y_0}^{s} P(u)du}ds + x_0\right).$

例 求方程 $\dfrac{dy}{dx} = \dfrac{y}{2x + y^2}$ 的解.

解:这方程不是关于未知函数 y 的线性方程,且不能进行变量分离,但可采用以下方法求解:当 $y \neq 0$ 时,此时 $y = y(x)$ 存在反函数 $x = x(y)$,不妨把 x 看成未知函数,y 看作自变量,将原方程写成

$$\frac{dx}{dy} = \frac{2x + y^2}{y},$$

即有

$$\frac{dx}{dy} = \frac{2}{y}x + y.$$

变成关于 x 的一阶线性非齐次方程,为此,其通解为

$$x = e^{\int \frac{2}{y}dy}\left(\int y e^{-\int \frac{2}{y}dy}dy + C\right) = (\ln|y| + C)y^2,$$

于是原方程的通解为

$$x = (\ln|y| + C)y^2,$$

这里 C 是任意常数. 另外还有解 $y = 0$.

5. 设 $y_i(x)$ 分别是如下方程

$$\frac{dy}{dx} = P(x)y + Q_i(x)$$

的解,这里 $P(x),Q_i(x)$ 连续 $(i = 1,2)$.

问: $\sum_{i=1}^{2} k_i y_i$ 是方程 $\dfrac{\mathrm{d}y}{\mathrm{d}x} = P(x)y + \sum_{i=1}^{2} k_i Q_i(x)$ 的解吗？其中 k_1, k_2 是两个实常数.

答: 是的. 由于设 $y_i(x)$ 分别是如下方程

$$\frac{\mathrm{d}y}{\mathrm{d}x} = P(x)y + Q_i(x)$$

的解, 即有 $\dfrac{\mathrm{d}y_i}{\mathrm{d}x} = P(x)y_i + Q_i(x), i = 1, 2.$

验证有

$$\frac{\mathrm{d}(\sum_{i=1}^{2} k_i y_i)}{\mathrm{d}x} = \sum_{i=1}^{2} k_i \frac{\mathrm{d}y_i}{\mathrm{d}x} = \sum_{i=1}^{2} k_i (P(x)y_i + Q_i(x))$$

$$= P(x)(\sum_{i=1}^{2} k_i y_i) + \sum_{i=1}^{2} k_i Q_i(x)$$

证毕.

三点值得注意：

(1) 设 $y_1(x), y_2(x)$ 是一阶齐次线性微分方程

$$\frac{\mathrm{d}y}{\mathrm{d}x} = P(x)y$$

的两个解, 则 $\sum_{i=1}^{2} k_i y_i$ 也是此方程的解, 其中 k_1, k_2 是两个实常数. 这样, 方程的所有解关于常规的运算构成一维线性空间. 即有, 设 $y_1(x) \neq 0$ 是方程 $\dfrac{\mathrm{d}y}{\mathrm{d}x} = P(x)y$ 一个的解, 则方程的任意一个解 $y(x)$ 可以表示为 $y(x) = Cy_1(x)$, 这里 C 为适当的常数.

(2) 设 $y_1(x), y_2(x)$ 是如下一阶线性微分方程

$$\frac{\mathrm{d}y}{\mathrm{d}x} = P(x)y + Q(x)$$

的两个解, 这里 $Q(x)$ 连续. 则 $y_2 - y_1$ 是其对应一阶齐次线性微分方程 $\dfrac{\mathrm{d}y}{\mathrm{d}x} = P(x)y$ 的解.

(3) 设 $y_1(x), y_2(x)$ 是如下一阶非齐次线性微分方程

$$\frac{\mathrm{d}y}{\mathrm{d}x} = P(x)y + Q(x)$$

的两个解, 这里 $Q(x)$ 为非零连续函数. 则 $y_1 + y_2$ 不再是此方程的解, 这样, 方程的所有解不再构成一维线性空间.

6. 问:一阶线性微分方程 $\dfrac{\mathrm{d}y}{\mathrm{d}x}=ky+Q(x)$ 是否存在唯一的以 T 为周期的特解？这里 $k\neq 0$ 为常数,$Q(x)$ 是以 T 为周期的连续函数.

答:一定存在. 可知方程 $\dfrac{\mathrm{d}y}{\mathrm{d}x}=ky+Q(x)$ 满足柯西初始条件 $y(0)=y_0$ 的特解为

$$y=\mathrm{e}^{\int_0^x k\mathrm{d}s}\left(\int_0^x Q(s)\mathrm{e}^{-\int_0^s k\mathrm{d}u}\mathrm{d}s+y_0\right)=\mathrm{e}^{kx}\left(\int_0^x Q(s)\mathrm{e}^{-ks}\mathrm{d}s+y_0\right).$$

于是,有

$$y(x+T)=\mathrm{e}^{\int_0^{x+T} k\mathrm{d}s}\left(\int_0^{x+T} Q(s)\mathrm{e}^{-ks}\mathrm{d}s+y_0\right)$$

$$=\mathrm{e}^{k(x+T)}\left(\int_0^T Q(s)\mathrm{e}^{-ks}\mathrm{d}s+\int_T^{x+T} Q(s)\mathrm{e}^{-ks}\mathrm{d}s+y_0\right).$$

令 $s=u+T$,有

$$\int_T^{x+T} Q(s)\mathrm{e}^{-ks}\mathrm{d}s=\int_0^x Q(u+T)\mathrm{e}^{-k(u+T)}\mathrm{d}u=\mathrm{e}^{-kT}\int_0^x Q(u)\mathrm{e}^{-ku}\mathrm{d}u.$$

这样,关系式 $y(x)=y(x+T)$ 等价于

$$\int_0^x Q(s)\mathrm{e}^{-ks}\mathrm{d}s+y_0=\mathrm{e}^{kT}\left(\int_0^T Q(s)\mathrm{e}^{-ks}\mathrm{d}s+\mathrm{e}^{-kT}\int_0^x Q(u)\mathrm{e}^{-ku}\mathrm{d}u+y_0\right),$$

即有

$$y_0=\dfrac{\mathrm{e}^{kT}\int_0^T Q(s)\mathrm{e}^{-ks}\mathrm{d}s}{1-\mathrm{e}^{kT}}.$$

于是,依据解的存在唯一性定理,知一阶线性微分方程

$$\dfrac{\mathrm{d}y}{\mathrm{d}x}=ky+Q(x)$$

一定存在唯一的以 T 为周期的特解.

7. 问:一阶线性微分方程 $\dfrac{\mathrm{d}y}{\mathrm{d}x}=P(x)y+Q(x)$ 是否存在唯一的以 T 为周期的特解？这里 $P(x),Q(x)$ 均是以 T 为周期的连续函数.

答:当 $\int_0^T P(s)\mathrm{d}s\neq 0$ 时才有. 可知方程 $\dfrac{\mathrm{d}y}{\mathrm{d}x}=P(x)y+Q(x)$ 满足柯西初始条件 $y(0)=y_0$ 的特解为

$$y=\mathrm{e}^{\int_0^x P(s)\mathrm{d}s}\left(\int_0^x Q(s)\mathrm{e}^{-\int_0^s P(u)\mathrm{d}u}\mathrm{d}s+y_0\right).$$

于是,有
$$y(x+T) = e^{\int_0^{x+T} P(s)ds}\left(\int_0^{x+T} Q(s)e^{-\int_0^s P(u)du}ds + y_0\right)$$
$$= e^{\int_0^{x+T} P(s)ds}\left(\int_0^T Q(s)e^{-\int_0^s P(u)du}ds + \int_T^{x+T} Q(s)e^{-\int_0^s P(u)du}ds + y_0\right).$$

另 $s = v + T$,有
$$\int_T^{x+T} Q(s)e^{-\int_0^s P(u)du}ds = \int_0^x Q(v+T)e^{-\int_0^{v+T} P(u)du}dv$$
$$= e^{-\int_0^T P(u)du}\int_0^x Q(v)e^{-\int_0^v P(u)du}dv.$$

这样,关系式 $y(x) = y(x+T)$ 等价于
$$\int_0^x Q(s)e^{-\int_0^s P(u)du}ds + y_0$$
$$= e^{\int_0^T P(u)du}\left(\int_0^T Q(s)e^{-\int_0^s P(u)du}ds + e^{-\int_0^T P(u)du}\int_0^x Q(v)e^{-\int_0^v P(u)du}dv + y_0\right),$$

于是,有
$$y_0 = \frac{e^{\int_0^T P(u)du}\int_0^T Q(s)e^{-\int_0^s P(u)du}ds}{1 - e^{\int_0^T P(u)du}}.$$

因此依据解的存在唯一性定理,知一阶线性微分方程 $\dfrac{dy}{dx} = P(x)y + Q(x)$ 一定存在唯一的以 T 为周期的特解.

8. 记 $L(y) = y'' + P(x)y' + Q(x)y$,设 $y_i(x)$ 分别是如下方程
$$L(y) = f_i(x)$$
的解,这里 $P(x), Q(x), f_i(x)$ 连续,$i = 1, 2$.

问:$\sum_{i=1}^2 k_i y_i$ 是方程 $L(y) = \sum_{i=1}^2 k_i f_i(x)$ 的解吗? 其中 k_1, k_2 是两个实常数.

答:是的. 由于设 $y_i(x)$ 分别是如下方程
$$L(y) = f_i(x)$$
的解,即有 $L(y_i) = f_i(x), i = 1, 2$. 验证有
$$L\left(\sum_{i=1}^2 k_i y_i\right) = \sum_{i=1}^2 k_i L(y_i) = \sum_{i=1}^2 k_i f_i(x)$$

证毕.

三点值得注意：

(1) 设 $y_1(x), y_2(x)$ 是二阶齐次线性微分方程
$$L(y) = 0$$
的两个解，则 $\sum_{i=1}^{2} k_i y_i$ 也是此方程的解．其中 k_1, k_2 是两个实常数．这样，方程的所有解关于常规的运算构成二维线性空间．即设 $y_1(x), y_2(x)$ 是方程 $L(y)=0$ 两个线性无关解（即 $\dfrac{y_1}{y_2}$ 不为常数），则方程的任意一个解 $y(x)$ 可以表示为 $y(x) = \sum_{i=1}^{2} c_i y_i$，这里 c_1, c_2 为两适当的常数．

(2) 设 $y_1(x), y_2(x)$ 是如下二阶线性微分方程
$$L(y) = f(x)$$
的两个解，这里 $f(x)$ 连续．则 $y_2 - y_1$ 是方程 $L(y)=0$ 的解．

(3) 设 $y_1(x), y_2(x)$ 是如下方程
$$L(y) = f(x)$$
的两个解，这里 $f(x)$ 为非零连续函数．则 $y_1 + y_2$ 不再是此方程的解，这样，方程的所有解不再构成二维线性空间．

9. 考虑二阶常系数线性微分方程 $L(y)=f(x)$，这里 $L(y)=y''+py'+qy$ 其中 p, q 是两实常数；$f(x)=e^{\gamma x} R_n(x)$，γ 为实常数，$R_n(x)$ 为 n 次多项式．

问：已知特解或通解表达式，依据解的结构是否能确定微分方程？

答：可以．下面仅以例子加以说明．

例 1 设 $y = e^x(C_1 \cos x + C_2 \sin x)$ 为某二阶常系数齐次线性微分方程的通解，求该方程．

解：依据解的结构知，有特征值 $\lambda_{1,2} = 1 \pm i$，所以特征方程为 $(\lambda-1)^2+1=0$，即有 $\lambda^2 - 2\lambda + 2 = 0$，故方程的表达式为 $y'' - 2y' + 2y = 0$．

例 2 设 $y = C_1 e^x + C_2 e^{2x} + 1$ 为某二阶常系数线性微分方程的通解，这里 C_1, C_2 为任意互相独立的常数，求此方程．

解：依据解的结构知，方程有特解 $y_* = 1$，且有特征值 $\lambda_1 = 1$，$\lambda_2 = 2$．所以特征方程为 $(\lambda-1)(\lambda-2)=0$，即 $\lambda^2 - 3\lambda + 2 = 0$，于是 $L(y) = y'' - 3y' + 2y$．

又 $y_* = 1$ 是特解，所以 $f(x) = A$，其中 A 为实常数，把其代入 $L(y) = y'' - 3y' + 2y = A$ 中，得 $A = 2$，

故二阶常系数线性微分方程为 $y'' - 3y' + 2y = 2$.

例 3 设二阶常系数线性方程首项 y'' 的系数为 1，右边自由项为 $Ce^{\gamma x}$，且已知该方程有一个特解为 $(1 + x + x^2)e^x$，求该方程.

解：记二阶常系数线性方程为 $L(y) = y'' + py' + qy = Ce^{\gamma x}$，依据的结构知，方程有特解 $y_* = x^2 e^x$，且 $\gamma = 1$ 为特征方程的 2 重特征值. 所以特征方程为 $(\lambda - 1)^2 = 0$，即 $\lambda^2 - 2\lambda + 1 = 0$，即有 $L(y) = y'' - 2y' + y$. 把 $y_* = x^2 e^x$ 代入方程 $y'' - 2y' + y = Ce^x$ 中，可得 $C = 2$，故方程为 $y'' - 2y' + y = 2e^x$.

例 4 设二阶常系数线性微分方程 $y'' + ay' + by = ce^x$ 的一个特解为 $y = e^{2x} + (x + 1)e^x$. 试确定常数 a, b, c，并求该方程的通解.

解：若 $\gamma = 1$ 不是特征值，依据解的结构知，方程有形如 $y_* = Ae^x$ 的特解，这里 A 是适当常数，这与 $y = e^{2x} + (x + 1)e^x$ 中出现 xe^x 项矛盾. 因此可知方程有特解 $y_* = xe^x$，且有特征值 $\lambda_1 = 1$，$\lambda_2 = 2$. 所以特征方程为 $(\lambda - 1)(\lambda - 2) = 0$，即 $\lambda^2 - 3\lambda + 2 = 0$，于是 $L(y) = y'' - 3y' + 2y$.

将 $y_* = xe^x$ 代入方程 $y'' - 3y' + 2y = ce^x$ 中，可得 $c = -1$. 这样，有 $a = -3, b = 2, c = -1$ 和通解 $y = C_1 e^x + C_2 e^{2x} + xe^x$，其中 C_1, C_2 为任意两个互相独立的常数.

例 5 设 $y_1 = xe^x + e^{2x}, y_2 = xe^x + e^{-x}$ 为二阶非齐次常系数线性微分方程的两个特解，求该方程.

解：设要求的二阶非齐次常系数线性微分方程为 $L(y) = y'' + py' + qy = f(x)$，依据解的结构知，$y_2 - y_1 = e^{-x} - e^{2x}$ 是二阶齐次常系数线性微分方程为 $L(y) = y'' + py' + qy = 0$，所以有特征值 $\lambda_1 = -1, \lambda_2 = 2$. 所以特征方程为 $(\lambda + 1)(\lambda - 2) = 0$，即 $\lambda^2 - \lambda - 2 = 0$，于是 $L(y) = y'' - y' - 2y$.

又知 $y_* = xe^x$ 为方程 $L(y) = y'' - y' - 2y = f(x)$ 的一个特解，将其代入方程中，可得 $f(x) = (1 - 2x)e^x$. 于是方程为 $y'' - y' - 2y = (1 - 2x)e^x$.

10. 问:常微分方程的解在高等数学微积分中有哪几方面常见的应用?

答:有五个方面常见的应用.

第一方面:判断解的极值(用极值第二判别法证明)

设函数 $y=f(x)$ 是二阶微分方程 $y''=g(x,y,y')$ 的连续解,其中 $g(u,v,w)$ 是三元连续函数.若满足 $f'(x_0)=0, g(x_0, f(x_0), 0) \neq 0$,则点 $(x_0, f(x_0))$ 是函数 $y=f(x)$ 的极值点.

进一步,当 $g(x_0, f(x_0), 0) > 0$ 时,则点 $(x_0, f(x_0))$ 是函数 $y=f(x)$ 的极小点;当 $g(x_0, f(x_0), 0) < 0$ 时,则点 $(x_0, f(x_0))$ 是函数 $y=f(x)$ 的极大点.

例 1 设 $y=f(x), x \in I$ 是方程 $y''-yy'-e^{\sin x}=0$ 满足 $f'(x_0)=0, x_0 \in I$ 的解,问点 $(x_0, f(x_0))$ 是函数 $y=f(x)$ 的极值点吗?若是,请判断极值点的性质.

解:依据解的定义知,函数 $y=f(x)$ 代入方程,即
$$f''(x) - f(x)f'(x) - e^{\sin x} = 0,$$
于是,有
$$f''(x_0) = f(x_0)f'(x_0) + e^{\sin x_0} = e^{\sin x_0} > 0,$$
故点 $(x_0, f(x_0))$ 是函数 $y=f(x)$ 的极小点.

例 2 设 $S(x) = 1 + \sum_{n=1}^{\infty} (-1)^n \frac{x^{2n}}{2n}, |x|<1$,求其极值.

解:一方面,由于系数为有理分式 $\frac{1}{2n}$,所以通过求导数,有
$$S'(x) = \sum_{n=1}^{\infty} (-1)^n x^{2n-1} = \frac{-x}{1+x^2},$$
进一步,有
$$S(x) = \int_0^x S'(x)dx + S(0) = 1 - \frac{1}{2}\ln(1+x^2), |x|<1;$$
另一方面,令 $S'(x)=0$,知 $x=0$,进一步知极大值 $S(0)=1$.

第二方面:有关解的局部估值(用洛必达法则证明)

设函数 $y=y(x)$ 是一阶线性微分方程 $\frac{dy}{dx} = P(x)y + Q(x)$ 满足柯西初值条件 $y(x_0)=y_0$ 的连续解,其中 $Q(x)$ 为连续函数.则有

$$\lim_{x \to x_0} \frac{y - y_0}{x - x_0} = P(x_0) y_0 + Q(x_0).$$ 特别设函数 $y = y(x)$ 是这个方程满足柯西初值条件 $y(0) = 0$ 的连续解,则有 $\lim_{x \to 0} \frac{y(x)}{x} = Q(0)$.

设函数 $y = y(x)$ 是二阶线性微分方程 $y'' + P(x) y' + Q(x) y = f(x)$ 满足柯西初值条件 $y(x_0) = y_0, y'(x_0) = y_1$ 的连续解,这里 $P(x), Q(x)$ 为连续函数,$f(x)$ 为连续函数.则有

$$\lim_{x \to x_0} \frac{y - y_1(x - x_0) - y_0}{(x - x_0)^2} = \frac{f(x_0) - P(x_0) y_1 - Q(x_0) y_0}{2}.$$

特别设函数 $y = y(x)$ 是这方程满足柯西初值条件 $y(0) = 0$, $y'(0) = 0$ 的连续解,则有 $\lim_{x \to 0} \frac{y}{x^2} = \frac{f(0)}{2}$.

例 3 设函数 $y = y(x)$ 是二阶线性微分方程 $y'' + P(x) y' + Q(x) y = 1$ 满足柯西初值条件 $y(0) = 0, y'(0) = 0$ 的连续解,这里 $P(x), Q(x)$ 为连续函数.

解:由上知,有 $\lim_{x \to 0} \frac{y}{x^2} = \frac{1}{2}$.

第三方面:关联含变限积分的方程

1. 关于变限积分问题

例 4 设 $f(x)$ 连续且 $f(x) \neq 0$,并满足

$$f(x) = \int_0^x f(t) dt + 2 \int_0^1 f^2(t) dt,$$

求 $f(x)$.

解:令 $\int_0^1 f^2(t) dt = a$,

对积分方程 $f(x) = \int_0^x f(t) dt + 2 \int_0^1 f^2(t) dt$ 两边关于 x 求导数,则有微分方程 $\frac{df}{dx} = f(x)$,其通解为 $f(x) = C e^x$.

由于 $f(0) = 2a$,有 $f(x) = 2a e^x$,代入 $\int_0^1 f^2(t) dt = a$ 中,可确定 $a = \frac{1}{2(e^2 - 1)}$,于是有 $f(x) = \frac{e^x}{e^2 - 1}$.

例 5 设 $f(x)$ 连续且满足关系式 $f(x) = e^x - \int_0^x (x-t)f(t)dt$，求 $f(x)$.

解：关系式 $f(x) = e^x - \int_0^x (x-t)f(t)dt$ 两边对 x 求导，可得

$$f'(x) = e^x - \left(\int_0^x xf(t)dt\right)' + \left(\int_0^x tf(t)dt\right)'$$

即

$$f'(x) = e^x - \left(xf(x) + \int_0^x f(t)dt\right) + xf(x),$$

整理有

$$f'(x) = e^x - \int_0^x f(t)dt,$$

同时由上面积分方程可知 $f(0)=1, f'(0)=1$，因而，原方程与下列初值问题等价

$$\begin{cases} f''(x) = e^x - f(x), \\ f(0)=1, f'(0)=1, \end{cases}$$

其通解为 $f(x) = C_1 \cos x + C_2 \sin x + \frac{1}{2}e^x$，满足初始条件的特解为 $f(x) = \frac{1}{2}(\cos x + \sin x + e^x)$.

2. 可化为变限积分问题（讲完二重积分以后看）

例 6 设函数 $f(t)$ 在 $[0, +\infty)$ 上连续，且满足方程

$$f(t) = e^{4\pi t^2} + \iint_{x^2+y^2 \leqslant 4t^2} f\left(\frac{1}{2}\sqrt{x^2+y^2}\right)dxdy$$

求 $f(t)$.

解：作极坐标 $x = r\cos\theta, y = r\sin\theta$，有

$$\iint_{x^2+y^2 \leqslant 4t^2} f\left(\frac{1}{2}\sqrt{x^2+y^2}\right)dxdy = \int_0^{2\pi}d\theta \int_0^{2t} rf\left(\frac{r}{2}\right)dr$$

$$= 2\pi \int_0^{2t} rf\left(\frac{r}{2}\right)dr$$

将原关系式两边关于 t 求导数，有 $f'(t) - 8\pi tf(t) = 8\pi t e^{4\pi t^2}$，其通解为 $f(t) = (4\pi t^2 + c)e^{4\pi t^2}$. 由初始条件 $f(0)=1$，于是特解为 $f(t) = (4\pi t^2 + 1)e^{4\pi t^2}$.

第四方面：与积分路径无关的问题（讲完积分与路径无关后看）

设区域 D 为平面上单连通区域，函数 $P(x,y)$ 和 $Q(x,y)$ 在 D 上具有一阶连续偏导数，则有以下六个等价条件：

(1) 记 l 为区域 D 上任一封闭的光滑曲线，有
$$\oint_l P(x,y)\mathrm{d}x + Q(x,y)\mathrm{d}y = 0;$$

(2) $\forall (x,y) \in D$，有 $\dfrac{\partial P}{\partial y} = \dfrac{\partial Q}{\partial x}$；

(3) 微分方程 $P(x,y)\mathrm{d}x + Q(x,y)\mathrm{d}y = 0$ 是全微分方程（或称为恰当方程）；

(4) 力 $\vec{F} = P(x,y)\vec{i} + Q(x,y)\vec{j}$ 为区域 D 上的保守力；

(5) 在区域上 D 存在二元可微函数 $u(x,y)$，满足
$$\mathrm{d}u = P(x,y)\mathrm{d}x + Q(x,y)\mathrm{d}y,$$
此时 $u(x,y) = C$ 为微分方程 $P(x,y)\mathrm{d}x + Q(x,y)\mathrm{d}y = 0$ 的通解；

(6) 记 l 为区域 D 上连接从点 A 到点 B 的光滑曲线，有第二类曲线积分 $\int_l P(x,y)\mathrm{d}x + Q(x,y)\mathrm{d}y$ 与路径无关. 此时有
$$u(x,y) = \int_l P(x,y)\mathrm{d}x + Q(x,y)\mathrm{d}y$$
$$= \int_{A(x_0,y_0)}^{B(x,y)} P(x,y)\mathrm{d}x + Q(x,y)\mathrm{d}x,$$

这里选取点 A 为区域 D 上有定义的适当点，点 B 为 D 上有定义的任意点.

这样在满足以上六个条件之一后，一般可以用三种常见方法计算函数 $u(x,y)$.

方法一：直接套用公式
$$u(x,y) = \int P(x,y)\mathrm{d}x + \int Q(x,y)\mathrm{d}y - \int \frac{\partial}{\partial y}\left(\int P(x,y)\mathrm{d}x\right)\mathrm{d}y;$$

方法二：凑微分法. 即采用分项组合方法处理，先把那些本身已构成全微分的项分出来，再把剩余的项凑成全微分.

方法三：利用高等数学中求第二型曲线积分计算 $u(x,y)$，此时我们知道积分与路径无关而仅与起点和终点有关. 选择适当点

$A(x_0, y_0)$ 作为起点，令 $B(x,y), C(x, y_0)$，我们有

$$u(x,y) = \int_{A(x_0,y_0)}^{B(x,y)} P(x,y)\mathrm{d}x + Q(x,y)\mathrm{d}x$$

$$= \int_{\overrightarrow{AC}} P(x,y)\mathrm{d}x + Q(x,y)\mathrm{d}x + \int_{\overrightarrow{CB}} P(x,y)\mathrm{d}x + Q(x,y)\mathrm{d}x$$

$$= \int_{x_0}^{x} P(x, y_0)\mathrm{d}x + \int_{y_0}^{y} Q(x,y)\mathrm{d}y.$$

例 7 求方程 $(y - 3x^2)\mathrm{d}x - (4y - x)\mathrm{d}y = 0$ 的通解

解：这里 $P = y - 3x^2$, $Q = x - 4y$，此时有 $\dfrac{\partial P}{\partial y} = \dfrac{\partial Q}{\partial x} = 1$，由定理 8.4.1 知本方程为全微分方程. 为了求 $u(x,y)$. 我们把方法一中公式进行分解以便于记忆和计算，则方法一讨论知 $u(x,y)$ 应满足以下两个方程

$$\begin{cases} \dfrac{\partial u}{\partial x} = P = y - 3x^2 & (1) \\ \dfrac{\partial u}{\partial y} = Q = x - 4y & (2) \end{cases}$$

注意到偏导数的定义，对方程(1)关于 x 积分得

$$u(x,y) = \int (y - 3x^2)\mathrm{d}x + \varphi(y) = xy - x^3 + \varphi(y);$$

其次对上式关于 y 求偏导数，并代入方程(2)即有

$$\dfrac{\partial u}{\partial y} = x + \dfrac{\mathrm{d}\varphi}{\mathrm{d}y} = x - 4y,$$

整理得 $\dfrac{\mathrm{d}\varphi}{\mathrm{d}y} = -4y$，积分后得 $\varphi(y) = -2y^2$，因而可得

$$u(x,y) = xy - x^3 - 2y^2,$$

故方程的通解为

$$xy - x^3 - 2y^2 = C.$$

这里 C 为任意常数.

方法二：在已判断方程是全微分方程后，由定义知一定存在可微函数 $u(x,y)$，有

$$\mathrm{d}u = (y - 3x^2)\mathrm{d}x - (4y - x)\mathrm{d}y,$$

现在为了求 $u(x,y)$.

首先把方程重新分项组合,得到
$$-3x^2\,dx-4y\,dy+y\,dx+x\,dy=0,$$
即 $d(-x^3-2y^2)+d\,xy=0$,整理得 $d(-x^3-2y^2+xy)=0$,于是方程通解为
$$-x^3-2y^2+xy=C,$$
这里 C 为任意常数.

方法三:由于 $\dfrac{\partial P}{\partial y}=\dfrac{\partial Q}{\partial x}=1$ 在整个 $\mathbf{R}^2$ 上成立. 不妨取点 $A(0,0)$,则有
$$u(x,y)=\int_0^x P(x,0)\,dx+\int_0^y Q(x,y)\,dy$$
$$=\int_0^x -3x^2\,dx+\int_0^y (x-4y)\,dy=-x^3+xy-2y^2,$$
则方程通解为
$$xy-x^3-2y^2=C$$
这里 C 为任意常数.

第五方面:有关幂级数的和函数是方程解的问题(讲完幂级数后看)

记 $S(x)$ 为幂级数 $\sum\limits_{n=0}^{\infty}a_n x^n$ 的和函数,且 $S(x)$ 为微分方程 $F(x,y,y',\cdots,y^{(n)})=0$ 的解,则通过求微分方程的解,求出 $S(x)$ 的表达式.

例8 设数列 $\{a_n\}$ 满足条件 $a_0=3, a_1=1, a_{n-2}-n(n-1)a_n=0$,$(n\geqslant 2)$. $S(x)$ 是幂级数 $\sum\limits_{n=0}^{\infty}a_n x^n$ 的和函数.

(1)证明 $S''(x)-S(x)=0$;(2)求 $S(x)$.

解:(1)对 $S(x)$ 关于 x 求 2 阶导数,有 $S''(x)=\sum\limits_{n=2}^{\infty}a_n n(n-1)x^{n-2}$,进一步,有
$$S''(x)-S(x)=\sum_{n=2}^{\infty}a_n n(n-1)x^{n-2}-\sum_{n=0}^{\infty}a_n x^n$$
$$=\sum_{n=2}^{\infty}(a_n n(n-1)-a_{n-2})x^{n-2}=0.$$

(2)计算 $S''-S=0$. $S(0)=a_0=3, S'(0)=a_1=1$ 的解,有 $S(x)=2e^x+e^{-x}$.

例 9 设无穷级数 $S(x)=1+\dfrac{x^3}{3!}+\dfrac{x^6}{6!}+\cdots+\dfrac{x^{3n}}{(3n)!}$.

(1)证明 $S(x)$ 满足 $y''+y'+y=\mathrm{e}^x$；

(2)求 $S(x)$.

解：(1)首先知幂级数收敛半径为 ∞，其次，有
$$S''+S'+S=\sum_{n=0}^{\infty}\frac{x^n}{n!}=\mathrm{e}^x;$$

(2)求 $y''+y'+y=\mathrm{e}^x,y(0)=1,y'(0)=0$ 的特解，有
$$S(x)=\frac{2}{3}\mathrm{e}^{\frac{-x}{2}}\cos\frac{\sqrt{3}}{2}x+\frac{\mathrm{e}^x}{3}.$$